“凯哥”考研解题密码

1

XIANXING DAISHU
JIETI MIMA

线性代数
解题密码

王凯冬 / 编著

图书在版编目(CIP)数据

线性代数解题密码/王凯冬编著. —北京：北京大学出版社，2023.9
ISBN 978-7-301-34252-7

Ⅰ.①线… Ⅱ.①王… Ⅲ.①线性代数-研究生-入学考试-自学参考资料 Ⅳ.①O151.2

中国国家版本馆CIP数据核字（2023）第137971号

书　　名	线性代数解题密码 XIANXING DAISHU JIETI MIMA
著作责任者	王凯冬　编著
责 任 编 辑	曾琬婷
标 准 书 号	ISBN 978-7-301-34252-7
出 版 发 行	北京大学出版社
地　　址	北京市海淀区成府路205号　100871
网　　址	http://www.pup.cn　　新浪微博：@北京大学出版社
电 子 邮 箱	zpup@pup.cn
电　　话	邮购部010-62752015　发行部010-62750672　编辑部010-62754819
印 刷 者	天津中印联印务有限公司
经 销 者	新华书店
	787毫米×1092毫米　16开本　14.5印张　290千字
	2023年9月第1版　2023年9月第1次印刷
定　　价	32.00元

内容简介

本书是专门为提高考研学生线性代数解题能力而编写的训练讲义.本书在分析线性代数的历年考研真题以及参考近年来各大考研名师模拟试卷中的精彩好题的基础上,将线性代数考查的重点和难点内容分成12个专题进行讲解,每个专题都配有适量的典型例题及针对性习题,力求做到让考生"看一个专题,就吃透一个专题",彻底学会线性代数的解题方法和技巧.本书既紧贴考研真题的命题风格,又能直击考生的复习盲区,帮助考生串联起整个线性代数的知识网络,有利于考生快速提高线性代数的解题能力.

本书可作为考研冲刺阶段线性代数解题训练的讲义,也适用于线性代数期末考试的复习.

前　言

在全国硕士研究生招生考试的数学科目复习中，很多考生对线性代数部分感到十分无奈，甚至恐惧，觉得越学越乱，越学越不会做题，脑袋里像一团糨糊似的.

为了帮助考生在冲刺阶段提高复习效率，使他们取得良好的复习效果，作者结合最新的“全国硕士研究生招生考试数学考试大纲”，深入分析了线性代数历年考研真题的题型分布与命题规律，并以此为依据，归纳总结重要的结论与方法，精心筛选例题和习题，编写了这一考研辅导书——《线性代数解题密码》.

本书主要有以下三个特色：

1. 精选历年考研真题的重点题型，并借鉴各大考研名师模拟试卷中的精彩好题.

作者分析了历年考研真题中所有线性代数的题目和考法，总结出了最高频、最重要的题型，精选出了最典型的题目，并将这些题目的解题方法进行归纳总结，以便于考生掌握，使其在短时间内能取得巨大突破. 同时，作者还参考了近年来各大考研名师模拟试卷中的精彩好题，配置了一些典型例题和习题，以确保考生彻底学会、学懂.

2. 本书是一份考研的冲刺讲义，也是一份公式手册.

线性代数虽然内容较少，通常只包括行列式、矩阵、线性方程组、矩阵的特征值与特征向量、相似对角化、二次型等六部分内容，但其中考研需掌握的公式和结论却接近200个. 而且，这些公式和结论毫无规律地分布在线性代数的各部分内容中，这大大增加了考生的记忆负担. 所以，每年都有考生抱怨“线性代数，学完就忘光”. 为了解决这个问题，作者将每个题型对应的重要结论都汇集到了一起，以方便考生查看和记忆.

3. 本书打破了线性代数各部分内容的限制，注重题型的分析、知识点的梳理，不过多讲解知识点单一的简单题，而是把重心放在了融合多个知识点的综合题上.

本书既紧贴考研真题的命题风格，又能直击考生的复习盲区，帮助考生串联起整个线性代数的知识网络. 希望本书能够帮助考生快速提高线性代数的解题能力，以取得理想的成绩！

由于编者水平有限，书中必定还有很多不尽如人意之处，请读者批评指正.

作　者

2023 年 5 月

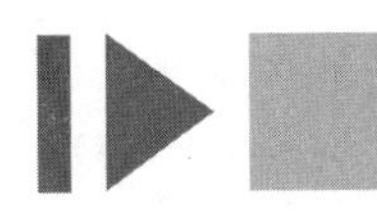

目　录

第1讲 抽象行列式与矩阵的运算

这一讲包含了线性代数中行列式和矩阵部分最精华的内容.

这一讲中的例题会有一些“杂”,这是因为抽象行列式与矩阵的运算涉及的公式非常多,很容易与其他知识点结合在一起,并经常被放在选择题和填空题中进行考查.这一类题计算量不大,但却非常灵活,很容易引起误漏.

一、重要结论归纳总结

(一) 与转置矩阵相关的结论

假设所涉及的运算有意义.

(1) $(\boldsymbol{A}^{\mathrm{T}})^{\mathrm{T}}=\boldsymbol{A}$.

(2) $(\boldsymbol{A}+\boldsymbol{B})^{\mathrm{T}}=\boldsymbol{A}^{\mathrm{T}}+\boldsymbol{B}^{\mathrm{T}}$.

(3) $(k\boldsymbol{A})^{\mathrm{T}}=k\boldsymbol{A}^{\mathrm{T}}$($k$ 为常数).

(4) $(\boldsymbol{AB})^{\mathrm{T}}=\boldsymbol{B}^{\mathrm{T}}\boldsymbol{A}^{\mathrm{T}}$.

推广 $(\boldsymbol{A}_1\boldsymbol{A}_2\cdots\boldsymbol{A}_m)^{\mathrm{T}}=\boldsymbol{A}_m^{\mathrm{T}}\boldsymbol{A}_{m-1}^{\mathrm{T}}\cdots\boldsymbol{A}_1^{\mathrm{T}}$.

(5) $|\boldsymbol{A}^{\mathrm{T}}|=|\boldsymbol{A}|$.

(6) $\begin{pmatrix}\boldsymbol{A} & \boldsymbol{B}\\ \boldsymbol{C} & \boldsymbol{D}\end{pmatrix}^{\mathrm{T}}=\begin{pmatrix}\boldsymbol{A}^{\mathrm{T}} & \boldsymbol{C}^{\mathrm{T}}\\ \boldsymbol{B}^{\mathrm{T}} & \boldsymbol{D}^{\mathrm{T}}\end{pmatrix}$.

(二) 与逆矩阵相关的结论

假设所涉及的运算有意义.

(1) 若 $\boldsymbol{A},\boldsymbol{B}$ 为同阶方阵,且 $\boldsymbol{AB}=\boldsymbol{E}$ 或 $\boldsymbol{BA}=\boldsymbol{E}$,则 $\boldsymbol{A},\boldsymbol{B}$ 均可逆,且 $\boldsymbol{A}^{-1}=\boldsymbol{B},\boldsymbol{B}^{-1}=\boldsymbol{A}$.

注 这就是可逆矩阵的定义,它简单且重要,很多矩阵可逆性问题都需要利用可逆矩阵的定义去证明一个矩阵可逆,或者求出逆矩阵.其解题的关键是:从题目所给的条件中,巧妙地凑出形如"$\boldsymbol{AB}=\boldsymbol{E}$"或"$\boldsymbol{BA}=\boldsymbol{E}$"的等式.

(2) $\boldsymbol{A}$ 可逆$\Longleftrightarrow|\boldsymbol{A}|\neq0$.

(3) $(\boldsymbol{A}^{-1})^{-1}=\boldsymbol{A}$.

(4) 当常数 $k\neq0$ 时,$(k\boldsymbol{A})^{-1}=\dfrac{1}{k}\boldsymbol{A}^{-1}$.

(5) $(\boldsymbol{A}^{\mathrm{T}})^{-1}=(\boldsymbol{A}^{-1})^{\mathrm{T}}$.

(6) $(\boldsymbol{A}^*)^{-1}=(\boldsymbol{A}^{-1})^*$.

(7) $(\boldsymbol{AB})^{-1}=\boldsymbol{B}^{-1}\boldsymbol{A}^{-1}$.

推广 $(\boldsymbol{A}_1\boldsymbol{A}_2\cdots\boldsymbol{A}_m)^{-1}=\boldsymbol{A}_m^{-1}\boldsymbol{A}_{m-1}^{-1}\cdots\boldsymbol{A}_1^{-1}$.

(8) $|\boldsymbol{A}^{-1}|=\dfrac{1}{|\boldsymbol{A}|}$.

(9) $\boldsymbol{A}^{-1}=\dfrac{\boldsymbol{A}^*}{|\boldsymbol{A}|}$(这是求 $\boldsymbol{A}^{-1}$ 的重要方法之一).

(10) $$\begin{bmatrix}\boldsymbol{A}_1 & & & \\ & \boldsymbol{A}_2 & & \\ & & \ddots & \\ & & & \boldsymbol{A}_n\end{bmatrix}^{-1}=\begin{bmatrix}\boldsymbol{A}_1^{-1} & & & \\ & \boldsymbol{A}_2^{-1} & & \\ & & \ddots & \\ & & & \boldsymbol{A}_n^{-1}\end{bmatrix},$$

$$\begin{pmatrix} & & & A_1 \\ & & A_2 & \\ & \iddots & & \\ A_n & & & \end{pmatrix}^{-1} = \begin{pmatrix} & & & A_n^{-1} \\ & & \iddots & \\ & A_2^{-1} & & \\ A_1^{-1} & & & \end{pmatrix},$$

其中 $A_i(i=1,2,\cdots,n)$ 均为可逆矩阵.

(三) 与伴随矩阵相关的结论

设 A 为 n 阶矩阵,并假设所涉及的运算有意义.

(1) $AA^*=A^*A=|A|E$.

注 这是伴随矩阵最重要的公式之一.当 A 可逆时,从该公式可以推出 $A^*=|A|A^{-1}$.

(2) $|A^*|=|A|^{n-1}$.

(3) $(kA)^*=k^{n-1}A^*$ (k 为常数).

(4) $(A^*)^{\mathrm{T}}=(A^{\mathrm{T}})^*$.

(5) $(A^*)^{-1}=(A^{-1})^*=\dfrac{A}{|A|}$.

(6) $(A^*)^*=|A|^{n-2}A$.

(7) $(AB)^*=B^*A^*$.

推广 $(A_1A_2\cdots A_m)^*=A_m^*A_{m-1}^*\cdots A_1^*$.

(8) $(A+B)^*\neq A^*+B^*$(此处的"$\neq$"指的是"不一定相等",而不是"一定不相等").

(9) $\mathrm{r}(A^*)=\begin{cases} n, & \mathrm{r}(A)=n, \\ 1, & \mathrm{r}(A)=n-1, \\ 0, & \mathrm{r}(A)<n-1. \end{cases}$

(四) 与正交矩阵相关的结论

(1) 正交矩阵的行向量组和列向量组都是由两两正交的单位向量构成的;

(2) 若 Q 为正交矩阵,则 $|Q|=1$ 或 -1;

(3) 若 Q 为正交矩阵,则 Q 的实特征值只可能是 1 或 -1;

(4) 若 Q 为正交矩阵,则 $Q^{\mathrm{T}},Q^*,Q^{-1}$ 均是正交矩阵;

(5) 若 A,B 均为 n 阶正交矩阵,则 AB,BA 也都是 n 阶正交矩阵;

(6) 若 Q 为 n 阶正交矩阵,α,β 均是 n 维列向量,且 $\beta=Q\alpha$,则 $\|\alpha\|=\|\beta\|$.

注 结论(6)中从 α 到 β 的变换 $\beta=Q\alpha$ 称为正交变换.从几何意义上来看,结论(6)表明了正交变换不会改变向量的长度.这是正交变换的优良特性.

(五) 与特征值和特征向量相关的结论

(1) 若 $\lambda_1,\lambda_2,\cdots,\lambda_n$ 是 n 阶矩阵 A 的特征值,则 $|A|=\lambda_1\lambda_2\cdots\lambda_n$.

(2) 若矩阵 A 与 B 相似,则 $|A|=|B|$.

(3) 设 λ 是矩阵 $\boldsymbol{A}$ 的一个特征值，$\boldsymbol{\xi}$ 是对应的特征向量，则关于 $a\boldsymbol{A}+b\boldsymbol{E}$，$\boldsymbol{A}^k$，$f(\boldsymbol{A})$，$\boldsymbol{A}^{-1}$，$\boldsymbol{A}^*$，$\boldsymbol{P}^{-1}\boldsymbol{A}\boldsymbol{P}$ 的特征值与对应的特征向量，有如下表所示的结论：

矩阵	$\boldsymbol{A}$	$a\boldsymbol{A}+b\boldsymbol{E}$	$\boldsymbol{A}^k$	$f(\boldsymbol{A})$	$\boldsymbol{A}^{-1}$	$\boldsymbol{A}^*$	$\boldsymbol{P}^{-1}\boldsymbol{A}\boldsymbol{P}$
特征值	λ	$a\lambda+b$	λ^k	$f(\lambda)$	$\frac{1}{\lambda}$	$\frac{\lvert\boldsymbol{A}\rvert}{\lambda}$	λ
特征向量	$\boldsymbol{\xi}$	$\boldsymbol{\xi}$	$\boldsymbol{\xi}$	$\boldsymbol{\xi}$	$\boldsymbol{\xi}$	$\boldsymbol{\xi}$	$\boldsymbol{P}^{-1}\boldsymbol{\xi}$

注 1　上表中的 a,b 为常数且 $a\neq0$，k 为自然数，$f(x)$ 为多项式.

注 2　上表中关于 $\boldsymbol{A}^{-1}$ 及 $\boldsymbol{A}^*$ 的结论均是在 $\boldsymbol{A}$ 可逆的条件下得到的.

注 3　设 n 阶矩阵 $\boldsymbol{A}$ 的特征值为 $\lambda_1,\lambda_2,\cdots,\lambda_n$，则 $\boldsymbol{A}^*$ 的特征值为

$$\prod_{i\neq1}\lambda_i,\quad \prod_{i\neq2}\lambda_i,\quad \cdots,\quad \prod_{i\neq n}\lambda_i.$$

该结论对于不可逆矩阵也成立.

二、典型例题分类讲解

考法一　考查矩阵乘法的逆用及其与相似理论的结合

方法总结　形如 $\boldsymbol{A}=(k_1\boldsymbol{\alpha}_1+k_2\boldsymbol{\alpha}_2,l_1\boldsymbol{\alpha}_1+l_2\boldsymbol{\alpha}_2)$ 的矩阵，可以逆用矩阵乘法，将其分解为

$$\boldsymbol{A}=(\boldsymbol{\alpha}_1,\boldsymbol{\alpha}_2)\begin{pmatrix}k_1 & l_1\\ k_2 & l_2\end{pmatrix}.$$

同学们千万不要小看这个技巧，不管在考研模拟题还是考研真题中，都能经常看到它的身影.

例题 1(2005 年)[①]　设 $|\boldsymbol{A}|=|\boldsymbol{\alpha}_1,\boldsymbol{\alpha}_2,\boldsymbol{\alpha}_3|=1$，$|\boldsymbol{B}|=|\boldsymbol{\alpha}_1+\boldsymbol{\alpha}_2+\boldsymbol{\alpha}_3,\boldsymbol{\alpha}_1+2\boldsymbol{\alpha}_2+4\boldsymbol{\alpha}_3,\boldsymbol{\alpha}_1+3\boldsymbol{\alpha}_2+9\boldsymbol{\alpha}_3|$，则 $|\boldsymbol{B}|=$________.

解　因

$$\begin{aligned}\boldsymbol{B}&=(\boldsymbol{\alpha}_1+\boldsymbol{\alpha}_2+\boldsymbol{\alpha}_3,\boldsymbol{\alpha}_1+2\boldsymbol{\alpha}_2+4\boldsymbol{\alpha}_3,\boldsymbol{\alpha}_1+3\boldsymbol{\alpha}_2+9\boldsymbol{\alpha}_3)\\&=(\boldsymbol{\alpha}_1,\boldsymbol{\alpha}_2,\boldsymbol{\alpha}_3)\begin{pmatrix}1&1&1\\1&2&3\\1&4&9\end{pmatrix}=\boldsymbol{A}\boldsymbol{C},\end{aligned}$$

其中

---

① 这里“2005 年”表示例题 1 是 2005 年的考研真题，以下同.

$$A=(\boldsymbol{\alpha}_1,\boldsymbol{\alpha}_2,\boldsymbol{\alpha}_3),\quad C=\begin{pmatrix}1&1&1\\1&2&3\\1&4&9\end{pmatrix},$$

故

$$|B|=|A||C|=1\times\begin{vmatrix}1&1&1\\1&2&3\\1&4&9\end{vmatrix}=(2-1)\times(3-1)\times(3-2)=2.$$

注 1 逆用矩阵乘法，将所研究的矩阵分解为抽象矩阵和由系数组成的矩阵相乘，是这一类题的通用解法.

注 2 下面两道题极其重要，它们表面上看是考查行列式，但本质上是考查矩阵乘法的逆用.

类题 1(2005 年，改编)[①] 设 A 为 3 阶矩阵，向量组 $\boldsymbol{\alpha}_1,\boldsymbol{\alpha}_2,\boldsymbol{\alpha}_3$ 线性无关，且

$$A\boldsymbol{\alpha}_1=\boldsymbol{\alpha}_1+2\boldsymbol{\alpha}_2+3\boldsymbol{\alpha}_3,\quad A\boldsymbol{\alpha}_2=2\boldsymbol{\alpha}_1+2\boldsymbol{\alpha}_2,\quad A\boldsymbol{\alpha}_3=3\boldsymbol{\alpha}_1+4\boldsymbol{\alpha}_3.$$

(1) 求 $|A|$；　　(2) 判断 A 能否相似对角化.

解 (1) 易得

$$A(\boldsymbol{\alpha}_1,\boldsymbol{\alpha}_2,\boldsymbol{\alpha}_3)=(A\boldsymbol{\alpha}_1,A\boldsymbol{\alpha}_2,A\boldsymbol{\alpha}_3)=(\boldsymbol{\alpha}_1+2\boldsymbol{\alpha}_2+3\boldsymbol{\alpha}_3,2\boldsymbol{\alpha}_1+2\boldsymbol{\alpha}_2,3\boldsymbol{\alpha}_1+4\boldsymbol{\alpha}_3)$$

$$=(\boldsymbol{\alpha}_1,\boldsymbol{\alpha}_2,\boldsymbol{\alpha}_3)\begin{pmatrix}1&2&3\\2&2&0\\3&0&4\end{pmatrix}.$$

在上式两边取行列式，注意到 $|\boldsymbol{\alpha}_1,\boldsymbol{\alpha}_2,\boldsymbol{\alpha}_3|\neq 0$，可直接约去，故得到

$$|A|=\begin{vmatrix}1&2&3\\2&2&0\\3&0&4\end{vmatrix}=-26.$$

(2) 若令 $P=(\boldsymbol{\alpha}_1,\boldsymbol{\alpha}_2,\boldsymbol{\alpha}_3)$，则根据(1)中的解答可知 $AP=PB$，即

$$P^{-1}AP=B,\quad \text{其中}\quad B=\begin{pmatrix}1&2&3\\2&2&0\\3&0&4\end{pmatrix}.$$

这说明矩阵 A 和 B 相似，故它们要么都能相似对角化，要么都不能相似对角化，所以研究对象转变为 B.

由于 B 是实对称矩阵，一定可以相似对角化，故由相似的传递性可知，A 也可以相似对角化.

---

① 这里“2005 年，改编”表示类题 1 由 2005 年的考研真题改编而成，以下同.

类题 2(2020 年,改编) 设 $\boldsymbol{A}$ 为 3 阶矩阵,向量组 $\boldsymbol{\alpha},\boldsymbol{A\alpha},\boldsymbol{A}^2\boldsymbol{\alpha}$ 线性无关,且

$$\boldsymbol{A}^3\boldsymbol{\alpha}+2\boldsymbol{A}^2\boldsymbol{\alpha}=3\boldsymbol{A\alpha}.$$

(1) 求 $|\boldsymbol{A}-\boldsymbol{E}|$; (2) 判断 $\boldsymbol{A}$ 能否相似对角化.

解 (1) 令 $\boldsymbol{P}=(\boldsymbol{\alpha},\boldsymbol{A\alpha},\boldsymbol{A}^2\boldsymbol{\alpha})$. 由于向量组 $\boldsymbol{\alpha},\boldsymbol{A\alpha},\boldsymbol{A}^2\boldsymbol{\alpha}$ 线性无关,故 $|\boldsymbol{P}|\neq 0$. 我们有

$$\begin{aligned}\boldsymbol{AP}&=\boldsymbol{A}(\boldsymbol{\alpha},\boldsymbol{A\alpha},\boldsymbol{A}^2\boldsymbol{\alpha})=(\boldsymbol{A\alpha},\boldsymbol{A}^2\boldsymbol{\alpha},\boldsymbol{A}^3\boldsymbol{\alpha})=(\boldsymbol{A\alpha},\boldsymbol{A}^2\boldsymbol{\alpha},3\boldsymbol{A\alpha}-2\boldsymbol{A}^2\boldsymbol{\alpha})\\&=(\boldsymbol{\alpha},\boldsymbol{A\alpha},\boldsymbol{A}^2\boldsymbol{\alpha})\begin{pmatrix}0&0&0\\1&0&3\\0&1&-2\end{pmatrix}.\end{aligned}$$

令

$$\boldsymbol{B}=\begin{pmatrix}0&0&0\\1&0&3\\0&1&-2\end{pmatrix},$$

则有

$$\boldsymbol{AP}=\boldsymbol{PB},\quad 即\quad \boldsymbol{P}^{-1}\boldsymbol{AP}=\boldsymbol{B},$$

故 $\boldsymbol{A}$ 和 $\boldsymbol{B}$ 相似,从而

$$|\boldsymbol{A}-\boldsymbol{E}|=|\boldsymbol{B}-\boldsymbol{E}|=\begin{vmatrix}-1&0&0\\1&-1&3\\0&1&-3\end{vmatrix}=0.$$

(2) 由于 $\boldsymbol{A}$ 和 $\boldsymbol{B}$ 相似,故只需判断 $\boldsymbol{B}$ 能否相似对角化即可. 因

$$|\boldsymbol{B}-\lambda\boldsymbol{E}|=\begin{vmatrix}-\lambda&0&0\\1&-\lambda&3\\0&1&-2-\lambda\end{vmatrix}=-\lambda(\lambda^2+2\lambda-3)=-\lambda(\lambda+3)(\lambda-1),$$

故 $\boldsymbol{B}$ 的特征值为 $-3,0,1$. 由于 $\boldsymbol{B}$ 的特征值互不相同,故 $\boldsymbol{B}$ 可以相似对角化,从而 $\boldsymbol{A}$ 也可以相似对角化.

注 类题 1 和类题 2 非常重要,求解时都通过“矩阵相似”转化研究对象,这是全国硕士研究生招生考试中线性代数考查的重点. 对此,我们总结以下两点:

(1) 若向量组 $\boldsymbol{\alpha}_1,\boldsymbol{\alpha}_2,\boldsymbol{\alpha}_3$ 线性无关,且

$$\begin{cases}\boldsymbol{A\alpha}_1=k_{11}\boldsymbol{\alpha}_1+k_{12}\boldsymbol{\alpha}_2+k_{13}\boldsymbol{\alpha}_3,\\\boldsymbol{A\alpha}_2=k_{21}\boldsymbol{\alpha}_1+k_{22}\boldsymbol{\alpha}_2+k_{23}\boldsymbol{\alpha}_3,\\\boldsymbol{A\alpha}_3=k_{31}\boldsymbol{\alpha}_1+k_{32}\boldsymbol{\alpha}_2+k_{33}\boldsymbol{\alpha}_3,\end{cases}$$

其中 $k_{ij}(i,j=1,2,3)$ 为常数,则令 $\boldsymbol{P}=(\boldsymbol{\alpha}_1,\boldsymbol{\alpha}_2,\boldsymbol{\alpha}_3)$,就有

$$\begin{aligned}\boldsymbol{AP}&=\boldsymbol{A}(\boldsymbol{\alpha}_1,\boldsymbol{\alpha}_2,\boldsymbol{\alpha}_3)=(\boldsymbol{A\alpha}_1,\boldsymbol{A\alpha}_2,\boldsymbol{A\alpha}_3)\\&=(k_{11}\boldsymbol{\alpha}_1+k_{12}\boldsymbol{\alpha}_2+k_{13}\boldsymbol{\alpha}_3,k_{21}\boldsymbol{\alpha}_1+k_{22}\boldsymbol{\alpha}_2+k_{23}\boldsymbol{\alpha}_3,k_{31}\boldsymbol{\alpha}_1+k_{32}\boldsymbol{\alpha}_2+k_{33}\boldsymbol{\alpha}_3)\end{aligned}$$

$$=(\boldsymbol{\alpha}_1,\boldsymbol{\alpha}_2,\boldsymbol{\alpha}_3)\begin{pmatrix}k_{11}&k_{21}&k_{31}\\k_{12}&k_{22}&k_{32}\\k_{13}&k_{23}&k_{33}\end{pmatrix}=\boldsymbol{PB},$$

其中

$$\boldsymbol{B}=\begin{pmatrix}k_{11}&k_{21}&k_{31}\\k_{12}&k_{22}&k_{32}\\k_{13}&k_{23}&k_{33}\end{pmatrix}.$$

故 $\boldsymbol{P}^{-1}\boldsymbol{AP}=\boldsymbol{B}$. 这样就建立了抽象矩阵 $\boldsymbol{A}$ 和具体矩阵 $\boldsymbol{B}$ 的相似关系.

(2) 若向量组 $\boldsymbol{\alpha},\boldsymbol{A\alpha},\boldsymbol{A}^2\boldsymbol{\alpha}$ 线性无关，且 $\boldsymbol{A}^3\boldsymbol{\alpha}=a\boldsymbol{A\alpha}+b\boldsymbol{A}^2\boldsymbol{\alpha}$（$a,b$ 为常数），则令 $\boldsymbol{P}=(\boldsymbol{\alpha},\boldsymbol{A\alpha},\boldsymbol{A}^2\boldsymbol{\alpha})$，就有

$$\boldsymbol{AP}=\boldsymbol{A}(\boldsymbol{\alpha},\boldsymbol{A\alpha},\boldsymbol{A}^2\boldsymbol{\alpha})=(\boldsymbol{A\alpha},\boldsymbol{A}^2\boldsymbol{\alpha},a\boldsymbol{A\alpha}+b\boldsymbol{A}^2\boldsymbol{\alpha})$$

$$=(\boldsymbol{\alpha},\boldsymbol{A\alpha},\boldsymbol{A}^2\boldsymbol{\alpha})\begin{pmatrix}0&0&0\\1&0&a\\0&1&b\end{pmatrix}=\boldsymbol{PB},$$

其中

$$\boldsymbol{B}=\begin{pmatrix}0&0&0\\1&0&a\\0&1&b\end{pmatrix}.$$

故 $\boldsymbol{P}^{-1}\boldsymbol{AP}=\boldsymbol{B}$. 这样就建立了抽象矩阵 $\boldsymbol{A}$ 和具体矩阵 $\boldsymbol{B}$ 的相似关系.

考法二　考查转置矩阵、逆矩阵、伴随矩阵、正交矩阵的基本公式及恒等变形

考法二和后面的考法三常常出现在填空题中，它们的计算量不大，但是用到的公式较多，能够很好地考查学生的基本功.

1. 考查矩阵的恒等变形

矩阵的恒等变形是矩阵运算的基本功，也是全国硕士研究生招生考试中线性代数选择题和填空题的常考点. 在恒等变形时，一定要注意以下两点：

(1) 矩阵的乘法没有交换律，所以提出公因式时，要分清是往左提，还是往右提；

(2) 对单位矩阵 $\boldsymbol{E}$ 进行恒等变形，构造出公因式，这是一个常用小技巧.

例题 2(2001 年)　设矩阵 $\boldsymbol{A}$ 满足 $\boldsymbol{A}^2+\boldsymbol{A}-4\boldsymbol{E}=\boldsymbol{O}$，则 $(\boldsymbol{A}-\boldsymbol{E})^{-1}=$________.

解　我们有

$$\boldsymbol{A}^2+\boldsymbol{A}-4\boldsymbol{E}=\boldsymbol{O}\Longrightarrow(\boldsymbol{A}-\boldsymbol{E})(\boldsymbol{A}+2\boldsymbol{E})=2\boldsymbol{E}\Longrightarrow(\boldsymbol{A}-\boldsymbol{E})\frac{\boldsymbol{A}+2\boldsymbol{E}}{2}=\boldsymbol{E}.$$

由可逆矩阵的定义知

$$(\boldsymbol{A}-\boldsymbol{E})^{-1}=\frac{\boldsymbol{A}+2\boldsymbol{E}}{2}.$$

注 本题具体考查的是"利用恒等变形,凑出可逆矩阵的定义式".若能凑出 $\boldsymbol{AB}=\boldsymbol{E}$ 或 $\boldsymbol{BA}=\boldsymbol{E}$,则 $\boldsymbol{A}^{-1}=\boldsymbol{B}$.这一类题,简单但容易出错,做题时千万要小心.

类题1(2008年) 设 $\boldsymbol{A}$ 为 n 阶非零矩阵,若 $\boldsymbol{A}^3=\boldsymbol{O}$,则( ).

A. $\boldsymbol{E}-\boldsymbol{A}$ 不可逆,$\boldsymbol{E}+\boldsymbol{A}$ 不可逆　　B. $\boldsymbol{E}-\boldsymbol{A}$ 不可逆,$\boldsymbol{E}+\boldsymbol{A}$ 可逆

C. $\boldsymbol{E}-\boldsymbol{A}$ 可逆,$\boldsymbol{E}+\boldsymbol{A}$ 可逆　　D. $\boldsymbol{E}-\boldsymbol{A}$ 可逆,$\boldsymbol{E}+\boldsymbol{A}$ 不可逆

解 *方法一* 凑出可逆矩阵的定义式.

由于 $\boldsymbol{A}^3=\boldsymbol{O}$,故 $\boldsymbol{A}^3+\boldsymbol{E}=\boldsymbol{E}$.对此式左边使用立方和公式,得

$$(\boldsymbol{A}+\boldsymbol{E})(\boldsymbol{A}^2-\boldsymbol{A}+\boldsymbol{E})=\boldsymbol{E},$$

故 $\boldsymbol{A}+\boldsymbol{E}$ 可逆.

同理,在 $\boldsymbol{A}^3=\boldsymbol{O}$ 两边减去 $\boldsymbol{E}$,然后用立方差公式,可得 $\boldsymbol{A}-\boldsymbol{E}$ 可逆.故选项C正确.

方法二 利用特征值.

假设 λ 是 $\boldsymbol{A}$ 的任意一个特征值,由 $\boldsymbol{A}^3=\boldsymbol{O}$ 可得 $\lambda^3=0$,故 $\lambda=0$,即 $\boldsymbol{A}$ 的特征值只能取0.所以,$\boldsymbol{E}-\boldsymbol{A}$ 的特征值全为1,$\boldsymbol{E}+\boldsymbol{A}$ 的特征值也全为1,显然它们都可逆.因此,选项C正确.

类题2 设 $\boldsymbol{\alpha},\boldsymbol{\beta}$ 均为3维列向量,且 $(\boldsymbol{\alpha},\boldsymbol{\beta})=-1$,又矩阵 $\boldsymbol{A}=\boldsymbol{E}-\boldsymbol{\alpha\beta}^{\mathrm{T}}$,求 $(\boldsymbol{A}+\boldsymbol{E})^{-1}$.

解 因

$$\begin{aligned}\boldsymbol{A}^2&=(\boldsymbol{E}-\boldsymbol{\alpha\beta}^{\mathrm{T}})(\boldsymbol{E}-\boldsymbol{\alpha\beta}^{\mathrm{T}})=\boldsymbol{E}-\boldsymbol{\alpha\beta}^{\mathrm{T}}-\boldsymbol{\alpha\beta}^{\mathrm{T}}+\boldsymbol{\alpha}(\boldsymbol{\beta}^{\mathrm{T}}\boldsymbol{\alpha})\boldsymbol{\beta}^{\mathrm{T}}\\&=\boldsymbol{E}-3\boldsymbol{\alpha\beta}^{\mathrm{T}}=3(\boldsymbol{E}-\boldsymbol{\alpha\beta}^{\mathrm{T}})-2\boldsymbol{E}=3\boldsymbol{A}-2\boldsymbol{E},\end{aligned}$$

故

$$\boldsymbol{A}^2-3\boldsymbol{A}+2\boldsymbol{E}=\boldsymbol{O},$$

从而

$$(\boldsymbol{A}+\boldsymbol{E})(\boldsymbol{A}-4\boldsymbol{E})+6\boldsymbol{E}=\boldsymbol{O},\quad 即\quad (\boldsymbol{A}+\boldsymbol{E})\frac{\boldsymbol{A}-4\boldsymbol{E}}{-6}=\boldsymbol{E}.$$

所以,由可逆矩阵的定义可知

$$(\boldsymbol{A}+\boldsymbol{E})^{-1}=\frac{\boldsymbol{A}-4\boldsymbol{E}}{-6}.$$

例题3 设 $\boldsymbol{A},\boldsymbol{B}$ 都是 n 阶矩阵,且 $\boldsymbol{E}-\boldsymbol{AB}$ 可逆,证明:$\boldsymbol{E}-\boldsymbol{BA}$ 也可逆,且

$$(\boldsymbol{E}-\boldsymbol{BA})^{-1}=\boldsymbol{E}+\boldsymbol{B}(\boldsymbol{E}-\boldsymbol{AB})^{-1}\boldsymbol{A}.$$

证 直接验证即可.因为

$$\begin{aligned}(\boldsymbol{E}-\boldsymbol{BA})[\boldsymbol{E}+\boldsymbol{B}(\boldsymbol{E}-\boldsymbol{AB})^{-1}\boldsymbol{A}]&=\boldsymbol{E}-\boldsymbol{BA}+(\boldsymbol{E}-\boldsymbol{BA})\boldsymbol{B}(\boldsymbol{E}-\boldsymbol{AB})^{-1}\boldsymbol{A}\\&=\boldsymbol{E}-\boldsymbol{BA}+(\boldsymbol{B}-\boldsymbol{BAB})(\boldsymbol{E}-\boldsymbol{AB})^{-1}\boldsymbol{A}\\&=\boldsymbol{E}-\boldsymbol{BA}+\boldsymbol{B}(\boldsymbol{E}-\boldsymbol{AB})(\boldsymbol{E}-\boldsymbol{AB})^{-1}\boldsymbol{A}\\&=\boldsymbol{E}-\boldsymbol{BA}+\boldsymbol{BA}=\boldsymbol{E},\end{aligned}$$

所以由可逆矩阵的定义知 $\boldsymbol{E}-\boldsymbol{BA}$ 可逆,且

$$(\boldsymbol{E}-\boldsymbol{BA})^{-1}=\boldsymbol{E}+\boldsymbol{B}(\boldsymbol{E}-\boldsymbol{AB})^{-1}\boldsymbol{A}.$$

注 这样的题是非常简单的,因为要证明 $\boldsymbol{A}^{-1}=\boldsymbol{B}$,只需证明 $\boldsymbol{AB}=\boldsymbol{E}$ 即可,从而只需将 $\boldsymbol{A}$ 和 $\boldsymbol{B}$ 相乘,然后通过各种恒等变形,最后将结果化为 $\boldsymbol{E}$ 即可.

类题(2003年) 设向量 $\boldsymbol{\alpha}=(a,0,\cdots,0,a)^{\mathrm{T}}(a<0)$,矩阵 $\boldsymbol{A}=\boldsymbol{E}-\boldsymbol{\alpha\alpha}^{\mathrm{T}}$,$\boldsymbol{B}=\boldsymbol{E}+\dfrac{1}{a}\boldsymbol{\alpha\alpha}^{\mathrm{T}}$,且 $\boldsymbol{B}$ 为 $\boldsymbol{A}$ 的逆矩阵,求 a 的值.

解 本题的关键就是条件"$\boldsymbol{B}$ 为 $\boldsymbol{A}$ 的逆矩阵",只要通过这个条件建立方程,解出 a 即可.

由于 $\boldsymbol{B}$ 为 $\boldsymbol{A}$ 的逆矩阵,从而有 $\boldsymbol{AB}=\boldsymbol{E}$,即

$$(\boldsymbol{E}-\boldsymbol{\alpha\alpha}^{\mathrm{T}})\left(\boldsymbol{E}+\frac{1}{a}\boldsymbol{\alpha\alpha}^{\mathrm{T}}\right)=\boldsymbol{E},$$

展开得

$$\boldsymbol{E}+\frac{1}{a}\boldsymbol{\alpha\alpha}^{\mathrm{T}}-\boldsymbol{\alpha\alpha}^{\mathrm{T}}-\frac{1}{a}(\boldsymbol{\alpha\alpha}^{\mathrm{T}})(\boldsymbol{\alpha\alpha}^{\mathrm{T}})=\boldsymbol{E},$$

于是

$$\frac{1}{a}\boldsymbol{\alpha\alpha}^{\mathrm{T}}-\boldsymbol{\alpha\alpha}^{\mathrm{T}}-\frac{1}{a}\boldsymbol{\alpha}(\boldsymbol{\alpha}^{\mathrm{T}}\boldsymbol{\alpha})\boldsymbol{\alpha}^{\mathrm{T}}=\left(\frac{1}{a}-1-\frac{\|\boldsymbol{\alpha}\|^2}{a}\right)\boldsymbol{\alpha\alpha}^{\mathrm{T}}=\left(\frac{1}{a}-1-2a\right)\boldsymbol{\alpha\alpha}^{\mathrm{T}}=\boldsymbol{O}.$$

由于 $a<0$,故 $\boldsymbol{\alpha\alpha}^{\mathrm{T}}\neq\boldsymbol{O}$,从而 $\dfrac{1}{a}-1-2a=0$,解得 $a=\dfrac{1}{2}$ 或 -1. 由于 $a<0$,因此 $a=-1$.

例题 4(2010年) 设 $\boldsymbol{A},\boldsymbol{B}$ 为3阶矩阵,且 $|\boldsymbol{A}|=3$,$|\boldsymbol{B}|=2$,$|\boldsymbol{A}^{-1}+\boldsymbol{B}|=2$,则 $|\boldsymbol{A}+\boldsymbol{B}^{-1}|=$________.

解 将行列式未知的矩阵分解为行列式已知的矩阵的乘积便可求得结果:

$$\begin{aligned}|\boldsymbol{A}+\boldsymbol{B}^{-1}|&=|\boldsymbol{A}(\boldsymbol{E}+\boldsymbol{A}^{-1}\boldsymbol{B}^{-1})|=|\boldsymbol{A}||\boldsymbol{E}+\boldsymbol{A}^{-1}\boldsymbol{B}^{-1}|\\&=|\boldsymbol{A}||\boldsymbol{B}+\boldsymbol{A}^{-1}||\boldsymbol{B}^{-1}|=3\times2\times\frac{1}{2}=3.\end{aligned}$$

例题 5(2000年) 已知矩阵

$$\boldsymbol{A}=\begin{pmatrix}1&0&0&0\\-2&3&0&0\\0&-4&5&0\\0&0&-6&7\end{pmatrix},\quad \boldsymbol{B}=(\boldsymbol{E}+\boldsymbol{A})^{-1}(\boldsymbol{E}-\boldsymbol{A}),$$

则 $(\boldsymbol{E}+\boldsymbol{B})^{-1}=$________.

解 因为

$$\begin{aligned}\boldsymbol{B}+\boldsymbol{E}&=(\boldsymbol{E}+\boldsymbol{A})^{-1}(\boldsymbol{E}-\boldsymbol{A})+\boldsymbol{E}=(\boldsymbol{E}+\boldsymbol{A})^{-1}(\boldsymbol{E}-\boldsymbol{A})+(\boldsymbol{E}+\boldsymbol{A})^{-1}(\boldsymbol{E}+\boldsymbol{A})\\&=2(\boldsymbol{E}+\boldsymbol{A})^{-1},\end{aligned}$$

所以

$$(\boldsymbol{E}+\boldsymbol{B})^{-1}=[2(\boldsymbol{E}+\boldsymbol{A})^{-1}]^{-1}=\frac{\boldsymbol{E}+\boldsymbol{A}}{2}=\begin{pmatrix}1&0&0&0\\-1&2&0&0\\0&-2&3&0\\0&0&-3&4\end{pmatrix}.$$

注　这种“对单位矩阵恒等变形”的操作，是矩阵运算中非常重要的小技巧，它可以构造出公因式. 这种技巧在后面讲解正交矩阵的时候也会反复用到. 其实，这有点类似于中学数学里“1 的妙用”，比如将 1 表示为 $\sin^2\theta+\cos^2\theta$.

2. 考查伴随矩阵和逆矩阵之间的转化

方法总结　当一个行列式中既出现了伴随矩阵，又出现了逆矩阵时，往往需要通过公式 $\boldsymbol{A}^*=|\boldsymbol{A}|\boldsymbol{A}^{-1}$ 或 $\boldsymbol{A}^{-1}=\frac{\boldsymbol{A}^*}{|\boldsymbol{A}|}$ 将二者进行统一，要么统一为伴随矩阵，要么统一为逆矩阵. 一般来说，统一成逆矩阵比较简单.

例题 6　设 $\boldsymbol{A},\boldsymbol{B}$ 为 n 阶矩阵，$|\boldsymbol{A}|=3$，$|\boldsymbol{B}|=2$，求 $|\boldsymbol{A}^{-1}\boldsymbol{B}^*-\boldsymbol{A}^*\boldsymbol{B}^{-1}|$.

解　因 $\boldsymbol{B}^*=|\boldsymbol{B}|\boldsymbol{B}^{-1}=2\boldsymbol{B}^{-1}$，$\boldsymbol{A}^*=|\boldsymbol{A}|\boldsymbol{A}^{-1}=3\boldsymbol{A}^{-1}$，故

$$|\boldsymbol{A}^{-1}\boldsymbol{B}^*-\boldsymbol{A}^*\boldsymbol{B}^{-1}|=|2\boldsymbol{A}^{-1}\boldsymbol{B}^{-1}-3\boldsymbol{A}^{-1}\boldsymbol{B}^{-1}|=\frac{(-1)^n}{|\boldsymbol{A}||\boldsymbol{B}|}=\frac{(-1)^n}{6}.$$

类题　已知 $\boldsymbol{A}$ 为 3 阶矩阵，且 $|\boldsymbol{A}|=-\frac{1}{4}$，则 $\left|\left(\frac{1}{5}\boldsymbol{A}\right)^{-1}+(2\boldsymbol{A})^*\right|=$________.

解　因 $\left(\frac{1}{5}\boldsymbol{A}\right)^{-1}=5\boldsymbol{A}^{-1}$，$(2\boldsymbol{A})^*=2^2\boldsymbol{A}^*=4\boldsymbol{A}^*=4|\boldsymbol{A}|\boldsymbol{A}^{-1}=-\boldsymbol{A}^{-1}$，故

$$\left|\left(\frac{1}{5}\boldsymbol{A}\right)^{-1}+(2\boldsymbol{A})^*\right|=|4\boldsymbol{A}^{-1}|=4^3\times(-4)=-256.$$

例题 7(2009 年)　设 $\boldsymbol{A},\boldsymbol{B}$ 均为 2 阶矩阵，若 $|\boldsymbol{A}|=2$，$|\boldsymbol{B}|=3$，则分块矩阵 $\begin{pmatrix}\boldsymbol{O}&\boldsymbol{A}\\\boldsymbol{B}&\boldsymbol{O}\end{pmatrix}$ 的伴随矩阵为(　　).

A. $\begin{pmatrix}\boldsymbol{O}&3\boldsymbol{B}^*\\2\boldsymbol{A}^*&\boldsymbol{O}\end{pmatrix}$　　B. $\begin{pmatrix}\boldsymbol{O}&2\boldsymbol{B}^*\\3\boldsymbol{A}^*&\boldsymbol{O}\end{pmatrix}$　　C. $\begin{pmatrix}\boldsymbol{O}&3\boldsymbol{A}^*\\2\boldsymbol{B}^*&\boldsymbol{O}\end{pmatrix}$　　D. $\begin{pmatrix}\boldsymbol{O}&2\boldsymbol{A}^*\\3\boldsymbol{B}^*&\boldsymbol{O}\end{pmatrix}$

解　我们有

$$\begin{pmatrix}\boldsymbol{O}&\boldsymbol{A}\\\boldsymbol{B}&\boldsymbol{O}\end{pmatrix}^*=\begin{vmatrix}\boldsymbol{O}&\boldsymbol{A}\\\boldsymbol{B}&\boldsymbol{O}\end{vmatrix}\begin{pmatrix}\boldsymbol{O}&\boldsymbol{A}\\\boldsymbol{B}&\boldsymbol{O}\end{pmatrix}^{-1}=(-1)^{2\times2}|\boldsymbol{A}||\boldsymbol{B}|\begin{pmatrix}\boldsymbol{O}&\boldsymbol{B}^{-1}\\\boldsymbol{A}^{-1}&\boldsymbol{O}\end{pmatrix}$$

$$=\begin{pmatrix}\boldsymbol{O}&|\boldsymbol{A}||\boldsymbol{B}|\boldsymbol{B}^{-1}\\|\boldsymbol{B}||\boldsymbol{A}|\boldsymbol{A}^{-1}&\boldsymbol{O}\end{pmatrix}=\begin{pmatrix}\boldsymbol{O}&|\boldsymbol{A}|\boldsymbol{B}^*\\|\boldsymbol{B}|\boldsymbol{A}^*&\boldsymbol{O}\end{pmatrix}.$$

将 $|\boldsymbol{A}|=2$，$|\boldsymbol{B}|=3$ 代入可知，本题答案为选项 B.

注 本题的结论在 $\boldsymbol{A},\boldsymbol{B}$ 均不可逆时也成立.

类题 已知矩阵

$$\boldsymbol{A}=\begin{pmatrix}0&0&0&1&3\\0&0&0&-1&2\\1&1&1&0&0\\0&1&1&0&0\\0&0&1&0&0\end{pmatrix},$$

求 $\boldsymbol{A}$ 的所有代数余子式之和.

解 由于 $\boldsymbol{A}^*$ 的元素正好是 $\boldsymbol{A}$ 的代数余子式,故只需求出 $\boldsymbol{A}^*$ 的表达式,然后将其所有元素相加即可.

观察 $\boldsymbol{A}$ 的元素分布,将 $\boldsymbol{A}$ 进行分块,即

$$\boldsymbol{A}=\left(\begin{array}{ccc:cc}0&0&0&1&3\\0&0&0&-1&2\\ \hdashline 1&1&1&0&0\\0&1&1&0&0\\0&0&1&0&0\end{array}\right)=\begin{pmatrix}\boldsymbol{O}&\boldsymbol{B}\\\boldsymbol{C}&\boldsymbol{O}\end{pmatrix},$$

其中

$$\boldsymbol{B}=\begin{pmatrix}1&3\\-1&2\end{pmatrix},\quad \boldsymbol{C}=\begin{pmatrix}1&1&1\\0&1&1\\0&0&1\end{pmatrix}.$$

根据分块矩阵的行列式和逆矩阵公式,可知

$$\boldsymbol{A}^*=|\boldsymbol{A}|\boldsymbol{A}^{-1}=(-1)^{2\times3}|\boldsymbol{B}||\boldsymbol{C}|\begin{pmatrix}\boldsymbol{O}&\boldsymbol{C}^{-1}\\\boldsymbol{B}^{-1}&\boldsymbol{O}\end{pmatrix}=5\begin{pmatrix}\boldsymbol{O}&\boldsymbol{C}^{-1}\\\boldsymbol{B}^{-1}&\boldsymbol{O}\end{pmatrix}.$$

经简单计算可得

$$\boldsymbol{B}^{-1}=\frac{\boldsymbol{B}^*}{|\boldsymbol{B}|}=\frac{\begin{pmatrix}2&-3\\1&1\end{pmatrix}}{5}=\begin{pmatrix}\frac{2}{5}&-\frac{3}{5}\\\frac{1}{5}&\frac{1}{5}\end{pmatrix},\quad \boldsymbol{C}^{-1}=\begin{pmatrix}1&-1&0\\0&1&-1\\0&0&1\end{pmatrix},$$

故

$$\boldsymbol{A}^*=5\begin{pmatrix}\boldsymbol{O}&\boldsymbol{C}^{-1}\\\boldsymbol{B}^{-1}&\boldsymbol{O}\end{pmatrix}=\left(\begin{array}{cc:ccc}0&0&5&-5&0\\0&0&0&5&-5\\0&0&0&0&5\\ \hdashline 2&-3&0&0&0\\1&1&0&0&0\end{array}\right),$$

从而 $\boldsymbol{A}$ 的所有代数余子式之和为 6.

注　在做题时,若看到代数余子式,要联想到伴随矩阵.还有很多题都会用到这种解题思路.

3. 考查 $a_{ij}=\pm A_{ij}$ 与 $\boldsymbol{A}^{\mathrm{T}}=\pm\boldsymbol{A}^*$ 的等价转换

方法总结　利用结论"设 $\boldsymbol{A}=(a_{ij})_{n\times n}$,则 $a_{ij}=\pm A_{ij}(i,j=1,2,\cdots,n)\Longleftrightarrow\boldsymbol{A}^{\mathrm{T}}=\pm\boldsymbol{A}^*$"进行等价转换(这种等价转换在全国硕士研究生招生考试中考查过不止一次).

在看到条件"$\boldsymbol{A}^{\mathrm{T}}=\pm\boldsymbol{A}^*$"时,一般需进行如下两个操作:

(1) 在此条件两端取行列式;

(2) 将 $|\boldsymbol{A}|$ 按某一行(列)展开.

例题 8(2005 年)　设矩阵 $\boldsymbol{A}=(a_{ij})_{3\times 3}$ 满足 $\boldsymbol{A}^{\mathrm{T}}=\boldsymbol{A}^*$,若 a_{11},a_{12},a_{13} 为三个相等的正数,则 $a_{11}=$(　　).

A. $\dfrac{\sqrt{3}}{3}$　　B. 3　　C. $\dfrac{1}{3}$　　D. $\sqrt{3}$

解　由 $\boldsymbol{A}^{\mathrm{T}}=\boldsymbol{A}^*$,两边取行列式,得 $|\boldsymbol{A}|=|\boldsymbol{A}|^2$,故 $|\boldsymbol{A}|=0$ 或 1.

再对比 $\boldsymbol{A}^{\mathrm{T}}$ 和 $\boldsymbol{A}^*$ 中相同位置的元素可发现 $a_{ij}=A_{ij}(i,j=1,2,3)$,其中 A_{ij} 是 $|\boldsymbol{A}|$ 中元素 a_{ij} 的代数余子式.将 $|\boldsymbol{A}|$ 按照第一行展开,得

$$|\boldsymbol{A}|=a_{11}A_{11}+a_{12}A_{12}+a_{13}A_{13}=a_{11}^2+a_{12}^2+a_{13}^2=3a_{11}^2>0,$$

故 $|\boldsymbol{A}|=1$,从而 $3a_{11}^2=1$,解得 $a_{11}=\dfrac{\sqrt{3}}{3}$.因此,选项 A 正确.

类题(2013 年)　设 $\boldsymbol{A}=(a_{ij})$ 是 3 阶非零矩阵,若 $a_{ij}+A_{ij}=0(i,j=1,2,3)$,则 $|\boldsymbol{A}|=$________.

解　以 $a_{ij}(i,j=1,2,3)$ 为元素得到的矩阵为 $\boldsymbol{A}$,而以 $-A_{ij}(i,j=1,2,3)$ 为元素得到的矩阵为 $-(\boldsymbol{A}^*)^{\mathrm{T}}$.由 $a_{ij}+A_{ij}=0$ 得 $a_{ij}=-A_{ij}$,故

$$\boldsymbol{A}=-(\boldsymbol{A}^*)^{\mathrm{T}},\quad 即\quad \boldsymbol{A}^{\mathrm{T}}=-\boldsymbol{A}^*.$$

上式两边取行列式,得 $|\boldsymbol{A}|=-|\boldsymbol{A}|^2$,故 $|\boldsymbol{A}|=0$ 或 -1.

又由于 $\boldsymbol{A}=(a_{ij})$ 是 3 阶非零矩阵,不妨假设 $a_{11}\neq 0$,并将 $|\boldsymbol{A}|$ 按照第一行展开,得

$$|\boldsymbol{A}|=a_{11}A_{11}+a_{12}A_{12}+a_{13}A_{13}=-a_{11}^2-a_{12}^2-a_{13}^2<0,$$

故 $|\boldsymbol{A}|=-1$.

4. 考查正交矩阵及其相关的行列式

方法总结　对于正交矩阵相关的行列式,主要注意以下两点:

(1) 若 $\boldsymbol{A}$ 为正交矩阵,则 $|\boldsymbol{A}|=\pm 1$;

(2) 将单位矩阵 $\boldsymbol{E}$ 表示为 $\boldsymbol{A}\boldsymbol{A}^{\mathrm{T}}$ 或 $\boldsymbol{A}^{\mathrm{T}}\boldsymbol{A}$,其中 $\boldsymbol{A}$ 为正交矩阵.

例题 9(1995 年)　设 $\boldsymbol{A}$ 为 n 阶正交矩阵,且 $|\boldsymbol{A}|<0$,求 $|\boldsymbol{A}+\boldsymbol{E}|$.

解　由于 $\boldsymbol{A}$ 为正交矩阵,故 $\boldsymbol{A}\boldsymbol{A}^{\mathrm{T}}=\boldsymbol{E}$.此式两边取行列式,得到 $|\boldsymbol{A}|^2=1$,故 $|\boldsymbol{A}|=\pm 1$.由于 $|\boldsymbol{A}|<0$,故 $|\boldsymbol{A}|=-1$,从而

$$|A+E|=|A+AA^T|=|A||E+A^T|=|A||(E+A)^T|$$
$$=|A||E+A|=-|E+A|.$$

所以$|E+A|=0$.

类题 1 设A,B均为3阶正交矩阵,满足$|A|+|B|=0$,证明:

$$r[(A+B)^*]\leqslant 1.$$

证 由于A为正交矩阵,故$AA^T=E$.此式两边取行列式,得到$|A|^2=1$,故$|A|=\pm 1$.同理,$|B|=\pm 1$.又由于$|A|+|B|=0$,故$|A|$和$|B|$中必定有一个是1,另一个是-1.不妨设$|A|=1,|B|=-1$,则

$$|A+B|=-|A^T||A+B||B^T|=-|A^TA+A^TB||B^T|=-|E+A^TB||B^T|$$
$$=-|B^T+A^T|=-|A+B|,$$

从而$|A+B|=0$.由此得$r(A+B)\leqslant 3-1$,于是由公式

$$r(C^*)=\begin{cases}n, & r(C)=n,\\ 1, & r(C)=n-1,\\ 0, & r(C)<n-1\end{cases}\quad (C\text{ 为 }n\text{ 阶矩阵})$$

可知$r[(A+B)^*]\leqslant 1$.

类题 2 设B是3阶正交矩阵,$|B|<0$,且$|A-B|=2024$,则$|E-BA^T|=$________.

解 由于B是3阶正交矩阵,$|B|<0$,故必有$|B|=-1$,从而

$$|E-BA^T|=-|B^T||E-BA^T|=-|B^T-B^TBA^T|=-|B^T-A^T|$$
$$=-|(B-A)^T|=-|B-A|.$$

又由于A和B均是3阶矩阵,故

$$|B-A|=(-1)^3|A-B|=-|A-B|=-2024.$$

所以

$$|E-BA^T|=-|B-A|=2024.$$

例题 10 设A是实反对称矩阵,证明:$(E-A)(E+A)^{-1}$是正交矩阵.

证 本题与例题3如出一辙,直接按照定义验证即可.

设$B=(E-A)(E+A)^{-1}$,只需证明$BB^T(=B^TB)=E$即可:

$$\begin{aligned}BB^T&=(E-A)(E+A)^{-1}[(E-A)(E+A)^{-1}]^T\\&=(E-A)(E+A)^{-1}[(E+A)^{-1}]^T(E-A)^T\\&=(E-A)(E+A)^{-1}[(E+A)^T]^{-1}(E-A)^T\\&=(E-A)(E+A)^{-1}(E-A)^{-1}(E+A)\\&=(E-A)[(E-A)(E+A)]^{-1}(E+A)\\&=(E-A)[(E+A)(E-A)]^{-1}(E+A)\\&=(E-A)(E-A)^{-1}(E+A)^{-1}(E+A)\\&=EE=E.\end{aligned}$$

考法三　考查行列式与特征值的关系

例题 11(2000 年)　若 4 阶矩阵 $\boldsymbol{A}$ 与 $\boldsymbol{B}$ 相似,$\boldsymbol{A}$ 的特征值为$\frac{1}{2},\frac{1}{3},\frac{1}{4},\frac{1}{5}$,则$|\boldsymbol{B}^{-1}-\boldsymbol{E}|$ =________.

解　由于 $\boldsymbol{A}$ 与 $\boldsymbol{B}$ 相似,所以它们的特征值相同,故 $\boldsymbol{B}$ 的特征值也为$\frac{1}{2},\frac{1}{3},\frac{1}{4},\frac{1}{5}$.所以,$\boldsymbol{B}^{-1}-\boldsymbol{E}$ 的特征值为 1,2,3,4,从而

$$|\boldsymbol{B}^{-1}-\boldsymbol{E}|=1\times2\times3\times4=24.$$

类题 1　设矩阵 $\boldsymbol{A}=\begin{pmatrix}1&3&6\\0&2&5\\0&0&4\end{pmatrix}$,则$|4\boldsymbol{A}^{-1}+\boldsymbol{E}|=$________.

解　易知 $\boldsymbol{A}$ 的特征值为 1,2,4,故 $4\boldsymbol{A}^{-1}+\boldsymbol{E}$ 的特征值为 5,3,2,从而

$$|4\boldsymbol{A}^{-1}+\boldsymbol{E}|=5\times3\times2=30.$$

类题 2　设向量 $\boldsymbol{\alpha}=(1,0,-1)^{\mathrm{T}}$,矩阵 $\boldsymbol{A}=\boldsymbol{\alpha}\boldsymbol{\alpha}^{\mathrm{T}}$,则$|a\boldsymbol{E}-\boldsymbol{A}^n|=$________.

解　由于 $\boldsymbol{A}=\boldsymbol{\alpha}\boldsymbol{\alpha}^{\mathrm{T}}$,故 $\mathrm{r}(\boldsymbol{A})=1$.所以,$\boldsymbol{A}$ 特征值一定为

$$\lambda_1=\lambda_2=0,\quad \lambda_3=\boldsymbol{\alpha}^{\mathrm{T}}\boldsymbol{\alpha}=2,$$

从而 $a\boldsymbol{E}-\boldsymbol{A}^n$ 的特征值为

$$\mu_1=\mu_2=a,\quad \mu_3=a-2^n.$$

故

$$|a\boldsymbol{E}-\boldsymbol{A}^n|=\mu_1\mu_2\mu_3=a^2(a-2^n).$$

注 1　本题也可以先计算 $\boldsymbol{A}^n$,再代入$|a\boldsymbol{E}-\boldsymbol{A}^n|$中计算行列式,但用特征值明显更快捷.

注 2　若 n 阶矩阵 $\boldsymbol{A}$ 满足 $\mathrm{r}(\boldsymbol{A})=1$,则 $\boldsymbol{A}$ 的特征值一定是

$$\lambda_1=\lambda_2=\cdots=\lambda_{n-1}=0,\quad \lambda_n=\mathrm{tr}(\boldsymbol{A}).$$

例题 12　设 $\boldsymbol{A},\boldsymbol{B}$ 均是 3 阶矩阵,$\boldsymbol{\alpha},\boldsymbol{\beta}$ 均是 3 维线性无关列向量.若 $\boldsymbol{A}$ 与 $\boldsymbol{B}$ 相似,且 $|\boldsymbol{B}|=0,\boldsymbol{A}\boldsymbol{\alpha}=\boldsymbol{\beta},\boldsymbol{A}\boldsymbol{\beta}=\boldsymbol{\alpha}$,求$|\boldsymbol{A}+4\boldsymbol{B}+2\boldsymbol{A}\boldsymbol{B}+2\boldsymbol{E}|$.

解　由$\begin{cases}\boldsymbol{A}\boldsymbol{\alpha}=\boldsymbol{\beta},\\\boldsymbol{A}\boldsymbol{\beta}=\boldsymbol{\alpha}\end{cases}$得

$$\begin{cases}\boldsymbol{A}(\boldsymbol{\alpha}+\boldsymbol{\beta})=\boldsymbol{\alpha}+\boldsymbol{\beta},\\\boldsymbol{A}(\boldsymbol{\alpha}-\boldsymbol{\beta})=-(\boldsymbol{\alpha}-\boldsymbol{\beta}),\end{cases}$$

故 $\boldsymbol{\alpha}+\boldsymbol{\beta}$ 和 $\boldsymbol{\alpha}-\boldsymbol{\beta}$ 均是 $\boldsymbol{A}$ 的特征向量,且分别对应于特征值 1 和 −1.

由于$|\boldsymbol{B}|=0$,且 $\boldsymbol{A}$ 与 $\boldsymbol{B}$ 相似,故$|\boldsymbol{A}|=0$,从而 0 也是 $\boldsymbol{A}$ 的特征值.所以,$\boldsymbol{A}$ 和 $\boldsymbol{B}$ 的特征值均为 −1,0,1.由此得 $\boldsymbol{A}+2\boldsymbol{E}$ 特征值为 1,2,3,而 $2\boldsymbol{B}+\boldsymbol{E}$ 的特征值为 −1,1,3,故

$$\begin{aligned}|\boldsymbol{A}+4\boldsymbol{B}+2\boldsymbol{A}\boldsymbol{B}+2\boldsymbol{E}|&=|(\boldsymbol{A}+2\boldsymbol{E})(2\boldsymbol{B}+\boldsymbol{E})|=|\boldsymbol{A}+2\boldsymbol{E}||2\boldsymbol{B}+\boldsymbol{E}|\\&=(1\times2\times3)\times[(-1)\times1\times3]=-18.\end{aligned}$$

三、配套作业

1. 若$|\boldsymbol{A}|=1$,$|\boldsymbol{B}|=2$,$|\boldsymbol{A}+\boldsymbol{B}|=2$,求$|(\boldsymbol{A}^{-1}+\boldsymbol{B}^{-1})^{-1}|$.

2. 已知矩阵$\boldsymbol{A}=\begin{pmatrix}1&1&0\\0&1&1\\1&1&2\end{pmatrix}$,则$\left|\left(\frac{1}{2}\boldsymbol{A}^2\right)^{-1}-3\boldsymbol{A}^*\right|=$________.

3. 设$\boldsymbol{A}$为n阶矩阵,满足$|\boldsymbol{A}|=\frac{1}{2}$,且$\boldsymbol{A}^2+3\boldsymbol{A}-2\boldsymbol{E}=\boldsymbol{O}$,计算$(\boldsymbol{A}+\boldsymbol{E})^{-1}+\boldsymbol{A}^*$.

4. 设$\boldsymbol{A}$为$2n+1$阶正交矩阵,则$|\boldsymbol{E}-\boldsymbol{A}^2|=$________.

5. 设$\boldsymbol{A},\boldsymbol{B},\boldsymbol{AB}-\boldsymbol{E}$都是$n$阶可逆矩阵,证明:$\boldsymbol{A}-\boldsymbol{B}^{-1}$和$(\boldsymbol{A}-\boldsymbol{B}^{-1})^{-1}-\boldsymbol{A}^{-1}$均可逆.

6. 设向量$\boldsymbol{\alpha}=(1,2,-1)^{\mathrm{T}}$,$\boldsymbol{\beta}=(-2,1,-2)^{\mathrm{T}}$,矩阵$\boldsymbol{A}=\boldsymbol{E}-\boldsymbol{\alpha\beta}^{\mathrm{T}}$,计算$|\boldsymbol{A}^2-2\boldsymbol{A}+2\boldsymbol{E}|$.

7. 设$\boldsymbol{A}$是2阶矩阵,$\boldsymbol{\alpha}_1,\boldsymbol{\alpha}_2$是两个线性无关的2维列向量,矩阵$\boldsymbol{A\alpha}_1=\boldsymbol{\alpha}_1+\boldsymbol{\alpha}_2$,$\boldsymbol{A\alpha}_2=3\boldsymbol{\alpha}_1+\boldsymbol{\alpha}_2$,求$|\boldsymbol{A}|$.

第 2 讲 矩阵高次幂的计算

矩阵高次幂的计算是全国硕士研究生招生考试中线性代数考查的重点，但并不是难点．计算矩阵高次幂，一般有如下几种方法：

(1) 找规律法；

(2) 秩一矩阵分解法；

(3) 二项式展开定理；

(4) 初等矩阵法；

(5) 相似对角化法；

(6) 凯莱-哈密顿定理．

一、重要结论归纳总结

(一) 秩一矩阵的分解

理论铺垫1 任何一个秩为1的方阵$\boldsymbol{A}$(秩一矩阵),一定可以分解成"一列乘以一行"(只含一列的矩阵乘以只含一行的矩阵),即$\boldsymbol{A}=\boldsymbol{\alpha}\boldsymbol{\beta}^{\mathrm{T}}$,其中$\boldsymbol{\alpha},\boldsymbol{\beta}$是某两个同维的列向量.反之,任何一个由"一列乘以一行"得到的非零矩阵$\boldsymbol{A}$,其秩必定为1.

将秩一矩阵$\boldsymbol{A}$分解为"一列乘以一行"时,那"一列"就是$\boldsymbol{A}$的某非零列,而那"一行"就是每一列相对于该非零列的倍数;或者那"一行"就是$\boldsymbol{A}$的某非零行,而那"一列"就是每一行相对于该非零行的倍数.

比如,对于秩一矩阵

$$\boldsymbol{A}=\begin{pmatrix}2&1&3\\2&1&3\\6&3&9\end{pmatrix}$$

而言,有

$$\boldsymbol{A}=\begin{pmatrix}2\\2\\6\end{pmatrix}\left(1,\frac{1}{2},\frac{3}{2}\right)=\begin{pmatrix}1\\1\\3\end{pmatrix}(2,1,3).$$

理论铺垫2 假设向量

$$\boldsymbol{\alpha}=\begin{pmatrix}a_1\\a_2\\\vdots\\a_n\end{pmatrix},\quad \boldsymbol{\beta}=\begin{pmatrix}b_1\\b_2\\\vdots\\b_n\end{pmatrix},$$

则$\boldsymbol{\alpha}\boldsymbol{\beta}^{\mathrm{T}}$和$\boldsymbol{\beta}\boldsymbol{\alpha}^{\mathrm{T}}$均是一个$n$阶矩阵,而$\boldsymbol{\alpha}^{\mathrm{T}}\boldsymbol{\beta}$和$\boldsymbol{\beta}^{\mathrm{T}}\boldsymbol{\alpha}$均是一个具体的数.由于

$$\boldsymbol{\alpha}\boldsymbol{\beta}^{\mathrm{T}}=\begin{pmatrix}a_1\\a_2\\\vdots\\a_n\end{pmatrix}(b_1,b_2,\cdots,b_n)=\begin{pmatrix}a_1b_1&a_1b_2&\cdots&a_1b_n\\a_2b_1&a_2b_2&\cdots&a_2b_n\\\vdots&\vdots&&\vdots\\a_nb_1&a_nb_2&\cdots&a_nb_n\end{pmatrix},$$

$$\boldsymbol{\alpha}^{\mathrm{T}}\boldsymbol{\beta}=\boldsymbol{\beta}^{\mathrm{T}}\boldsymbol{\alpha}=a_1b_1+a_2b_2+\cdots+a_nb_n,$$

显然数$\boldsymbol{\alpha}^{\mathrm{T}}\boldsymbol{\beta}$是矩阵$\boldsymbol{\alpha}\boldsymbol{\beta}^{\mathrm{T}}$的迹,即

$$\mathrm{tr}(\boldsymbol{\alpha}\boldsymbol{\beta}^{\mathrm{T}})=\mathrm{tr}(\boldsymbol{\beta}\boldsymbol{\alpha}^{\mathrm{T}})=\boldsymbol{\alpha}^{\mathrm{T}}\boldsymbol{\beta}=\boldsymbol{\beta}^{\mathrm{T}}\boldsymbol{\alpha}=(\boldsymbol{\alpha},\boldsymbol{\beta})=(\boldsymbol{\beta},\boldsymbol{\alpha}).$$

比如,对于秩一矩阵

$$\boldsymbol{A}=\begin{pmatrix}2&1&3\\2&1&3\\6&3&9\end{pmatrix},$$

若分解为

$$\boldsymbol{A}=\begin{pmatrix}1\\1\\3\end{pmatrix}(2,1,3),$$

就会发现 $\boldsymbol{\alpha}^{\mathrm{T}}\boldsymbol{\beta}=1\times2+1\times1+3\times3=12$，而 $\mathrm{tr}(\boldsymbol{A})=2+1+9=12$. 又如，在 2003 年考研真题中有这样一道题：设 $\boldsymbol{\alpha}$ 为 3 维列向量，若

$$\boldsymbol{\alpha}\boldsymbol{\alpha}^{\mathrm{T}}=\begin{pmatrix}1&-1&1\\-1&1&-1\\1&-1&1\end{pmatrix},$$

则 $\boldsymbol{\alpha}^{\mathrm{T}}\boldsymbol{\alpha}=$ ________.

终极结论 对于秩一矩阵 $\boldsymbol{A}=\boldsymbol{\alpha}\boldsymbol{\beta}^{\mathrm{T}}$，有

$$\boldsymbol{A}^n=(\boldsymbol{\alpha}\boldsymbol{\beta}^{\mathrm{T}})^n=(\boldsymbol{\alpha}\boldsymbol{\beta}^{\mathrm{T}})(\boldsymbol{\alpha}\boldsymbol{\beta}^{\mathrm{T}})\cdots(\boldsymbol{\alpha}\boldsymbol{\beta}^{\mathrm{T}})=\boldsymbol{\alpha}(\boldsymbol{\beta}^{\mathrm{T}}\boldsymbol{\alpha})(\boldsymbol{\beta}^{\mathrm{T}}\boldsymbol{\alpha})\cdots(\boldsymbol{\beta}^{\mathrm{T}}\boldsymbol{\alpha})\boldsymbol{\beta}^{\mathrm{T}}=[\mathrm{tr}(\boldsymbol{A})]^{n-1}\boldsymbol{A}.$$

(二) 相似对角化在矩阵求幂中的应用

我们知道，对角矩阵的高次幂是非常容易计算的：设矩阵

$$\boldsymbol{D}=\begin{pmatrix}\lambda_1&&&\\&\lambda_2&&\\&&\ddots&\\&&&\lambda_n\end{pmatrix}$$

（这里空白处的元素均为零，本书以下同），则

$$\boldsymbol{D}^n=\begin{pmatrix}\lambda_1^n&&&\\&\lambda_2^n&&\\&&\ddots&\\&&&\lambda_n^n\end{pmatrix}.$$

所以，若 $\boldsymbol{A}$ 能够相似对角化，则存在可逆矩阵 $\boldsymbol{P}$，使得 $\boldsymbol{P}^{-1}\boldsymbol{A}\boldsymbol{P}=\boldsymbol{\Lambda}$（$\boldsymbol{\Lambda}$ 为对角矩阵）. 由此可以反解出 $\boldsymbol{A}=\boldsymbol{P}\boldsymbol{\Lambda}\boldsymbol{P}^{-1}$，故

$$\boldsymbol{A}^n=(\boldsymbol{P}\boldsymbol{\Lambda}\boldsymbol{P}^{-1})^n.$$

再根据矩阵乘法的结合律可知

$$\boldsymbol{A}^n=\boldsymbol{P}\boldsymbol{\Lambda}(\boldsymbol{P}^{-1}\boldsymbol{P})\boldsymbol{\Lambda}\boldsymbol{P}^{-1}\cdots\boldsymbol{P}\boldsymbol{\Lambda}\boldsymbol{P}^{-1}=\boldsymbol{P}\boldsymbol{\Lambda}^n\boldsymbol{P}^{-1}.$$

这就将 $\boldsymbol{A}$ 的高次幂问题转化成对角矩阵 $\boldsymbol{\Lambda}$ 的高次幂问题，大大简化了计算.

(三) 凯莱-哈密顿定理

凯莱-哈密顿定理 若 n 阶矩阵 $\boldsymbol{A}$ 的特征多项式为 $f(\lambda)$，则 $f(\boldsymbol{A})=\boldsymbol{O}$.

二、典型例题分类讲解

考法一　考查找规律法

找规律法是求矩阵高次幂最基本的方法：先由方阵 $\boldsymbol{A}$ 求出 $\boldsymbol{A}^2,\boldsymbol{A}^3$，观察规律，然后猜测 $\boldsymbol{A}^k$ 的表达式. 如果是解答题，需用数学归纳法进行严格证明.

例题 1（1999 年，改编）　已知矩阵 $\boldsymbol{A}=\begin{pmatrix}1&0&1\\0&2&0\\1&0&1\end{pmatrix}$，则 $\boldsymbol{A}^n=$ ________.

解　先尝试计算 $\boldsymbol{A}$ 的前两个幂：

$$\boldsymbol{A}^2=\begin{pmatrix}2&0&2\\0&4&0\\2&0&2\end{pmatrix},\quad \boldsymbol{A}^3=\begin{pmatrix}4&0&4\\0&8&0\\4&0&4\end{pmatrix}.$$

由此猜测

$$\boldsymbol{A}^n=\begin{pmatrix}2^{n-1}&0&2^{n-1}\\0&2^n&0\\2^{n-1}&0&2^{n-1}\end{pmatrix}. \tag{2.1}$$

（如果是选择题或填空题，接下来的步骤可以省略.）

下面用数学归纳法进行严格证明.

(1) 当 $n=1$ 时，公式(2.1)显然成立.

(2) 假设当 $n=k$ 时，公式(2.1)成立，即

$$\boldsymbol{A}^k=\begin{pmatrix}2^{k-1}&0&2^{k-1}\\0&2^k&0\\2^{k-1}&0&2^{k-1}\end{pmatrix}.$$

(3) 验证当 $n=k+1$ 时，公式(2.1)也成立：

$$\boldsymbol{A}^{k+1}=\boldsymbol{A}^k\boldsymbol{A}=\begin{pmatrix}2^{k-1}&0&2^{k-1}\\0&2^k&0\\2^{k-1}&0&2^{k-1}\end{pmatrix}\begin{pmatrix}1&0&1\\0&2&0\\1&0&1\end{pmatrix}=\begin{pmatrix}2^k&0&2^k\\0&2^{k+1}&0\\2^k&0&2^k\end{pmatrix}.$$

综上，由数学归纳法可知，对于任意正整数 n，有

$$\boldsymbol{A}^n=\begin{pmatrix}2^{n-1}&0&2^{n-1}\\0&2^n&0\\2^{n-1}&0&2^{n-1}\end{pmatrix}.$$

类题 1(2004 年) 设矩阵

$$\boldsymbol{A}=\begin{pmatrix}0&-1&0\\1&0&0\\0&0&-1\end{pmatrix},\quad \boldsymbol{B}=\boldsymbol{P}^{-1}\boldsymbol{A}\boldsymbol{P},$$

其中 $\boldsymbol{P}$ 是 3 阶可逆矩阵,则 $\boldsymbol{B}^{2004}-2\boldsymbol{A}^2=$________.

解 由 $\boldsymbol{B}=\boldsymbol{P}^{-1}\boldsymbol{A}\boldsymbol{P}$ 可知

$$\boldsymbol{B}^{2004}=(\boldsymbol{P}^{-1}\boldsymbol{A}\boldsymbol{P})(\boldsymbol{P}^{-1}\boldsymbol{A}\boldsymbol{P})\cdots(\boldsymbol{P}^{-1}\boldsymbol{A}\boldsymbol{P})=\boldsymbol{P}^{-1}\boldsymbol{A}^{2004}\boldsymbol{P},$$

又

$$\boldsymbol{A}^2=\begin{pmatrix}-1&0&0\\0&-1&0\\0&0&1\end{pmatrix},\quad \boldsymbol{A}^3=\begin{pmatrix}0&1&0\\-1&0&0\\0&0&-1\end{pmatrix},\quad \boldsymbol{A}^4=\begin{pmatrix}1&0&0\\0&1&0\\0&0&1\end{pmatrix}=\boldsymbol{E},$$

所以

$$\boldsymbol{A}^{2004}=(\boldsymbol{A}^4)^{501}=\boldsymbol{E}^{501}=\boldsymbol{E},$$

从而

$$\begin{aligned}\boldsymbol{B}^{2004}-2\boldsymbol{A}^2&=\boldsymbol{P}^{-1}\boldsymbol{A}^{2004}\boldsymbol{P}-2\boldsymbol{A}^2=\boldsymbol{P}^{-1}\boldsymbol{P}-2\boldsymbol{A}^2\\&=\begin{pmatrix}1&0&0\\0&1&0\\0&0&1\end{pmatrix}-2\begin{pmatrix}-1&0&0\\0&-1&0\\0&0&1\end{pmatrix}=\begin{pmatrix}3&0&0\\0&3&0\\0&0&-1\end{pmatrix}.\end{aligned}$$

注 本题其实包含了“利用相似对角化计算矩阵高次幂”的影子,在“考法五”中我们会详细介绍该方法.

类题 2 已知矩阵 $\boldsymbol{A}=\begin{pmatrix}1&4&2\\0&-3&-2\\0&4&3\end{pmatrix}$,则 $\boldsymbol{A}^n=$________.

解 先尝试计算 $\boldsymbol{A}$ 的前两个幂.经计算可得

$$\boldsymbol{A}^2=\boldsymbol{E},\quad \boldsymbol{A}^3=\boldsymbol{A},$$

所以有如下结论:

$$\boldsymbol{A}^n=\begin{cases}\boldsymbol{A}, & n\text{ 为奇数},\\ \boldsymbol{E}, & n\text{ 为偶数}.\end{cases}$$

例题 2 证明:

$$\begin{pmatrix}\frac{3}{2}&-\frac{1}{2}\\ \frac{1}{2}&\frac{1}{2}\end{pmatrix}^n=\begin{pmatrix}\frac{n+2}{2}&-\frac{n}{2}\\ \frac{n}{2}&-\frac{n-2}{2}\end{pmatrix}.$$

证　当 $n=1$ 时，

$$\text{左边}=\begin{pmatrix}\frac{3}{2} & -\frac{1}{2}\\ \frac{1}{2} & \frac{1}{2}\end{pmatrix},\quad \text{右边}=\begin{pmatrix}\frac{1+2}{2} & -\frac{1}{2}\\ \frac{1}{2} & -\frac{1-2}{2}\end{pmatrix}=\begin{pmatrix}\frac{3}{2} & -\frac{1}{2}\\ \frac{1}{2} & \frac{1}{2}\end{pmatrix},$$

故当 $n=1$ 时，结论成立.

假设当 $n=k$ 时，结论成立，即

$$\begin{pmatrix}\frac{3}{2} & -\frac{1}{2}\\ \frac{1}{2} & \frac{1}{2}\end{pmatrix}^k=\begin{pmatrix}\frac{k+2}{2} & -\frac{k}{2}\\ \frac{k}{2} & -\frac{k-2}{2}\end{pmatrix}.$$

当 $n=k+1$ 时，

$$\begin{aligned}\begin{pmatrix}\frac{3}{2} & -\frac{1}{2}\\ \frac{1}{2} & \frac{1}{2}\end{pmatrix}^{k+1}&=\begin{pmatrix}\frac{3}{2} & -\frac{1}{2}\\ \frac{1}{2} & \frac{1}{2}\end{pmatrix}^k\begin{pmatrix}\frac{3}{2} & -\frac{1}{2}\\ \frac{1}{2} & \frac{1}{2}\end{pmatrix}=\begin{pmatrix}\frac{k+2}{2} & -\frac{k}{2}\\ \frac{k}{2} & -\frac{k-2}{2}\end{pmatrix}\begin{pmatrix}\frac{3}{2} & -\frac{1}{2}\\ \frac{1}{2} & \frac{1}{2}\end{pmatrix}\\&=\begin{pmatrix}\frac{k+3}{2} & -\frac{k+1}{2}\\ \frac{k+1}{2} & -\frac{k-1}{2}\end{pmatrix}=\begin{pmatrix}\frac{(k+1)+2}{2} & -\frac{k+1}{2}\\ \frac{k+1}{2} & -\frac{(k+1)-2}{2}\end{pmatrix},\end{aligned}$$

即当 $n=k+1$ 时，结论成立.

综上，由数学归纳法可知，对于任意正整数 n，有

$$\begin{pmatrix}\frac{3}{2} & -\frac{1}{2}\\ \frac{1}{2} & \frac{1}{2}\end{pmatrix}^n=\begin{pmatrix}\frac{n+2}{2} & -\frac{n}{2}\\ \frac{n}{2} & -\frac{n-2}{2}\end{pmatrix}.$$

例题 3　已知矩阵 $\boldsymbol{A}=\begin{pmatrix}0 & a & c\\ 0 & 0 & b\\ 0 & 0 & 0\end{pmatrix}$，求 $\boldsymbol{A}^n$.

解　先尝试计算 $\boldsymbol{A}$ 的前两个幂. 经计算可得

$$\boldsymbol{A}^2=\begin{pmatrix}0 & 0 & ab\\ 0 & 0 & 0\\ 0 & 0 & 0\end{pmatrix},\quad \boldsymbol{A}^3=\begin{pmatrix}0 & 0 & 0\\ 0 & 0 & 0\\ 0 & 0 & 0\end{pmatrix}.$$

显然，当 $n>3$ 时，

$$\boldsymbol{A}^n=\boldsymbol{A}^3\boldsymbol{A}^{n-3}=\boldsymbol{O}\boldsymbol{A}^{n-3}=\boldsymbol{O}.$$

综上,当 $n=1$ 时,

$$\boldsymbol{A}=\begin{pmatrix}0&a&c\\0&0&b\\0&0&0\end{pmatrix};$$

当 $n=2$ 时,

$$\boldsymbol{A}^n=\boldsymbol{A}^2=\begin{pmatrix}0&0&ab\\0&0&0\\0&0&0\end{pmatrix};$$

当 $n\geqslant 3$ 时,$\boldsymbol{A}^n=\boldsymbol{O}$.

类题(2007 年,改编) 已知矩阵 $\boldsymbol{A}=\begin{pmatrix}0&1&0&0\\0&0&1&0\\0&0&0&1\\0&0&0&0\end{pmatrix}$,求 $\boldsymbol{A}^n$.

解 本题的解法与上题完全类似.

经计算可得

$$\boldsymbol{A}^2=\begin{pmatrix}0&0&1&0\\0&0&0&1\\0&0&0&0\\0&0&0&0\end{pmatrix},\quad \boldsymbol{A}^3=\begin{pmatrix}0&0&0&1\\0&0&0&0\\0&0&0&0\\0&0&0&0\end{pmatrix},\quad \boldsymbol{A}^4=\begin{pmatrix}0&0&0&0\\0&0&0&0\\0&0&0&0\\0&0&0&0\end{pmatrix}.$$

显然,当 $n\geqslant 4$ 时,$\boldsymbol{A}^n=\boldsymbol{O}$.

考法二 考查秩一矩阵的分解

例题 4 已知矩阵 $\boldsymbol{A}=\begin{pmatrix}1&-2&1\\2&-4&2\\-3&6&-3\end{pmatrix}$,求 $\boldsymbol{A}^n$.

解 显然,$\mathrm{r}(\boldsymbol{A})=1$,故将 $\boldsymbol{A}$ 进行分解,即

$$\boldsymbol{A}=\boldsymbol{\alpha}\boldsymbol{\beta}^{\mathrm{T}}=\begin{pmatrix}1\\2\\-3\end{pmatrix}(1,-2,1),$$

其中

$$\boldsymbol{\alpha}=(1,2,-3)^{\mathrm{T}},\quad \boldsymbol{\beta}=(1,-2,1)^{\mathrm{T}}.$$

因

$$\boldsymbol{\beta}^{\mathrm{T}}\boldsymbol{\alpha}=(1,-2,1)\begin{pmatrix}1\\2\\-3\end{pmatrix}=1-4-3=-6,$$

故

$$\begin{aligned}\boldsymbol{A}^n&=(\boldsymbol{\alpha}\boldsymbol{\beta}^{\mathrm{T}})(\boldsymbol{\alpha}\boldsymbol{\beta}^{\mathrm{T}})\cdots(\boldsymbol{\alpha}\boldsymbol{\beta}^{\mathrm{T}})=\boldsymbol{\alpha}(\boldsymbol{\beta}^{\mathrm{T}}\boldsymbol{\alpha})\cdots(\boldsymbol{\beta}^{\mathrm{T}}\boldsymbol{\alpha})\boldsymbol{\beta}^{\mathrm{T}}=(-6)^{n-1}\boldsymbol{\alpha}\boldsymbol{\beta}^{\mathrm{T}}\\&=(-6)^{n-1}\boldsymbol{A}=(-6)^{n-1}\begin{pmatrix}1&-2&1\\2&-4&2\\-3&6&-3\end{pmatrix}.\end{aligned}$$

当然，本题也可以直接套用公式 $\boldsymbol{A}^n=[\mathrm{tr}(\boldsymbol{A})]^{n-1}\boldsymbol{A}$：

$$\begin{aligned}\boldsymbol{A}^n&=[1+(-4)+(-3)]^{n-1}\boldsymbol{A}\\&=(-6)^{n-1}\boldsymbol{A}.\end{aligned}$$

考法三　考查二项式展开定理

二项式展开定理　若矩阵 $\boldsymbol{A}$ 能写成数量矩阵 $k\boldsymbol{E}$ 与幂零矩阵 $\boldsymbol{B}$ 之和，即

$$\boldsymbol{A}=k\boldsymbol{E}+\boldsymbol{B},$$

且存在 $m\in\mathbf{N}^*$，使得 $\boldsymbol{B}^m\neq\boldsymbol{O}$，$\boldsymbol{B}^{m+1}=\boldsymbol{O}$，则由二项式展开定理可知

$$\boldsymbol{A}^n=(k\boldsymbol{E}+\boldsymbol{B})^n=(k\boldsymbol{E})^n+\mathrm{C}_n^1\boldsymbol{B}(k\boldsymbol{E})^{n-1}+\mathrm{C}_n^2\boldsymbol{B}^2(k\boldsymbol{E})^{n-2}+\cdots+\mathrm{C}_n^m\boldsymbol{B}^m(k\boldsymbol{E})^{n-m}\quad(n\geqslant m).$$

只要 m 较小（比如 m 等于 2 或 3），则上式右边的项很少，可大大简化计算. 其实，这种思想有点像用莱布尼茨法则求高阶导数[请回顾 $f(x)=x^2\ln x$ 的 n 阶导数的计算方法].

例题 5　已知矩阵 $\boldsymbol{A}=\begin{pmatrix}1&2&3\\0&1&2\\0&0&1\end{pmatrix}$，计算 $\boldsymbol{A}^n$.

解　由于

$$\boldsymbol{A}=\begin{pmatrix}1&2&3\\0&1&2\\0&0&1\end{pmatrix}=\begin{pmatrix}0&2&3\\0&0&2\\0&0&0\end{pmatrix}+\begin{pmatrix}1&0&0\\0&1&0\\0&0&1\end{pmatrix}=\boldsymbol{B}+\boldsymbol{E},$$

而

$$\boldsymbol{B}^2=\begin{pmatrix}0&0&4\\0&0&0\\0&0&0\end{pmatrix},\quad\boldsymbol{B}^3=\boldsymbol{B}^4=\cdots=\begin{pmatrix}0&0&0\\0&0&0\\0&0&0\end{pmatrix}=\boldsymbol{O},$$

所以由二项式展开定理可知

$$\begin{aligned}\boldsymbol{A}^n &= (\boldsymbol{B}+\boldsymbol{E})^n \\ &= \mathrm{C}_n^0\boldsymbol{E}+\mathrm{C}_n^1\boldsymbol{B}+\cdots+\mathrm{C}_n^{n-1}\boldsymbol{B}^{n-1}+\mathrm{C}_n^n\boldsymbol{B}^n \\ &= \boldsymbol{E}+n\boldsymbol{B}+\frac{n(n-1)}{2}\boldsymbol{B}^2.\end{aligned}$$

代入并计算可得

$$\boldsymbol{A}^n=\begin{pmatrix}1 & 2n & 3n+2n(n-1) \\ 0 & 1 & 2n \\ 0 & 0 & 1\end{pmatrix}.$$

类题 已知矩阵 $\boldsymbol{A}=\begin{pmatrix}3 & 1 & 0 & 0 \\ 0 & 3 & 0 & 0 \\ 0 & 0 & 3 & 9 \\ 0 & 0 & 1 & 3\end{pmatrix}$,求 $\boldsymbol{A}^n$.

解 本题是综合题,考查了分块矩阵的 n 次幂、秩一矩阵的 n 次幂、矩阵的二项式展开定理等知识点.

将 $\boldsymbol{A}$ 分块:

$$\boldsymbol{A}=\begin{pmatrix}3 & 1 & 0 & 0 \\ 0 & 3 & 0 & 0 \\ 0 & 0 & 3 & 9 \\ 0 & 0 & 1 & 3\end{pmatrix}=\begin{pmatrix}\boldsymbol{B} & \boldsymbol{O} \\ \boldsymbol{O} & \boldsymbol{C}\end{pmatrix},$$

其中

$$\boldsymbol{B}=\begin{pmatrix}3 & 1 \\ 0 & 3\end{pmatrix}, \quad \boldsymbol{C}=\begin{pmatrix}3 & 9 \\ 1 & 3\end{pmatrix}.$$

利用分块矩阵的 n 次幂公式,可得

$$\boldsymbol{A}^n=\begin{pmatrix}\boldsymbol{B}^n & \boldsymbol{O} \\ \boldsymbol{O} & \boldsymbol{C}^n\end{pmatrix}.$$

下面分别计算 $\boldsymbol{B}^n$ 和 $\boldsymbol{C}^n$ 即可.

(1) 计算 $\boldsymbol{B}^n$. 因

$$\boldsymbol{B}=\begin{pmatrix}3 & 1 \\ 0 & 3\end{pmatrix}=3\begin{pmatrix}1 & 0 \\ 0 & 1\end{pmatrix}+\begin{pmatrix}0 & 1 \\ 0 & 0\end{pmatrix}=3\boldsymbol{E}+\boldsymbol{D},$$

其中 $\boldsymbol{D}=\begin{pmatrix}0 & 1 \\ 0 & 0\end{pmatrix}$,又易得

$$\boldsymbol{D}^2=\boldsymbol{D}^3=\cdots=\boldsymbol{O},$$

故由二项式展开定理可得

$$\boldsymbol{B}^n=(3\boldsymbol{E}+\boldsymbol{D})^n=(3\boldsymbol{E})^n+n(3\boldsymbol{E})^{n-1}\boldsymbol{D}$$

$$=\begin{pmatrix}3^n&0\\0&3^n\end{pmatrix}+n\begin{pmatrix}3^{n-1}&0\\0&3^{n-1}\end{pmatrix}\begin{pmatrix}0&1\\0&0\end{pmatrix}$$

$$=\begin{pmatrix}3^n&n\cdot 3^{n-1}\\0&3^n\end{pmatrix}.$$

(2) 计算 $\boldsymbol{C}^n$. 由于 $\boldsymbol{C}=\begin{pmatrix}3&9\\1&3\end{pmatrix}$,显然 $\mathrm{r}(\boldsymbol{C})=1$,故由关于秩一矩阵的结论知

$$\boldsymbol{C}^n=[\mathrm{tr}(\boldsymbol{C})]^{n-1}\boldsymbol{C}=6^{n-1}\begin{pmatrix}3&9\\1&3\end{pmatrix}.$$

综上,可得

$$\boldsymbol{A}^n=\begin{pmatrix}\boldsymbol{B}^n&\boldsymbol{O}\\\boldsymbol{O}&\boldsymbol{C}^n\end{pmatrix}=\begin{pmatrix}3^n&n\cdot 3^{n-1}&0&0\\0&3^n&0&0\\0&0&3\cdot 6^{n-1}&9\cdot 6^{n-1}\\0&0&6^{n-1}&3\cdot 6^{n-1}\end{pmatrix}.$$

考法四　考查初等矩阵的幂

方法总结　由于初等矩阵对应初等变换,所以可将初等矩阵的高次幂视为连续做若干次相同的初等变换.

例题 6　计算 $\begin{pmatrix}1&0&0\\0&1&0\\0&3&1\end{pmatrix}^{99}\begin{pmatrix}1&2&3\\4&5&6\\7&8&9\end{pmatrix}\begin{pmatrix}1&0&0\\0&0&1\\0&1&0\end{pmatrix}^{101}$.

解　左、右两侧的矩阵均为初等矩阵的幂,故

$$\begin{pmatrix}1&0&0\\0&1&0\\0&3&1\end{pmatrix}^{99}\begin{pmatrix}1&2&3\\4&5&6\\7&8&9\end{pmatrix}\begin{pmatrix}1&0&0\\0&0&1\\0&1&0\end{pmatrix}^{101}=[\boldsymbol{E}_{23}(3)]^{99}\begin{pmatrix}1&2&3\\4&5&6\\7&8&9\end{pmatrix}(\boldsymbol{E}_{23})^{101}.$$

由初等矩阵的意义可知

$$[\boldsymbol{E}_{23}(3)]^{99}=\boldsymbol{E}_{23}(3\times 99),\quad (\boldsymbol{E}_{23})^{101}=\boldsymbol{E}_{23},$$

于是利用相应的初等变换可得

$$\begin{pmatrix}1&0&0\\0&1&0\\0&3&1\end{pmatrix}^{99}\begin{pmatrix}1&2&3\\4&5&6\\7&8&9\end{pmatrix}\begin{pmatrix}1&0&0\\0&0&1\\0&1&0\end{pmatrix}^{101}=\begin{pmatrix}1&3&2\\4&6&5\\1195&1791&1493\end{pmatrix}.$$

考法五　考查相似对角化

例题 7(2016 年)　已知矩阵 $\boldsymbol{A}=\begin{pmatrix}0&-1&1\\2&-3&0\\0&0&0\end{pmatrix}$.

(1) 求 $\boldsymbol{A}^{99}$;

(2) 设矩阵 $\boldsymbol{B}=(\boldsymbol{\alpha}_1,\boldsymbol{\alpha}_2,\boldsymbol{\alpha}_3)$,且 $\boldsymbol{B}^2=\boldsymbol{BA}$,$\boldsymbol{B}^{100}=(\boldsymbol{\beta}_1,\boldsymbol{\beta}_2,\boldsymbol{\beta}_3)$,将 $\boldsymbol{\beta}_1,\boldsymbol{\beta}_2,\boldsymbol{\beta}_3$ 分别表示为 $\boldsymbol{\alpha}_1,\boldsymbol{\alpha}_2,\boldsymbol{\alpha}_3$ 的线性组合.

解　因

$$|\boldsymbol{A}-\lambda\boldsymbol{E}|=\begin{vmatrix}-\lambda&-1&1\\2&-3-\lambda&0\\0&0&-\lambda\end{vmatrix}=-\lambda(\lambda+1)(\lambda+2),$$

故 $\boldsymbol{A}$ 的特征值为 $\lambda=0,-1,-2$.

对于 $\lambda=0$,有

$$\boldsymbol{A}-0\boldsymbol{E}=\begin{pmatrix}0&-1&1\\2&-3&0\\0&0&0\end{pmatrix}\longrightarrow\begin{pmatrix}0&1&-1\\2&0&-3\\0&0&0\end{pmatrix}\longrightarrow\begin{pmatrix}2&0&-3\\0&1&-1\\0&0&0\end{pmatrix},$$

故 $\lambda=0$ 对应的一个特征向量为 $\boldsymbol{\xi}_1=(3,2,2)^{\mathrm{T}}$;

对于 $\lambda=-1$,有

$$\boldsymbol{A}+\boldsymbol{E}=\begin{pmatrix}1&-1&1\\2&-2&0\\0&0&1\end{pmatrix}\longrightarrow\begin{pmatrix}1&-1&0\\0&0&1\\0&0&0\end{pmatrix},$$

故 $\lambda=-1$ 对应的一个特征向量为 $\boldsymbol{\xi}_2=(1,1,0)^{\mathrm{T}}$;

对于 $\lambda=-2$,有

$$\boldsymbol{A}+2\boldsymbol{E}=\begin{pmatrix}2&-1&1\\2&-1&0\\0&0&2\end{pmatrix}\longrightarrow\begin{pmatrix}2&-1&0\\0&0&1\\0&0&0\end{pmatrix},$$

故 $\lambda=-2$ 对应的一个特征向量为 $\boldsymbol{\xi}_3=(1,2,0)^{\mathrm{T}}$.

令

$$\boldsymbol{P}=(\boldsymbol{\xi}_1,\boldsymbol{\xi}_2,\boldsymbol{\xi}_3)=\begin{pmatrix}3&1&1\\2&1&2\\2&0&0\end{pmatrix},$$

则

$$P^{-1}AP=\begin{pmatrix}0&&\\&-1&\\&&-2\end{pmatrix}\xlongequal{\text{记为}}\Lambda,$$

从而

$$A^{99}=P\Lambda^{99}P^{-1}=P\begin{pmatrix}0&&\\&-1&\\&&-2^{99}\end{pmatrix}P^{-1}.$$

经计算可得

$$A^{99}=\begin{pmatrix}2^{99}-2&1-2^{99}&2-2^{98}\\2^{100}-2&1-2^{100}&2-2^{99}\\0&0&0\end{pmatrix}.$$

(2) 在 $B^2=BA$ 两边不断左乘 B，得 $B^{100}=BA^{99}$，即

$$(\beta_1,\beta_2,\beta_3)=(\alpha_1,\alpha_2,\alpha_3)\begin{pmatrix}2^{99}-2&1-2^{99}&2-2^{98}\\2^{100}-2&1-2^{100}&2-2^{99}\\0&0&0\end{pmatrix}.$$

由分块矩阵的乘法可知

$$\begin{cases}\beta_1=(2^{99}-2)\alpha_1+(2^{100}-2)\alpha_2,\\\beta_2=(1-2^{99})\alpha_1+(1-2^{100})\alpha_2,\\\beta_3=(2-2^{98})\alpha_1+(2-2^{99})\alpha_2.\end{cases}$$

类题(1992 年)　设 3 阶矩阵 A 的特征值为 $\lambda_1=1,\lambda_2=2,\lambda_3=3$，分别对应于特征向量

$$\xi_1=(1,1,1)^T,\quad \xi_2=(1,2,4)^T,\quad \xi_3=(1,3,9)^T,$$

又 $\beta=(1,1,3)^T$，计算 $A^n\beta$.

解　我们完全可以仿照上题的方法，先计算 A^n，再计算 $A^n\beta$，但此处给出一个更巧妙的方法：将 β 表示成 A 的特征向量的线性组合，从而求得所要结果.

易知 ξ_1,ξ_2,ξ_3 是三个线性无关的 3 维向量，所以任何一个 3 维向量均可以由 ξ_1,ξ_2,ξ_3 线性表示，β 也不例外. 因

$$(\xi_1,\xi_2,\xi_3,\beta)=\begin{pmatrix}1&1&1&1\\1&2&3&1\\1&4&9&3\end{pmatrix}\longrightarrow\begin{pmatrix}1&1&1&1\\0&1&2&0\\0&0&2&2\end{pmatrix}\longrightarrow\begin{pmatrix}1&1&1&1\\0&1&2&0\\0&0&1&1\end{pmatrix}\longrightarrow\begin{pmatrix}1&0&0&2\\0&1&0&-2\\0&0&1&1\end{pmatrix},$$

故

$$\boldsymbol{\beta}=2\boldsymbol{\xi}_1-2\boldsymbol{\xi}_2+\boldsymbol{\xi}_3.$$

又由于 $\boldsymbol{\xi}_1,\boldsymbol{\xi}_2,\boldsymbol{\xi}_3$ 分别是矩阵 $\boldsymbol{A}$ 的特征值 1,2,3 对应的特征向量,故

$$\boldsymbol{A}\boldsymbol{\xi}_1=\boldsymbol{\xi}_1,\quad \boldsymbol{A}\boldsymbol{\xi}_2=2\boldsymbol{\xi}_2,\quad \boldsymbol{A}\boldsymbol{\xi}_3=3\boldsymbol{\xi}_3.$$

在上面三个式子的两边反复左乘矩阵 $\boldsymbol{A}$,可得

$$\boldsymbol{A}^n\boldsymbol{\xi}_1=\boldsymbol{\xi}_1,\quad \boldsymbol{A}^n\boldsymbol{\xi}_2=2^n\boldsymbol{\xi}_2,\quad \boldsymbol{A}^n\boldsymbol{\xi}_3=3^n\boldsymbol{\xi}_3.$$

所以,在 $\boldsymbol{\beta}=2\boldsymbol{\xi}_1-2\boldsymbol{\xi}_2+\boldsymbol{\xi}_3$ 两边左乘矩阵 $\boldsymbol{A}^n$ 可得

$$\begin{aligned}\boldsymbol{A}^n\boldsymbol{\beta}&=2\boldsymbol{A}^n\boldsymbol{\xi}_1-2\boldsymbol{A}^n\boldsymbol{\xi}_2+\boldsymbol{A}^n\boldsymbol{\xi}_3=2\boldsymbol{\xi}_1-2\cdot 2^n\boldsymbol{\xi}_2+3^n\boldsymbol{\xi}_3\\&=\begin{pmatrix}2\\2\\2\end{pmatrix}+\begin{pmatrix}-2^{n+1}\\-2^{n+2}\\-2^{n+3}\end{pmatrix}+\begin{pmatrix}3^n\\3^{n+1}\\3^{n+2}\end{pmatrix}=\begin{pmatrix}2-2^{n+1}+3^n\\2-2^{n+2}+3^{n+1}\\2-2^{n+3}+3^{n+2}\end{pmatrix}.\end{aligned}$$

考法六　考查凯莱-哈密顿定理

方法总结　为了求方阵 $\boldsymbol{A}$ 的 k 次幂 $\boldsymbol{A}^k$,先计算出 $\boldsymbol{A}$ 的特征多项式 $f_{\boldsymbol{A}}(\lambda)=|\lambda\boldsymbol{E}-\boldsymbol{A}|$,再由多项式除法,可得分解式

$$\lambda^k=q(\lambda)f_{\boldsymbol{A}}(\lambda)+r(\lambda),$$

其中 $q(\lambda)$为商,$r(\lambda)$为余式.当 $\boldsymbol{A}$ 为 3 阶矩阵时,$f_{\boldsymbol{A}}(\lambda)$是关于 λ 的三次多项式,故 $r(\lambda)$是一个关于 λ 的二次多项式,不妨设 $r(\lambda)=a\lambda^2+b\lambda+c$.设法求出系数 a,b,c,则

$$\lambda^k=q(\lambda)f_{\boldsymbol{A}}(\lambda)+a\lambda^2+b\lambda+c.$$

在上式中将 λ 替换为 $\boldsymbol{A}$,由凯莱-哈密顿定理可知

$$\boldsymbol{A}^k=a\boldsymbol{A}^2+b\boldsymbol{A}+c\boldsymbol{E},$$

故只需计算 $\boldsymbol{A}^2$ 即可.

例题 8　设矩阵 $\boldsymbol{A}=\begin{pmatrix}3&-10&-6\\1&-4&-3\\-1&5&4\end{pmatrix}$,计算 $\boldsymbol{A}^{100}$.

解　因

$$|\boldsymbol{A}-\lambda\boldsymbol{E}|=\begin{vmatrix}3-\lambda&-10&-6\\1&-4-\lambda&-3\\-1&5&4-\lambda\end{vmatrix}=-(\lambda-1)^3,$$

故 $\boldsymbol{A}$ 的特征多项式为

$$f_{\boldsymbol{A}}(\lambda)=(\lambda-1)^3.$$

假设

$$\lambda^{100}=q(\lambda)f_{\boldsymbol{A}}(\lambda)+r(\lambda),$$

其中 $q(\lambda)$为商,$r(\lambda)$为余式.由于 $f_{\boldsymbol{A}}(\lambda)$是关于 λ 的三次函数,故假设余式

$$r(\lambda)=a\lambda^2+b\lambda+c.$$

接下来设法求出系数 a,b,c.

令 $p(\lambda)=q(\lambda)f_A(\lambda)$. 由于 $f_A(\lambda)=(\lambda-1)^3$，故必有

$$p(1)=p'(1)=p''(1)=0,$$

求出等式 $\lambda^{100}=q(\lambda)f_A(\lambda)+r(\lambda)$ 两端在 $\lambda=1$ 处的函数值、一阶导数、二阶导数，得

$$\begin{cases}1^{100}=r(1)=a+b+c,\\ 100\times1^{99}=r'(1)=2a+b,\\ 100\times99\times1^{98}=r''(1)=2a,\end{cases}\quad 解得\quad \begin{cases}a=4950,\\ b=-9800,\\ c=4851,\end{cases}$$

所以

$$r(\lambda)=4950\lambda^2-9800\lambda+4851.$$

根据凯莱-哈密顿定理，有 $f_A(\boldsymbol{A})=\boldsymbol{O}$，故在 $\lambda^{100}=q(\lambda)f_A(\lambda)+r(\lambda)$ 中用 $\boldsymbol{A}$ 替换 λ 后得

$$\boldsymbol{A}^{100}=\boldsymbol{O}+r(\boldsymbol{A}),$$

这里的 $r(\boldsymbol{A})$ 并非表示 $\boldsymbol{A}$ 的秩，而是

$$r(\boldsymbol{A})=4950\boldsymbol{A}^2-9800\boldsymbol{A}+4851\boldsymbol{E}.$$

所以，只需计算出 $\boldsymbol{A}^2$ 即可. 经简单计算可知

$$\boldsymbol{A}^2=\begin{pmatrix}3&-10&-6\\1&-4&-3\\-1&5&4\end{pmatrix}\begin{pmatrix}3&-10&-6\\1&-4&-3\\-1&5&4\end{pmatrix}=\begin{pmatrix}5&-20&-12\\2&-9&-6\\-2&10&7\end{pmatrix},$$

故

$$\boldsymbol{A}^{100}=4950\boldsymbol{A}^2-9800\boldsymbol{A}+4851\boldsymbol{E}=\begin{pmatrix}201&-1000&-600\\100&-499&-300\\-100&500&301\end{pmatrix}.$$

类题(2016 年) 设矩阵 $\boldsymbol{A}=\begin{pmatrix}0&-1&1\\2&-3&0\\0&0&0\end{pmatrix}$，求 $\boldsymbol{A}^{99}$.

解 本题在前面已经做过，之前采用的方法是相似对角化. 这里我们用凯莱-哈密顿定理来求解.

因

$$|\boldsymbol{A}-\lambda\boldsymbol{E}|=\begin{vmatrix}-\lambda&-1&1\\2&-3-\lambda&0\\0&0&-\lambda\end{vmatrix}=-\lambda(\lambda+1)(\lambda+2),$$

故 $\boldsymbol{A}$ 的特征多项式为

$$f_A(\lambda)=\lambda(\lambda+1)(\lambda+2).$$

假设

$$\lambda^{99}=q(\lambda)f_A(\lambda)+r(\lambda), \tag{2.2}$$

其中 $q(\lambda)$ 为商，$r(\lambda)$ 为余式. 由于 $f_A(\lambda)$ 是关于 λ 的三次函数，故假设余式

$$r(\lambda)=a\lambda^2+b\lambda+c.$$

接下来设法求出系数 a,b,c.

令 $\lambda=0,-1,-2$，代入(2.2)式得

$$\begin{cases}0=c,\\-1=a-b+c,\\-2^{99}=4a-2b+c,\end{cases}\quad \text{解得}\quad \begin{cases}a=-2^{98}+1,\\b=-2^{98}+2,\\c=0.\end{cases}$$

根据凯莱-哈密顿定理，有 $f_A(\boldsymbol{A})=\boldsymbol{O}$，故在(2.2)式中用 $\boldsymbol{A}$ 替换 λ 后得

$$\boldsymbol{A}^{99}=\boldsymbol{O}+r(\boldsymbol{A}),$$

这里

$$r(\boldsymbol{A})=(-2^{98}+1)\boldsymbol{A}^2+(-2^{98}+2)\boldsymbol{A}.$$

故只需计算出 $\boldsymbol{A}^2$ 即可. 经简单计算可知

$$\boldsymbol{A}^2=\begin{pmatrix}0&-1&1\\2&-3&0\\0&0&0\end{pmatrix}\begin{pmatrix}0&-1&1\\2&-3&0\\0&0&0\end{pmatrix}=\begin{pmatrix}-2&3&0\\-6&7&2\\0&0&0\end{pmatrix},$$

故

$$\boldsymbol{A}^{99}=(-2^{98}+1)\boldsymbol{A}^2+(-2^{98}+2)\boldsymbol{A}=\begin{pmatrix}2^{99}-2&1-2^{99}&2-2^{98}\\2^{100}-2&1-2^{100}&2-2^{99}\\0&0&0\end{pmatrix}.$$

三、配套作业

1. 已知矩阵

$$\boldsymbol{A}=\begin{pmatrix}3&1&0&0&0\\0&3&1&0&0\\0&0&3&0&0\\0&0&0&3&-1\\0&0&0&-9&3\end{pmatrix},$$

求 $\boldsymbol{A}^n(n\geqslant 2)$.

2. 设矩阵 $\boldsymbol{A}=\begin{pmatrix}0&0&2\\a&2&4\\2&0&0\end{pmatrix}$ 可以相似对角化.

(1) 求 a 及可逆矩阵 $\boldsymbol{P}$，使得 $\boldsymbol{P}^{-1}\boldsymbol{A}\boldsymbol{P}=\boldsymbol{\Lambda}$，其中 $\boldsymbol{\Lambda}$ 为对角矩阵；

(2) 求 $\boldsymbol{A}^{100}$.

3. 设

$$\begin{cases} x_n = x_{n-1} + 2y_{n-1}, \\ y_n = 4x_{n-1} + 3y_{n-1} \end{cases} (n=1,2,\cdots), \quad 且 \quad \begin{cases} x_0 = 1, \\ y_0 = 1, \end{cases}$$

求 x_{100} 和 y_{100}.

第3讲

抽象线性方程组的求解

抽象线性方程组，由于其系数矩阵(或增广矩阵)中元素的值未知，所以无法利用初等行变换或者高斯消元法进行求解.求解抽象线性方程组这类题主要侧重于考查线性方程组解的结构与性质，这要求同学们记住各相关结论.这些结论与线性微分方程中的对应结论完全类似，同学们可以进行对照学习.

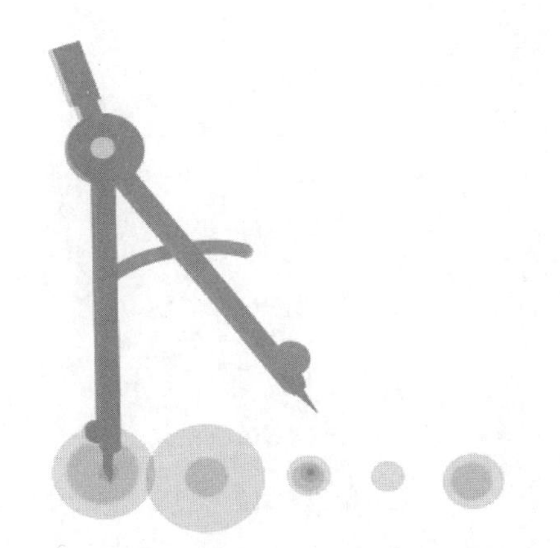

一、重要结论归纳总结

(一) 线性方程组解的结构与性质

(1) 设 $\boldsymbol{\xi}_1,\boldsymbol{\xi}_2,\cdots,\boldsymbol{\xi}_s$ 是齐次线性方程组 $\boldsymbol{Ax}=\boldsymbol{0}$ 的解，则 $k_1\boldsymbol{\xi}_1+k_2\boldsymbol{\xi}_2+\cdots+k_s\boldsymbol{\xi}_s$ 也是 $\boldsymbol{Ax}=\boldsymbol{0}$ 的解，其中 $k_1,k_2,\cdots,k_s$ 为任意常数.

(2) 设 $\boldsymbol{\xi}$ 和 $\boldsymbol{\eta}$ 分别是齐次线性方程组 $\boldsymbol{Ax}=\boldsymbol{0}$ 和非齐次线性方程组 $\boldsymbol{Ax}=\boldsymbol{\beta}$ 的解，则 $\boldsymbol{\xi}+\boldsymbol{\eta}$ 一定是 $\boldsymbol{Ax}=\boldsymbol{\beta}$ 的解.

(3) 设 $\boldsymbol{\eta}_1,\boldsymbol{\eta}_2,\cdots,\boldsymbol{\eta}_s$ 是非齐次线性方程组 $\boldsymbol{Ax}=\boldsymbol{\beta}$ 的解，令

$$\boldsymbol{\eta}=k_1\boldsymbol{\eta}_1+k_2\boldsymbol{\eta}_2+\cdots+k_s\boldsymbol{\eta}_s \quad (k_1,k_2,\cdots,k_s \text{ 为常数}),$$

则

① 当 $k_1+k_2+\cdots+k_s=1$ 时，$\boldsymbol{\eta}$ 是非齐次线性方程组 $\boldsymbol{Ax}=\boldsymbol{\beta}$ 的解；

② 当 $k_1+k_2+\cdots+k_s=0$ 时，$\boldsymbol{\eta}$ 是齐次线性方程组 $\boldsymbol{Ax}=\boldsymbol{0}$ 的解.

(4) 若 $\boldsymbol{\xi}_1,\boldsymbol{\xi}_2,\cdots,\boldsymbol{\xi}_s$ 是齐次线性方程组 $\boldsymbol{Ax}=\boldsymbol{0}$ 的基础解系，则 $\boldsymbol{Ax}=\boldsymbol{0}$ 的通解为

$$\boldsymbol{\eta}=k_1\boldsymbol{\xi}_1+k_2\boldsymbol{\xi}_2+\cdots+k_s\boldsymbol{\xi}_s,$$

其中 $k_1,k_2,\cdots,k_s$ 为任意常数.

(5) 非齐次线性方程组的通解＝齐次线性方程组的通解＋非齐次线性方程组的特解

在上述结论中，(3)最受命题人青睐.

(二) 线性方程组与向量组的关系

设矩阵 $\boldsymbol{A}=(\boldsymbol{\alpha}_1,\boldsymbol{\alpha}_2,\cdots,\boldsymbol{\alpha}_n)$. 若题目告知了

$$k_1\boldsymbol{\alpha}_1+k_2\boldsymbol{\alpha}_2+\cdots+k_n\boldsymbol{\alpha}_n=\boldsymbol{0},$$

就等于给出了齐次线性方程组 $\boldsymbol{Ax}=\boldsymbol{0}$ 的一个解 $(k_1,k_2,\cdots,k_n)^{\mathrm{T}}$；反之，如果给出了齐次线性方程组 $\boldsymbol{Ax}=\boldsymbol{0}$ 的一个解 $(k_1,k_2,\cdots,k_n)^{\mathrm{T}}$，相当于告知了 $\boldsymbol{A}$ 的列向量组 $\boldsymbol{\alpha}_1,\boldsymbol{\alpha}_2,\cdots,\boldsymbol{\alpha}_n$ 的一个线性关系

$$k_1\boldsymbol{\alpha}_1+k_2\boldsymbol{\alpha}_2+\cdots+k_n\boldsymbol{\alpha}_n=\boldsymbol{0}.$$

这两个条件可相互转化. 同理，若告知了

$$\boldsymbol{\beta}=k_1\boldsymbol{\alpha}_1+k_2\boldsymbol{\alpha}_2+\cdots+k_n\boldsymbol{\alpha}_n,$$

就相当于告知了非齐次线性方程组 $\boldsymbol{Ax}=\boldsymbol{\beta}$ 的一个解为 $\boldsymbol{\eta}=(k_1,k_2,\cdots,k_n)^{\mathrm{T}}$.

二、典型例题分类讲解

考法一　考查线性方程组解的结构与性质

例题 1(1990 年)　设 $\boldsymbol{\beta}_1$ 和 $\boldsymbol{\beta}_2$ 是非齐次线性方程组 $\boldsymbol{Ax}=\boldsymbol{b}$ 的两个不同的解，$\boldsymbol{\alpha}_1,\boldsymbol{\alpha}_2$ 是齐次线性方程组 $\boldsymbol{Ax}=\boldsymbol{0}$ 的基础解系，则 $\boldsymbol{Ax}=\boldsymbol{b}$ 的通解可以是(　　)，其中 k_1,k_2 为任意常数.

A. $k_1\boldsymbol{\alpha}_1+k_2(\boldsymbol{\alpha}_1+\boldsymbol{\alpha}_2)+\dfrac{\boldsymbol{\beta}_1-\boldsymbol{\beta}_2}{2}$　　B. $k_1\boldsymbol{\alpha}_1+k_2(\boldsymbol{\beta}_1-\boldsymbol{\beta}_2)+\dfrac{\boldsymbol{\beta}_1-\boldsymbol{\beta}_2}{2}$

C. $k_1\boldsymbol{\alpha}_1+k_2(\boldsymbol{\alpha}_1-\boldsymbol{\alpha}_2)+\dfrac{\boldsymbol{\beta}_1+\boldsymbol{\beta}_2}{2}$　　D. $k_1\boldsymbol{\alpha}_1+k_2(\boldsymbol{\beta}_1-\boldsymbol{\beta}_2)+\dfrac{\boldsymbol{\beta}_1+\boldsymbol{\beta}_2}{2}$

解　显然,$k_1\boldsymbol{\alpha}_1+k_2\boldsymbol{\alpha}_2+\boldsymbol{\beta}_1$ 是 $\boldsymbol{Ax}=\boldsymbol{b}$ 的通解,可是选项中没有这个答案,所以思考其他形式.但无论如何,通解的结构一定形如 $k_1\boldsymbol{\xi}_1+k_2\boldsymbol{\xi}_2+\boldsymbol{\eta}$,其中 $\boldsymbol{\xi}_1,\boldsymbol{\xi}_2$ 为 $\boldsymbol{Ax}=\boldsymbol{0}$ 的基础解系,$\boldsymbol{\eta}$ 为 $\boldsymbol{Ax}=\boldsymbol{b}$ 的一个特解.

由于 $\boldsymbol{\beta}_1,\boldsymbol{\beta}_2$ 均是 $\boldsymbol{Ax}=\boldsymbol{b}$ 的解,故$\dfrac{\boldsymbol{\beta}_1+\boldsymbol{\beta}_2}{2}$仍是 $\boldsymbol{Ax}=\boldsymbol{b}$ 的解.但$\dfrac{\boldsymbol{\beta}_1-\boldsymbol{\beta}_2}{2}$是 $\boldsymbol{Ax}=\boldsymbol{0}$ 的解,故排除选项 A,B.

由于 $\boldsymbol{\alpha}_1,\boldsymbol{\alpha}_2$ 是 $\boldsymbol{Ax}=\boldsymbol{0}$ 的基础解系,所以 $\boldsymbol{\alpha}_1,\boldsymbol{\alpha}_2$ 线性无关.故

$$\mathrm{r}(\boldsymbol{\alpha}_1,\boldsymbol{\alpha}_1-\boldsymbol{\alpha}_2)=\mathrm{r}(\boldsymbol{\alpha}_1,-\boldsymbol{\alpha}_2)=2,$$

即 $\boldsymbol{\alpha}_1,\boldsymbol{\alpha}_1-\boldsymbol{\alpha}_2$ 也线性无关.又 $\boldsymbol{\alpha}_1,\boldsymbol{\alpha}_1-\boldsymbol{\alpha}_2$ 均是 $\boldsymbol{Ax}=\boldsymbol{0}$ 的解,所以 $\boldsymbol{\alpha}_1,\boldsymbol{\alpha}_1-\boldsymbol{\alpha}_2$ 也是 $\boldsymbol{Ax}=\boldsymbol{0}$ 的基础解系.故选项 C 正确.

虽然 $\boldsymbol{\alpha}_1,\boldsymbol{\beta}_1-\boldsymbol{\beta}_2$ 均是 $\boldsymbol{Ax}=\boldsymbol{0}$ 的解,但 $\boldsymbol{\alpha}_1,\boldsymbol{\beta}_1-\boldsymbol{\beta}_2$ 不一定线性无关,故不一定构成基础解系,排除选项 D.

类题　设 $\boldsymbol{\alpha}_1,\boldsymbol{\alpha}_2,\boldsymbol{\alpha}_3,\boldsymbol{\alpha}_1+k\boldsymbol{\alpha}_2-2\boldsymbol{\alpha}_3$($k$ 为常数)均是非齐次线性方程组 $\boldsymbol{Ax}=\boldsymbol{\beta}$ 的解,则齐次线性方程组 $\boldsymbol{Ax}=\boldsymbol{0}$ 一定有解(　　).

A. $\boldsymbol{\xi}_1=2\boldsymbol{\alpha}_1+k\boldsymbol{\alpha}_2+\boldsymbol{\alpha}_3$　　B. $\boldsymbol{\xi}_2=-2\boldsymbol{\alpha}_1+3\boldsymbol{\alpha}_2-2k\boldsymbol{\alpha}_3$

C. $\boldsymbol{\xi}_3=k\boldsymbol{\alpha}_1+2\boldsymbol{\alpha}_2-\boldsymbol{\alpha}_3$　　D. $\boldsymbol{\xi}_4=3\boldsymbol{\alpha}_1-2k\boldsymbol{\alpha}_2+\boldsymbol{\alpha}_3$

解　在 $\boldsymbol{\alpha}_1,\boldsymbol{\alpha}_2,\boldsymbol{\alpha}_3$ 均是 $\boldsymbol{Ax}=\boldsymbol{\beta}$ 的解的前提下,若 $\boldsymbol{\alpha}_1+k\boldsymbol{\alpha}_2-2\boldsymbol{\alpha}_3$ 也是 $\boldsymbol{Ax}=\boldsymbol{\beta}$ 的解,需要满足 $1+k-2=1$,故 $k=2$.

而对于常数 k_1,k_2,k_3,当 $k_1+k_2+k_3=0$ 时,$k_1\boldsymbol{\alpha}_1+k_2\boldsymbol{\alpha}_2+k_3\boldsymbol{\alpha}_3$ 是 $\boldsymbol{Ax}=\boldsymbol{0}$ 的解.观察各选项可知,只有选项 D 正确.

例题 2　已知 $\boldsymbol{\alpha}_1=(-3,2,0)^{\mathrm{T}},\boldsymbol{\alpha}_2=(-1,0,-2)^{\mathrm{T}}$ 是线性方程组

$$\begin{cases}a_1x_1+a_2x_2+a_3x_3=a_4,\\ x_1+2x_2-x_3=a_5,\\ 2x_1+x_2+x_3=-4\end{cases}$$

的两个解,其中 a_1,a_2,a_3,a_4,a_5 为常数,求该方程组的通解.

解　该方程组中的未知参数太多,不宜直接利用初等行变换,这时可利用解的结构巧妙求解.

记

$$\boldsymbol{A}=\begin{pmatrix}a_1&a_2&a_3\\1&2&-1\\2&1&1\end{pmatrix},\quad \boldsymbol{\beta}=\begin{pmatrix}a_4\\a_5\\-4\end{pmatrix}\quad \boldsymbol{x}=\begin{pmatrix}x_1\\x_2\\x_3\end{pmatrix},$$

则该方程组可写成 $\boldsymbol{A}\boldsymbol{x}=\boldsymbol{\beta}$.

先想办法求出 $\mathrm{r}(\boldsymbol{A})$. 观察矩阵

$$(\boldsymbol{A},\boldsymbol{\beta})=\begin{pmatrix} a_1 & a_2 & a_3 & a_4 \\ 1 & 2 & -1 & a_5 \\ 2 & 1 & 1 & -4 \end{pmatrix}$$

的后两行易知 $\mathrm{r}(\boldsymbol{A})\geqslant 2$. 又由于 $\boldsymbol{A}\boldsymbol{x}=\boldsymbol{\beta}$ 已经有两个不同的解,故 $\mathrm{r}(\boldsymbol{A})<3$,从而 $\mathrm{r}(\boldsymbol{A})=2$. 所以,$\boldsymbol{A}\boldsymbol{x}=\boldsymbol{0}$ 基础解系中只有一个向量.

由于 $\boldsymbol{\alpha}_1,\boldsymbol{\alpha}_2$ 均是 $\boldsymbol{A}\boldsymbol{x}=\boldsymbol{\beta}$ 的解,故 $\boldsymbol{\alpha}_1-\boldsymbol{\alpha}_2$ 是 $\boldsymbol{A}\boldsymbol{x}=\boldsymbol{0}$ 的一个非零解,从而 $\boldsymbol{\alpha}_1-\boldsymbol{\alpha}_2$ 是 $\boldsymbol{A}\boldsymbol{x}=\boldsymbol{0}$ 的基础解系.

又已知 $\boldsymbol{\alpha}_1$ 是 $\boldsymbol{A}\boldsymbol{x}=\boldsymbol{\beta}$ 的一个特解,所以 $k(\boldsymbol{\alpha}_1-\boldsymbol{\alpha}_2)+\boldsymbol{\alpha}_1$ 即为 $\boldsymbol{A}\boldsymbol{x}=\boldsymbol{\beta}$ 的通解,其中 k 为任意常数.

注 这道题唯一的难点就是“看起来很难”(有 5 个未知参数),但其实只要我们抓住求解抽象线性方程组的“关键点”,那么就可以迎刃而解:先设法求出系数矩阵的秩,从而确定基础解系中的向量个数,再根据解的结构和性质便可求出通解.

类题 设 $\boldsymbol{\eta}_1=(1,-1,0,2)^{\mathrm{T}},\boldsymbol{\eta}_2=(2,1,-1,4)^{\mathrm{T}},\boldsymbol{\eta}_3=(4,5,-3,11)^{\mathrm{T}}$ 为线性方程组

$$\begin{cases} a_1x_1+2x_2+a_3x_3+a_4x_4=d_1, \\ 4x_1+b_2x_2+3x_3+b_4x_4=d_2, \\ 3x_1+c_2x_2+5x_3+c_4x_4=d_3 \end{cases}$$

的三个解,其中 $a_1,a_3,a_4,b_2,b_4,c_2,c_4,d_1,d_2,d_3$ 为常数,求该方程组的通解.

解 记

$$\boldsymbol{A}=\begin{pmatrix} a_1 & 2 & a_3 & a_4 \\ 4 & b_2 & 3 & b_4 \\ 3 & c_2 & 5 & c_4 \end{pmatrix},\quad \boldsymbol{\beta}=\begin{pmatrix} d_1 \\ d_2 \\ d_3 \end{pmatrix},\quad \boldsymbol{x}=\begin{pmatrix} x_1 \\ x_2 \\ x_3 \\ x_4 \end{pmatrix},$$

则该方程组为 $\boldsymbol{A}\boldsymbol{x}=\boldsymbol{\beta}$. 由于 $\boldsymbol{A}$ 存在 2 阶非零子式 $\begin{vmatrix} 4 & 3 \\ 3 & 5 \end{vmatrix}=11\neq 0$,故 $\mathrm{r}(\boldsymbol{A})\geqslant 2$.

因为

$$(\boldsymbol{\eta}_1,\boldsymbol{\eta}_2,\boldsymbol{\eta}_3)=\begin{pmatrix} 1 & 2 & 4 \\ -1 & 1 & 5 \\ 0 & -1 & -3 \\ 2 & 4 & 11 \end{pmatrix}\longrightarrow\begin{pmatrix} 1 & 2 & 4 \\ 0 & 3 & 9 \\ 0 & -1 & -3 \\ 0 & 0 & 3 \end{pmatrix}\longrightarrow\begin{pmatrix} 1 & 2 & 4 \\ 0 & 1 & 3 \\ 0 & 0 & 1 \\ 0 & 0 & 0 \end{pmatrix},$$

所以 $\mathrm{r}(\boldsymbol{\eta}_1,\boldsymbol{\eta}_2,\boldsymbol{\eta}_3)=3$,即 $\boldsymbol{\eta}_1,\boldsymbol{\eta}_2,\boldsymbol{\eta}_3$ 是 $\boldsymbol{A}\boldsymbol{x}=\boldsymbol{\beta}$ 的三个线性无关解,所以 $4-\mathrm{r}(\boldsymbol{A})+1\geqslant 3$,即 $\mathrm{r}(\boldsymbol{A})\leqslant 2$.

由于 $\mathrm{r}(\boldsymbol{A})\leqslant 2$ 且 $\mathrm{r}(\boldsymbol{A})\geqslant 2$，所以 $\mathrm{r}(\boldsymbol{A})=2$. 故 $\boldsymbol{Ax}=\boldsymbol{0}$ 的基础解系中恰有两个向量，故 $k_1(\boldsymbol{\eta}_1-\boldsymbol{\eta}_2)+k_2(\boldsymbol{\eta}_2-\boldsymbol{\eta}_3)+\boldsymbol{\eta}_1$ 即为 $\boldsymbol{Ax}=\boldsymbol{\beta}$ 的通解，其中 k_1,k_2 为任意常数.

考法二　考查 $\boldsymbol{A}^*\boldsymbol{x}=\boldsymbol{0}$ 与 $\boldsymbol{A}$ 的关系、$\boldsymbol{Ax}=\boldsymbol{0}$ 与 $\boldsymbol{A}^*$ 的关系

方法总结　设 $\boldsymbol{A}$ 为方阵. 对于线性方程组 $\boldsymbol{A}^*\boldsymbol{x}=\boldsymbol{0}$，通常要利用 $\boldsymbol{AA}^*=\boldsymbol{A}^*\boldsymbol{A}=|\boldsymbol{A}|\boldsymbol{E}$ 这个重要公式进行讨论. 若 $|\boldsymbol{A}|=0$，则

$$\boldsymbol{A}^*\boldsymbol{A}=|\boldsymbol{A}|\boldsymbol{E}=\boldsymbol{O}.$$

将 $\boldsymbol{A}$ 和 $\boldsymbol{O}$ 进行列分块：$\boldsymbol{A}=(\boldsymbol{\xi}_1,\boldsymbol{\xi}_2,\cdots,\boldsymbol{\xi}_n)$，$\boldsymbol{O}=(\boldsymbol{0},\boldsymbol{0},\cdots,\boldsymbol{0})$，可得

$$\boldsymbol{A}^*(\boldsymbol{\xi}_1,\boldsymbol{\xi}_2,\cdots,\boldsymbol{\xi}_n)=(\boldsymbol{0},\boldsymbol{0},\cdots,\boldsymbol{0}),$$

故 $\boldsymbol{A}^*\boldsymbol{\xi}_i=\boldsymbol{0}(i=1,2,\cdots,n)$，即 $\boldsymbol{A}$ 的每一列都是线性方程组 $\boldsymbol{A}^*\boldsymbol{x}=\boldsymbol{0}$ 的解.

同理，当 $|\boldsymbol{A}|=0$ 时，$\boldsymbol{A}^*$ 的每一列也都是线性方程组 $\boldsymbol{Ax}=\boldsymbol{0}$ 的解.

例题 3　已知矩阵

$$\boldsymbol{A}=\begin{pmatrix}1&2&1\\0&3&0\\1&2-a&a\end{pmatrix},$$

且 $\mathrm{r}(\boldsymbol{A})<3$，求线性方程组 $\boldsymbol{A}^*\boldsymbol{x}=\boldsymbol{0}$ 的通解.

解　先确定 $\mathrm{r}(\boldsymbol{A}^*)$. 将 $\boldsymbol{A}$ 进行列分块，令 $\boldsymbol{A}=(\boldsymbol{\alpha}_1,\boldsymbol{\alpha}_2,\boldsymbol{\alpha}_3)$，其中

$$\boldsymbol{\alpha}_1=(1,0,1)^{\mathrm{T}},\quad \boldsymbol{\alpha}_2=(2,3,2-a)^{\mathrm{T}},\quad \boldsymbol{\alpha}_3=(1,0,a)^{\mathrm{T}}.$$

显然，$\boldsymbol{\alpha}_1,\boldsymbol{\alpha}_2$ 不成比例，即线性无关，故 $\mathrm{r}(\boldsymbol{A})\geqslant 2$. 又由于 $\mathrm{r}(\boldsymbol{A})<3$，所以 $\mathrm{r}(\boldsymbol{A})=2$. 由于对于任意 n 阶矩阵 $\boldsymbol{B}$，有

$$\mathrm{r}(\boldsymbol{B}^*)=\begin{cases}n, & \mathrm{r}(\boldsymbol{B})=n,\\1, & \mathrm{r}(\boldsymbol{B})=n-1,\\0, & \mathrm{r}(\boldsymbol{B})<n-1,\end{cases}$$

故 $\mathrm{r}(\boldsymbol{A}^*)=1$. 所以，$\boldsymbol{A}^*\boldsymbol{x}=\boldsymbol{0}$ 的基础解系中有两个向量.

由于 $\boldsymbol{A}^*\boldsymbol{A}=|\boldsymbol{A}|\boldsymbol{E}$，故对于本题而言，有 $\boldsymbol{A}^*\boldsymbol{A}=\boldsymbol{O}$，即

$$\boldsymbol{A}^*(\boldsymbol{\alpha}_1,\boldsymbol{\alpha}_2,\boldsymbol{\alpha}_3)=(\boldsymbol{0},\boldsymbol{0},\boldsymbol{0}),$$

也即

$$\boldsymbol{A}^*\boldsymbol{\alpha}_1=\boldsymbol{A}^*\boldsymbol{\alpha}_2=\boldsymbol{A}^*\boldsymbol{\alpha}_3=\boldsymbol{0}.$$

这说明，$\boldsymbol{A}$ 的每一列都是 $\boldsymbol{A}^*\boldsymbol{x}=\boldsymbol{0}$ 的解. 而基础解系要求其中的向量线性无关且个数为 2，所以继续探求基础解系.

由于 $\boldsymbol{\alpha}_2,\boldsymbol{\alpha}_3$ 都是 $\boldsymbol{A}^*\boldsymbol{x}=\boldsymbol{0}$ 的解，故 $\boldsymbol{\alpha}_2+\boldsymbol{\alpha}_3=(3,3,2)^{\mathrm{T}}$ 也是 $\boldsymbol{A}^*\boldsymbol{x}=\boldsymbol{0}$ 的解. 显然，$\boldsymbol{\alpha}_2+\boldsymbol{\alpha}_3$ 与 $\boldsymbol{\alpha}_1=(1,0,1)^{\mathrm{T}}$ 线性无关. 因此，$\boldsymbol{\alpha}_1,\boldsymbol{\alpha}_2+\boldsymbol{\alpha}_3$ 是 $\boldsymbol{A}^*\boldsymbol{x}=\boldsymbol{0}$ 的基础解系.

所以，$\boldsymbol{A}^*\boldsymbol{x}=\boldsymbol{0}$ 的通解为

$$k_1\boldsymbol{\alpha}_1+k_2(\boldsymbol{\alpha}_2+\boldsymbol{\alpha}_3)=k_1(1,0,1)^{\mathrm{T}}+k_2(3,3,2)^{\mathrm{T}},$$

其中 k_1,k_2 为任意常数.

类题 1(2004 年)　设 $\boldsymbol{A}$ 为 n 阶矩阵,$\boldsymbol{A}^* \neq \boldsymbol{O}$,若 ξ_1,ξ_2,ξ_3,ξ_4 是非齐次线性方程组 $\boldsymbol{Ax}=\boldsymbol{\beta}$ 的四个互不相同的解,则 $\boldsymbol{Ax}=\boldsymbol{0}$ 的基础解系中有________个向量.

解　本题的本质是求 $\mathrm{r}(\boldsymbol{A})$. 由于 $\boldsymbol{A}^* \neq \boldsymbol{O}$,故 $\mathrm{r}(\boldsymbol{A}) \geqslant n-1$;由于 $\boldsymbol{Ax}=\boldsymbol{\beta}$ 有不同的解,故 $\mathrm{r}(\boldsymbol{A}) \leqslant n-1$. 所以 $\mathrm{r}(\boldsymbol{A})=n-1$. 因此,$\boldsymbol{Ax}=\boldsymbol{0}$ 的基础解系中有一个向量.

类题 2　设 3 阶矩阵 $\boldsymbol{A}=(\boldsymbol{\alpha}_1,\boldsymbol{\alpha}_2,\boldsymbol{\alpha}_3)=(a_{ij})_{3\times 3}$,$|\boldsymbol{A}|=0$,且 a_{23} 的代数余子式 $A_{23}\neq 0$,$\boldsymbol{P}$ 为 2 阶可逆矩阵,则下列选项中一定是线性方程组 $\boldsymbol{A}^*\boldsymbol{x}=\boldsymbol{0}$ 的基础解系的是(　　).

A. $(\boldsymbol{\alpha}_1,\boldsymbol{\alpha}_2)\boldsymbol{P}$ 的列向量组　　B. $(\boldsymbol{\alpha}_2,\boldsymbol{\alpha}_3)\boldsymbol{P}$ 的列向量组

C. 与 $\boldsymbol{\alpha}_1,\boldsymbol{\alpha}_2$ 等价的向量组　　D. 与 $\boldsymbol{\alpha}_2,\boldsymbol{\alpha}_3$ 等价的向量组

解　首先排除选项 C,D,因为它们中的向量个数都不确定. 接下来分析选项 A,B.

由于 $A_{23}\neq 0$,故 $\mathrm{r}(\boldsymbol{A})\geqslant 2$. 又由于 $|\boldsymbol{A}|=0$,故 $\mathrm{r}(\boldsymbol{A})<3$. 所以 $\mathrm{r}(\boldsymbol{A})=2$. 又因 $\boldsymbol{A}$ 为 3 阶矩阵,故 $\mathrm{r}(\boldsymbol{A}^*)=1$,从而 $\boldsymbol{A}^*\boldsymbol{x}=\boldsymbol{0}$ 的基础解系中有两个向量.

由于 $\boldsymbol{A}^*\boldsymbol{A}=|\boldsymbol{A}|\boldsymbol{E}=\boldsymbol{O}$,将 $\boldsymbol{A}$ 和 $\boldsymbol{O}$ 按列分块后可知,$\boldsymbol{A}$ 的每一列都是线性方程组 $\boldsymbol{A}^*\boldsymbol{x}=\boldsymbol{0}$ 的解. 因为基础解系中的向量必须线性无关,所以接下来需要确定 $\boldsymbol{\alpha}_1,\boldsymbol{\alpha}_2,\boldsymbol{\alpha}_3$ 的极大无关组是什么.

再次考查题目中"a_{23} 的代数余子式 $A_{23}\neq 0$"这个条件,可以得到

$$\begin{vmatrix} a_{11} & a_{12} \\ a_{31} & a_{32} \end{vmatrix} \neq 0,$$

即 $(a_{11},a_{31})^{\mathrm{T}},(a_{12},a_{32})^{\mathrm{T}}$ 线性无关,从而得到 $(a_{11},a_{21},a_{31})^{\mathrm{T}},(a_{12},a_{22},a_{32})^{\mathrm{T}}$ 也线性无关,即 $\boldsymbol{\alpha}_1,\boldsymbol{\alpha}_2$ 线性无关. 又因为 $\boldsymbol{\alpha}_1,\boldsymbol{\alpha}_2,\boldsymbol{\alpha}_3$ 线性相关,所以 $\boldsymbol{\alpha}_1,\boldsymbol{\alpha}_2$ 就是 $\boldsymbol{\alpha}_1,\boldsymbol{\alpha}_2,\boldsymbol{\alpha}_3$ 的极大无关组. 故 $\boldsymbol{\alpha}_1,\boldsymbol{\alpha}_2$ 就是 $\boldsymbol{A}^*\boldsymbol{x}=\boldsymbol{0}$ 的基础解系. 但这并不是选项 A,所以我们需要验证 $(\boldsymbol{\alpha}_1,\boldsymbol{\alpha}_2)\boldsymbol{P}$ 的列向量组是否满足基础解系的三个条件:

(1) 向量个数为 2:由于 $\boldsymbol{P}$ 有两列,所以 $(\boldsymbol{\alpha}_1,\boldsymbol{\alpha}_2)\boldsymbol{P}$ 也有两列,故向量个数满足要求.

(2) 向量均是 $\boldsymbol{A}^*\boldsymbol{x}=\boldsymbol{0}$ 的解:由于 $\boldsymbol{\alpha}_1,\boldsymbol{\alpha}_2$ 是 $\boldsymbol{A}^*\boldsymbol{x}=\boldsymbol{0}$ 的解,故 $\boldsymbol{A}^*(\boldsymbol{\alpha}_1,\boldsymbol{\alpha}_2)=\boldsymbol{O}$. 此式两边右乘 $\boldsymbol{P}$,得

$$\boldsymbol{A}^*(\boldsymbol{\alpha}_1,\boldsymbol{\alpha}_2)\boldsymbol{P}=\boldsymbol{O},$$

故 $(\boldsymbol{\alpha}_1,\boldsymbol{\alpha}_2)\boldsymbol{P}$ 的两列也均是 $\boldsymbol{A}^*\boldsymbol{x}=\boldsymbol{0}$ 的解.

(3) 线性无关:由于 $\boldsymbol{\alpha}_1,\boldsymbol{\alpha}_2$ 线性无关且 $\boldsymbol{P}$ 可逆,故 $\mathrm{r}[(\boldsymbol{\alpha}_1,\boldsymbol{\alpha}_2)\boldsymbol{P}]=2$,即 $(\boldsymbol{\alpha}_1,\boldsymbol{\alpha}_2)\boldsymbol{P}$ 的两列线性无关.

综上,我们发现 $(\boldsymbol{\alpha}_1,\boldsymbol{\alpha}_2)\boldsymbol{P}$ 的列向量组也是 $\boldsymbol{A}^*\boldsymbol{x}=\boldsymbol{0}$ 的基础解系,故选项 A 正确.

至于选项 B,取 $\boldsymbol{\alpha}_3=\boldsymbol{0}$ 即可排除.

考法三　考查线性方程组的解与向量组线性表示的关系

例题 4(2011 年)　设 4 阶矩阵 $\boldsymbol{A}=(\boldsymbol{\alpha}_1,\boldsymbol{\alpha}_2,\boldsymbol{\alpha}_3,\boldsymbol{\alpha}_4)$,线性方程组 $\boldsymbol{Ax}=\boldsymbol{0}$ 的通解为 $k(1,0,1,0)^{\mathrm{T}}$(k 为任意常数),则线性方程组 $\boldsymbol{A}^*\boldsymbol{x}=\boldsymbol{0}$ 的基础解系可以是(　　).

A. $\boldsymbol{\alpha}_1,\boldsymbol{\alpha}_3$　　B. $\boldsymbol{\alpha}_1,\boldsymbol{\alpha}_2$　　C. $\boldsymbol{\alpha}_1,\boldsymbol{\alpha}_2,\boldsymbol{\alpha}_3$　　D. $\boldsymbol{\alpha}_2,\boldsymbol{\alpha}_3,\boldsymbol{\alpha}_4$

解　首要问题是求出 $\mathrm{r}(\boldsymbol{A}^*)$，核心问题是分析出"通解为 $k(1,0,1,0)^{\mathrm{T}}$"在本题中的作用.

由于 $\boldsymbol{Ax}=\boldsymbol{0}$ 的基础解系中只有一个向量，故 $\mathrm{r}(\boldsymbol{A})=3$. 再由

$$\mathrm{r}(\boldsymbol{A}^*)=\begin{cases} n, & \mathrm{r}(\boldsymbol{A})=n, \\ 1, & \mathrm{r}(\boldsymbol{A})=n-1, \\ 0, & \mathrm{r}(\boldsymbol{A})<n-1 \end{cases} \quad (n=4)$$

得 $\mathrm{r}(\boldsymbol{A}^*)=1$，故 $\boldsymbol{A}^*\boldsymbol{x}=\boldsymbol{0}$ 的基础解系中有三个向量，排除选项 A,B.

根据 $\boldsymbol{A}^*\boldsymbol{A}=|\boldsymbol{A}|\boldsymbol{E}=\boldsymbol{O}$ 可知，$\boldsymbol{A}$ 的每一列都是 $\boldsymbol{A}^*\boldsymbol{x}=\boldsymbol{0}$ 的解，即 $\boldsymbol{\alpha}_1,\boldsymbol{\alpha}_2,\boldsymbol{\alpha}_3,\boldsymbol{\alpha}_4$ 均是 $\boldsymbol{A}^*\boldsymbol{x}=\boldsymbol{0}$ 的解. 因为基础解系需要线性无关，所以接下来探讨 $\boldsymbol{\alpha}_1,\boldsymbol{\alpha}_2,\boldsymbol{\alpha}_3,\boldsymbol{\alpha}_4$ 的相关性.

由于 $\boldsymbol{Ax}=\boldsymbol{0}$ 的通解为 $k(1,0,1,0)^{\mathrm{T}}$，故 $\boldsymbol{\alpha}_1+\boldsymbol{\alpha}_3=\boldsymbol{0}$，即 $\boldsymbol{\alpha}_1,\boldsymbol{\alpha}_3$ 线性相关，不能同时出现在基础解系中. 所以，排除选项 C，从而选项 D 正确.

类题　设矩阵 $\boldsymbol{A}=(\boldsymbol{\alpha}_1,\boldsymbol{\alpha}_2,\boldsymbol{\alpha}_3,\boldsymbol{\alpha}_4,\boldsymbol{\alpha}_5)$，其中 $\boldsymbol{\alpha}_1,\boldsymbol{\alpha}_3,\boldsymbol{\alpha}_4$ 线性无关，$\boldsymbol{\alpha}_2=\boldsymbol{\alpha}_1+2\boldsymbol{\alpha}_3-\boldsymbol{\alpha}_4$，$\boldsymbol{\alpha}_5=\boldsymbol{\alpha}_1-\boldsymbol{\alpha}_2-2\boldsymbol{\alpha}_3+3\boldsymbol{\alpha}_4$，求线性方程组 $\boldsymbol{Ax}=\boldsymbol{0}$ 的通解.

解　首要问题是求出 $\mathrm{r}(\boldsymbol{A})$. 因为 $\boldsymbol{\alpha}_1,\boldsymbol{\alpha}_3,\boldsymbol{\alpha}_4$ 线性无关，所以 $\mathrm{r}(\boldsymbol{A})\geqslant 3$. 又由于 $\boldsymbol{\alpha}_2$ 和 $\boldsymbol{\alpha}_5$ 均可由 $\boldsymbol{\alpha}_1,\boldsymbol{\alpha}_3,\boldsymbol{\alpha}_4$ 线性表示，故 $\mathrm{r}(\boldsymbol{A})=3$. 所以，$\boldsymbol{Ax}=\boldsymbol{0}$ 的基础解系中有两个向量.

由于 $\boldsymbol{\alpha}_2=\boldsymbol{\alpha}_1+2\boldsymbol{\alpha}_3-\boldsymbol{\alpha}_4$，$\boldsymbol{\alpha}_5=\boldsymbol{\alpha}_1-\boldsymbol{\alpha}_2-2\boldsymbol{\alpha}_3+3\boldsymbol{\alpha}_4$，故

$$\boldsymbol{\alpha}_1-\boldsymbol{\alpha}_2+2\boldsymbol{\alpha}_3-\boldsymbol{\alpha}_4=\boldsymbol{0},\quad \boldsymbol{\alpha}_1-\boldsymbol{\alpha}_2-2\boldsymbol{\alpha}_3+3\boldsymbol{\alpha}_4-\boldsymbol{\alpha}_5=\boldsymbol{0}.$$

所以，$(1,-1,2,-1,0)^{\mathrm{T}}$ 和 $(1,-1,-2,3,-1)^{\mathrm{T}}$ 均是 $\boldsymbol{Ax}=\boldsymbol{0}$ 的解，且显然线性无关，从而它们可构成基础解系. 因此，$\boldsymbol{Ax}=\boldsymbol{0}$ 的通解为

$$k_1(1,-1,2,-1,0)^{\mathrm{T}}+k_2(1,-1,-2,3,-1)^{\mathrm{T}},$$

其中 k_1,k_2 为任意常数.

例题 5　设 4 阶矩阵 $\boldsymbol{A}=(\boldsymbol{\alpha}_1,\boldsymbol{\alpha}_2,\boldsymbol{\alpha}_3,\boldsymbol{\alpha}_4)$，线性方程组 $\boldsymbol{Ax}=\boldsymbol{\beta}$ 的通解为

$$k(1,-2,4,0)+(1,2,2,1)^{\mathrm{T}},$$

其中 k 为任意常数. 若记 $\boldsymbol{B}=(\boldsymbol{\alpha}_3,\boldsymbol{\alpha}_2,\boldsymbol{\alpha}_1,\boldsymbol{\beta}-\boldsymbol{\alpha}_4)$，求线性方程组 $\boldsymbol{Bx}=\boldsymbol{\alpha}_1-\boldsymbol{\alpha}_2$ 的通解.

解　首先求出 $\boldsymbol{A}$ 的秩. 由于 $\boldsymbol{Ax}=\boldsymbol{0}$ 的基础解系中只有一个向量，所以

$$4-\mathrm{r}(\boldsymbol{A})=1,\quad \text{即}\quad \mathrm{r}(\boldsymbol{A})=3.$$

由 $\boldsymbol{Ax}=\boldsymbol{\beta}$ 的通解为 $k(1,-2,4,0)^{\mathrm{T}}+(1,2,2,1)^{\mathrm{T}}$ 可以看出：$\boldsymbol{\xi}=(1,-2,4,0)^{\mathrm{T}}$ 是 $\boldsymbol{Ax}=\boldsymbol{0}$ 的解，即

$$\boldsymbol{\alpha}_1-2\boldsymbol{\alpha}_2+4\boldsymbol{\alpha}_3=\boldsymbol{0}$$

[从这里能看出 $\mathrm{r}(\boldsymbol{\alpha}_1,\boldsymbol{\alpha}_2,\boldsymbol{\alpha}_3)\leqslant 2$]；$\boldsymbol{\eta}=(1,2,2,1)^{\mathrm{T}}$ 是 $\boldsymbol{Ax}=\boldsymbol{\beta}$ 的解，即

$$\boldsymbol{\alpha}_1+2\boldsymbol{\alpha}_2+2\boldsymbol{\alpha}_3+\boldsymbol{\alpha}_4=\boldsymbol{\beta}.$$

故

$$\mathrm{r}(\boldsymbol{B})=\mathrm{r}(\boldsymbol{\alpha}_3,\boldsymbol{\alpha}_2,\boldsymbol{\alpha}_1,\boldsymbol{\beta}-\boldsymbol{\alpha}_4)=\mathrm{r}(\boldsymbol{\alpha}_3,\boldsymbol{\alpha}_2,\boldsymbol{\alpha}_1,\boldsymbol{\alpha}_1+2\boldsymbol{\alpha}_2+2\boldsymbol{\alpha}_3)$$

$$=r(\boldsymbol{\alpha}_3,\boldsymbol{\alpha}_2,\boldsymbol{\alpha}_1)\leqslant 2.$$

又 $r(\boldsymbol{A})=r(\boldsymbol{\alpha}_1,\boldsymbol{\alpha}_2,\boldsymbol{\alpha}_3,\boldsymbol{\alpha}_4)=3$，所以必有 $r(\boldsymbol{\alpha}_1,\boldsymbol{\alpha}_2,\boldsymbol{\alpha}_3)=2$，即 $r(\boldsymbol{B})=2$. 故 $\boldsymbol{Bx}=\boldsymbol{0}$ 基础解系中有两个向量. 为此，接下来开始寻找 $\boldsymbol{Bx}=\boldsymbol{0}$ 的两个线性无关解.

由于 $\boldsymbol{\alpha}_1-2\boldsymbol{\alpha}_2+4\boldsymbol{\alpha}_3=\boldsymbol{0}$，且 $\boldsymbol{B}=(\boldsymbol{\alpha}_3,\boldsymbol{\alpha}_2,\boldsymbol{\alpha}_1,\boldsymbol{\beta}-\boldsymbol{\alpha}_4)$，故 $\boldsymbol{Bx}=\boldsymbol{0}$ 的一个解是

$$\boldsymbol{\xi}_1=(4,-2,1,0)^{\mathrm{T}};$$

由于 $\boldsymbol{\alpha}_1+2\boldsymbol{\alpha}_2+2\boldsymbol{\alpha}_3+\boldsymbol{\alpha}_4=\boldsymbol{\beta}$，故 $\boldsymbol{B}=(\boldsymbol{\alpha}_3,\boldsymbol{\alpha}_2,\boldsymbol{\alpha}_1,\boldsymbol{\alpha}_1+2\boldsymbol{\alpha}_2+2\boldsymbol{\alpha}_3)$，则 $\boldsymbol{Bx}=\boldsymbol{0}$ 的一个解是

$$\boldsymbol{\xi}_2=(2,2,1,-1)^{\mathrm{T}}.$$

显然，$\boldsymbol{\xi}_1,\boldsymbol{\xi}_2$ 线性无关，故 $\boldsymbol{Bx}=\boldsymbol{0}$ 的通解是

$$k_1\boldsymbol{\xi}_1+k_2\boldsymbol{\xi}_2=k_1(4,-2,1,0)^{\mathrm{T}}+k_2(2,2,1,-1)^{\mathrm{T}},$$

其中 k_1,k_2 为任意常数.

再找出 $\boldsymbol{Bx}=\boldsymbol{\alpha}_1-\boldsymbol{\alpha}_2$ 的一个特解即可. 由于 $\boldsymbol{B}=(\boldsymbol{\alpha}_3,\boldsymbol{\alpha}_2,\boldsymbol{\alpha}_1,\boldsymbol{\beta}-\boldsymbol{\alpha}_4)$，故 $\boldsymbol{\eta}^*=(0,-1,1,0)^{\mathrm{T}}$ 为 $\boldsymbol{Bx}=\boldsymbol{\alpha}_1-\boldsymbol{\alpha}_2$ 的一个特解.

综上，$\boldsymbol{Bx}=\boldsymbol{\alpha}_1-\boldsymbol{\alpha}_2$ 的通解为

$$k_1\boldsymbol{\xi}_1+k_2\boldsymbol{\xi}_2+\boldsymbol{\eta}^*=k_1(4,-2,1,0)^{\mathrm{T}}+k_2(2,2,1,-1)^{\mathrm{T}}+(0,-1,1,0)^{\mathrm{T}}.$$

注　本题是一道不可多得的高质量综合题，希望同学们高度重视.

考法四　考查“已知线性方程组的解，反求线性方程组”

方法总结　这类题主要考查齐次线性方程组. 假设

$$\boldsymbol{A}=\begin{pmatrix}\boldsymbol{\alpha}_1^{\mathrm{T}}\\ \boldsymbol{\alpha}_2^{\mathrm{T}}\\ \vdots\\ \boldsymbol{\alpha}_m^{\mathrm{T}}\end{pmatrix},$$

其中 $\boldsymbol{\alpha}_1,\boldsymbol{\alpha}_2,\cdots,\boldsymbol{\alpha}_m$ 是 n 维列向量，并假设 $\boldsymbol{\xi}_1,\boldsymbol{\xi}_2,\cdots,\boldsymbol{\xi}_s$ 是线性方程组 $\boldsymbol{Ax}=\boldsymbol{0}$ 的解，则由矩阵乘法可知，向量组 $\boldsymbol{\alpha}_1,\boldsymbol{\alpha}_2,\cdots,\boldsymbol{\alpha}_m$ 中的任何一个向量 $\boldsymbol{\alpha}_i$ 与向量组 $\boldsymbol{\xi}_1,\boldsymbol{\xi}_2,\cdots,\boldsymbol{\xi}_s$ 中的任何一个向量 $\boldsymbol{\xi}_j$ 均正交. 既然如此，那么我们完全可以颠倒系数和解之间的地位关系. 于是，令

$$\boldsymbol{B}=\begin{pmatrix}\boldsymbol{\xi}_1^{\mathrm{T}}\\ \boldsymbol{\xi}_2^{\mathrm{T}}\\ \vdots\\ \boldsymbol{\xi}_s^{\mathrm{T}}\end{pmatrix},$$

则 $\boldsymbol{\alpha}_1,\boldsymbol{\alpha}_2,\cdots,\boldsymbol{\alpha}_m$ 必定是线性方程组 $\boldsymbol{Bx}=\boldsymbol{0}$ 的解. 之前我们会解决的是“已知线性方程组，求基础解系”，现在的问题是“已知基础解系，反求线性方程组”，由上述分析可知，我们可以用与之前完全相同的方法来解决此问题.

比如，要求一个 n 元齐次线性方程组，它以 $\boldsymbol{\xi}_1,\boldsymbol{\xi}_2,\cdots,\boldsymbol{\xi}_s$ 为基础解系，只需令

$$B=\begin{pmatrix}\boldsymbol{\xi}_1^{\mathrm{T}}\\ \boldsymbol{\xi}_2^{\mathrm{T}}\\ \vdots\\ \boldsymbol{\xi}_s^{\mathrm{T}}\end{pmatrix},$$

然后求出 $\boldsymbol{Bx}=\mathbf{0}$ 的基础解系 $\boldsymbol{\alpha}_1,\boldsymbol{\alpha}_2,\cdots,\boldsymbol{\alpha}_{n-s}$，再令

$$A=\begin{pmatrix}\boldsymbol{\alpha}_1^{\mathrm{T}}\\ \boldsymbol{\alpha}_2^{\mathrm{T}}\\ \vdots\\ \boldsymbol{\alpha}_{n-s}^{\mathrm{T}}\end{pmatrix},$$

则线性方程组 $\boldsymbol{Ax}=\mathbf{0}$ 必定以 $\boldsymbol{\xi}_1,\boldsymbol{\xi}_2,\cdots,\boldsymbol{\xi}_s$ 为基础解系.

值得注意的是，由于基础解系不唯一，并且线性方程组经过同解变换以后，其解并不发生变化，所以该方法求出的线性方程组并不唯一.

例题 6 已知向量 $\boldsymbol{\alpha}_1=(1,2,-1,0,4)^{\mathrm{T}},\boldsymbol{\alpha}_2=(-1,3,2,4,1)^{\mathrm{T}},\boldsymbol{\beta}=(1,2,1,2,1)^{\mathrm{T}}$.

(1) 求一个以 $\boldsymbol{\alpha}_1,\boldsymbol{\alpha}_2$ 为基础解系的齐次线性方程组 $\boldsymbol{Bx}=\mathbf{0}$；

(2) 求一个以 $k_1\boldsymbol{\alpha}_1+k_2\boldsymbol{\alpha}_2+\boldsymbol{\beta}$ 为通解的非齐次线性方程组，其中 k_1,k_2 为任意常数.

解 (1) 令

$$A=\begin{pmatrix}\boldsymbol{\alpha}_1^{\mathrm{T}}\\ \boldsymbol{\alpha}_2^{\mathrm{T}}\end{pmatrix}=\begin{pmatrix}1&2&-1&0&4\\-1&3&2&4&1\end{pmatrix}.$$

对 $\boldsymbol{A}$ 做初等行变换：

$$A\longrightarrow\begin{pmatrix}1&2&-1&0&4\\0&5&1&4&5\end{pmatrix}.$$

所以，对于线性方程组 $\boldsymbol{Ax}=\mathbf{0}$，可取 x_3,x_4,x_5 为自由变量. 为了得到整数解，令 (x_3,x_4,x_5) 分别为 $(5,0,0),(0,5,0),(0,0,1)$，得 $\boldsymbol{Ax}=\mathbf{0}$ 的一个基础解系

$$\boldsymbol{\xi}_1=(7,-1,5,0,0)^{\mathrm{T}},\quad \boldsymbol{\xi}_2=(8,-4,0,5,0)^{\mathrm{T}},\quad \boldsymbol{\xi}_3=(-2,-1,0,0,1)^{\mathrm{T}}.$$

故令

$$B=\begin{pmatrix}7&-1&5&0&0\\8&-4&0&5&0\\-2&-1&0&0&1\end{pmatrix},$$

则 $\boldsymbol{Bx}=\mathbf{0}$ 必然以 $\boldsymbol{\alpha}_1,\boldsymbol{\alpha}_2$ 为基础解系.

(2) 当 $k_1\boldsymbol{\alpha}_1+k_2\boldsymbol{\alpha}_2+\boldsymbol{\beta}$ 为某个非齐次线性方程组的通解时，$k_1\boldsymbol{\alpha}_1+k_2\boldsymbol{\alpha}_2$ 必定是相应齐次线性方程组的通解. 故可以假设本题所求的非齐次线性方程为 $\boldsymbol{Bx}=\boldsymbol{\gamma}$，其中 $\boldsymbol{B}$ 即为(1)中

求出的 $\boldsymbol{B}$：

$$\boldsymbol{B}=\begin{pmatrix}7&-1&5&0&0\\8&-4&0&5&0\\-2&-1&0&0&1\end{pmatrix}.$$

所以，只需找到恰当的常数项向量 $\boldsymbol{\gamma}$，使得 $\boldsymbol{\beta}=(1,2,1,2,1)^{\mathrm{T}}$ 是 $\boldsymbol{Bx}=\boldsymbol{\gamma}$ 的解即可. 显然，取 $\boldsymbol{\gamma}=\boldsymbol{B\beta}$ 即可. 经计算可得

$$\boldsymbol{\gamma}=\boldsymbol{B\beta}=\begin{pmatrix}7&-1&5&0&0\\8&-4&0&5&0\\-2&-1&0&0&1\end{pmatrix}\begin{pmatrix}1\\2\\1\\2\\1\end{pmatrix}=\begin{pmatrix}10\\10\\-3\end{pmatrix},$$

故 $\boldsymbol{Bx}=\boldsymbol{\gamma}$ 即为所求.

考法五　考查系数矩阵为分块矩阵的抽象线性方程组的求解

例题 7(2001 年)　设 $\boldsymbol{A}$ 是 n 阶矩阵，$\boldsymbol{\alpha}$ 是 n 维列向量，若 $\mathrm{r}\begin{pmatrix}\boldsymbol{A}&\boldsymbol{\alpha}\\\boldsymbol{\alpha}^{\mathrm{T}}&0\end{pmatrix}=\mathrm{r}(\boldsymbol{A})$，则线性方程组(　　).

A. $\boldsymbol{Ax}=\boldsymbol{\alpha}$ 必有无穷多个解

B. $\boldsymbol{Ax}=\boldsymbol{\alpha}$ 必有唯一解

C. $\begin{pmatrix}\boldsymbol{A}&\boldsymbol{\alpha}\\\boldsymbol{\alpha}^{\mathrm{T}}&0\end{pmatrix}\begin{pmatrix}\boldsymbol{x}\\\boldsymbol{y}\end{pmatrix}=\boldsymbol{0}$ 仅有零解

D. $\begin{pmatrix}\boldsymbol{A}&\boldsymbol{\alpha}\\\boldsymbol{\alpha}^{\mathrm{T}}&0\end{pmatrix}\begin{pmatrix}\boldsymbol{x}\\\boldsymbol{y}\end{pmatrix}=\boldsymbol{0}$ 必有非零解

解　本题选出正确答案很简单，关键是分析出错误答案的错因.

由于

$$\mathrm{r}\begin{pmatrix}\boldsymbol{A}&\boldsymbol{\alpha}\\\boldsymbol{\alpha}^{\mathrm{T}}&0\end{pmatrix}=\mathrm{r}(\boldsymbol{A})\leqslant n,$$

而 $\begin{pmatrix}\boldsymbol{A}&\boldsymbol{\alpha}\\\boldsymbol{\alpha}^{\mathrm{T}}&0\end{pmatrix}$ 是 $n+1$ 阶矩阵，所以 $\begin{pmatrix}\boldsymbol{A}&\boldsymbol{\alpha}\\\boldsymbol{\alpha}^{\mathrm{T}}&0\end{pmatrix}\begin{pmatrix}\boldsymbol{x}\\\boldsymbol{y}\end{pmatrix}=\boldsymbol{0}$ 必有非零解，选项 D 正确，且选项 C 错误.

那么，选项 A,B 为什么错呢？要判断 $\boldsymbol{Ax}=\boldsymbol{\alpha}$ 的解的情况，本质就是分析 $\mathrm{r}(\boldsymbol{A},\boldsymbol{\alpha})$ 和 $\mathrm{r}(\boldsymbol{A})$ 的关系.

由于矩阵 $(\boldsymbol{A},\boldsymbol{\alpha})$ 只是矩阵 $\begin{pmatrix}\boldsymbol{A}&\boldsymbol{\alpha}\\\boldsymbol{\alpha}^{\mathrm{T}}&0\end{pmatrix}$ 的一部分，而矩阵 $\boldsymbol{A}$ 也只是矩阵 $(\boldsymbol{A},\boldsymbol{\alpha})$ 的一部分，故

$$r(\boldsymbol{A})\leqslant r(\boldsymbol{A},\boldsymbol{\alpha})\leqslant r\begin{pmatrix}\boldsymbol{A} & \boldsymbol{\alpha}\\ \boldsymbol{\alpha}^{\mathrm{T}} & 0\end{pmatrix}.$$

又由于 $r\begin{pmatrix}\boldsymbol{A} & \boldsymbol{\alpha}\\ \boldsymbol{\alpha}^{\mathrm{T}} & 0\end{pmatrix}=r(\boldsymbol{A})$,故

$$r(\boldsymbol{A})=r(\boldsymbol{A},\boldsymbol{\alpha})=r\begin{pmatrix}\boldsymbol{A} & \boldsymbol{\alpha}\\ \boldsymbol{\alpha}^{\mathrm{T}} & 0\end{pmatrix},$$

即 $\boldsymbol{Ax}=\boldsymbol{\alpha}$ 一定有解. 而至于 $\boldsymbol{Ax}=\boldsymbol{\alpha}$ 是有唯一解还是有无穷多个解,取决于 $\boldsymbol{A}$ 是否可逆,所以选项 A,B 均错误.

类题 设 $\boldsymbol{A}$ 为 n 阶矩阵,$\boldsymbol{\beta}$ 为 n 维非零列向量,且 $r\begin{pmatrix}\boldsymbol{A}^{\mathrm{T}}\\ \boldsymbol{\beta}^{\mathrm{T}}\end{pmatrix}<r\begin{pmatrix}\boldsymbol{A}^{\mathrm{T}} & \boldsymbol{0}\\ \boldsymbol{\beta}^{\mathrm{T}} & 1\end{pmatrix}$,则线性方程组(　　).

A. $\boldsymbol{Ax}=\boldsymbol{\beta}$ 必有解

B. $\boldsymbol{Ax}=\boldsymbol{\beta}$ 必无解

C. $\begin{pmatrix}\boldsymbol{A} & \boldsymbol{\beta}\\ \boldsymbol{\beta}^{\mathrm{T}} & 0\end{pmatrix}\begin{pmatrix}\boldsymbol{x}\\ \boldsymbol{y}\end{pmatrix}=\boldsymbol{0}$ 仅有零解

D. $\begin{pmatrix}\boldsymbol{A} & \boldsymbol{\beta}\\ \boldsymbol{\beta}^{\mathrm{T}} & 0\end{pmatrix}\begin{pmatrix}\boldsymbol{x}\\ \boldsymbol{y}\end{pmatrix}=\boldsymbol{0}$ 必有非零解

解 对矩阵 $\begin{pmatrix}\boldsymbol{A}^{\mathrm{T}} & \boldsymbol{0}\\ \boldsymbol{\beta}^{\mathrm{T}} & 1\end{pmatrix}$ 施行初等列变换,利用最后一个元素 1,消去前面的 $\boldsymbol{\beta}^{\mathrm{T}}$,即

$$\begin{pmatrix}\boldsymbol{A}^{\mathrm{T}} & \boldsymbol{0}\\ \boldsymbol{\beta}^{\mathrm{T}} & 1\end{pmatrix}\longrightarrow\begin{pmatrix}\boldsymbol{A}^{\mathrm{T}} & \boldsymbol{0}\\ \boldsymbol{0} & 1\end{pmatrix}.$$

故

$$r\begin{pmatrix}\boldsymbol{A}^{\mathrm{T}} & \boldsymbol{0}\\ \boldsymbol{\beta}^{\mathrm{T}} & 1\end{pmatrix}=r(\boldsymbol{A})+1.$$

又由于转置不改变矩阵的秩,故

$$r\begin{pmatrix}\boldsymbol{A}^{\mathrm{T}}\\ \boldsymbol{\beta}^{\mathrm{T}}\end{pmatrix}=r(\boldsymbol{A},\boldsymbol{\beta}).$$

再由

$$r\begin{pmatrix}\boldsymbol{A}^{\mathrm{T}}\\ \boldsymbol{\beta}^{\mathrm{T}}\end{pmatrix}<r\begin{pmatrix}\boldsymbol{A}^{\mathrm{T}} & \boldsymbol{0}\\ \boldsymbol{\beta}^{\mathrm{T}} & 1\end{pmatrix}$$

得 $r(\boldsymbol{A},\boldsymbol{\beta})<r(\boldsymbol{A})+1$,所以

$$r(\boldsymbol{A},\boldsymbol{\beta})=r(\boldsymbol{A}).$$

故 $\boldsymbol{Ax}=\boldsymbol{\beta}$ 必有解，选项 A 正确，而选项 B 错误.

至于齐次线性方程组 $\begin{pmatrix}\boldsymbol{A} & \boldsymbol{\beta}\\ \boldsymbol{\beta}^{\mathrm{T}} & 0\end{pmatrix}\begin{pmatrix}\boldsymbol{x}\\ \boldsymbol{y}\end{pmatrix}=\boldsymbol{0}$ 有无非零解，这取决于矩阵 $\begin{pmatrix}\boldsymbol{A} & \boldsymbol{\beta}\\ \boldsymbol{\beta}^{\mathrm{T}} & 0\end{pmatrix}$ 是否可逆，即 $r\begin{pmatrix}\boldsymbol{A} & \boldsymbol{\beta}\\ \boldsymbol{\beta}^{\mathrm{T}} & 0\end{pmatrix}$ 是否等于 $n+1$. 但这显然是无法判断的[毕竟连 $r(\boldsymbol{A})$ 是否等于 n 都未知]，故选项 C,D 错误，均排除.

考法六　考查线性方程组与向量组相结合的证明

方法总结　向量组与线性方程组本来就是不分家的. 事实上，设矩阵 $\boldsymbol{A}=(\boldsymbol{\alpha}_1,\boldsymbol{\alpha}_2,\cdots,\boldsymbol{\alpha}_n)$，则有以下转化关系：

(1) 向量组 $\boldsymbol{\alpha}_1,\boldsymbol{\alpha}_2,\cdots,\boldsymbol{\alpha}_n$ 线性相关等价于线性方程组 $\boldsymbol{Ax}=\boldsymbol{0}$ 有非零解，向量组 $\boldsymbol{\alpha}_1,\boldsymbol{\alpha}_2,\cdots,\boldsymbol{\alpha}_n$ 线性无关等价于线性方程组 $\boldsymbol{Ax}=\boldsymbol{0}$ 只有零解；

(2) $\boldsymbol{\beta}$ 能由向量组 $\boldsymbol{\alpha}_1,\boldsymbol{\alpha}_2,\cdots,\boldsymbol{\alpha}_n$ 线性表示等价于线性方程组 $\boldsymbol{Ax}=\boldsymbol{\beta}$ 有解，$\boldsymbol{\beta}$ 不能由向量组 $\boldsymbol{\alpha}_1,\boldsymbol{\alpha}_2,\cdots,\boldsymbol{\alpha}_n$ 线性表示等价于线性方程组 $\boldsymbol{Ax}=\boldsymbol{\beta}$ 无解.

例题 8(1996 年)　设 $\boldsymbol{\alpha}_1,\boldsymbol{\alpha}_2,\cdots,\boldsymbol{\alpha}_s$ 为线性方程组 $\boldsymbol{Ax}=\boldsymbol{0}$ 的一组线性无关解，$\boldsymbol{\eta}$ 为线性方程组 $\boldsymbol{Ax}=\boldsymbol{\beta}(\boldsymbol{\beta}\neq\boldsymbol{0})$ 的一个解，证明：$\boldsymbol{\eta},\boldsymbol{\eta}+\boldsymbol{\alpha}_1,\boldsymbol{\eta}+\boldsymbol{\alpha}_2,\cdots,\boldsymbol{\eta}+\boldsymbol{\alpha}_s$ 线性无关.

证　由初等列变换易知

$$r(\boldsymbol{\eta},\boldsymbol{\eta}+\boldsymbol{\alpha}_1,\boldsymbol{\eta}+\boldsymbol{\alpha}_2,\cdots,\boldsymbol{\eta}+\boldsymbol{\alpha}_s)=r(\boldsymbol{\eta},\boldsymbol{\alpha}_1,\boldsymbol{\alpha}_2,\cdots,\boldsymbol{\alpha}_s),$$

故只需证明 $\boldsymbol{\eta},\boldsymbol{\alpha}_1,\boldsymbol{\alpha}_2,\cdots,\boldsymbol{\alpha}_s$ 线性无关即可.

采用反证法. 假设 $\boldsymbol{\eta},\boldsymbol{\alpha}_1,\boldsymbol{\alpha}_2,\cdots,\boldsymbol{\alpha}_s$ 线性相关，又因 $\boldsymbol{\alpha}_1,\boldsymbol{\alpha}_2,\cdots,\boldsymbol{\alpha}_s$ 线性无关，故 $\boldsymbol{\eta}$ 可以由 $\boldsymbol{\alpha}_1,\boldsymbol{\alpha}_2,\cdots,\boldsymbol{\alpha}_s$ 唯一线性表示. 可设

$$\boldsymbol{\eta}=k_1\boldsymbol{\alpha}_1+k_2\boldsymbol{\alpha}_2+\cdots+k_s\boldsymbol{\alpha}_s,$$

其中 $k_1,k_2,\cdots,k_s$ 为常数，则

$$\boldsymbol{A\eta}=k_1\boldsymbol{A\alpha}_1+k_2\boldsymbol{A\alpha}_2+\cdots+k_s\boldsymbol{A\alpha}_s=\boldsymbol{A}(k_1\boldsymbol{\alpha}_1+k_2\boldsymbol{\alpha}_2+\cdots+k_s\boldsymbol{\alpha}_s)=\boldsymbol{0}.$$

这与已知条件 $\boldsymbol{A\eta}=\boldsymbol{\beta}(\boldsymbol{\beta}\neq\boldsymbol{0})$ 矛盾，故假设不成立. 所以，$\boldsymbol{\eta},\boldsymbol{\eta}+\boldsymbol{\alpha}_1,\boldsymbol{\eta}+\boldsymbol{\alpha}_2,\cdots,\boldsymbol{\eta}+\boldsymbol{\alpha}_s$ 线性无关.

注　由本题可以推出一些非常重要的结论，例如：

(1) 若给出了非齐次线性方程组 $\boldsymbol{Ax}=\boldsymbol{\beta}$ 的 k 个线性无关解，那么对应的齐次线性方程组 $\boldsymbol{Ax}=\boldsymbol{0}$ 就至少有 $k-1$ 个线性无关的解；反之，若给出了齐次线性方程组 $\boldsymbol{Ax}=\boldsymbol{0}$ 的 k 个线性无关的解，那么非齐次线性方程组 $\boldsymbol{Ax}=\boldsymbol{\beta}$ 就至少有 $k+1$ 个线性无关的解. 总之，请记住一句话：非齐次线性方程组 $\boldsymbol{Ax}=\boldsymbol{\beta}$ 的线性无关解的个数，恰好比齐次线性方程组 $\boldsymbol{Ax}=\boldsymbol{0}$ 的线性无关解的个数多 1.

(2) 既然 $\boldsymbol{Ax}=\boldsymbol{0}$ 的基础解系中的向量个数为 $s=n-r(\boldsymbol{A})$，那么由结论(1)可知，$\boldsymbol{Ax}=$

$\boldsymbol{\beta}(\boldsymbol{\beta}\neq\mathbf{0})$所有解构成的向量组的极大无关组中向量的个数为 $n-\mathrm{r}(\boldsymbol{A})+1$.

(3) 从结论(2)和线性方程组解的结构可知,若 $\boldsymbol{\eta}_1,\boldsymbol{\eta}_2,\cdots,\boldsymbol{\eta}_{n-r+1}$ 是 $\boldsymbol{Ax}=\boldsymbol{\beta}$ 的 $n-\mathrm{r}(\boldsymbol{A})+1$ 个线性无关解[$r=\mathrm{r}(\boldsymbol{A})$],且任意常数 $k_1,k_2,\cdots,k_{n-r+1}$ 满足

$$k_1+k_2+\cdots+k_{n-r+1}=1,$$

则 $\boldsymbol{Ax}=\boldsymbol{\beta}$ 的通解是

$$k_1\boldsymbol{\eta}_1+k_2\boldsymbol{\eta}_2+\cdots+k_{n-r+1}\boldsymbol{\eta}_{n-r+1}.$$

例题 9 设 n 阶矩阵 $\boldsymbol{A}=(\boldsymbol{\alpha}_1,\boldsymbol{\alpha}_2,\cdots,\boldsymbol{\alpha}_n)$的前 $n-1$ 个列向量线性相关,后 $n-1$ 个列向量线性无关,且

$$\boldsymbol{\beta}=\boldsymbol{\alpha}_1+\boldsymbol{\alpha}_2+\cdots+\boldsymbol{\alpha}_n,$$

证明:

(1) 线性方程组 $\boldsymbol{Ax}=\boldsymbol{\beta}$ 有无穷多个解;

(2) 对于线性方程组 $\boldsymbol{Ax}=\boldsymbol{\beta}$ 的任意一个解$(k_1,k_2,\cdots,k_n)^{\mathrm{T}}$,都有 $k_n=1$.

证 (1) 有两种证明方法:

方法一 只需证明 $\mathrm{r}(\boldsymbol{A})=\mathrm{r}(\boldsymbol{A},\boldsymbol{\beta})<n$ 即可.

由于 $\boldsymbol{\alpha}_2,\cdots,\boldsymbol{\alpha}_n$ 线性无关,故

$$\mathrm{r}(\boldsymbol{\alpha}_1,\boldsymbol{\alpha}_2,\cdots,\boldsymbol{\alpha}_n)\geqslant n-1;$$

又 $\boldsymbol{\alpha}_1,\cdots,\boldsymbol{\alpha}_{n-1}$ 线性相关,故

$$\mathrm{r}(\boldsymbol{\alpha}_1,\boldsymbol{\alpha}_2,\cdots,\boldsymbol{\alpha}_n)\leqslant n-1.$$

所以

$$\mathrm{r}(\boldsymbol{\alpha}_1,\boldsymbol{\alpha}_2,\cdots,\boldsymbol{\alpha}_n)=n-1.$$

又由于 $\boldsymbol{\beta}=\boldsymbol{\alpha}_1+\boldsymbol{\alpha}_2+\cdots+\boldsymbol{\alpha}_n$,故

$$\mathrm{r}(\boldsymbol{A},\boldsymbol{\beta})=\mathrm{r}(\boldsymbol{\alpha}_1,\boldsymbol{\alpha}_2,\cdots,\boldsymbol{\alpha}_n,\boldsymbol{\beta})=\mathrm{r}(\boldsymbol{\alpha}_1,\boldsymbol{\alpha}_2,\cdots,\boldsymbol{\alpha}_n)=n-1.$$

从而

$$\mathrm{r}(\boldsymbol{A})=\mathrm{r}(\boldsymbol{A},\boldsymbol{\beta})=n-1<n.$$

所以,$\boldsymbol{Ax}=\boldsymbol{\beta}$ 有无穷多个解.

方法二 只需证明 $\boldsymbol{Ax}=\boldsymbol{\beta}$ 至少有两个解即可.

由于 $\boldsymbol{\beta}=\boldsymbol{\alpha}_1+\boldsymbol{\alpha}_2+\cdots+\boldsymbol{\alpha}_n$,故 $\boldsymbol{Ax}=\boldsymbol{\beta}$ 至少有一个解:$(1,1,\cdots,1)^{\mathrm{T}}$.

因 $\boldsymbol{\alpha}_2,\cdots,\boldsymbol{\alpha}_n$ 线性无关,故 $\boldsymbol{\alpha}_2,\cdots,\boldsymbol{\alpha}_{n-1}$ 也线性无关. 又因 $\boldsymbol{\alpha}_1,\cdots,\boldsymbol{\alpha}_{n-1}$ 线性相关,故 $\boldsymbol{\alpha}_1$ 可以由 $\boldsymbol{\alpha}_2,\cdots,\boldsymbol{\alpha}_{n-1}$ 唯一线性表示,即存在唯一的一组数 $l_2,\cdots,l_{n-1}$,使得

$$\boldsymbol{\alpha}_1=l_2\boldsymbol{\alpha}_2+\cdots+l_{n-1}\boldsymbol{\alpha}_{n-1}.$$

所以

$$\begin{aligned}\boldsymbol{\beta}&=(l_2\boldsymbol{\alpha}_2+\cdots+l_{n-1}\boldsymbol{\alpha}_{n-1})+\boldsymbol{\alpha}_2+\cdots+\boldsymbol{\alpha}_n\\&=(1+l_2)\boldsymbol{\alpha}_2+\cdots+(1+l_{n-1})\boldsymbol{\alpha}_{n-1}+\boldsymbol{\alpha}_n,\end{aligned}$$

从而$(0,1+l_2,\cdots,1+l_{n-1},1)^{\mathrm{T}}$ 也是 $\boldsymbol{Ax}=\boldsymbol{\beta}$ 的一个解.

由于 $\boldsymbol{Ax}=\boldsymbol{\beta}$ 要么无解，要么有唯一解，要么有无穷多个解，故 $\boldsymbol{Ax}=\boldsymbol{\beta}$ 有无穷多个解.

(2) 直接将 $\boldsymbol{Ax}=\boldsymbol{\beta}$ 的通解形式求出来.

由于 $\mathrm{r}(\boldsymbol{A})=n-1$，故 $\boldsymbol{Ax}=\boldsymbol{0}$ 的基础解系中仅有一个向量. 又由于

$$\boldsymbol{\alpha}_1=l_2\boldsymbol{\alpha}_2+\cdots+l_{n-1}\boldsymbol{\alpha}_{n-1},$$

移项可得

$$-\boldsymbol{\alpha}_1+l_2\boldsymbol{\alpha}_2+\cdots+l_{n-1}\boldsymbol{\alpha}_{n-1}+0\boldsymbol{\alpha}_n=\boldsymbol{0},$$

即 $(-1,l_2,\cdots,l_{n-1},0)^{\mathrm{T}}$ 是 $\boldsymbol{Ax}=\boldsymbol{0}$ 的一个非零解，也就是基础解系，故 $\boldsymbol{Ax}=\boldsymbol{\beta}$ 的通解为

$$k(-1,l_2,\cdots,l_{n-1},0)^{\mathrm{T}}+(1,1,\cdots,1)^{\mathrm{T}}=(-k+1,kl_2+1,\cdots,kl_{n-1}+1,1)^{\mathrm{T}},$$

其中 k 为任意常数. 所以，对于 $\boldsymbol{Ax}=\boldsymbol{\beta}$ 的任意一个解 $(k_1,k_2,\cdots,k_n)^{\mathrm{T}}$，都有 $k_n=1$.

考法七　考查线性方程组与特征值和特征向量的结合

例题 10(2017 年)　设 3 阶矩阵 $\boldsymbol{A}=(\boldsymbol{\alpha}_1,\boldsymbol{\alpha}_2,\boldsymbol{\alpha}_3)$ 有三个不同的特征值，且 $\boldsymbol{\alpha}_3=\boldsymbol{\alpha}_1+2\boldsymbol{\alpha}_2$.

(1) 证明：$\mathrm{r}(\boldsymbol{A})=2$；

(2) 若 $\boldsymbol{\beta}=\boldsymbol{\alpha}_1+\boldsymbol{\alpha}_2+\boldsymbol{\alpha}_3$，求线性方程组 $\boldsymbol{Ax}=\boldsymbol{\beta}$ 的通解.

解　(1) 由于 $\boldsymbol{\alpha}_3=\boldsymbol{\alpha}_1+2\boldsymbol{\alpha}_2$，即 $\boldsymbol{\alpha}_1,\boldsymbol{\alpha}_2,\boldsymbol{\alpha}_3$ 线性相关，故 $\mathrm{r}(\boldsymbol{A})\leqslant 2$. 所以 $|\boldsymbol{A}|=0$，从而 0 一定是 $\boldsymbol{A}$ 的特征值. 又由于 $\boldsymbol{A}$ 的三个特征值互不相同，故 $\boldsymbol{A}$ 一定可以相似对角化，即

$$\boldsymbol{A}\sim\begin{pmatrix}0&&\\&\lambda_1&\\&&\lambda_2\end{pmatrix}\xlongequal{\text{记为}}\boldsymbol{\Lambda},$$

其中 λ_1,λ_2 是 $\boldsymbol{A}$ 的两个互异的非零特征值. 由于 $\lambda_1\neq\lambda_2$，且 $\lambda_{1,2}\neq 0$，故

$$\mathrm{r}(\boldsymbol{A})=\mathrm{r}(\boldsymbol{\Lambda})=2.$$

(2) 由于 $\boldsymbol{\beta}=\boldsymbol{\alpha}_1+\boldsymbol{\alpha}_2+\boldsymbol{\alpha}_3$，故 $\boldsymbol{\eta}=(1,1,1)^{\mathrm{T}}$ 是 $\boldsymbol{Ax}=\boldsymbol{\beta}$ 的一个特解.

因为 $\mathrm{r}(\boldsymbol{A})=2$，所以 $\boldsymbol{Ax}=\boldsymbol{0}$ 的基础解系中仅有一个向量. 于是，我们只需找到 $\boldsymbol{Ax}=\boldsymbol{0}$ 的一个非零解即可得到其基础解系. 根据 $\boldsymbol{\alpha}_3=\boldsymbol{\alpha}_1+2\boldsymbol{\alpha}_2$，可得 $\boldsymbol{\alpha}_1+2\boldsymbol{\alpha}_2-\boldsymbol{\alpha}_3=\boldsymbol{0}$，所以 $\boldsymbol{\xi}=(1,2,-1)^{\mathrm{T}}$ 是 $\boldsymbol{Ax}=\boldsymbol{0}$ 的一个非零解，也就是基础解系.

因此，$\boldsymbol{Ax}=\boldsymbol{\beta}$ 的通解为 $k\boldsymbol{\xi}+\boldsymbol{\eta}=k(1,2,-1)^{\mathrm{T}}+(1,1,1)^{\mathrm{T}}$，其中 k 为任意常数.

例题 11　设 $\boldsymbol{A}$ 是 3 阶实对称矩阵，向量 $\boldsymbol{\alpha}=(-1,1,1)^{\mathrm{T}}$ 满足 $(\boldsymbol{A}-2\boldsymbol{E})\boldsymbol{\alpha}=\boldsymbol{0}$，且 $\mathrm{r}(\boldsymbol{A})=1$，则线性方程组 $\boldsymbol{Ax}=\boldsymbol{0}$ 的通解为(　　)(假设 k_1,k_2 为任意常数).

A. $k_1(1,1,0)^{\mathrm{T}}+k_2(1,-1,0)^{\mathrm{T}}$　　B. $k_1(1,1,0)^{\mathrm{T}}+k_2(1,0,1)^{\mathrm{T}}$

C. $k_1(1,1,0)^{\mathrm{T}}+k_2(1,1,1)^{\mathrm{T}}$　　D. $k_1(1,1,0)^{\mathrm{T}}+k_2(1,0,-1)^{\mathrm{T}}$

解　由于 $(\boldsymbol{A}-2\boldsymbol{E})\boldsymbol{\alpha}=\boldsymbol{0}$，即 $\boldsymbol{A\alpha}=2\boldsymbol{\alpha}$，故 2 是 $\boldsymbol{A}$ 的一个特征值，$\boldsymbol{\alpha}$ 是属于特征值 2 的一个特征向量. 而 $\mathrm{r}(\boldsymbol{A})=1$，且 $\boldsymbol{A}$ 为 3 阶实对称矩阵，故 $\boldsymbol{A}$ 的另外两个特征值必然为 0. 所以，$\boldsymbol{A}$ 的所有特征值为 2,0,0. 于是，要找 $\boldsymbol{Ax}=\boldsymbol{0}$ 的基础解系，就相当于找 $\boldsymbol{A}$ 的属于特征值 0 的两个线性无关特征向量.

对于实对称矩阵而言，取自不同特征值的特征向量一定正交，故只需检验四个选项中向量的正交性即可.

对于选项 A，向量$(1,-1,0)^T$ 与 $\boldsymbol{\alpha}=(-1,1,1)^T$ 不正交；

对于选项 C，向量$(1,1,1)^T$ 与 $\boldsymbol{\alpha}=(-1,1,1)^T$ 不正交；

对于选项 D，向量$(1,0,-1)^T$ 与 $\boldsymbol{\alpha}=(-1,1,1)^T$ 不正交.

对于选项 B，两个向量均与 $\boldsymbol{\alpha}=(-1,1,1)^T$ 正交.

故选项 B 正确.

注 当 $\boldsymbol{A}$ 不是实对称矩阵，或 $\boldsymbol{A}$ 不能相似对角化时，我们无法通过 $r(\boldsymbol{A})$ 去断言 $\boldsymbol{A}$ 的非零特征值的个数.

事实上，假设

$$\boldsymbol{A}\sim\begin{pmatrix}\lambda_1 & & & \\ & \lambda_2 & & \\ & & \ddots & \\ & & & \lambda_n\end{pmatrix},$$

则

$$r(\boldsymbol{A})=r\begin{pmatrix}\lambda_1 & & & \\ & \lambda_2 & & \\ & & \ddots & \\ & & & \lambda_n\end{pmatrix}.$$

此时，$r(\boldsymbol{A})$ 显然是 $\boldsymbol{A}$ 的非零特征值的个数. 但是，当 $\boldsymbol{A}$ 不能相似对角化时，比如 $\boldsymbol{A}=\begin{pmatrix}1 & 1\\ -1 & -1\end{pmatrix}$，这时 $\boldsymbol{A}$ 的两个特征值均为 0，没有非零特征值，但 $r(\boldsymbol{A})=1$.

例题 12 设 $\boldsymbol{A}$ 是 4 阶矩阵，向量 $\boldsymbol{\alpha},\boldsymbol{\beta}$ 是线性方程组 $(\boldsymbol{A}-\boldsymbol{E})\boldsymbol{x}=\boldsymbol{0}$ 的基础解系，向量 $\boldsymbol{\gamma}$ 是线性方程组 $(\boldsymbol{A}+\boldsymbol{E})\boldsymbol{x}=\boldsymbol{0}$ 的基础解系，则线性方程组 $(\boldsymbol{A}^2-\boldsymbol{E})\boldsymbol{x}=\boldsymbol{0}$ 的通解是（　　）.

A. $c_1\boldsymbol{\alpha}+c_2\boldsymbol{\beta}$，其中 c_1,c_2 为任意常数

B. $c_1\boldsymbol{\alpha}+c_2\boldsymbol{\gamma}$，其中 c_1,c_2 为任意常数

C. $c_1\boldsymbol{\beta}+c_2\boldsymbol{\gamma}$，其中 c_1,c_2 为任意常数

D. $c_1\boldsymbol{\alpha}+c_2\boldsymbol{\beta}+c_3\boldsymbol{\gamma}$，其中 c_1,c_2,c_3 为任意常数

解 想办法先求出 $r(\boldsymbol{A}^2-\boldsymbol{E})$.

由于 $(\boldsymbol{A}-\boldsymbol{E})\boldsymbol{x}=\boldsymbol{0}$ 的基础解系中有两个向量，故

$$4-r(\boldsymbol{A}-\boldsymbol{E})=2,\quad 即\quad r(\boldsymbol{A}-\boldsymbol{E})=2;$$

由于 $(\boldsymbol{A}+\boldsymbol{E})\boldsymbol{x}=\boldsymbol{0}$ 的基础解系中有一个向量，故

$$4-r(\boldsymbol{A}+\boldsymbol{E})=1,\quad 即\quad r(\boldsymbol{A}+\boldsymbol{E})=3.$$

而 $\boldsymbol{A}^2-\boldsymbol{E}=(\boldsymbol{A}-\boldsymbol{E})(\boldsymbol{A}+\boldsymbol{E})$，故

$$r(\boldsymbol{A}^2-\boldsymbol{E})\leqslant \min\{r(\boldsymbol{A}-\boldsymbol{E}),r(\boldsymbol{A}+\boldsymbol{E})\}=2,$$

但是,到了这里我们很难直接确定 $r(\boldsymbol{A}^2-\boldsymbol{E})$ 到底是 1 还是 2,所以很难确定 $(\boldsymbol{A}^2-\boldsymbol{E})\boldsymbol{x}=\boldsymbol{0}$ 的基础解系中的向量个数.

下面我们换个角度思考问题. 向量 $\boldsymbol{\alpha},\boldsymbol{\beta}$ 是 $(\boldsymbol{A}-\boldsymbol{E})\boldsymbol{x}=\boldsymbol{0}$ 的基础解系,这说明 $\boldsymbol{\alpha},\boldsymbol{\beta}$ 都是 $\boldsymbol{A}$ 的属于特征值 1 的特征向量,且线性无关;向量 $\boldsymbol{\gamma}$ 是 $(\boldsymbol{A}+\boldsymbol{E})\boldsymbol{x}=\boldsymbol{0}$ 的基础解系,这说明 $\boldsymbol{\gamma}$ 是 $\boldsymbol{A}$ 的属于特征值 -1 的特征向量. 由于取自不同特征值的特征向量一定线性无关,故 $\boldsymbol{\alpha},\boldsymbol{\beta},\boldsymbol{\gamma}$ 是三个线性无关的特征向量.

在 $(\boldsymbol{A}-\boldsymbol{E})\boldsymbol{\alpha}=\boldsymbol{0}$ 和 $(\boldsymbol{A}-\boldsymbol{E})\boldsymbol{\beta}=\boldsymbol{0}$ 两边左乘 $\boldsymbol{A}+\boldsymbol{E}$,得

$$(\boldsymbol{A}^2-\boldsymbol{E})\boldsymbol{\alpha}=\boldsymbol{0} \quad 和 \quad (\boldsymbol{A}^2-\boldsymbol{E})\boldsymbol{\beta}=\boldsymbol{0};$$

在 $(\boldsymbol{A}+\boldsymbol{E})\boldsymbol{\gamma}=\boldsymbol{0}$ 两边左乘 $\boldsymbol{A}-\boldsymbol{E}$,得

$$(\boldsymbol{A}^2-\boldsymbol{E})\boldsymbol{\gamma}=\boldsymbol{0}.$$

这说明,$\boldsymbol{\alpha},\boldsymbol{\beta},\boldsymbol{\gamma}$ 是齐次线性方程组 $(\boldsymbol{A}^2-\boldsymbol{E})\boldsymbol{x}=\boldsymbol{0}$ 的三个线性无关解. 既然都已经有三个线性无关的解了,所以只能是选项 D 正确.

注 如果本题是解答题,得到三个线性无关解后的过程可以写得稍严谨一些:

由于已经找到 $(\boldsymbol{A}^2-\boldsymbol{E})\boldsymbol{x}=\boldsymbol{0}$ 的三个线性无关解,故

$$4-r(\boldsymbol{A}^2-\boldsymbol{E})\geqslant 3, \quad 即 \quad r(\boldsymbol{A}^2-\boldsymbol{E})\leqslant 1.$$

若 $r(\boldsymbol{A}^2-\boldsymbol{E})=0$,则

$$\boldsymbol{A}^2-\boldsymbol{E}=\boldsymbol{O}, \quad 即 \quad (\boldsymbol{A}-\boldsymbol{E})(\boldsymbol{A}+\boldsymbol{E})=\boldsymbol{O},$$

故

$$r(\boldsymbol{A}+\boldsymbol{E})+r(\boldsymbol{A}-\boldsymbol{E})\leqslant 4.$$

但通过前面的分析可知 $r(\boldsymbol{A}-\boldsymbol{E})=2,r(\boldsymbol{A}+\boldsymbol{E})=3$,故

$$r(\boldsymbol{A}+\boldsymbol{E})+r(\boldsymbol{A}-\boldsymbol{E})=5,$$

矛盾. 所以 $r(\boldsymbol{A}^2-\boldsymbol{E})=1$. 故 $(\boldsymbol{A}^2-\boldsymbol{E})\boldsymbol{x}=\boldsymbol{0}$ 的基础解系中的向量个数为

$$4-r(\boldsymbol{A}^2-\boldsymbol{E})=3,$$

故选项 D 正确.

三、配套作业

1. 已知 4 阶矩阵 $\boldsymbol{A}=(a_{ij})$ 满足 $r(\boldsymbol{A})<4$,且元素 a_{21} 的代数余子式 $A_{21}\neq 0$,求线性方程组 $\boldsymbol{A}\boldsymbol{x}=\boldsymbol{0}$ 的通解.

2. 设 $\boldsymbol{A}=(\boldsymbol{\alpha}_1,\boldsymbol{\alpha}_2,\boldsymbol{\alpha}_3,\boldsymbol{\alpha}_4)$ 为 4 阶矩阵,且线性方程组 $\boldsymbol{A}\boldsymbol{x}=\boldsymbol{\beta}$ 有通解 $k(1,-1,0,2)^{\mathrm{T}}+(1,2,1,0)^{\mathrm{T}}$($k$ 为任意常数),则下列等式中错误的是( ).

A. $\boldsymbol{\alpha}_1+2\boldsymbol{\alpha}_2+\boldsymbol{\alpha}_3-\boldsymbol{\beta}=\boldsymbol{0}$ B. $-\boldsymbol{\alpha}_1+\boldsymbol{\alpha}_2-2\boldsymbol{\alpha}_4+\boldsymbol{\beta}=\boldsymbol{0}$

C. $2\boldsymbol{\alpha}_1+\boldsymbol{\alpha}_2+\boldsymbol{\alpha}_3+2\boldsymbol{\alpha}_4-\boldsymbol{\beta}=\boldsymbol{0}$ D. $-3\boldsymbol{\alpha}_2-\boldsymbol{\alpha}_3+2\boldsymbol{\alpha}_4+\boldsymbol{\beta}=\boldsymbol{0}$

3. 设 $\boldsymbol{\alpha}_1,\boldsymbol{\alpha}_2,\boldsymbol{\alpha}_3,\boldsymbol{\alpha}_4,\boldsymbol{\alpha}_5$ 均是 4 维列向量,记矩阵

$$\boldsymbol{A}=(\boldsymbol{\alpha}_1,\boldsymbol{\alpha}_2,\boldsymbol{\alpha}_3,\boldsymbol{\alpha}_4),\quad \boldsymbol{B}=(\boldsymbol{\alpha}_1,\boldsymbol{\alpha}_2,\boldsymbol{\alpha}_3,\boldsymbol{\alpha}_4,\boldsymbol{\alpha}_5).$$

已知线性方程组 $\boldsymbol{Ax}=\boldsymbol{\alpha}_5$ 有通解 $k(1,-1,2,0)^{\mathrm{T}}+(2,1,0,1)^{\mathrm{T}}$($k$ 为任意常数),则下列向量中不是线性方程组 $\boldsymbol{Bx}=\boldsymbol{0}$ 的解的是(　　).

A. $(0,3,-4,1,-1)^{\mathrm{T}}$　　B. $(1,-2,-2,0,-1)^{\mathrm{T}}$

C. $(2,1,0,1,-1)^{\mathrm{T}}$　　D. $(3,0,2,1,-1)^{\mathrm{T}}$

4. 已知 $\boldsymbol{A}$ 是 2×4 矩阵,线性方程组 $\boldsymbol{Ax}=\boldsymbol{0}$ 的基础解系是

$$\boldsymbol{\xi}_1=(1,3,0,2)^{\mathrm{T}},\quad \boldsymbol{\xi}_2=(1,2,-1,3)^{\mathrm{T}}.$$

又已知线性方程组 $\boldsymbol{Bx}=\boldsymbol{0}$ 的基础解系为

$$\boldsymbol{\eta}_1=(1,1,2,1)^{\mathrm{T}},\quad \boldsymbol{\eta}_2=(0,-3,1,a)^{\mathrm{T}}.$$

(1) 求矩阵 $\boldsymbol{A}$;

(2) 若 $\boldsymbol{Ax}=\boldsymbol{0}$ 和 $\boldsymbol{Bx}=\boldsymbol{0}$ 有非零公共解,求 a 的值,并求出公共解.

第4讲 向量组的线性相关性

向量组的线性相关性涉及的结论很多，往往以选择题或证明题的形式对其进行考查.而证明向量组线性无关时，一般还会用到线性无关的定义，导致解题过程比较抽象.

由于以上原因，向量组的线性相关性问题成为许多考生复习线性代数时的“拦路虎”，希望同学们重视.

这一讲主要从三个方面研究向量组的相关性问题：

(1) 逆用矩阵乘法证明向量组线性无关；

(2) 利用定义证明向量组线性无关；

(3) 利用秩证明向量组线性无关.

一、重要结论归纳总结

下面是关于向量组相关性的重要结论，希望同学们背下来.

(1) 向量组 $\boldsymbol{\alpha}_1,\boldsymbol{\alpha}_2,\cdots,\boldsymbol{\alpha}_n$ 线性相关$\Longleftrightarrow$向量组 $\boldsymbol{\alpha}_1,\boldsymbol{\alpha}_2,\cdots,\boldsymbol{\alpha}_n$ 中至少有一个向量能够由其余向量线性表示(存在“多余向量”).

注 1　一个向量线性相关$\Longleftrightarrow$该向量为零向量.

注 2　两个向量线性相关$\Longleftrightarrow$这两个向量的对应分量成比例.

注 3　含有零向量的向量组一定线性相关.

(2) 设向量组 $\boldsymbol{\alpha}_1,\boldsymbol{\alpha}_2,\cdots,\boldsymbol{\alpha}_n$ 线性无关.

① 若向量组 $\boldsymbol{\alpha}_1,\boldsymbol{\alpha}_2,\cdots,\boldsymbol{\alpha}_n,\boldsymbol{\beta}$ 线性相关，则向量 $\boldsymbol{\beta}$ 可以由向量组 $\boldsymbol{\alpha}_1,\boldsymbol{\alpha}_2,\cdots,\boldsymbol{\alpha}_n$ 线性表示，且表示方式唯一.

② 若向量组 $\boldsymbol{\alpha}_1,\boldsymbol{\alpha}_2,\cdots,\boldsymbol{\alpha}_n,\boldsymbol{\beta}$ 仍然线性无关，则向量 $\boldsymbol{\beta}$ 不可由向量组 $\boldsymbol{\alpha}_1,\boldsymbol{\alpha}_2,\cdots,\boldsymbol{\alpha}_n$ 线性表示；反之，若向量 $\boldsymbol{\beta}$ 不可由向量组 $\boldsymbol{\alpha}_1,\boldsymbol{\alpha}_2,\cdots,\boldsymbol{\alpha}_n$ 线性表示，则向量组 $\boldsymbol{\alpha}_1,\boldsymbol{\alpha}_2,\cdots,\boldsymbol{\alpha}_n,\boldsymbol{\beta}$ 仍然线性无关.

(3) 若一个向量组线性无关，则从中选出的任何“部分向量组”仍然线性无关(简记为“整体无关$\Longrightarrow$部分无关”).

推论 1　若向量组存在一个线性相关的部分向量组，则该向量组一定线性相关(简记为“部分相关$\Longrightarrow$整体相关”).

推论 2　往向量组中增加向量，可以增加整个向量组线性相关的“可能性”. 具体地说，向量组本身线性相关，增加向量后必定线性相关；向量组本身线性无关，增加向量后可能线性相关，也可能仍然线性无关.

(4) 设 $\boldsymbol{\alpha}_1,\boldsymbol{\alpha}_2,\cdots,\boldsymbol{\alpha}_n$ 是 n 个 n 维列向量，则

$$\text{向量组 } \boldsymbol{\alpha}_1,\boldsymbol{\alpha}_2,\cdots,\boldsymbol{\alpha}_n \text{ 线性无关} \Longleftrightarrow |\boldsymbol{\alpha}_1,\boldsymbol{\alpha}_2,\cdots,\boldsymbol{\alpha}_n|\neq 0.$$

(5) 设 $\boldsymbol{\alpha}_1,\boldsymbol{\alpha}_2,\cdots,\boldsymbol{\alpha}_n$ 是 n 个 m 维列向量，则当 $n>m$ 时，该向量组必定线性相关(简记为“个数 $n>$维数 m，必相关”).

(6) 设 $\boldsymbol{\alpha}'_1,\boldsymbol{\alpha}'_2,\cdots,\boldsymbol{\alpha}'_n$ 是向量组 $\boldsymbol{\alpha}_1,\boldsymbol{\alpha}_2,\cdots,\boldsymbol{\alpha}_n$ 的“延长向量组”(保持原有分量不变，在各向量相同的位置添加分量，以延长向量长度或提高向量维数)，若 $\boldsymbol{\alpha}_1,\boldsymbol{\alpha}_2,\cdots,\boldsymbol{\alpha}_n$ 线性无关，则 $\boldsymbol{\alpha}'_1,\boldsymbol{\alpha}'_2,\cdots,\boldsymbol{\alpha}'_n$ 也线性无关(简记为“本身无关$\Longrightarrow$延长无关”).

(7) 设 $\boldsymbol{\alpha}_1,\boldsymbol{\alpha}_2,\cdots,\boldsymbol{\alpha}_n$ 为两两正交的非零向量，则向量组 $\boldsymbol{\alpha}_1,\boldsymbol{\alpha}_2,\cdots,\boldsymbol{\alpha}_n$ 一定线性无关.

(8) 向量组 $\boldsymbol{\alpha}_1,\boldsymbol{\alpha}_2,\cdots,\boldsymbol{\alpha}_n$ 线性相关$\Longleftrightarrow \mathrm{r}(\boldsymbol{\alpha}_1,\boldsymbol{\alpha}_2,\cdots,\boldsymbol{\alpha}_n)<n$.

(9) 向量组 $\boldsymbol{\alpha}_1,\boldsymbol{\alpha}_2,\cdots,\boldsymbol{\alpha}_n$ 线性无关$\Longleftrightarrow \mathrm{r}(\boldsymbol{\alpha}_1,\boldsymbol{\alpha}_2,\cdots,\boldsymbol{\alpha}_n)=n$.

(10) 向量 $\boldsymbol{\beta}$ 可以由向量组 $\boldsymbol{\alpha}_1,\boldsymbol{\alpha}_2,\cdots,\boldsymbol{\alpha}_n$ 线性表示

$$\Longleftrightarrow \mathrm{r}(\boldsymbol{\alpha}_1,\boldsymbol{\alpha}_2,\cdots,\boldsymbol{\alpha}_n,\boldsymbol{\beta})=\mathrm{r}(\boldsymbol{\alpha}_1,\boldsymbol{\alpha}_2,\cdots,\boldsymbol{\alpha}_n).$$

(11) 向量 $\boldsymbol{\beta}$ 不能由向量组 $\boldsymbol{\alpha}_1,\boldsymbol{\alpha}_2,\cdots,\boldsymbol{\alpha}_n$ 线性表示

$$\Longleftrightarrow \mathrm{r}(\boldsymbol{\alpha}_1,\boldsymbol{\alpha}_2,\cdots,\boldsymbol{\alpha}_n,\boldsymbol{\beta})=\mathrm{r}(\boldsymbol{\alpha}_1,\boldsymbol{\alpha}_2,\cdots,\boldsymbol{\alpha}_n)+1.$$

二、典型例题分类讲解

考法一 考查通过逆用矩阵乘法证明向量组线性无关

例题 1(1994 年,改编) 已知向量组 $\boldsymbol{\alpha}_1,\boldsymbol{\alpha}_2,\boldsymbol{\alpha}_3$ 线性无关,证明:向量组 $\boldsymbol{\alpha}_1-\boldsymbol{\alpha}_2-2\boldsymbol{\alpha}_3$,$2\boldsymbol{\alpha}_1+\boldsymbol{\alpha}_2-\boldsymbol{\alpha}_3$,$3\boldsymbol{\alpha}_1+\boldsymbol{\alpha}_2+2\boldsymbol{\alpha}_3$ 也线性无关.

证 令

$$\boldsymbol{P}=(\boldsymbol{\alpha}_1,\boldsymbol{\alpha}_2,\boldsymbol{\alpha}_3),\quad \boldsymbol{B}=(\boldsymbol{\alpha}_1-\boldsymbol{\alpha}_2-2\boldsymbol{\alpha}_3,2\boldsymbol{\alpha}_1+\boldsymbol{\alpha}_2-\boldsymbol{\alpha}_3,3\boldsymbol{\alpha}_1+\boldsymbol{\alpha}_2+2\boldsymbol{\alpha}_3).$$

易得

$$(\boldsymbol{\alpha}_1-\boldsymbol{\alpha}_2-2\boldsymbol{\alpha}_3,2\boldsymbol{\alpha}_1+\boldsymbol{\alpha}_2-\boldsymbol{\alpha}_3,3\boldsymbol{\alpha}_1+\boldsymbol{\alpha}_2+2\boldsymbol{\alpha}_3)=(\boldsymbol{\alpha}_1,\boldsymbol{\alpha}_2,\boldsymbol{\alpha}_3)\begin{pmatrix}1&2&3\\-1&1&1\\-2&-1&2\end{pmatrix},$$

即 $\boldsymbol{B}=\boldsymbol{PA}$,其中

$$\boldsymbol{A}=\begin{pmatrix}1&2&3\\-1&1&1\\-2&-1&2\end{pmatrix}.$$

由于 $\boldsymbol{\alpha}_1,\boldsymbol{\alpha}_2,\boldsymbol{\alpha}_3$ 线性无关,故 $\boldsymbol{P}$ 为列满秩矩阵,所以 $\mathrm{r}(\boldsymbol{PA})=\mathrm{r}(\boldsymbol{A})$,即 $\mathrm{r}(\boldsymbol{B})=\mathrm{r}(\boldsymbol{A})=3$,所以 $\boldsymbol{\alpha}_1-\boldsymbol{\alpha}_2-2\boldsymbol{\alpha}_3,2\boldsymbol{\alpha}_1+\boldsymbol{\alpha}_2-\boldsymbol{\alpha}_3,3\boldsymbol{\alpha}_1+\boldsymbol{\alpha}_2+2\boldsymbol{\alpha}_3$ 线性无关.

注 1 本题有多种证明方法,可以利用初等列变换,也可以利用线性无关的定义,还可以通过逆用矩阵乘法来证明.

注 2 对矩阵 $\boldsymbol{B}$ 逆用矩阵乘法,分解为 $\boldsymbol{P}$ 乘以矩阵 $\boldsymbol{A}$ 以后,很多同学会这么去思考:

因为矩阵 $\boldsymbol{A}$ 是可逆矩阵,而可逆矩阵乘以任何一个矩阵,都不会改变那个矩阵的秩,所以根据 $\boldsymbol{B}=\boldsymbol{PA}$ 可知 $\mathrm{r}(\boldsymbol{B})=\mathrm{r}(\boldsymbol{P})$,再根据 $\boldsymbol{\alpha}_1,\boldsymbol{\alpha}_2,\boldsymbol{\alpha}_3$ 线性无关可知 $\mathrm{r}(\boldsymbol{P})=3$,从而 $\mathrm{r}(\boldsymbol{B})=3$,故 $\boldsymbol{\alpha}_1-\boldsymbol{\alpha}_2-2\boldsymbol{\alpha}_3,2\boldsymbol{\alpha}_1+\boldsymbol{\alpha}_2-\boldsymbol{\alpha}_3,3\boldsymbol{\alpha}_1+\boldsymbol{\alpha}_2+2\boldsymbol{\alpha}_3$ 线性无关.

上述这个方法,在应对这道题时是没有问题的,但该方法本身有严重漏洞.这是因为,对于一般的问题而言,我们无法保证由系数构成的矩阵 $\boldsymbol{A}$ 一定是方阵.如果不是方阵,就谈不上是否可逆,也就推不出后面的一系列结论了(本题的 $\boldsymbol{A}$ 之所以恰好是方阵,那是因为向量组 $\boldsymbol{\alpha}_1,\boldsymbol{\alpha}_2,\boldsymbol{\alpha}_3$ 中向量的个数和 $\boldsymbol{B}$ 的列数刚好都是 3).比如,一旦将本题要证的结论改为“向量组 $\boldsymbol{\alpha}_1-\boldsymbol{\alpha}_2-2\boldsymbol{\alpha}_3,2\boldsymbol{\alpha}_1+\boldsymbol{\alpha}_2-\boldsymbol{\alpha}_3$ 线性无关”,那么逆用矩阵乘法可以得到

$$(\boldsymbol{\alpha}_1-\boldsymbol{\alpha}_2-2\boldsymbol{\alpha}_3,2\boldsymbol{\alpha}_1+\boldsymbol{\alpha}_2-\boldsymbol{\alpha}_3)=(\boldsymbol{\alpha}_1,\boldsymbol{\alpha}_2,\boldsymbol{\alpha}_3)\begin{pmatrix}1&2\\-1&1\\-2&-1\end{pmatrix}.$$

但由于系数矩阵并不是方阵,那么就无法利用上面的方法来解题了.不过,根据结论“整体无

关$\Longrightarrow$部分无关”可知，这两个向量确实是线性无关的.再者说，就算由系数构成的矩阵$\boldsymbol{A}$是方阵，它也不一定是可逆矩阵，从而不能用结论“若$\boldsymbol{A}$为可逆矩阵，则$\mathrm{r}(\boldsymbol{AP})=\mathrm{r}(\boldsymbol{PA})=\mathrm{r}(\boldsymbol{P})$”.

类题(2014年)　设$\boldsymbol{\alpha}_1,\boldsymbol{\alpha}_2,\boldsymbol{\alpha}_3$均为3维列向量，则“对于任意常数$k,l$，$\boldsymbol{\alpha}_1+k\boldsymbol{\alpha}_3$，$\boldsymbol{\alpha}_2+l\boldsymbol{\alpha}_3$线性无关”是“$\boldsymbol{\alpha}_1,\boldsymbol{\alpha}_2,\boldsymbol{\alpha}_3$线性无关”的(　　).

A. 充要条件　　　　　　　　B. 充分但不必要条件

C. 必要但不充分条件　　　　D. 既不充分也不必要条件

解　令

$$\boldsymbol{P}=(\boldsymbol{\alpha}_1,\boldsymbol{\alpha}_2,\boldsymbol{\alpha}_3),\quad \boldsymbol{B}=(\boldsymbol{\alpha}_1+k\boldsymbol{\alpha}_3,\boldsymbol{\alpha}_2+l\boldsymbol{\alpha}_3),\quad \boldsymbol{A}=\begin{pmatrix}1&0\\0&1\\k&l\end{pmatrix}.$$

逆用矩阵乘法，得

$$(\boldsymbol{\alpha}_1+k\boldsymbol{\alpha}_3,\boldsymbol{\alpha}_2+l\boldsymbol{\alpha}_3)=(\boldsymbol{\alpha}_1,\boldsymbol{\alpha}_2,\boldsymbol{\alpha}_3)\begin{pmatrix}1&0\\0&1\\k&l\end{pmatrix},$$

即$\boldsymbol{B}=\boldsymbol{PA}$.

(1) 若$\boldsymbol{\alpha}_1,\boldsymbol{\alpha}_2,\boldsymbol{\alpha}_3$线性无关，则$\boldsymbol{P}$为列满秩矩阵，从而$\mathrm{r}(\boldsymbol{B})=\mathrm{r}(\boldsymbol{A})=2$.故$\boldsymbol{\alpha}_1+k\boldsymbol{\alpha}_3$，$\boldsymbol{\alpha}_2+l\boldsymbol{\alpha}_3$线性无关.

(2) 若对于任意常数k,l，均有$\boldsymbol{\alpha}_1+k\boldsymbol{\alpha}_3,\boldsymbol{\alpha}_2+l\boldsymbol{\alpha}_3$线性无关，则可假设$\boldsymbol{\alpha}_1,\boldsymbol{\alpha}_2$线性无关，且$\boldsymbol{\alpha}_3=\boldsymbol{0}$.此时，显然满足“对于任意常数$k,l$，$\boldsymbol{\alpha}_1+k\boldsymbol{\alpha}_3,\boldsymbol{\alpha}_2+l\boldsymbol{\alpha}_3$线性无关”，但$\boldsymbol{\alpha}_1,\boldsymbol{\alpha}_2,\boldsymbol{\alpha}_3$线性相关.

综上，“对于任意常数k,l，$\boldsymbol{\alpha}_1+k\boldsymbol{\alpha}_3,\boldsymbol{\alpha}_2+l\boldsymbol{\alpha}_3$线性无关”是“$\boldsymbol{\alpha}_1,\boldsymbol{\alpha}_2,\boldsymbol{\alpha}_3$线性无关”的必要但不充分条件，即选项C正确.

考法二　考查利用定义证明向量组线性无关

例题2(2005年，2008年，改编)　设$\boldsymbol{A}$为3阶矩阵，$\boldsymbol{\alpha}_1,\boldsymbol{\alpha}_2,\boldsymbol{\alpha}_3$均为3维列向量，且$\boldsymbol{\alpha}_3\neq\boldsymbol{0}$，$\boldsymbol{A\alpha}_1=\boldsymbol{\alpha}_2$，$\boldsymbol{A\alpha}_2=\boldsymbol{\alpha}_3$，$\boldsymbol{A\alpha}_3=\boldsymbol{0}$.

(1) 证明：向量组$\boldsymbol{\alpha}_1,\boldsymbol{\alpha}_2,\boldsymbol{\alpha}_3$线性无关；　　(2) 判断$\boldsymbol{A}$能否相似对角化.

解　(1) 要证明抽象向量组线性无关，一般最直接的方法是使用线性无关的定义.

假设存在常数k_1,k_2,k_3，使得

$$k_1\boldsymbol{\alpha}_1+k_2\boldsymbol{\alpha}_2+k_3\boldsymbol{\alpha}_3=\boldsymbol{0}.\tag{4.1}$$

下面只需证明k_1,k_2,k_3全为零即可.

在(4.1)式两边左乘矩阵$\boldsymbol{A}$，得$k_1\boldsymbol{\alpha}_2+k_2\boldsymbol{\alpha}_3=\boldsymbol{0}$；再次左乘$\boldsymbol{A}$，得$k_1\boldsymbol{\alpha}_3=\boldsymbol{0}$.由于$\boldsymbol{\alpha}_3\neq\boldsymbol{0}$，所以只能$k_1=0$.

将 $k_1=0$ 代入 $k_1\boldsymbol{\alpha}_2+k_2\boldsymbol{\alpha}_3=\mathbf{0}$ 中，可得 $k_2\boldsymbol{\alpha}_3=\mathbf{0}$. 由于 $\boldsymbol{\alpha}_3\neq\mathbf{0}$，所以只能 $k_2=0$.

最后，将 $k_1=k_2=0$ 代入(4.1)式中，可得 $k_3\boldsymbol{\alpha}_3=\mathbf{0}$. 由于 $\boldsymbol{\alpha}_3\neq\mathbf{0}$，所以只能 $k_3=0$.

综上，有 $k_1=k_2=k_3=0$，故 $\boldsymbol{\alpha}_1,\boldsymbol{\alpha}_2,\boldsymbol{\alpha}_3$ 线性无关.

(2) 令 $\boldsymbol{P}=(\boldsymbol{\alpha}_1,\boldsymbol{\alpha}_2,\boldsymbol{\alpha}_3)$. 由于 $\boldsymbol{\alpha}_1,\boldsymbol{\alpha}_2,\boldsymbol{\alpha}_3$ 线性无关，故 $\boldsymbol{P}$ 为可逆矩阵. 又

$$\begin{aligned}\boldsymbol{AP}&=\boldsymbol{A}(\boldsymbol{\alpha}_1,\boldsymbol{\alpha}_2,\boldsymbol{\alpha}_3)=(\boldsymbol{A\alpha}_1,\boldsymbol{A\alpha}_2,\boldsymbol{A\alpha}_3)=(\boldsymbol{\alpha}_2,\boldsymbol{\alpha}_3,\mathbf{0})\\&=(\boldsymbol{\alpha}_1,\boldsymbol{\alpha}_2,\boldsymbol{\alpha}_3)\begin{pmatrix}0&0&0\\1&0&0\\0&1&0\end{pmatrix}=\boldsymbol{PB},\end{aligned}$$

其中

$$\boldsymbol{B}=\begin{pmatrix}0&0&0\\1&0&0\\0&1&0\end{pmatrix}.$$

易得 $\boldsymbol{P}^{-1}\boldsymbol{AP}=\boldsymbol{B}$，故 $\boldsymbol{A}$ 与 $\boldsymbol{B}$ 相似. 所以，判断 $\boldsymbol{A}$ 能否相似对角化就等价于判断 $\boldsymbol{B}$ 能否相似对角化.

由相似矩阵的性质知

$$|\boldsymbol{A}-\lambda\boldsymbol{E}|=|\boldsymbol{B}-\lambda\boldsymbol{E}|=\begin{vmatrix}-\lambda&0&0\\1&-\lambda&0\\0&1&-\lambda\end{vmatrix}=-\lambda^3,$$

故 $\boldsymbol{A}$ 和 $\boldsymbol{B}$ 的特征值均为

$$\lambda_1=\lambda_2=\lambda_3=0.$$

用反证法，假设 $\boldsymbol{B}$ 可以相似对角化，即存在可逆矩阵 $\boldsymbol{Q}$，使得

$$\boldsymbol{Q}^{-1}\boldsymbol{BQ}=\begin{pmatrix}0&&\\&0&\\&&0\end{pmatrix}=\boldsymbol{O}.$$

从上式反解出 $\boldsymbol{B}=\boldsymbol{O}$，与

$$\boldsymbol{B}=\begin{pmatrix}0&0&0\\1&0&0\\0&1&0\end{pmatrix}$$

矛盾，故 $\boldsymbol{B}$ 不能相似对角化. 所以，$\boldsymbol{A}$ 也不能相似对角化.

类题 1 设 $\boldsymbol{A}$ 为 n 阶矩阵，$\boldsymbol{\alpha}_1,\boldsymbol{\alpha}_2,\boldsymbol{\alpha}_3$ 均为 n 维列向量，且 $\boldsymbol{\alpha}_1\neq\mathbf{0}$，$\boldsymbol{A\alpha}_1=2\boldsymbol{\alpha}_1$，$\boldsymbol{A\alpha}_2=\boldsymbol{\alpha}_1+2\boldsymbol{\alpha}_2$，$\boldsymbol{A\alpha}_3=\boldsymbol{\alpha}_2+2\boldsymbol{\alpha}_3$，证明：向量组 $\boldsymbol{\alpha}_1,\boldsymbol{\alpha}_2,\boldsymbol{\alpha}_3$ 线性无关.

证 由上题的解题过程可以发现，求解这类题的关键是"利用其中的非零向量".

假设存在常数 k_1,k_2,k_3，使得

$$k_1\boldsymbol{\alpha}_1+k_2\boldsymbol{\alpha}_2+k_3\boldsymbol{\alpha}_3=\mathbf{0}. \tag{4.2}$$

下面只需证明 k_1,k_2,k_3 全为零即可.

由于

$$\boldsymbol{A\alpha}_1=2\boldsymbol{\alpha}_1,\quad \boldsymbol{A\alpha}_2=\boldsymbol{\alpha}_1+2\boldsymbol{\alpha}_2,\quad \boldsymbol{A\alpha}_3=\boldsymbol{\alpha}_2+2\boldsymbol{\alpha}_3,$$

故

$$(\boldsymbol{A}-2\boldsymbol{E})\boldsymbol{\alpha}_1=\mathbf{0},\quad (\boldsymbol{A}-2\boldsymbol{E})\boldsymbol{\alpha}_2=\boldsymbol{\alpha}_1,\quad (\boldsymbol{A}-2\boldsymbol{E})\boldsymbol{\alpha}_3=\boldsymbol{\alpha}_2.$$

在(4.2)式两边左乘 $\boldsymbol{A}-2\boldsymbol{E}$，得 $k_2\boldsymbol{\alpha}_1+k_3\boldsymbol{\alpha}_2=\mathbf{0}$；再两边左乘 $\boldsymbol{A}-2\boldsymbol{E}$，得 $k_3\boldsymbol{\alpha}_1=\mathbf{0}$. 由于 $\boldsymbol{\alpha}_1\neq\mathbf{0}$，所以只能 $k_3=0$. 由此可得 $k_2\boldsymbol{\alpha}_1=\mathbf{0}$，从而 $k_2=0$. 将 $k_2=k_3=0$ 代入(4.2)式，得 $k_1\boldsymbol{\alpha}_1=\mathbf{0}$，从而 $k_1=0$. 综上，有 $k_1=k_2=k_3=0$. 故 $\boldsymbol{\alpha}_1,\boldsymbol{\alpha}_2,\boldsymbol{\alpha}_3$ 线性无关.

类题 2(1998 年)　$\boldsymbol{A}$ 为 n 阶矩阵，$\boldsymbol{\alpha}$ 为 n 维列向量，且 $\boldsymbol{A}^{k-1}\boldsymbol{\alpha}\neq\mathbf{0}$，$\boldsymbol{A}^k\boldsymbol{\alpha}=\mathbf{0}$，证明：向量组 $\boldsymbol{\alpha},\boldsymbol{A\alpha},\cdots,\boldsymbol{A}^{k-1}\boldsymbol{\alpha}$ 线性无关.

证　假设存在常数 $k_0,k_1,\cdots,k_{n-1}$，使得

$$k_0\boldsymbol{\alpha}+k_1\boldsymbol{A\alpha}+\cdots+k_{n-1}\boldsymbol{A}^{k-1}\boldsymbol{\alpha}=\mathbf{0}. \tag{4.3}$$

下面只需证明 $k_0,k_1,\cdots,k_{n-1}$ 全为零即可.

由于 $\boldsymbol{A}^k\boldsymbol{\alpha}=\mathbf{0}$，故

$$\boldsymbol{A}^{k+1}\boldsymbol{\alpha}=\mathbf{0},\quad \boldsymbol{A}^{k+2}\boldsymbol{\alpha}=\mathbf{0},\quad \cdots.$$

(4.3)式两边左乘矩阵 $\boldsymbol{A}^{k-1}$，则有

$$k_0\boldsymbol{A}^{k-1}\boldsymbol{\alpha}=\mathbf{0},$$

由于 $\boldsymbol{A}^{k-1}\boldsymbol{\alpha}\neq\mathbf{0}$，故只能 $k_0=0$. 将 $k_0=0$ 代入(4.3)式，得

$$k_1\boldsymbol{A\alpha}+\cdots+k_{n-1}\boldsymbol{A}^{k-1}\boldsymbol{\alpha}=\mathbf{0}.$$

上式两边左乘矩阵 $\boldsymbol{A}^{k-2}$，则有

$$k_1\boldsymbol{A}^{k-1}\boldsymbol{\alpha}=\mathbf{0},$$

可推得 $k_1=0$. 以此类推，最终可得到

$$k_0=k_1=\cdots=k_{n-1}=0.$$

故 $\boldsymbol{\alpha},\boldsymbol{A\alpha},\cdots,\boldsymbol{A}^{k-1}\boldsymbol{\alpha}$ 线性无关.

注　本题的证明方法很精彩，其结论也很重要. 我们在第 6 讲的例题 3 中证明结论"对于任意的 n 阶矩阵 $\boldsymbol{A}$，均有 $\mathrm{r}(\boldsymbol{A}^n)=\mathrm{r}(\boldsymbol{A}^{n+1})$"时，需要考查线性方程组 $\boldsymbol{A}^n\boldsymbol{x}=\mathbf{0}$ 和 $\boldsymbol{A}^{n+1}\boldsymbol{x}=\mathbf{0}$ 是否同解，其中的某一步就用了这个结论.

例题 3　已知 $\boldsymbol{\alpha}_1,\boldsymbol{\alpha}_2,\cdots,\boldsymbol{\alpha}_n$ 是两两正交的非零向量，证明：向量组 $\boldsymbol{\alpha}_1,\boldsymbol{\alpha}_2,\cdots,\boldsymbol{\alpha}_n$ 线性无关.

证　假设存在常数 $k_1,k_2,\cdots,k_n$，使得

$$k_1\boldsymbol{\alpha}_1+k_2\boldsymbol{\alpha}_2+\cdots+k_n\boldsymbol{\alpha}_n=\mathbf{0}. \tag{4.4}$$

下面只需证明 $k_1,k_2,\cdots,k_n$ 全为零即可.

由于 $\boldsymbol{\alpha}_1,\boldsymbol{\alpha}_2,\cdots,\boldsymbol{\alpha}_n$ 是两两正交的非零向量，故对于任意 $i\neq j(i,j=1,2,\cdots,n)$，均有 $(\boldsymbol{\alpha}_i,\boldsymbol{\alpha}_j)=0$. 所以，(4.4)式两边与 $\boldsymbol{\alpha}_1$ 做内积，得 $k_1\|\boldsymbol{\alpha}_1\|^2=0$. 由于 $\boldsymbol{\alpha}_1$ 是非零向量，故 $\|\boldsymbol{\alpha}_1\|^2\neq 0$，从而只能 $k_1=0$. 同理，若与 $\boldsymbol{\alpha}_2$ 做内积，可推得 $k_2=0$. 以此类推，最终可得到

$$k_1=k_2=\cdots=k_n=0,$$

所以 $\boldsymbol{\alpha}_1,\boldsymbol{\alpha}_2,\cdots,\boldsymbol{\alpha}_n$ 线性无关.

注 本题的结论很重要，它揭示了"线性无关"和"正交"之间的关系. 下面有几道题涉及正交这个概念，请同学们好好体会正交条件在证明向量组线性无关时的作用.

类题 1 设 $\boldsymbol{\alpha}_1,\boldsymbol{\alpha}_2,\boldsymbol{\beta}_1,\boldsymbol{\beta}_2$ 均为 n 维列向量，向量组 $\boldsymbol{\alpha}_1,\boldsymbol{\alpha}_2$ 线性无关，向量组 $\boldsymbol{\beta}_1,\boldsymbol{\beta}_2$ 也线性无关，且 $\boldsymbol{\alpha}_i$ 和 $\boldsymbol{\beta}_j(i,j=1,2)$ 正交，证明：向量组 $\boldsymbol{\alpha}_1,\boldsymbol{\alpha}_2,\boldsymbol{\beta}_1,\boldsymbol{\beta}_2$ 线性无关.

证 假设存在常数 k_1,k_2,l_1,l_2，使得

$$k_1\boldsymbol{\alpha}_1+k_2\boldsymbol{\alpha}_2+l_1\boldsymbol{\beta}_1+l_2\boldsymbol{\beta}_2=\mathbf{0}. \tag{4.5}$$

下面只需证明 $k_1=k_2=l_1=l_2=0$ 即可.

由于 $\boldsymbol{\alpha}_i$ 和 $\boldsymbol{\beta}_j(i,j=1,2)$ 正交，故 $k_1\boldsymbol{\alpha}_1+k_2\boldsymbol{\alpha}_2$ 和 $l_1\boldsymbol{\beta}_1+l_2\boldsymbol{\beta}_2$ 也正交(做内积即可知). (4.5)式两边与 $k_1\boldsymbol{\alpha}_1+k_2\boldsymbol{\alpha}_2$ 做内积，得

$$\|k_1\boldsymbol{\alpha}_1+k_2\boldsymbol{\alpha}_2\|^2=0,$$

故 $k_1\boldsymbol{\alpha}_1+k_2\boldsymbol{\alpha}_2=\mathbf{0}$. 又由于 $\boldsymbol{\alpha}_1,\boldsymbol{\alpha}_2$ 线性无关，所以 $k_1=k_2=0$. 将 $k_1=k_2=0$ 代入(4.5)式，可得 $l_1\boldsymbol{\beta}_1+l_2\boldsymbol{\beta}_2=\mathbf{0}$. 又由于 $\boldsymbol{\beta}_1,\boldsymbol{\beta}_2$ 线性无关，所以 $l_1=l_2=0$. 综上，有

$$k_1=k_2=l_1=l_2=0,$$

所以 $\boldsymbol{\alpha}_1,\boldsymbol{\alpha}_2,\boldsymbol{\beta}_1,\boldsymbol{\beta}_2$ 线性无关.

注 1 如果 $n=3$，即本题中的向量均为 3 维列向量，那么 $\boldsymbol{\alpha}_1,\boldsymbol{\alpha}_2,\boldsymbol{\beta}_1,\boldsymbol{\beta}_2$ 就是 4 个 3 维向量. 由于个数>维数，所以该向量组肯定线性相关. 这就与本题证明的结论矛盾了，难道这是一道错题？不！这只能说明，n 不能等于 3.

注 2 利用 $\boldsymbol{\alpha}_1,\boldsymbol{\alpha}_2$ 线性无关，可同时得出 k_1 和 k_2 均为零；同理，利用 $\boldsymbol{\beta}_1,\boldsymbol{\beta}_2$ 线性无关，得出 l_1 和 l_2 也均为零. 这种整体性思想在证明向量组线性无关时非常有用(尤其是已知某一部分向量组线性无关时)，下题就是一个很好的例子.

类题 2 设 $\boldsymbol{A}$ 是 n 阶矩阵，$\boldsymbol{\xi}_1,\boldsymbol{\xi}_2,\cdots,\boldsymbol{\xi}_s$ 是线性方程组 $\boldsymbol{Ax}=\mathbf{0}$ 的基础解系. 若存在 $\boldsymbol{\eta}_i$，使得

$$\boldsymbol{A\eta}_i=\boldsymbol{\xi}_i\quad(i=1,2,\cdots,s),$$

证明：向量组 $\boldsymbol{\xi}_1,\boldsymbol{\xi}_2,\cdots,\boldsymbol{\xi}_s,\boldsymbol{\eta}_1,\boldsymbol{\eta}_2,\cdots,\boldsymbol{\eta}_s$ 线性无关.

证 用定义法. 假设存在常数 $k_1,k_2,\cdots,k_s,l_1,l_2,\cdots,l_s$，使得

$$(k_1\boldsymbol{\xi}_1+k_2\boldsymbol{\xi}_2+\cdots k_s\boldsymbol{\xi}_s)+(l_1\boldsymbol{\eta}_1+l_2\boldsymbol{\eta}_2+\cdots+l_s\boldsymbol{\eta}_s)=\mathbf{0}. \tag{4.6}$$

在上式两边左乘矩阵 $\boldsymbol{A}$，由于 $\boldsymbol{A\xi}_i=\mathbf{0}$ 且 $\boldsymbol{A\eta}_i=\boldsymbol{\xi}_i(i=1,2,\cdots,s)$，故

$$l_1\boldsymbol{\xi}_1+l_2\boldsymbol{\xi}_2+\cdots+l_s\boldsymbol{\xi}_s=\mathbf{0}.$$

又由于基础解系中的向量必然线性无关，故

$$l_1=l_2=\cdots=l_s=0.$$

将其代入(4.6)式,得到

$$k_1\boldsymbol{\xi}_1+k_2\boldsymbol{\xi}_2+\cdots+k_s\boldsymbol{\xi}_s=\mathbf{0},$$

继而得到

$$k_1=k_2=\cdots=k_s=0.$$

综上,由线性无关的定义可知,向量组 $\boldsymbol{\xi}_1,\boldsymbol{\xi}_2,\cdots,\boldsymbol{\xi}_s,\boldsymbol{\eta}_1,\boldsymbol{\eta}_2,\cdots,\boldsymbol{\eta}_s$ 线性无关.

例题 4 设 $\boldsymbol{\alpha}_1,\boldsymbol{\alpha}_2,\cdots,\boldsymbol{\alpha}_n$ 为 n 个 n 维线性无关的列向量,且 n 维列向量 $\boldsymbol{\beta}$ 与 $\boldsymbol{\alpha}_1,\boldsymbol{\alpha}_2,\cdots$ $\boldsymbol{\alpha}_n$ 均正交,证明: $\boldsymbol{\beta}=\mathbf{0}$.

证 方法一 由于 $\boldsymbol{\alpha}_1,\boldsymbol{\alpha}_2,\cdots,\boldsymbol{\alpha}_n$ 为 n 个 n 维线性无关的列向量,故任何一个 n 维列向量均可由 $\boldsymbol{\alpha}_1,\boldsymbol{\alpha}_2,\cdots,\boldsymbol{\alpha}_n$ 线性表示. 不妨假设

$$\boldsymbol{\beta}=k_1\boldsymbol{\alpha}_1+k_2\boldsymbol{\alpha}_2+\cdots+k_n\boldsymbol{\alpha}_n,$$

其中 $k_1,k_2,\cdots,k_n$ 为常数. 上式两边与 $\boldsymbol{\beta}$ 做内积,得 $\|\boldsymbol{\beta}\|^2=0$,即 $\boldsymbol{\beta}=\mathbf{0}$.

方法二 将 $\boldsymbol{\alpha}_1,\boldsymbol{\alpha}_2,\cdots,\boldsymbol{\alpha}_n$ 拼成矩阵,令

$$\boldsymbol{A}=\begin{pmatrix}\boldsymbol{\alpha}_1^{\mathrm{T}}\\\boldsymbol{\alpha}_2^{\mathrm{T}}\\\vdots\\\boldsymbol{\alpha}_n^{\mathrm{T}}\end{pmatrix}.$$

由于 $\boldsymbol{\beta}$ 与 $\boldsymbol{\alpha}_1,\boldsymbol{\alpha}_2,\cdots\boldsymbol{\alpha}_n$ 均正交,故

$$\begin{pmatrix}\boldsymbol{\alpha}_1^{\mathrm{T}}\\\boldsymbol{\alpha}_2^{\mathrm{T}}\\\vdots\\\boldsymbol{\alpha}_n^{\mathrm{T}}\end{pmatrix}\boldsymbol{\beta}=\begin{pmatrix}0\\0\\\vdots\\0\end{pmatrix},\quad \text{即}\quad \boldsymbol{A}\boldsymbol{\beta}=\mathbf{0}.$$

因为 $\boldsymbol{\alpha}_1,\boldsymbol{\alpha}_2,\cdots,\boldsymbol{\alpha}_n$ 为 n 个 n 维线性无关的列向量,故 $\boldsymbol{A}$ 可逆. 所以,由 $\boldsymbol{A}\boldsymbol{\beta}=\mathbf{0}$ 可得出 $\boldsymbol{\beta}=\mathbf{0}$.

注 如果有多个向量同时和一个向量正交,那么我们可以构造一个齐次线性方程组;反过来,齐次线性方程组的解(向量),一定与系数矩阵 $\boldsymbol{A}$ 的行向量正交. 这就是下面类题 1 的考查点.

甚至可以这么说,只要 $\boldsymbol{AB}=\boldsymbol{O}$,那么根据矩阵乘法可知,$\boldsymbol{A}$ 的任意一个行向量,都与 $\boldsymbol{B}$ 的任意一个列向量正交.

类题 1(2001 年) 设 $\boldsymbol{\alpha}_i=(a_{i1},a_{i2},\cdots,a_{in})^{\mathrm{T}}(i=1,2,\cdots,r;r<n)$ 是 n 维列向量,向量组 $\boldsymbol{\alpha}_1,\boldsymbol{\alpha}_2,\cdots,\boldsymbol{\alpha}_r$ 线性无关,向量 $\boldsymbol{\beta}=(b_1,b_2,\cdots,b_n)^{\mathrm{T}}$ 是线性方程组

$$\begin{cases}a_{11}x_1+a_{12}x_2+\cdots+a_{1n}x_n=0,\\a_{21}x_1+a_{22}x_2+\cdots+a_{2n}x_n=0,\\\cdots\cdots\\a_{r1}x_1+a_{r2}x_2+\cdots+a_{rn}x_n=0\end{cases}$$

的非零解,请判断向量组 $\boldsymbol{\alpha}_1,\boldsymbol{\alpha}_2,\cdots,\boldsymbol{\alpha}_r,\boldsymbol{\beta}$ 是否线性相关.

解 从本质上来说,本题和例题 4 没有太大区别,但命题者就是喜欢把题目"包装"一下,换个说法就变成新题.

令

$$\boldsymbol{A}=\begin{pmatrix}\boldsymbol{\alpha}_1^{\mathrm{T}}\\ \boldsymbol{\alpha}_2^{\mathrm{T}}\\ \vdots\\ \boldsymbol{\alpha}_r^{\mathrm{T}}\end{pmatrix},\quad \boldsymbol{x}=\begin{pmatrix}x_1\\ x_2\\ \vdots\\ x_n\end{pmatrix},$$

则该方程组可写成矩阵形式

$$\boldsymbol{A}\boldsymbol{x}=\boldsymbol{0}.$$

由于 $\boldsymbol{\beta}$ 是 $\boldsymbol{A}\boldsymbol{x}=\boldsymbol{0}$ 的解,故 $\boldsymbol{\beta}$ 和 $\boldsymbol{A}$ 的每一个行向量都正交,即 $\boldsymbol{\beta}$ 与 $\boldsymbol{\alpha}_1,\boldsymbol{\alpha}_2,\cdots\boldsymbol{\alpha}_r$ 均正交.

假设存在常数 $k_0,k_1,\cdots,k_r$,使得

$$k_0\boldsymbol{\beta}+k_1\boldsymbol{\alpha}_1+\cdots+k_r\boldsymbol{\alpha}_r=\boldsymbol{0}. \tag{4.7}$$

上式两边与 $\boldsymbol{\beta}$ 做内积,得到 $k_0\|\boldsymbol{\beta}\|^2=0$. 由于 $\boldsymbol{\beta}$ 是非零解,故 $\|\boldsymbol{\beta}\|^2>0$,从而 $k_0=0$.

将 $k_0=0$ 代入(4.7)式中,得

$$k_0\boldsymbol{\beta}+k_1\boldsymbol{\alpha}_1+\cdots+k_r\boldsymbol{\alpha}_r=\boldsymbol{0}.$$

由 $\boldsymbol{\alpha}_1,\boldsymbol{\alpha}_2,\cdots,\boldsymbol{\alpha}_r$ 线性无关可知

$$k_1=\cdots=k_r=0.$$

综上,有

$$k_0=k_1=\cdots=k_r,$$

故 $\boldsymbol{\alpha}_1,\boldsymbol{\alpha}_2,\cdots,\boldsymbol{\alpha}_r,\boldsymbol{\beta}$ 线性无关.

类题 2 设 n 维向量组 $\boldsymbol{\alpha}_1,\boldsymbol{\alpha}_2,\cdots\boldsymbol{\alpha}_{n-1}$ 线性无关,且与两个不同的非零向量 $\boldsymbol{\beta}_1,\boldsymbol{\beta}_2$ 正交,证明:

(1) $\boldsymbol{\alpha}_1,\boldsymbol{\alpha}_2,\cdots\boldsymbol{\alpha}_{n-1},\boldsymbol{\beta}_1$ 线性无关; (2) $\boldsymbol{\beta}_1,\boldsymbol{\beta}_2$ 线性相关.

证 (1) 可以用定义法,也可以用反证法. 下面采用反证法. 假设 $\boldsymbol{\alpha}_1,\boldsymbol{\alpha}_2,\cdots\boldsymbol{\alpha}_{n-1},\boldsymbol{\beta}_1$ 线性相关,则 $\boldsymbol{\beta}_1$ 可以由 $\boldsymbol{\alpha}_1,\boldsymbol{\alpha}_2,\cdots\boldsymbol{\alpha}_{n-1}$ 线性表示,不妨假设

$$\boldsymbol{\beta}_1=k_1\boldsymbol{\alpha}_1+k_2\boldsymbol{\alpha}_2+\cdots+k_{n-1}\boldsymbol{\alpha}_{n-1},$$

其中 $k_1,k_2,\cdots,k_{n-1}$ 为常数. 上式两边与 $\boldsymbol{\beta}_1$ 做内积,得 $\|\boldsymbol{\beta}_1\|^2=0$,即 $\boldsymbol{\beta}_1=\boldsymbol{0}$. 这与 $\boldsymbol{\beta}_1$ 为非零向量矛盾,故假设不成立. 所以,$\boldsymbol{\alpha}_1,\boldsymbol{\alpha}_2,\cdots\boldsymbol{\alpha}_{n-1},\boldsymbol{\beta}_1$ 线性无关.

(2) 我们用两种方法进行证明.

方法一 用反证法.

假设 $\boldsymbol{\beta}_1,\boldsymbol{\beta}_2$ 线性无关. 由于 $\boldsymbol{\alpha}_1,\boldsymbol{\alpha}_2,\cdots\boldsymbol{\alpha}_{n-1},\boldsymbol{\beta}_1,\boldsymbol{\beta}_2$ 是 $n+1$ 个 n 维向量,个数>维数,故它们必定线性相关. 所以,存在不全为零的常数 $k_1,k_2,\cdots,k_{n-1},l_1,l_2$,使得

$$k_1\boldsymbol{\alpha}_1+k_2\boldsymbol{\alpha}_2+\cdots+k_{n-1}\boldsymbol{\alpha}_{n-1}+l_1\boldsymbol{\beta}_1+l_2\boldsymbol{\beta}_2=\boldsymbol{0}. \tag{4.8}$$

做到这里时我们会惊讶地发现，本题竟然变成与例题 3 的类题 1 相似，所以可以仿照其证明方法进行证明.

(4.8)式两边与 $l_1\boldsymbol{\beta}_1+l_2\boldsymbol{\beta}_2$ 做内积，由于 $\boldsymbol{\alpha}_1,\boldsymbol{\alpha}_2,\cdots\boldsymbol{\alpha}_{n-1}$ 与 $\boldsymbol{\beta}_1,\boldsymbol{\beta}_2$ 正交，故结果为

$$\|l_1\boldsymbol{\beta}_1+l_2\boldsymbol{\beta}_2\|^2=0,\quad \text{从而}\quad l_1\boldsymbol{\beta}_1+l_2\boldsymbol{\beta}_2=\mathbf{0}.$$

根据假设，$\boldsymbol{\beta}_1,\boldsymbol{\beta}_2$ 线性无关，故

$$l_1=l_2=0.$$

将 $l_1=l_2=0$ 代入(4.8)式，得

$$k_1\boldsymbol{\alpha}_1+k_2\boldsymbol{\alpha}_2+\cdots+k_{n-1}\boldsymbol{\alpha}_{n-1}=\mathbf{0}.$$

又由于 $\boldsymbol{\alpha}_1,\boldsymbol{\alpha}_2,\cdots\boldsymbol{\alpha}_{n-1}$ 也线性无关，故

$$k_1=k_2=\cdots=k_{n-1}=0.$$

这样就推出了 $k_1,k_2,\cdots,k_{n-1},l_1,l_2$ 全为零，显然矛盾. 这说明假设不成立，所以 $\boldsymbol{\beta}_1,\boldsymbol{\beta}_2$ 只能线性相关.

方法二　利用线性方程组和基础解系的思想.

将 $\boldsymbol{\alpha}_1,\boldsymbol{\alpha}_2,\cdots,\boldsymbol{\alpha}_{n-1}$ 拼成矩阵，令

$$\mathbf{A}=\begin{pmatrix}\boldsymbol{\alpha}_1^{\mathrm{T}}\\ \boldsymbol{\alpha}_2^{\mathrm{T}}\\ \vdots\\ \boldsymbol{\alpha}_{n-1}^{\mathrm{T}}\end{pmatrix},$$

易得

$$\mathbf{A}\boldsymbol{\beta}_1=\mathbf{A}\boldsymbol{\beta}_2=\mathbf{0}.$$

由于 $\boldsymbol{\alpha}_1,\boldsymbol{\alpha}_2,\cdots\boldsymbol{\alpha}_{n-1}$ 线性无关，故 $\mathrm{r}(\mathbf{A})=n-1$，故齐次线性方程组 $\mathbf{A}\boldsymbol{x}=\mathbf{0}$ 的基础解系中只有一个向量. 而由 $\mathbf{A}\boldsymbol{\beta}_1=\mathbf{A}\boldsymbol{\beta}_2=\mathbf{0}$ 可知，$\boldsymbol{\beta}_1,\boldsymbol{\beta}_2$ 均是 $\mathbf{A}\boldsymbol{x}=\mathbf{0}$ 的解，故 $\boldsymbol{\beta}_1,\boldsymbol{\beta}_2$ 必须线性相关.

考法三　考查利用秩证明向量组线性无关

例题 5　设 n 维向量组 $\boldsymbol{\alpha}_1,\boldsymbol{\alpha}_2,\cdots\boldsymbol{\alpha}_m(m<n)$ 线性无关，且

$$\boldsymbol{\alpha}_{m+1}=k_1\boldsymbol{\alpha}_1+k_2\boldsymbol{\alpha}_2+\cdots+k_m\boldsymbol{\alpha}_m,$$

其中 $k_i\neq 0(i=1,2,\cdots,m)$，证明：$\boldsymbol{\alpha}_1,\boldsymbol{\alpha}_2,\cdots,\boldsymbol{\alpha}_m,\boldsymbol{\alpha}_{m+1}$ 中任意 m 个向量都线性无关.

证　由于 $\boldsymbol{\alpha}_1,\boldsymbol{\alpha}_2,\cdots\boldsymbol{\alpha}_m$ 已经线性无关，故只需证明其余的情况也线性无关即可.

先证明 $\boldsymbol{\alpha}_2,\cdots,\boldsymbol{\alpha}_m,\boldsymbol{\alpha}_{m+1}$ 线性无关. 由于

$$\begin{aligned}\mathrm{r}(\boldsymbol{\alpha}_2,\cdots,\boldsymbol{\alpha}_m,\boldsymbol{\alpha}_{m+1})&=\mathrm{r}(\boldsymbol{\alpha}_2,\cdots,\boldsymbol{\alpha}_m,k_1\boldsymbol{\alpha}_1+k_2\boldsymbol{\alpha}_2+\cdots k_m\boldsymbol{\alpha}_m)=\mathrm{r}(\boldsymbol{\alpha}_2,\cdots,\boldsymbol{\alpha}_m,k_1\boldsymbol{\alpha}_1)\\&=\mathrm{r}(\boldsymbol{\alpha}_2,\cdots,\boldsymbol{\alpha}_m,\boldsymbol{\alpha}_1)=m,\end{aligned}$$

故 $\boldsymbol{\alpha}_2,\cdots,\boldsymbol{\alpha}_m,\boldsymbol{\alpha}_{m+1}$ 线性无关.

同理，可证明 $\boldsymbol{\alpha}_1,\cdots,\boldsymbol{\alpha}_{i-1},\boldsymbol{\alpha}_{i+1},\cdots,\boldsymbol{\alpha}_{m+1}(i=2,3,\cdots,m)$ 也线性无关.

总之，$\boldsymbol{\alpha}_1,\boldsymbol{\alpha}_2,\cdots,\boldsymbol{\alpha}_m,\boldsymbol{\alpha}_{m+1}$ 中任意 m 个向量都线性无关.

例题 6　已知向量组 $\boldsymbol{\alpha}_1,\boldsymbol{\alpha}_2,\boldsymbol{\alpha}_3$ 线性无关，向量 $\boldsymbol{\beta}_1$ 可由 $\boldsymbol{\alpha}_1,\boldsymbol{\alpha}_2,\boldsymbol{\alpha}_3$ 线性表示，向量 $\boldsymbol{\beta}_2$ 不

可由 $\boldsymbol{\alpha}_1,\boldsymbol{\alpha}_2,\boldsymbol{\alpha}_3$ 线性表示，则对于任意常数 k，均有(　　).

A. $\boldsymbol{\alpha}_1,\boldsymbol{\alpha}_2,\boldsymbol{\alpha}_3,k\boldsymbol{\beta}_1+\boldsymbol{\beta}_2$ 线性无关　　B. $\boldsymbol{\alpha}_1,\boldsymbol{\alpha}_2,\boldsymbol{\alpha}_3,k\boldsymbol{\beta}_1+\boldsymbol{\beta}_2$ 线性相关

C. $\boldsymbol{\alpha}_1,\boldsymbol{\alpha}_2,\boldsymbol{\alpha}_3,\boldsymbol{\beta}_1+k\boldsymbol{\beta}_2$ 线性无关　　D. $\boldsymbol{\alpha}_1,\boldsymbol{\alpha}_2,\boldsymbol{\alpha}_3,\boldsymbol{\beta}_1+k\boldsymbol{\beta}_2$ 线性相关

解 由于 $\boldsymbol{\beta}_1$ 可由 $\boldsymbol{\alpha}_1,\boldsymbol{\alpha}_2,\boldsymbol{\alpha}_3$ 线性表示，所以一定可以通过恰当的初等列变换，将矩阵 $(\boldsymbol{\alpha}_1,\boldsymbol{\alpha}_2,\boldsymbol{\alpha}_3,k\boldsymbol{\beta}_1+\boldsymbol{\beta}_2)$，$(\boldsymbol{\alpha}_1,\boldsymbol{\alpha}_2,\boldsymbol{\alpha}_3,\boldsymbol{\beta}_1+k\boldsymbol{\beta}_2)$ 中第 4 列的 $\boldsymbol{\beta}_1$ 消去. 故对于选项 A,B,有

$$\mathrm{r}(\boldsymbol{\alpha}_1,\boldsymbol{\alpha}_2,\boldsymbol{\alpha}_3,k\boldsymbol{\beta}_1+\boldsymbol{\beta}_2)=\mathrm{r}(\boldsymbol{\alpha}_1,\boldsymbol{\alpha}_2,\boldsymbol{\alpha}_3,\boldsymbol{\beta}_2);$$

对于选项 C,D,有

$$\mathrm{r}(\boldsymbol{\alpha}_1,\boldsymbol{\alpha}_2,\boldsymbol{\alpha}_3,\boldsymbol{\beta}_1+k\boldsymbol{\beta}_2)=\mathrm{r}(\boldsymbol{\alpha}_1,\boldsymbol{\alpha}_2,\boldsymbol{\alpha}_3,k\boldsymbol{\beta}_2).$$

又由于 $\boldsymbol{\alpha}_1,\boldsymbol{\alpha}_2,\boldsymbol{\alpha}_3$ 线性无关，且 $\boldsymbol{\beta}_2$ 不可由 $\boldsymbol{\alpha}_1,\boldsymbol{\alpha}_2,\boldsymbol{\alpha}_3$ 线性表示，可得 $\boldsymbol{\alpha}_1,\boldsymbol{\alpha}_2,\boldsymbol{\alpha}_3,\boldsymbol{\beta}_2$ 线性无关，故选项 A 正确，选项 B 错误.

对于选项 C,D，当 $k=0$ 时，其中向量组的秩为 3，显然线性相关；当 $k\neq 0$ 时，其中向量组的秩为 4，显然线性无关. 所以，选项 C,D 均错误.

注 1 通常认为一个向量组中能由别的向量线性表示的向量是多余向量，将多余向量添加到向量组中，不会改变向量组的秩，所以在求秩时可以直接将其扔掉.

注 2 本题如果用定义来证明线性相关性，会比较麻烦，而用秩就会非常快捷. 类似的题还有很多，下面再给出两道.

类题 1 设 $\boldsymbol{A}$ 是 $m\times n$ 矩阵，$\boldsymbol{B}$ 是 $n\times m$ 矩阵，且满足 $\boldsymbol{AB}=\boldsymbol{E}$，则(　　).

A. $\boldsymbol{A}$ 的列向量组线性无关，$\boldsymbol{B}$ 的行向量组线性无关

B. $\boldsymbol{A}$ 的列向量组线性相关，$\boldsymbol{B}$ 的列向量组线性相关

C. $\boldsymbol{A}$ 的行向量组线性无关，$\boldsymbol{B}$ 的列向量组线性无关

D. $\boldsymbol{A}$ 的行向量组线性相关，$\boldsymbol{B}$ 的行向量组线性相关

解 因 $\boldsymbol{AB}=\boldsymbol{E}$，故

$$\mathrm{r}(\boldsymbol{AB})=\mathrm{r}(\boldsymbol{E})=m.$$

但由秩的不等式可知

$$\mathrm{r}(\boldsymbol{A})\geqslant \mathrm{r}(\boldsymbol{AB}),\quad \mathrm{r}(\boldsymbol{B})\geqslant \mathrm{r}(\boldsymbol{AB}),$$

即

$$\mathrm{r}(\boldsymbol{A})\geqslant m,\quad \mathrm{r}(\boldsymbol{B})\geqslant m.$$

又由于 $\boldsymbol{A}$ 只有 m 行，$\boldsymbol{B}$ 只有 m 列，故 $\boldsymbol{A}$ 行满秩，$\boldsymbol{B}$ 列满秩，故选项 B,D 错误，而选项 C 正确.

至于选项 A，因不知 m 与 n 的大小关系，从而无法判定 $\boldsymbol{A}$ 的列向量组和 $\boldsymbol{B}$ 的行向量组的线性相关性，故选项 A 错误.

类题 2(2004 年) 若矩阵 $\boldsymbol{A}\neq\boldsymbol{O}$，$\boldsymbol{B}\neq\boldsymbol{O}$，且 $\boldsymbol{AB}=\boldsymbol{O}$，问：

(1) $\boldsymbol{A}$ 的列向量组是否线性相关？

(2) $\boldsymbol{B}$ 的行向量组是否线性相关？

解 不妨假设 $\boldsymbol{A}$ 为 $m\times n$ 矩阵，$\boldsymbol{B}$ 是 $n\times s$ 矩阵，则由 $\boldsymbol{AB}=\boldsymbol{O}$ 可知

$$r(\boldsymbol{A})+r(\boldsymbol{B})\leqslant n.$$

由于 $\boldsymbol{A}\neq\boldsymbol{O}$，故 $r(\boldsymbol{A})\geqslant 1$，从而 $r(\boldsymbol{B})\leqslant n-1$. 而 $\boldsymbol{B}$ 有 n 行，故 $\boldsymbol{B}$ 的行向量组线性相关.

同理可得，$\boldsymbol{A}$ 的列向量组线性相关.

注 一个重要结论需记住：若 $\boldsymbol{A}_{m\times n}\boldsymbol{B}_{n\times s}=\boldsymbol{O}$，则 $r(\boldsymbol{A}_{m\times n})+r(\boldsymbol{B}_{n\times s})\leqslant n$.

例题 7(2006 年) 设 $\boldsymbol{\alpha}_1,\boldsymbol{\alpha}_2,\cdots,\boldsymbol{\alpha}_s$ 均为 n 维列向量，$\boldsymbol{A}$ 是 $m\times n$ 矩阵，则下列说法中正确的是(　　).

A. 若向量组 $\boldsymbol{\alpha}_1,\boldsymbol{\alpha}_2,\cdots,\boldsymbol{\alpha}_s$ 线性相关，则向量组 $\boldsymbol{A\alpha}_1,\boldsymbol{A\alpha}_2,\cdots,\boldsymbol{A\alpha}_s$ 线性相关

B. 若向量组 $\boldsymbol{\alpha}_1,\boldsymbol{\alpha}_2,\cdots,\boldsymbol{\alpha}_s$ 线性相关，则向量组 $\boldsymbol{A\alpha}_1,\boldsymbol{A\alpha}_2,\cdots,\boldsymbol{A\alpha}_s$ 线性无关

C. 若向量组 $\boldsymbol{\alpha}_1,\boldsymbol{\alpha}_2,\cdots,\boldsymbol{\alpha}_s$ 线性无关，则向量组 $\boldsymbol{A\alpha}_1,\boldsymbol{A\alpha}_2,\cdots,\boldsymbol{A\alpha}_s$ 线性相关

D. 若向量组 $\boldsymbol{\alpha}_1,\boldsymbol{\alpha}_2,\cdots,\boldsymbol{\alpha}_s$ 线性无关，则向量组 $\boldsymbol{A\alpha}_1,\boldsymbol{A\alpha}_2,\cdots,\boldsymbol{A\alpha}_s$ 线性无关

解 对于选择题，需要的就是“快、准”，所以特殊值法非常好用.

取 $\boldsymbol{A}=\boldsymbol{O}$，可排除选项 B，D.

不妨假设 $m=n=s$，且 $\boldsymbol{A}$ 为单位矩阵 $\boldsymbol{E}$，显然可排除选项 C.

故选项 A 正确. 事实上，这可直接由线性相关的定义推出：

由于 $\boldsymbol{\alpha}_1,\boldsymbol{\alpha}_2,\cdots,\boldsymbol{\alpha}_s$ 线性相关，故存在不全为零的常数 $k_1,k_2,\cdots,k_s$，使得

$$k_1\boldsymbol{\alpha}_1+k_2\boldsymbol{\alpha}_2+\cdots+k_s\boldsymbol{\alpha}_s=\boldsymbol{0}.$$

上式两边左乘 $\boldsymbol{A}$，即得

$$k_1\boldsymbol{A\alpha}_1+k_2\boldsymbol{A\alpha}_2+\cdots+k_s\boldsymbol{A\alpha}_s=\boldsymbol{0},$$

故 $\boldsymbol{A\alpha}_1,\boldsymbol{A\alpha}_2,\cdots,\boldsymbol{A\alpha}_s$ 线性相关.

三、配套作业

1. 已知 λ_1 和 λ_2 是矩阵 $\boldsymbol{A}$ 的两个不同的特征值，且 $\boldsymbol{\alpha}_1,\boldsymbol{\alpha}_2,\cdots,\boldsymbol{\alpha}_s$ 是属于特征值 λ_1 的 s 个线性无关特征向量，$\boldsymbol{\beta}_1,\boldsymbol{\beta}_2,\cdots,\boldsymbol{\beta}_t$ 是属于特征值 λ_2 的 t 个线性无关特征向量，证明：向量组 $\boldsymbol{\alpha}_1,\boldsymbol{\alpha}_2,\cdots,\boldsymbol{\alpha}_s,\boldsymbol{\beta}_1,\boldsymbol{\beta}_2,\cdots,\boldsymbol{\beta}_t$ 线性无关.

2. 设向量组 $\boldsymbol{\alpha}_1,\boldsymbol{\alpha}_2,\cdots,\boldsymbol{\alpha}_s,\boldsymbol{\beta}_1,\boldsymbol{\beta}_2,\cdots,\boldsymbol{\beta}_t$ 线性无关，其中 $\boldsymbol{\alpha}_1,\boldsymbol{\alpha}_2,\cdots,\boldsymbol{\alpha}_s$ 是线性方程组 $\boldsymbol{Ax}=\boldsymbol{0}$ 的基础解系，证明：向量组 $\boldsymbol{A\beta}_1,\boldsymbol{A\beta}_2,\cdots,\boldsymbol{A\beta}_t$ 线性无关.

3. 设 $\boldsymbol{\alpha}_1,\boldsymbol{\alpha}_2$ 与 $\boldsymbol{\beta}_1,\boldsymbol{\beta}_2$ 分别为两个线性无关的 3 维向量组，证明：存在一个非零列向量 $\boldsymbol{\delta}$，使得 $\boldsymbol{\delta}$ 既可以由 $\boldsymbol{\alpha}_1,\boldsymbol{\alpha}_2$ 线性表示，也可以由 $\boldsymbol{\beta}_1,\boldsymbol{\beta}_2$ 线性表示.

4. 设 $\boldsymbol{A}$ 是 $n(n>2)$ 阶矩阵，且向量 $\boldsymbol{\xi}_n\neq\boldsymbol{0}$，$\boldsymbol{A\xi}_1=\boldsymbol{\xi}_2$，$\boldsymbol{A\xi}_2=\boldsymbol{\xi}_3$，$\cdots$，$\boldsymbol{A\xi}_{n-1}=\boldsymbol{\xi}_n$，$\boldsymbol{A\xi}_n=\boldsymbol{0}$，证明：

(1) 向量组 $\boldsymbol{\xi}_1,\boldsymbol{\xi}_2,\cdots,\boldsymbol{\xi}_n$ 线性无关；　　(2) $\boldsymbol{A}$ 不能相似对角化.

第5讲 线性方程组的公共解与同解问题

线性方程组的公共解与同解问题是线性代数内容的一个难点，全国硕士研究生招生考试中每次对其考查的得分率都不高，希望同学们提高警惕.

这一讲梳理了“全国硕士研究生招生考试数学考试大纲”内线性方程组公共解与同解问题的各种考法.

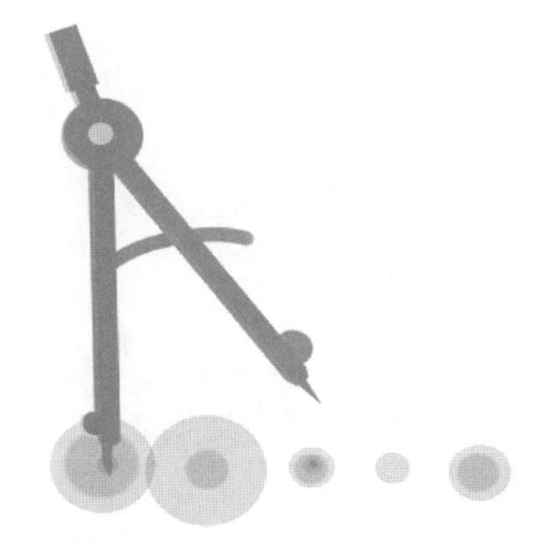

一、重要结论归纳总结

(一) 线性方程组的公共解问题

(1) 若具体给出线性方程组 $\boldsymbol{Ax}=\mathbf{0}$ 和 $\boldsymbol{Bx}=\mathbf{0}$,则直接联立,求解线性方程组 $\begin{pmatrix}\boldsymbol{A}\\ \boldsymbol{B}\end{pmatrix}\boldsymbol{x}=\mathbf{0}$ 即可得到 $\boldsymbol{Ax}=\mathbf{0}$ 和 $\boldsymbol{Bx}=\mathbf{0}$ 的公共解.

(2) 若具体给出线性方程组 $\boldsymbol{Ax}=\mathbf{0}$,但只给出线性方程组 $\boldsymbol{Bx}=\mathbf{0}$ 的基础解系 $\boldsymbol{\xi}_1,\boldsymbol{\xi}_2,\cdots,\boldsymbol{\xi}_s$ 或通解 $k_1\boldsymbol{\xi}_1+k_1\boldsymbol{\xi}_2+\cdots+k_s\boldsymbol{\xi}_s$ ($k_1,k_2,\cdots,k_s$ 为任意常数),则此时只需将 $\boldsymbol{Bx}=\mathbf{0}$ 的通解代入 $\boldsymbol{Ax}=\mathbf{0}$,求出 $k_1,k_2,\cdots,k_s$ 需要满足的条件(等量关系),再将此条件代回 $\boldsymbol{Bx}=\mathbf{0}$ 的通解中并化简,即可得到 $\boldsymbol{Ax}=\mathbf{0}$ 和 $\boldsymbol{Bx}=\mathbf{0}$ 的公共解.

比如,如果 $\boldsymbol{Bx}=\mathbf{0}$ 的通解是

$$\boldsymbol{x}=k_1(0,0,1,0)^{\mathrm{T}}+k_2(-1,1,0,1)^{\mathrm{T}}=(-k_2,k_2,k_1,k_2)^{\mathrm{T}}\quad(k_1,k_2\text{ 为任意常数}),$$

将其代入 $\boldsymbol{Ax}=\mathbf{0}$ 以后,假设求得 $k_1=k_2$,再将这个关系代入 $\boldsymbol{Bx}=\mathbf{0}$ 的通解中,即可得到公共解 $k_1(-1,1,1,1)^{\mathrm{T}}$.

(3) 若给出线性方程组 $\boldsymbol{Ax}=\mathbf{0}$ 和 $\boldsymbol{Bx}=\mathbf{0}$ 的基础解系(或通解),则只需直接令二者的通解相等,解出任意常数需要满足的条件(等量关系),再将此条件代回任意一个通解中,即可得到 $\boldsymbol{Ax}=\mathbf{0}$ 和 $\boldsymbol{Bx}=\mathbf{0}$ 的公共解.

比如,如果 $\boldsymbol{Ax}=\mathbf{0}$ 的通解是

$$k_1\boldsymbol{\alpha}_1+k_2\boldsymbol{\alpha}_2=(-k_2,k_2,k_1,k_2)^{\mathrm{T}}\quad(k_1,k_2\text{ 为任意常数}),$$

$\boldsymbol{Bx}=\mathbf{0}$ 的通解为

$$l_1\boldsymbol{\beta}_1+l_2\boldsymbol{\beta}_2=(-l_2,l_1-l_2,l_1,l_2)^{\mathrm{T}}\quad(l_1,l_2\text{ 为任意常数}),$$

则可令

$$k_1\boldsymbol{\alpha}_1+k_2\boldsymbol{\alpha}_2=l_1\boldsymbol{\beta}_1+l_2\boldsymbol{\beta}_2,$$

得到方程组

$$\begin{cases}-k_2=-l_2,\\ k_2=l_1-l_2,\\ k_1=l_1,\\ k_2=l_2.\end{cases}$$

由此得 $k_1=l_1=2k_2=2l_2$. 若取 $k_2=k$,则 $l_2=k,k_1=l_1=2k$. 代入 $\boldsymbol{Ax}=\mathbf{0}$ 或 $\boldsymbol{Bx}=\mathbf{0}$ 的通解中,即可得到 $\boldsymbol{Ax}=\mathbf{0}$ 和 $\boldsymbol{Bx}=\mathbf{0}$ 的公共解 $k(-1,1,2,1)^{\mathrm{T}}$,其中 k 为任意常数.

(二) 齐次线性方程组的同解问题

所谓齐次线性方程组 $\boldsymbol{Ax}=\mathbf{0}$ 和 $\boldsymbol{Bx}=\mathbf{0}$ 同解,是指 $\boldsymbol{Ax}=\mathbf{0}$ 的任意一个解都是 $\boldsymbol{Bx}=\mathbf{0}$ 的解,并且 $\boldsymbol{Bx}=\mathbf{0}$ 的任意一个解也都是 $\boldsymbol{Ax}=\mathbf{0}$ 的解,即二者的解集完全相同. 这相当于 $\boldsymbol{Ax}=\mathbf{0}$

和 $\boldsymbol{B}\boldsymbol{x}=\boldsymbol{0}$ 有等价的基础解系.

下面这些重要结论与向量组等价的结论非常类似,同学们可以对比记忆.事实上,两个齐次线性方程组同解等价于它们的基础解系等价,所以齐次线性方程组同解问题最后都可归结于向量组等价问题,从而二者的结论类似是非常正常的.

(1) $\boldsymbol{A}\boldsymbol{x}=\boldsymbol{0}$ 和 $\boldsymbol{B}\boldsymbol{x}=\boldsymbol{0}$ 同解 $\Longleftrightarrow \boldsymbol{A}\boldsymbol{x}=\boldsymbol{0}$ 和 $\boldsymbol{B}\boldsymbol{x}=\boldsymbol{0}$ 有等价的基础解系;

(2) $\boldsymbol{A}\boldsymbol{x}=\boldsymbol{0}$ 和 $\boldsymbol{B}\boldsymbol{x}=\boldsymbol{0}$ 同解 $\Longrightarrow n-\mathrm{r}(\boldsymbol{A})=n-\mathrm{r}(\boldsymbol{B})\Longleftrightarrow \mathrm{r}(\boldsymbol{A})=\mathrm{r}(\boldsymbol{B})$(系数矩阵的秩相等只是同解的必要条件),其中 n 为变量的个数;

(3) $\boldsymbol{A}\boldsymbol{x}=\boldsymbol{0}$ 的解都是 $\boldsymbol{B}\boldsymbol{x}=\boldsymbol{0}$ 的解 $\Longleftrightarrow \boldsymbol{A}\boldsymbol{x}=\boldsymbol{0}$ 和 $\begin{cases}\boldsymbol{A}\boldsymbol{x}=\boldsymbol{0},\\ \boldsymbol{B}\boldsymbol{x}=\boldsymbol{0}\end{cases}$ 同解 $\Longleftrightarrow \mathrm{r}(\boldsymbol{A})=\mathrm{r}\begin{pmatrix}\boldsymbol{A}\\ \boldsymbol{B}\end{pmatrix}$[故 $\mathrm{r}(\boldsymbol{A})\geqslant \mathrm{r}(\boldsymbol{B})$];

(4) $\boldsymbol{A}\boldsymbol{x}=\boldsymbol{0}$ 和 $\boldsymbol{B}\boldsymbol{x}=\boldsymbol{0}$ 同解 $\Longleftrightarrow \mathrm{r}(\boldsymbol{A})=\mathrm{r}(\boldsymbol{B})=\mathrm{r}\begin{pmatrix}\boldsymbol{A}\\ \boldsymbol{B}\end{pmatrix}$;

(5) 若 $\boldsymbol{A}\boldsymbol{x}=\boldsymbol{0}$ 的解都是 $\boldsymbol{B}\boldsymbol{x}=\boldsymbol{0}$ 的解,且 $\mathrm{r}(\boldsymbol{A})=\mathrm{r}(\boldsymbol{B})$,则 $\boldsymbol{A}\boldsymbol{x}=\boldsymbol{0}$ 和 $\boldsymbol{B}\boldsymbol{x}=\boldsymbol{0}$ 同解.

注 由结论(2)可知,当我们想证明列数相同的两个矩阵 $\boldsymbol{A}$ 和 $\boldsymbol{B}$ 的秩相等时,可以尝试去证明 $\boldsymbol{A}\boldsymbol{x}=\boldsymbol{0}$ 和 $\boldsymbol{B}\boldsymbol{x}=\boldsymbol{0}$ 是同解方程组.

(三) 非齐次线性方程组的同解问题

由于"非齐次线性方程组的通解=齐次线性方程组的通解+非齐次线性方程组的特解"(简记为"非齐通=齐通+非齐特"),所以如果两个非齐次线性方程组 $\boldsymbol{A}\boldsymbol{x}=\boldsymbol{\beta}_1$ 和 $\boldsymbol{B}\boldsymbol{x}=\boldsymbol{\beta}_2$ 同解,那么需要满足的条件是:它们对应的齐次线性方程组 $\boldsymbol{A}\boldsymbol{x}=\boldsymbol{0}$ 和 $\boldsymbol{B}\boldsymbol{x}=\boldsymbol{0}$ 同解,且 $\boldsymbol{A}\boldsymbol{x}=\boldsymbol{\beta}_1$ 和 $\boldsymbol{B}\boldsymbol{x}=\boldsymbol{\beta}_2$ 有公共解.

二、典型例题分类讲解

考法一 考查线性方程组的公共解问题

两个线性方程组的公共解问题并不复杂,可细分为三种情况:

(1) 均已知具体方程组;

(2) 一个已知具体方程组,另一个已知通解;

(3) 均已知通解.

这三种情况均有各自的处理方法,但其实可以相互转化.下面的例题 1 展示了这三种情况对应的处理方法.

例题 1 设有线性方程组

$$(\mathrm{I})\begin{cases}x_1+x_2=0,\\ x_2-x_4=0\end{cases} \quad 与 \quad (\mathrm{II})\begin{cases}x_1-x_2+x_3=0,\\ x_2-x_3+x_4=0,\end{cases}$$

求它们的公共解.

解 记

$$\boldsymbol{A}=\begin{pmatrix}1&1&0&0\\0&1&0&-1\end{pmatrix},\quad \boldsymbol{B}=\begin{pmatrix}1&-1&1&0\\0&1&-1&1\end{pmatrix},\quad \boldsymbol{x}=\begin{pmatrix}x_1\\x_2\\x_3\\x_4\end{pmatrix},$$

则方程组(Ⅰ)为 $\boldsymbol{Ax}=\boldsymbol{0}$,而方程组(Ⅱ)为 $\boldsymbol{Bx}=\boldsymbol{0}$.

下面采用三种方法进行求解,请同学们对比它们之间的区别与联系.

方法一 联立两个方程组,直接求解线性方程组

$$\begin{cases}x_1+x_2=0,\\x_2-x_4=0,\\x_1-x_2+x_3=0,\\x_2-x_3+x_4=0\end{cases}$$

而得到公共解.此方程组可写成如下矩阵的形式:

$$\begin{pmatrix}\boldsymbol{A}\\\boldsymbol{B}\end{pmatrix}\boldsymbol{x}=\boldsymbol{0}.\tag{5.1}$$

对方程组(5.1)的系数矩阵做初等行变换:

$$\begin{pmatrix}\boldsymbol{A}\\\boldsymbol{B}\end{pmatrix}=\begin{pmatrix}1&1&0&0\\0&1&0&-1\\1&-1&1&0\\0&1&-1&1\end{pmatrix}\to\begin{pmatrix}1&1&0&0\\0&1&0&-1\\0&-2&1&0\\0&1&-1&1\end{pmatrix}\to\begin{pmatrix}1&1&0&0\\0&1&0&-1\\0&0&1&-2\\0&0&-1&2\end{pmatrix}$$

$$\to\begin{pmatrix}1&1&0&0\\0&1&0&-1\\0&0&1&-2\\0&0&0&0\end{pmatrix}\to\begin{pmatrix}1&0&0&1\\0&1&0&-1\\0&0&1&-2\\0&0&0&0\end{pmatrix}.$$

可以看出 $\mathrm{r}\begin{pmatrix}\boldsymbol{A}\\\boldsymbol{B}\end{pmatrix}=3$,故方程组(5.1)的基础解系中仅有一个向量.还可以看出,方程组(5.1)等价于方程组

$$\begin{cases}x_1+x_4=0,\\x_2-x_4=0,\\x_3-2x_4=0.\end{cases}$$

取 x_4 为自由变量,令 $x_4=1$ 可得方程组(5.1)的一个基础解系 $(-1,1,2,1)^{\mathrm{T}}$,故方程组(5.1)的通解为

$$k(-1,1,2,1)^{\mathrm{T}}.$$

其中 k 为任意常数.

综上,方程组(Ⅰ)和(Ⅱ)的公共解为 $k(-1,1,2,1)^{\mathrm{T}}$.

方法二 求出 $\boldsymbol{Ax}=\boldsymbol{0}$ 的通解,将其代入 $\boldsymbol{Bx}=\boldsymbol{0}$ 中,得到任意常数的关系,再代回 $\boldsymbol{Ax}=\boldsymbol{0}$ 的通解中即可得到公共解.

因

$$\boldsymbol{A}=\begin{pmatrix}1&1&0&0\\0&1&0&-1\end{pmatrix}\longrightarrow\begin{pmatrix}1&0&0&1\\0&1&0&-1\end{pmatrix},$$

故 $\mathrm{r}(\boldsymbol{A})=2$,$\boldsymbol{Ax}=\boldsymbol{0}$ 的基础解系中有两个向量;并且,可取 x_3 和 x_4 为自由变量,令 $(x_3,x_4)^{\mathrm{T}}=(1,0)^{\mathrm{T}},(0,1)^{\mathrm{T}}$,则一个基础解系为

$$\boldsymbol{\xi}_1=(0,0,1,0)^{\mathrm{T}},\quad \boldsymbol{\xi}_2=(-1,1,0,1)^{\mathrm{T}}.$$

所以,$\boldsymbol{Ax}=\boldsymbol{0}$ 的通解为

$$k_1\boldsymbol{\xi}_1+k_2\boldsymbol{\xi}_2=k_1(0,0,1,0)^{\mathrm{T}}+k_2(-1,1,0,1)^{\mathrm{T}}=(-k_2,k_2,k_1,k_2)^{\mathrm{T}},$$

其中 k_1,k_2 为任意常数.

将该通解代入 $\boldsymbol{Bx}=\boldsymbol{0}$ 中,得

$$\begin{cases}-k_2-k_2+k_1=0,\\k_2-k_1+k_2=0,\end{cases}\quad 即\quad k_1=2k_2.$$

再将 $k_1=2k_2$ 代回 $\boldsymbol{Ax}=\boldsymbol{0}$ 的通解中,即可得到 $\boldsymbol{Ax}=\boldsymbol{0}$ 和 $\boldsymbol{Bx}=\boldsymbol{0}$ 的公共解

$$(-k_2,k_2,2k_2,k_2)^{\mathrm{T}}=k_2(-1,1,2,1)^{\mathrm{T}}.$$

方法三 分别求出 $\boldsymbol{Ax}=\boldsymbol{0}$ 和 $\boldsymbol{Bx}=\boldsymbol{0}$ 的通解,并令其相等,从而得到公共解.

由方法 2 可知,$\boldsymbol{Ax}=\boldsymbol{0}$ 的通解为

$$k_1\boldsymbol{\xi}_1+k_2\boldsymbol{\xi}_2=k_1(0,0,1,0)^{\mathrm{T}}+k_2(-1,1,0,1)^{\mathrm{T}}=(-k_2,k_2,k_1,k_2)^{\mathrm{T}}.$$

因

$$\boldsymbol{B}=\begin{pmatrix}1&-1&1&0\\0&1&-1&1\end{pmatrix}\longrightarrow\begin{pmatrix}1&0&0&1\\0&1&-1&1\end{pmatrix},$$

故 $\mathrm{r}(\boldsymbol{B})=2$,$\boldsymbol{Bx}=\boldsymbol{0}$ 的基础解系中有两个向量;并且,可取 x_3 和 x_4 为自由变量,则一个基础解系为

$$\boldsymbol{\eta}_1=(0,1,1,0)^{\mathrm{T}},\quad \boldsymbol{\eta}_2=(-1,-1,0,1)^{\mathrm{T}},$$

故 $\boldsymbol{Bx}=\boldsymbol{0}$ 的通解为

$$l_1\boldsymbol{\eta}_1+l_2\boldsymbol{\eta}_2=l_1(0,1,1,0)^{\mathrm{T}}+l_2(-1,-1,0,1)^{\mathrm{T}}=(-l_2,l_1-l_2,l_1,l_2)^{\mathrm{T}},$$

其中 l_1,l_2 为任意常数.

直接令两个方程组的通解相等,即令

$$(-k_2,k_2,k_1,k_2)^{\mathrm{T}}=(-l_2,l_1-l_2,l_1,l_2)^{\mathrm{T}},$$

得 $k_2=l_2=l_1-l_2$ 且 $k_1=l_1$,所以 $l_1=2l_2$(我们主要是希望找到同一个方程组中的系数需

要满足的条件). 将 $l_1=2l_2$ 代回 $\boldsymbol{B}\boldsymbol{x}=\boldsymbol{0}$ 的通解中,即可得到 $\boldsymbol{A}\boldsymbol{x}=\boldsymbol{0}$ 和 $\boldsymbol{B}\boldsymbol{x}=\boldsymbol{0}$ 的公共解

$$(-l_2,l_2,2l_2,l_2)^{\mathrm{T}}=l_2(-1,1,2,1)^{\mathrm{T}}.$$

注　本题的三种求解方法分别代表了三种不同情况下处理线性方程组公共解问题的方法,同学们一定要牢牢掌握.

例题 2(2007 年)　设线性方程组

$$\begin{cases}x_1+x_2+x_3=0,\\x_1+2x_2+ax_3=0,\\x_1+4x_2+a^2x_3=0\end{cases}\quad 与\quad x_1+2x_2+x_3=a-1$$

有公共解,求 a 的值及所有的公共解.

解　直接联立两个方程组即可. 题目的条件等价于线性方程组

$$\begin{cases}x_1+x_2+x_3=0,\\x_1+2x_2+ax_3=0,\\x_1+4x_2+a^2x_3=0,\\x_1+2x_2+x_3=a-1\end{cases}\tag{5.2}$$

有解,故

$$\mathrm{r}(\boldsymbol{A},\boldsymbol{\beta})=\mathrm{r}(\boldsymbol{A}),$$

其中 $\boldsymbol{A},\boldsymbol{\beta}$ 分别为方程组(5.2)的系数矩阵和常数项向量. 对方程组(5.2)的增广矩阵 $(\boldsymbol{A},\boldsymbol{\beta})$ 施行初等行变换:

$$(\boldsymbol{A},\boldsymbol{\beta})=\begin{pmatrix}1&1&1&0\\1&2&a&0\\1&4&a^2&0\\1&2&1&a-1\end{pmatrix}\longrightarrow\begin{pmatrix}1&1&1&0\\0&1&a-1&0\\0&3&a^2-1&0\\0&1&0&a-1\end{pmatrix}\longrightarrow\begin{pmatrix}1&1&1&0\\0&1&0&a-1\\0&0&a-1&1-a\\0&0&0&(a-1)(a-2)\end{pmatrix}.$$

(1) 若 $a\neq1$ 且 $a\neq2$,则 $\mathrm{r}(\boldsymbol{A},\boldsymbol{\beta})=4$,$\mathrm{r}(\boldsymbol{A})=3$,从而原来的两个方程组没有公共解.

(2) 若 $a=1$,则

$$(\boldsymbol{A},\boldsymbol{\beta})\longrightarrow\begin{pmatrix}1&1&1&0\\0&1&0&0\\0&0&0&0\\0&0&0&0\end{pmatrix}\longrightarrow\begin{pmatrix}1&0&1&0\\0&1&0&0\\0&0&0&0\\0&0&0&0\end{pmatrix},$$

从而原来的两个方程组有无穷多个公共解. 可以看出,可取 x_3 为自由变量,令 $x_3=1$,得到一个基础解系 $\boldsymbol{\xi}=(-1,0,1)^{\mathrm{T}}$,故公共解为

$$k\boldsymbol{\xi}=k(-1,0,1)^{\mathrm{T}},$$

其中 k 为任意常数.

(3) 若 $a=2$,则

$$(\boldsymbol{A},\boldsymbol{\beta})\longrightarrow\begin{pmatrix}1&1&1&0\\0&1&0&1\\0&0&1&-1\\0&0&0&0\end{pmatrix}\longrightarrow\begin{pmatrix}1&0&0&0\\0&1&0&1\\0&0&1&-1\\0&0&0&0\end{pmatrix},$$

从而原来的两个方程组有唯一公共解$(0,1,-1)^{\mathrm{T}}$.

例题 3 设齐次线性方程组 $\boldsymbol{Ax}=\boldsymbol{0}$ 有基础解系

$$\boldsymbol{\alpha}_1=(1,1,2,1)^{\mathrm{T}},\quad \boldsymbol{\alpha}_2=(0,-3,1,0)^{\mathrm{T}},$$

且齐次线性方程组 $\boldsymbol{Bx}=\boldsymbol{0}$ 的一个基础解系为

$$\boldsymbol{\beta}_1=(1,3,0,2)^{\mathrm{T}},\quad \boldsymbol{\beta}_2=(1,2,-1,a)^{\mathrm{T}}.$$

若 $\boldsymbol{Ax}=\boldsymbol{0}$ 和 $\boldsymbol{Bx}=\boldsymbol{0}$ 没有非零公共解,则常数 a 需要满足什么条件?

解 令 $k_1\boldsymbol{\alpha}_1+k_2\boldsymbol{\alpha}_2=l_1\boldsymbol{\beta}_1+l_2\boldsymbol{\beta}_2$($k_1,k_2,l_1,l_2$ 为常数),即

$$k_1(1,1,2,1)^{\mathrm{T}}+k_2(0,-3,1,0)^{\mathrm{T}}=l_1(1,3,0,2)^{\mathrm{T}}+l_2(1,2,-1,a)^{\mathrm{T}},$$

得

$$\begin{cases}k_1=l_1+l_2,\\k_1-3k_2=3l_1+2l_2,\\2k_1+k_2=-l_2,\\k_1=2l_1+al_2,\end{cases}$$

整理得方程组

$$\begin{cases}k_1-l_1-l_2=0,\\k_1-3k_2-3l_1-2l_2=0,\\2k_1+k_2+l_2=0,\\k_1-2l_1-al_2=0.\end{cases}\tag{5.3}$$

由于 $\boldsymbol{Ax}=\boldsymbol{0}$ 和 $\boldsymbol{Bx}=\boldsymbol{0}$ 没有非零公共解,所以以 k_1,k_2,l_1,l_2 为变量的线性方程组(5.3)只有零解.

方程组(5.3)的系数行列式为

$$D=\begin{vmatrix}1&0&-1&-1\\1&-3&-3&-2\\2&1&0&1\\1&0&-2&-a\end{vmatrix}=\begin{vmatrix}1&0&-1&-1\\0&-3&-2&-1\\0&1&2&3\\0&0&-1&1-a\end{vmatrix}=\begin{vmatrix}1&0&-1&-1\\0&1&2&3\\0&3&2&1\\0&0&-1&1-a\end{vmatrix}$$

$$=\begin{vmatrix}1&0&-1&-1\\0&1&2&3\\0&0&-4&-8\\0&0&-1&1-a\end{vmatrix}=\begin{vmatrix}1&0&-1&-1\\0&1&2&3\\0&0&0&4a-12\\0&0&-1&1-a\end{vmatrix}=4\begin{vmatrix}1&0&-1&-1\\0&1&2&3\\0&0&1&a-1\\0&0&0&a-3\end{vmatrix}$$

$$=4(a-3),$$

故当 $a\neq 3$ 时，方程组(5.3)只有零解，即 $\boldsymbol{Ax}=\boldsymbol{0}$ 和 $\boldsymbol{Bx}=\boldsymbol{0}$ 没有非零公共解.

考法二　考查齐次线性方程组的同解问题

例题4　设3阶矩阵 $\boldsymbol{A}$ 满足 $\mathrm{r}(\boldsymbol{A})=2$，且其伴随矩阵 $\boldsymbol{A}^*$ 可经过初等行变换化为矩阵 $\boldsymbol{B}$，又设 $\boldsymbol{\beta}$ 是 $\boldsymbol{B}$ 的一个非零列向量，则(　　).

A. 线性方程组 $\boldsymbol{Ax}=\boldsymbol{0}$ 与 $\boldsymbol{Bx}=\boldsymbol{0}$ 同解　　B. 线性方程组 $\boldsymbol{A}^*\boldsymbol{x}=\boldsymbol{0}$ 与 $\boldsymbol{Bx}=\boldsymbol{0}$ 同解

C. 线性方程组 $\boldsymbol{Ax}=\boldsymbol{\beta}$ 与 $\boldsymbol{Bx}=\boldsymbol{\beta}$ 同解　　D. 线性方程组 $\boldsymbol{A}^*\boldsymbol{x}=\boldsymbol{\beta}$ 与 $\boldsymbol{Bx}=\boldsymbol{\beta}$ 同解

解　因 $\boldsymbol{A}$ 为3阶矩阵，且 $\mathrm{r}(\boldsymbol{A})=2$，故 $\mathrm{r}(\boldsymbol{A}^*)=1$. 由于 $\boldsymbol{A}^*$ 可经初等行变换化为矩阵 $\boldsymbol{B}$，故 $\boldsymbol{A}^*$ 的行向量组与 $\boldsymbol{B}$ 的行向量组等价，故

$$\mathrm{r}(\boldsymbol{A}^*)=\mathrm{r}(\boldsymbol{B})=\mathrm{r}\begin{pmatrix}\boldsymbol{A}^*\\ \boldsymbol{B}\end{pmatrix}=1.$$

这恰好是 $\boldsymbol{A}^*\boldsymbol{x}=\boldsymbol{0}$ 与 $\boldsymbol{Bx}=\boldsymbol{0}$ 同解的充要条件，故 $\boldsymbol{A}^*\boldsymbol{x}=\boldsymbol{0}$ 与 $\boldsymbol{Bx}=\boldsymbol{0}$ 同解，从而选项B正确.

对于选项A，由于 $\mathrm{r}(\boldsymbol{A})=2$，但 $\mathrm{r}(\boldsymbol{B})=1$，故 $\boldsymbol{Ax}=\boldsymbol{0}$ 与 $\boldsymbol{Bx}=\boldsymbol{0}$ 不同解，从而选项A错误，选项C自然也错误；

对于选项D，由于 $\boldsymbol{A}^*\boldsymbol{x}=\boldsymbol{0}$ 与 $\boldsymbol{Bx}=\boldsymbol{0}$ 已经同解，故只需判断 $\boldsymbol{A}^*\boldsymbol{x}=\boldsymbol{\beta}$ 和 $\boldsymbol{Bx}=\boldsymbol{\beta}$ 是否有公共解即可. 由于

$$\mathrm{r}\begin{pmatrix}\boldsymbol{A}^*\\ \boldsymbol{B}\end{pmatrix}=\mathrm{r}(\boldsymbol{A}^*)=1,$$

但无法确定 $\mathrm{r}\begin{pmatrix}\boldsymbol{A}^* & \boldsymbol{\beta}\\ \boldsymbol{B} & \boldsymbol{\beta}\end{pmatrix}$ 到底是1还是2，故无法判断 $\begin{pmatrix}\boldsymbol{A}^* & \boldsymbol{\beta}\\ \boldsymbol{B} & \boldsymbol{\beta}\end{pmatrix}\boldsymbol{y}=\boldsymbol{0}$ 是否有解，从而无法判断 $\boldsymbol{A}^*\boldsymbol{x}=\boldsymbol{\beta}$ 与 $\boldsymbol{Bx}=\boldsymbol{\beta}$ 是否有公共解. 所以，选项D错误.

注　本题可以更快捷得出答案：若选项C正确，则选项A一定正确，故选项C一定错误；若选项D正确，则选项B一定正确，故选项D一定错误.

例题5(2005年)　已知线性方程组

$$(\mathrm{I})\begin{cases}x_1+2x_2+3x_3=0,\\ 2x_1+3x_2+5x_3=0,\\ x_1+x_2+ax_3=0\end{cases}\quad 和\quad (\mathrm{II})\begin{cases}x_1+bx_2+cx_3=0,\\ 2x_1+b^2x_2+(c+1)x_3=0\end{cases}$$

同解，求常数 a,b,c.

解　两个线性方程组同解的充要条件是这两个方程组及由它们联立得到的方程组的系数矩阵的秩相等，所以本题其实就是考查秩.

记

$$\boldsymbol{A}=\begin{pmatrix}1 & 2 & 3\\ 2 & 3 & 5\\ 1 & 1 & a\end{pmatrix},\quad \boldsymbol{B}=\begin{pmatrix}1 & b & c\\ 2 & b^2 & c+1\end{pmatrix},\quad \boldsymbol{x}=\begin{pmatrix}x_1\\ x_2\\ x_3\end{pmatrix},$$

则方程组(Ⅰ)为 $\boldsymbol{A}\boldsymbol{x}=\boldsymbol{0}$,方程组(Ⅱ)为 $\boldsymbol{B}\boldsymbol{x}=\boldsymbol{0}$. 故这两个方程组同解的充要条件是

$$\mathrm{r}(\boldsymbol{A})=\mathrm{r}(\boldsymbol{B})=\mathrm{r}\begin{pmatrix}\boldsymbol{A}\\\boldsymbol{B}\end{pmatrix}.$$

由于 $\boldsymbol{B}$ 只有两行,故 $\mathrm{r}(\boldsymbol{B})\leqslant 2$. 由此得 $\mathrm{r}(\boldsymbol{A})\leqslant 2$,故 $|\boldsymbol{A}|=0$,即

$$\begin{vmatrix}1&2&3\\2&3&5\\1&1&a\end{vmatrix}=\begin{vmatrix}1&2&3\\0&-1&-1\\0&-1&a-3\end{vmatrix}=\begin{vmatrix}1&2&3\\0&1&1\\0&0&a-2\end{vmatrix}=a-2=0,$$

解得 $a=2$.

将 $a=2$ 代回矩阵 $\boldsymbol{A}$ 中,得到

$$\boldsymbol{A}=\begin{pmatrix}1&2&3\\2&3&5\\1&1&2\end{pmatrix},$$

显然此时 $\mathrm{r}(\boldsymbol{A})=2$. 于是,想要 $\boldsymbol{A}\boldsymbol{x}=\boldsymbol{0}$ 与 $\boldsymbol{B}\boldsymbol{x}=\boldsymbol{0}$ 同解,必须保证

$$\mathrm{r}(\boldsymbol{B})=\mathrm{r}\begin{pmatrix}\boldsymbol{A}\\\boldsymbol{B}\end{pmatrix}=2.$$

因对 $\begin{pmatrix}\boldsymbol{A}\\\boldsymbol{B}\end{pmatrix}$ 施行初等行变换得

$$\begin{pmatrix}\boldsymbol{A}\\\boldsymbol{B}\end{pmatrix}=\begin{pmatrix}1&2&3\\2&3&5\\1&1&2\\1&b&c\\2&b^2&c+1\end{pmatrix}\longrightarrow\begin{pmatrix}1&2&3\\0&-1&-1\\0&-1&-1\\0&b-2&c-3\\0&b^2-4&c-5\end{pmatrix}\longrightarrow\begin{pmatrix}1&2&3\\0&1&1\\0&b-2&c-3\\0&b^2-4&c-5\\0&0&0\end{pmatrix},$$

故有

$$\begin{cases}b-2=c-3,\\b^2-4=c-5.\end{cases}$$

该方程组有两组解

$$\begin{cases}b=0,\\c=1\end{cases} \quad 和 \quad \begin{cases}b=1,\\c=2.\end{cases}$$

接下来,检验它们是否满足 $\mathrm{r}(\boldsymbol{B})=2$.

若 $\begin{cases}b=0,\\c=1,\end{cases}$ 则 $\boldsymbol{B}=\begin{pmatrix}1&0&1\\2&0&2\end{pmatrix}$. 显然 $\mathrm{r}(\boldsymbol{B})=1$,所以 $\begin{cases}b=0,\\c=1\end{cases}$ 不满足条件.

若$\begin{cases} b=1, \\ c=2, \end{cases}$则 $\boldsymbol{B}=\begin{pmatrix} 1 & 1 & 2 \\ 2 & 1 & 3 \end{pmatrix}$. 显然 $\mathrm{r}(\boldsymbol{B})=2$,所以$\begin{cases} b=1, \\ c=2 \end{cases}$满足条件.

综上,当 $a=2,b=1,c=2$ 时,方程组(Ⅰ)与(Ⅱ)同解.

例题 6 设 $\boldsymbol{A}$ 为 n 阶矩阵,且线性方程组 $\boldsymbol{Ax}=\boldsymbol{0}$ 至少有两个线性无关的解,则(　　).

A. $\boldsymbol{A}^*\boldsymbol{x}=\boldsymbol{0}$ 的解均是 $\boldsymbol{Ax}=\boldsymbol{0}$ 的解

B. $\boldsymbol{Ax}=\boldsymbol{0}$ 的解均是 $\boldsymbol{A}^*\boldsymbol{x}=\boldsymbol{0}$ 的解

C. $\boldsymbol{Ax}=\boldsymbol{0}$ 和 $\boldsymbol{A}^*\boldsymbol{x}=\boldsymbol{0}$ 没有非零公共解

D. $\boldsymbol{Ax}=\boldsymbol{0}$ 和 $\boldsymbol{A}^*\boldsymbol{x}=\boldsymbol{0}$ 有且仅有两个非零公共解

解 由于 $\boldsymbol{Ax}=\boldsymbol{0}$ 至少有两个线性无关的解,故其基础解系中的向量个数为 $s=n-\mathrm{r}(\boldsymbol{A})\geqslant 2$,从而

$$\mathrm{r}(\boldsymbol{A})\leqslant n-2.$$

由于

$$\mathrm{r}(\boldsymbol{A}^*)=\begin{cases} n, & \mathrm{r}(\boldsymbol{A})=n, \\ 1, & \mathrm{r}(\boldsymbol{A})=n-1, \\ 0, & \mathrm{r}(\boldsymbol{A})<n-1, \end{cases}$$

故 $\mathrm{r}(\boldsymbol{A}^*)=0$,从而 $\boldsymbol{A}^*=\boldsymbol{O}$. 所以,对于任意 n 维向量 $\boldsymbol{x}$,均有 $\boldsymbol{A}^*\boldsymbol{x}=\boldsymbol{0}$.

对于选项 A,因 $\boldsymbol{A}^*\boldsymbol{x}=\boldsymbol{0}$ 的解为全体 n 维向量,而 $\boldsymbol{Ax}=\boldsymbol{0}$ 的解只是其中一部分,故选项 A 错误.

对于选项 B,显然正确.

对于选项 C,由于 $\boldsymbol{A}^*\boldsymbol{x}=\boldsymbol{0}$ 的解为全体 n 维向量,故 $\boldsymbol{Ax}=\boldsymbol{0}$ 和 $\boldsymbol{A}^*\boldsymbol{x}=\boldsymbol{0}$ 的公共解就是 $\boldsymbol{Ax}=\boldsymbol{0}$ 自身的解,又知 $\boldsymbol{Ax}=\boldsymbol{0}$ 至少有两个线性无关的解,从而 $\boldsymbol{Ax}=\boldsymbol{0}$ 和 $\boldsymbol{A}^*\boldsymbol{x}=\boldsymbol{0}$ 有非零公共解. 所以,选项 C 错误.

对于选项 D,由于线性方程组的解只有三种情况:无解、有唯一解、有无穷多解,不可能有且只有两个解,所以选项 D 错误.

例题 7 设 $\boldsymbol{A}$ 为 n 阶矩阵,若线性方程组 $\boldsymbol{Ax}=\boldsymbol{0}$ 的解均是方程 $b_1x_1+b_2x_2+\cdots+b_nx_n=0$ 的解,证明:向量 $\boldsymbol{\beta}=(b_1,b_2,\cdots,b_n)$可由 $\boldsymbol{A}$ 的行向量组 $\boldsymbol{\alpha}_1,\boldsymbol{\alpha}_2,\cdots,\boldsymbol{\alpha}_n$ 线性表示.

证 由于 $\boldsymbol{Ax}=\boldsymbol{0}$ 的解均是方程 $b_1x_1+b_2x_2+\cdots+b_nx_n=0$ 的解,故

$$\mathrm{r}(\boldsymbol{A})=\mathrm{r}\begin{pmatrix} \boldsymbol{A} \\ \boldsymbol{\beta} \end{pmatrix}.$$

这说明,向量 $\boldsymbol{\beta}=(b_1,b_2,\cdots,b_n)$可由 $\boldsymbol{A}$ 的行向量组 $\boldsymbol{\alpha}_1,\boldsymbol{\alpha}_2,\cdots,\boldsymbol{\alpha}_n$ 线性表示.

类题 设 $\boldsymbol{A}$ 为 $m\times n$ 矩阵,证明:$\boldsymbol{Ax}=\boldsymbol{\beta}$ 有解的充要条件是 $\boldsymbol{A}^{\mathrm{T}}\boldsymbol{x}=\boldsymbol{0}$ 的解均为$\boldsymbol{\beta}^{\mathrm{T}}\boldsymbol{x}=0$ 的解.

证 $\boldsymbol{Ax}=\boldsymbol{\beta}$ 有解$\Longleftrightarrow \mathrm{r}(\boldsymbol{A})=\mathrm{r}(\boldsymbol{A},\boldsymbol{\beta})$.

$\boldsymbol{A}^{\mathrm{T}}\boldsymbol{x}=\boldsymbol{0}$ 的解均是 $\boldsymbol{\beta}^{\mathrm{T}}\boldsymbol{x}=\boldsymbol{0}$ 的解 $\Longleftrightarrow \mathrm{r}(\boldsymbol{A}^{\mathrm{T}})=\mathrm{r}\begin{pmatrix}\boldsymbol{A}^{\mathrm{T}}\\ \boldsymbol{\beta}^{\mathrm{T}}\end{pmatrix}\Longleftrightarrow \mathrm{r}(\boldsymbol{A})=\mathrm{r}(\boldsymbol{A},\boldsymbol{\beta})$(取转置即得).

综上,题目中的两个命题均与 $\mathrm{r}(\boldsymbol{A})=\mathrm{r}(\boldsymbol{A},\boldsymbol{\beta})$ 等价,故这两个命题互为充要条件.

考法三　考查非齐次线性方程组的同解问题

例题 8(1998 年)　已知线性方程组

$$(\mathrm{I})\begin{cases}x_1+x_2-2x_4=-6,\\4x_1-x_2-x_3-x_4=1,\\3x_1-x_2-x_3=3\end{cases}\quad 与\quad(\mathrm{II})\begin{cases}x_1+mx_2-x_3-x_4=-5,\\nx_2-x_3-2x_4=-11,\\x_3-2x_4=1-t\end{cases}$$

同解.

(1) 求方程组(Ⅰ)的通解;　　(2) 求 m,n,t 的值.

解　(1) 这属于送分题.对方程组(Ⅰ)的增广矩阵 $\overline{\boldsymbol{A}}$ 施行初等行变换:

$$\overline{\boldsymbol{A}}=\left(\begin{array}{cccc|c}1&1&0&-2&-6\\4&-1&-1&-1&1\\3&-1&-1&0&3\end{array}\right)\to\left(\begin{array}{cccc|c}1&1&0&-2&-6\\0&-5&-1&7&25\\0&-4&-1&6&21\end{array}\right)$$

$$\to\left(\begin{array}{cccc|c}1&1&0&-2&-6\\0&-1&0&1&4\\0&-4&-1&6&21\end{array}\right)\to\left(\begin{array}{cccc|c}1&0&0&-1&-2\\0&1&0&-1&-4\\0&0&1&-2&-5\end{array}\right).$$

故由此可以看出,方程组(Ⅰ)对应的齐次线性方程组的基础解系中仅有一个向量,并且可取 x_4 为自由变量.令 $x_4=1$,得一个基础解系

$$\boldsymbol{\xi}=(1,1,2,1)^{\mathrm{T}};$$

再令 $x_4=0$,得方程组(Ⅰ)的一个特解

$$\boldsymbol{\eta}=(-2,-4,-5,0)^{\mathrm{T}}.$$

所以,方程组(Ⅰ)的通解为

$$k\boldsymbol{\xi}+\boldsymbol{\eta}=k(1,1,2,1)^{\mathrm{T}}+(-2,-4,-5,0)^{\mathrm{T}}=(k-2,k-4,2k-5,k)^{\mathrm{T}},$$

其中 k 为任意常数.

(2) 由于(1)中已经求出方程组(Ⅰ)的通解,所以只需将其代入方程组(Ⅱ)中,并根据代入后对于任意常数 k 都成立,便可以求出 m,n,t 的值.但是,此时的 m,n,t 只能保证方程组(Ⅰ)的解都是方程组(Ⅱ)的解,所以还需要进一步检验.

将方程组(Ⅰ)的通解代入方程组(Ⅱ)中,得到

$$\begin{cases}(k-2)+m(k-4)-(2k-5)-k=-5,\\n(k-4)-(2k-5)-2k=-11,\\(2k-5)-2k=1-t,\end{cases}$$

整理得

$$\begin{cases}(m-2)k+3-4m=-5,\\(n-4)k-4n+5=-11,\\-5=1-t.\end{cases}\tag{5.4}$$

由于方程组(Ⅰ)和(Ⅱ)同解,所以方程组(5.4)对于任意常数 k 均成立,从而可求得

$$m=2,\quad n=4,\quad t=6.$$

接下来再检验 $m=2,n=4,t=6$ 是否即为所求.方法非常多,我们选择直接求出方程组(Ⅱ)的通解并对比的方法.此时,对方程组(Ⅱ)的增广矩阵 $\overline{\boldsymbol{B}}$ 做初等行变换可得

$$\overline{\boldsymbol{B}}=\begin{pmatrix}1&2&-1&-1&-5\\0&4&-1&-2&-11\\0&0&1&-2&-5\end{pmatrix}\longrightarrow\begin{pmatrix}1&0&0&-1&-2\\0&1&0&-1&-4\\0&0&1&-2&-5\end{pmatrix}.$$

由于 $\overline{\boldsymbol{A}}$ 和 $\overline{\boldsymbol{B}}$ 的行最简形矩阵相同,所以方程组(Ⅰ)和(Ⅱ)同解.

综上,$m=2,n=4,t=6$ 即为所求.

类题　若线性方程组

$$(\text{Ⅰ})\begin{cases}x_1\qquad\quad-x_3=a,\\2x_1+3x_2+x_3=2\end{cases}\quad 和\quad(\text{Ⅱ})\begin{cases}x_1+3x_2+2x_3=1,\\x_1+bx_2+\ x_3=1\end{cases}$$

同解,求 a,b 的值.

解　记

$$\boldsymbol{A}=\begin{pmatrix}1&0&-1\\2&3&1\end{pmatrix},\quad\boldsymbol{B}=\begin{pmatrix}1&3&2\\1&b&1\end{pmatrix},\quad\boldsymbol{x}=\begin{pmatrix}x_1\\x_2\\x_3\end{pmatrix},\quad\boldsymbol{\xi}=\begin{pmatrix}a\\2\end{pmatrix},\quad\boldsymbol{\eta}=\begin{pmatrix}1\\1\end{pmatrix},$$

则方程组(Ⅰ)为 $\boldsymbol{Ax}=\boldsymbol{\xi}$,方程组(Ⅱ)为 $\boldsymbol{Bx}=\boldsymbol{\eta}$.

首先,要 $\boldsymbol{Ax}=\boldsymbol{0}$ 和 $\boldsymbol{Bx}=\boldsymbol{0}$ 同解,即要

$$\mathrm{r}(\boldsymbol{A})=\mathrm{r}(\boldsymbol{B})=\mathrm{r}\begin{pmatrix}\boldsymbol{A}\\\boldsymbol{B}\end{pmatrix}.$$

显然 $\mathrm{r}(\boldsymbol{A})=2$,所以要

$$\mathrm{r}(\boldsymbol{B})=\mathrm{r}\begin{pmatrix}\boldsymbol{A}\\\boldsymbol{B}\end{pmatrix}=2.$$

由于

$$\begin{pmatrix}\boldsymbol{A}\\\boldsymbol{B}\end{pmatrix}=\begin{pmatrix}1&0&-1\\2&3&1\\1&3&2\\1&b&1\end{pmatrix}\longrightarrow\begin{pmatrix}1&0&-1\\0&3&3\\0&3&3\\0&b&2\end{pmatrix}\longrightarrow\begin{pmatrix}1&0&-1\\0&1&1\\0&b&2\\0&0&0\end{pmatrix}\longrightarrow\begin{pmatrix}1&0&-1\\0&1&1\\0&0&2-b\\0&0&0\end{pmatrix},$$

故要使得 $r\begin{pmatrix}A\\B\end{pmatrix}=2$,必有 $b=2$.

将 $b=2$ 代回 $\boldsymbol{B}$ 中,得

$$\boldsymbol{B}=\begin{pmatrix}1&3&2\\1&2&1\end{pmatrix},$$

显然 $r(\boldsymbol{B})=2$. 故当 $b=2$ 时,可保证 $\boldsymbol{Ax}=\boldsymbol{0}$ 和 $\boldsymbol{Bx}=\boldsymbol{0}$ 同解.

然后,要 $\boldsymbol{Ax}=\boldsymbol{\xi}$ 和 $\boldsymbol{Bx}=\boldsymbol{\eta}$ 有公共解,即要 $\begin{cases}\boldsymbol{Ax}=\boldsymbol{\xi},\\ \boldsymbol{Bx}=\boldsymbol{\eta}\end{cases}$ 有解,而这要求其增广矩阵 $\begin{pmatrix}\boldsymbol{A}&\boldsymbol{\xi}\\ \boldsymbol{B}&\boldsymbol{\eta}\end{pmatrix}$ 与系数矩阵 $\begin{pmatrix}\boldsymbol{A}\\ \boldsymbol{B}\end{pmatrix}$ 的秩相等. 由于

$$\begin{pmatrix}\boldsymbol{A}&\boldsymbol{\xi}\\ \boldsymbol{B}&\boldsymbol{\eta}\end{pmatrix}=\begin{pmatrix}1&0&-1&a\\2&3&1&2\\1&3&2&1\\1&2&1&1\end{pmatrix}\rightarrow\begin{pmatrix}1&2&1&1\\2&3&1&2\\1&3&2&1\\1&0&-1&a\end{pmatrix}$$

$$\rightarrow\begin{pmatrix}1&2&1&1\\0&-1&-1&0\\0&1&1&0\\0&-2&-2&a-1\end{pmatrix}\rightarrow\begin{pmatrix}1&2&1&1\\0&1&1&0\\0&0&0&a-1\\0&0&0&0\end{pmatrix},$$

所以必有 $a=1$.

综上,当 $a=1,b=2$ 时,方程组(Ⅰ)和(Ⅱ)同解.

三、配套作业

1. 设 $\boldsymbol{A}$ 是 $m\times s$ 矩阵,$\boldsymbol{B}$ 是 $s\times n$ 矩阵,则线性方程组 $\boldsymbol{ABx}=\boldsymbol{0}$ 和 $\boldsymbol{Bx}=\boldsymbol{0}$ 同解的一个充分条件是(　　).

A. $r(\boldsymbol{B})=n$　　B. $r(\boldsymbol{B})=s$　　C. $r(\boldsymbol{A})=s$　　D. $r(\boldsymbol{A})=m$

2. (2002 年)设有 4 元齐次线性方程组

$$(\text{Ⅰ})\begin{cases}2x_1+3x_2-x_3=0,\\ x_1+2x_2+x_3-x_4=0,\end{cases}$$

另一个 4 元齐次线性方程组(Ⅱ)的基础解系为

$$\boldsymbol{\alpha}_1=(2,-1,a+2,1)^{\mathrm{T}},\quad \boldsymbol{\alpha}_2=(-1,2,4,a+8)^{\mathrm{T}},$$

问 a 为何值时,方程组(Ⅰ)与(Ⅱ)有非零公共解,并求出所有公共解.

3. 已知齐次线性方程组

$$(\text{Ⅰ})\begin{cases} x_1+2x_2+x_3=0, \\ x_1+3x_2+2x_3=0, \\ 2x_1+ax_2+x_3=0 \end{cases} \quad 和 \quad (\text{Ⅱ})\begin{cases} b^2x_1+x_2+cx_3=0, \\ x_1+2bx_2+(c+1)x_3=0 \end{cases}$$

同解,求 a,b,c 的值.

4. 已知非齐次线性方程组

$$(\text{Ⅰ})\begin{cases} x_1+x_2+x_3=1, \\ 3x_1+5x_2+x_3=a \end{cases} \quad 和 \quad (\text{Ⅱ})\begin{cases} 2x_1+3x_2+bx_3=4, \\ 2x_1+4x_2+(b-1)x_3=c \end{cases}$$

同解,求 a,b,c 的值,并求出通解.

5. 设线性方程组(Ⅰ)和(Ⅱ)的通解分别为

$$\boldsymbol{\xi}=\begin{pmatrix} 5 \\ -3 \\ 0 \\ 0 \end{pmatrix}+k_1\begin{pmatrix} -6 \\ 5 \\ 1 \\ 0 \end{pmatrix}+k_2\begin{pmatrix} -5 \\ 4 \\ 0 \\ 1 \end{pmatrix} \quad 和 \quad \boldsymbol{\eta}=\begin{pmatrix} -11 \\ 3 \\ 0 \\ 0 \end{pmatrix}+l_1\begin{pmatrix} 8 \\ -1 \\ 1 \\ 0 \end{pmatrix}+l_2\begin{pmatrix} 10 \\ -2 \\ 0 \\ 1 \end{pmatrix},$$

其中 k_1,k_2,l_1,l_2 为任意常数,求这两个方程组的公共解.

第6讲 矩阵与向量组的秩

秩贯穿了线性代数的整门课程，从行列式到二次型，每一个内容都与秩息息相关，它是线性代数内容的又一个难点.

这一讲系统总结了与秩相关的重要结论及典型例题，希望可以帮同学们彻底突破这个难点.

一、重要结论归纳总结

(一) 矩阵秩的等式与不等式

假设以下结论中涉及的运算有意义.

(1) 矩阵 $\boldsymbol{A}$ 的秩=矩阵 $\boldsymbol{A}$ 的行秩=矩阵 $\boldsymbol{A}$ 的列秩.

(2) 矩阵 $\boldsymbol{A}$ 与 $\boldsymbol{B}$ 等价 $\Longleftrightarrow$ 矩阵 $\boldsymbol{A}$ 与 $\boldsymbol{B}$ 同形且 $\mathrm{r}(\boldsymbol{A})=\mathrm{r}(\boldsymbol{B})$.

(3) 设 $\boldsymbol{A}$ 为 $m\times n$ 矩阵,则

$$0\leqslant \mathrm{r}(\boldsymbol{A})\leqslant \min\{m,n\}.$$

(4) 当常数 $k\neq 0$ 时,$\mathrm{r}(\boldsymbol{A})=\mathrm{r}(k\boldsymbol{A})$.

(5) 对于任意矩阵 $\boldsymbol{A}$,均有

$$\mathrm{r}(\boldsymbol{A})=\mathrm{r}(\boldsymbol{A}^{\mathrm{T}})=\mathrm{r}(\boldsymbol{A}\boldsymbol{A}^{\mathrm{T}})=\mathrm{r}(\boldsymbol{A}^{\mathrm{T}}\boldsymbol{A}).$$

(6) $\max\{\mathrm{r}(\boldsymbol{A}),\mathrm{r}(\boldsymbol{B})\}\leqslant \mathrm{r}(\boldsymbol{A},\boldsymbol{B})\leqslant \mathrm{r}(\boldsymbol{A})+\mathrm{r}(\boldsymbol{B})$.

(7) $\mathrm{r}\begin{pmatrix}\boldsymbol{A} & \boldsymbol{O}\\ \boldsymbol{O} & \boldsymbol{B}\end{pmatrix}=\mathrm{r}(\boldsymbol{A})+\mathrm{r}(\boldsymbol{B})$,$\mathrm{r}\begin{pmatrix}\boldsymbol{A} & \boldsymbol{C}\\ \boldsymbol{O} & \boldsymbol{B}\end{pmatrix}\geqslant \mathrm{r}(\boldsymbol{A})+\mathrm{r}(\boldsymbol{B})$,$\mathrm{r}\begin{pmatrix}\boldsymbol{A} & \boldsymbol{O}\\ \boldsymbol{C} & \boldsymbol{B}\end{pmatrix}\geqslant \mathrm{r}(\boldsymbol{A})+\mathrm{r}(\boldsymbol{B})$.

(8) 当 $\boldsymbol{A}$ 和 $\boldsymbol{B}$ 中至少有一个为可逆矩阵时,有

$$\mathrm{r}\begin{pmatrix}\boldsymbol{A} & \boldsymbol{C}\\ \boldsymbol{O} & \boldsymbol{B}\end{pmatrix}=\mathrm{r}(\boldsymbol{A})+\mathrm{r}(\boldsymbol{B}).$$

(9) $\mathrm{r}(\boldsymbol{AB})\leqslant \min\{\mathrm{r}(\boldsymbol{A}),\mathrm{r}(\boldsymbol{B})\}$.

(10) $\mathrm{r}(\boldsymbol{A}\pm\boldsymbol{B})\leqslant \mathrm{r}(\boldsymbol{A})+\mathrm{r}(\boldsymbol{B})$.

(11) 若 $\boldsymbol{A}$ 为 $m\times n$ 矩阵,且 $\boldsymbol{P},\boldsymbol{Q}$ 分别是 m 阶和 n 阶可逆矩阵,则

$$\mathrm{r}(\boldsymbol{A})=\mathrm{r}(\boldsymbol{PA})=\mathrm{r}(\boldsymbol{AQ})=\mathrm{r}(\boldsymbol{PAQ}),$$

即一个矩阵乘以可逆矩阵,不会改变该矩阵的秩(因为乘以可逆矩阵相当于做初等变换).

(12) 列满秩矩阵 $\boldsymbol{P}$ 左乘任何矩阵 $\boldsymbol{A}$,都不会改变 $\boldsymbol{A}$ 的秩,即若 $\boldsymbol{P}$ 为列满秩矩阵,则

$$\mathrm{r}(\boldsymbol{PA})=\mathrm{r}(\boldsymbol{A});$$

行满秩矩阵 $\boldsymbol{Q}$ 右乘任何矩阵 $\boldsymbol{A}$,都不会改变 $\boldsymbol{A}$ 的秩,即若 $\boldsymbol{Q}$ 为行满秩矩阵,则

$$\mathrm{r}(\boldsymbol{AQ})=\mathrm{r}(\boldsymbol{A}).$$

(13) 设 $\boldsymbol{A}$ 为 $m\times n$ 矩阵,$\boldsymbol{B}$ 为 $n\times s$ 矩阵,若 $\boldsymbol{AB}=\boldsymbol{O}$,则

$$\mathrm{r}(\boldsymbol{A})+\mathrm{r}(\boldsymbol{B})\leqslant n$$

(这个结论非常重要,是全国硕士研究生招生考试中线性代数的常考点).

推广 设 $\boldsymbol{A}$ 为 $m\times n$ 矩阵,$\boldsymbol{B}$ 为 $n\times s$ 矩阵,则

$$\mathrm{r}(\boldsymbol{AB})\geqslant \mathrm{r}(\boldsymbol{A})+\mathrm{r}(\boldsymbol{B})-n$$

[显然,当 $\boldsymbol{AB}=\boldsymbol{O}$ 时,此结论退化为 $\mathrm{r}(\boldsymbol{A})+\mathrm{r}(\boldsymbol{B})\leqslant n$].

(14) 若 $\boldsymbol{A}$ 为 n 阶矩阵,则

$$\mathrm{r}(\boldsymbol{A}^{n+1})=\mathrm{r}(\boldsymbol{A}^{n})$$

[这里的 n 必须是矩阵的阶数,比如对于 3 阶矩阵 $\boldsymbol{A}$,有 $\mathrm{r}(\boldsymbol{A}^3)=\mathrm{r}(\boldsymbol{A}^4)$].

(15) 若 $\boldsymbol{A}$ 为 n 阶矩阵,则

$$\mathrm{r}(\boldsymbol{A}^*)=\begin{cases}n, & \mathrm{r}(\boldsymbol{A})=n,\\ 1, & \mathrm{r}(\boldsymbol{A})=n-1,\\ 0, & \mathrm{r}(\boldsymbol{A})<n-1.\end{cases}$$

(二) 与向量组的秩相关的重要结论

1. 向量组的相关性与线性表示

(1) 向量组 $\boldsymbol{\alpha}_1,\boldsymbol{\alpha}_2,\cdots,\boldsymbol{\alpha}_n$ 线性相关 $\Longleftrightarrow \mathrm{r}(\boldsymbol{\alpha}_1,\boldsymbol{\alpha}_2,\cdots,\boldsymbol{\alpha}_n)<n$;

(2) 向量组 $\boldsymbol{\alpha}_1,\boldsymbol{\alpha}_2,\cdots,\boldsymbol{\alpha}_n$ 线性无关 $\Longleftrightarrow \mathrm{r}(\boldsymbol{\alpha}_1,\boldsymbol{\alpha}_2,\cdots,\boldsymbol{\alpha}_n)=n$;

(3) 向量 $\boldsymbol{\beta}$ 可由向量组 $\boldsymbol{\alpha}_1,\boldsymbol{\alpha}_2,\cdots,\boldsymbol{\alpha}_n$ 线性表示

$\Longleftrightarrow \mathrm{r}(\boldsymbol{\alpha}_1,\boldsymbol{\alpha}_2,\cdots,\boldsymbol{\alpha}_n,\boldsymbol{\beta})=\mathrm{r}(\boldsymbol{\alpha}_1,\boldsymbol{\alpha}_2,\cdots,\boldsymbol{\alpha}_n)$;

(4) 向量 $\boldsymbol{\beta}$ 不可由向量组 $\boldsymbol{\alpha}_1,\boldsymbol{\alpha}_2,\cdots,\boldsymbol{\alpha}_n$ 线性表示

$\Longleftrightarrow \mathrm{r}(\boldsymbol{\alpha}_1,\boldsymbol{\alpha}_2,\cdots,\boldsymbol{\alpha}_n,\boldsymbol{\beta})=\mathrm{r}(\boldsymbol{\alpha}_1,\boldsymbol{\alpha}_2,\cdots,\boldsymbol{\alpha}_n)+1$.

2. 向量组的等价

(1) 若向量组(Ⅰ)可由向量组(Ⅱ)线性表示,则

$$\mathrm{r}(\text{Ⅰ})\leqslant\mathrm{r}(\text{Ⅱ}).$$

(2) 若向量组(Ⅰ)可由向量组(Ⅱ)线性表示,但向量组(Ⅱ)不可由向量组(Ⅰ)线性表示,则

$$\mathrm{r}(\text{Ⅰ})<\mathrm{r}(\text{Ⅱ}).$$

(3) 若向量组(Ⅰ)可由向量组(Ⅱ)线性表示,且向量组(Ⅱ)也可由向量组(Ⅰ)线性表示,即向量组(Ⅰ)和(Ⅱ)等价,则

$$\mathrm{r}(\text{Ⅰ})=\mathrm{r}(\text{Ⅱ})=\mathrm{r}(\text{Ⅰ},\text{Ⅱ}).$$

注 这个性质是证明两个向量组等价的常用方法,也是两个向量组等价的充要条件.

(4) 若向量组(Ⅰ)可由向量组(Ⅱ)线性表示,且 r(Ⅰ)=r(Ⅱ),则向量组(Ⅰ)和(Ⅱ)等价.

(5) 若向量组(Ⅰ)可由向量组(Ⅱ)线性表示,且向量组(Ⅰ)中向量的个数大于向量组(Ⅱ)中向量的个数,则向量组(Ⅰ)必定线性相关(简记为“以少表多,多必相关”).

(三) 线性方程组与矩阵的秩

设下面结论中的线性方程组均为 n 元线性方程组.

(1) 对于齐次线性方程组 $\boldsymbol{Ax}=\boldsymbol{0}$,有

$$\mathrm{r}(\boldsymbol{A})=n\Longleftrightarrow\boldsymbol{Ax}=\boldsymbol{0}\text{ 只有零解},$$

$$\mathrm{r}(\boldsymbol{A})<n\Longleftrightarrow\boldsymbol{Ax}=\boldsymbol{0}\text{ 有非零解};$$

(2) 对于非齐次线性方程组 $\boldsymbol{A}\boldsymbol{x}=\boldsymbol{\beta}$，有

$$\mathrm{r}(\boldsymbol{A})=\mathrm{r}(\boldsymbol{A},\boldsymbol{\beta})=n \Longleftrightarrow \boldsymbol{A}\boldsymbol{x}=\boldsymbol{\beta}\text{ 有唯一解，}$$

$$\mathrm{r}(\boldsymbol{A})=\mathrm{r}(\boldsymbol{A},\boldsymbol{\beta})<n \Longleftrightarrow \boldsymbol{A}\boldsymbol{x}=\boldsymbol{\beta}\text{ 有无穷多个解，}$$

$$\mathrm{r}(\boldsymbol{A})<\mathrm{r}(\boldsymbol{A},\boldsymbol{\beta}) \Longleftrightarrow \boldsymbol{A}\boldsymbol{x}=\boldsymbol{\beta}\text{ 无解；}$$

(3) 对于齐次线性方程组 $\boldsymbol{A}\boldsymbol{x}=\boldsymbol{0}$，若 $\mathrm{r}(\boldsymbol{A})=r<n$，则其基础解系中恰有 $n-r$ 个向量；

(4) 线性方程组 $\boldsymbol{A}\boldsymbol{x}=\boldsymbol{0}$ 和 $\boldsymbol{B}\boldsymbol{x}=\boldsymbol{0}$ 同解 $\Longrightarrow \mathrm{r}(\boldsymbol{A})=\mathrm{r}(\boldsymbol{B})$（由秩相同不能推出同解）；

(5) 线性方程组 $\boldsymbol{A}\boldsymbol{x}=\boldsymbol{0}$ 的解都是线性方程组 $\boldsymbol{B}\boldsymbol{x}=\boldsymbol{0}$ 的解

$$\Longleftrightarrow \mathrm{r}(\boldsymbol{A})=\mathrm{r}\begin{pmatrix}\boldsymbol{A}\\ \boldsymbol{B}\end{pmatrix}[\text{故 } \mathrm{r}(\boldsymbol{A})\geqslant \mathrm{r}(\boldsymbol{B})];$$

(6) 线性方程组 $\boldsymbol{A}\boldsymbol{x}=\boldsymbol{0}$ 和 $\boldsymbol{B}\boldsymbol{x}=\boldsymbol{0}$ 同解 $\Longleftrightarrow \mathrm{r}(\boldsymbol{A})=\mathrm{r}(\boldsymbol{B})=\mathrm{r}\begin{pmatrix}\boldsymbol{A}\\ \boldsymbol{B}\end{pmatrix}$.

(四) 相似理论与矩阵的秩

设下面结论中的 $\boldsymbol{A}$ 均为 n 阶矩阵.

(1) 若 $\mathrm{r}(\boldsymbol{A})=r<n$，则 $|\boldsymbol{A}|=0$，即 $\boldsymbol{A}$ 有特征值 0，且属于特征值 0 的线性无关特征向量有 $n-r$ 个.

(2) 若 $\mathrm{r}(\boldsymbol{A}-k\boldsymbol{E})=r<n$，则 $|\boldsymbol{A}-k\boldsymbol{E}|=0$，即 $\boldsymbol{A}$ 有特征值 k，且属于特征值 k 的线性无关特征向量有 $n-r$ 个.

(3) 若 $\mathrm{r}(\boldsymbol{A})=1$，则 $\boldsymbol{A}$ 的特征值必为

$$\lambda_1=\lambda_2=\cdots=\lambda_{n-1}=0,\quad \lambda_n=\mathrm{tr}(\boldsymbol{A}).$$

注　若 $\mathrm{r}(\boldsymbol{A})=1$，则

$$\boldsymbol{A}^k=[\mathrm{tr}(\boldsymbol{A})]^{k-1}\boldsymbol{A}.$$

(4) 设 $\lambda_1,\lambda_2,\cdots,\lambda_s$ 是 $\boldsymbol{A}$ 的所有互不相同的特征值，则

$$\boldsymbol{A}\text{ 可以相似对角化} \Longleftrightarrow \sum_{i=1}^{s}[n-\mathrm{r}(\boldsymbol{A}-\lambda_i\boldsymbol{E})]=n.$$

(5) 不论矩阵 $\boldsymbol{A}$ 与 $\boldsymbol{B}$ 是等价、相似，还是合同，均能推出 $\mathrm{r}(\boldsymbol{A})=\mathrm{r}(\boldsymbol{B})$.

(6) 假设实对称矩阵 $\boldsymbol{A}$ 是实二次型 $f(x_1,x_2,\cdots,x_n)$ 对应的矩阵，则 $f(x_1,x_2,\cdots,x_n)$ 的秩就是 $\boldsymbol{A}$ 的秩.

由于本书后面会专门对特征值、特征向量、矩阵相似、二次型等内容进行讲解，所以这一讲的例题主要为以下三种类型：

(1) 矩阵秩等式的证明；

(2) 矩阵秩不等式的证明；

(3) 关于矩阵和向量组的秩、矩阵等价及向量组等价的问题.

二、典型例题分类讲解

考法一　考查矩阵秩的等式的证明

在证明矩阵秩的等式时，最常用的方法如下：

(1) 若要证明 $r(\boldsymbol{A})=r(\boldsymbol{B})$，且已知 $\boldsymbol{A}$ 与 $\boldsymbol{B}$ 的列数相同，则可以通过证明线性方程组 $\boldsymbol{Ax}=\boldsymbol{0}$ 和 $\boldsymbol{Bx}=\boldsymbol{0}$ 同解得到.

(2) 若要证明 $r(\boldsymbol{A})=r(\boldsymbol{B})$，且已知 $\boldsymbol{A}$ 与 $\boldsymbol{B}$ 的行数相同，则可以通过证明其转置矩阵的秩相等，即 $r(\boldsymbol{A}^{\mathrm{T}})=r(\boldsymbol{B}^{\mathrm{T}})$ 得到. 此时，由于 $\boldsymbol{A}^{\mathrm{T}}$ 和 $\boldsymbol{B}^{\mathrm{T}}$ 的列数相同，故可以套用(1)中的方法.

(3) 将矩阵进行列分块，矩阵的秩就转化为向量组的秩，从而将矩阵秩的等式的证明转化为向量组线性相关性的证明.

例题 1　设 $\boldsymbol{A}$ 为 $m\times n$ 矩阵，$\boldsymbol{P}$ 为 $n\times m$ 矩阵，证明：若 $\boldsymbol{P}$ 为列满秩矩阵，则 $r(\boldsymbol{PA})=r(\boldsymbol{A})$；若 $\boldsymbol{P}$ 为行满秩矩阵，则 $r(\boldsymbol{AP})=r(\boldsymbol{A})$.

证　当 $\boldsymbol{P}$ 为列满秩矩阵时，构造两个线性方程组 $\boldsymbol{PAx}=\boldsymbol{0}$ 和 $\boldsymbol{Ax}=\boldsymbol{0}$，若能证明这两个方程组同解，则必有

$$r(\boldsymbol{PA})=r(\boldsymbol{A}).$$

任取 $\boldsymbol{Ax}=\boldsymbol{0}$ 的一个解 $\boldsymbol{\xi}$，则有 $\boldsymbol{A\xi}=\boldsymbol{0}$. 此式两边左乘矩阵 $\boldsymbol{P}$，得 $\boldsymbol{PA\xi}=\boldsymbol{0}$. 这说明，$\boldsymbol{Ax}=\boldsymbol{0}$ 的解都是 $\boldsymbol{PAx}=\boldsymbol{0}$ 的解.

任取 $\boldsymbol{PAx}=\boldsymbol{0}$ 的一个解 $\boldsymbol{\eta}$，则有 $\boldsymbol{PA\eta}=\boldsymbol{0}$，即 $\boldsymbol{P}(\boldsymbol{A\eta})=\boldsymbol{0}$. 又由于 $\boldsymbol{P}$ 是列满秩矩阵，故线性方程组 $\boldsymbol{Px}=\boldsymbol{0}$ 只有零解，从而 $\boldsymbol{A\eta}=\boldsymbol{0}$. 这说明，$\boldsymbol{PAx}=\boldsymbol{0}$ 的解也都是 $\boldsymbol{Ax}=\boldsymbol{0}$ 的解.

综上，$\boldsymbol{PAx}=\boldsymbol{0}$ 和 $\boldsymbol{Ax}=\boldsymbol{0}$ 同解，故 $r(\boldsymbol{PA})=r(\boldsymbol{A})$.

当 $\boldsymbol{P}$ 为行满秩矩阵时，要证明 $r(\boldsymbol{AP})=r(\boldsymbol{A})$，只需证明

$$r(\boldsymbol{P}^{\mathrm{T}}\boldsymbol{A}^{\mathrm{T}})=r(\boldsymbol{A}^{\mathrm{T}})$$

即可. 由于 $\boldsymbol{P}^{\mathrm{T}}$ 为列满秩矩阵，故套用上面的结论可知上式成立，从而 $r(\boldsymbol{AP})=r(\boldsymbol{A})$ 成立.

例题 2(2000 年)　设 $\boldsymbol{A}$ 为 $m\times n$ 矩阵，证明：$r(\boldsymbol{A})=r(\boldsymbol{A}^{\mathrm{T}}\boldsymbol{A})$.

证　由于 $\boldsymbol{A}$ 和 $\boldsymbol{A}^{\mathrm{T}}\boldsymbol{A}$ 的列数相同，所以可以考虑利用线性方程组同解来证明.

任取线性方程组 $\boldsymbol{Ax}=\boldsymbol{0}$ 的一个解 $\boldsymbol{\xi}$，则有 $\boldsymbol{A\xi}=\boldsymbol{0}$. 此式两边左乘矩阵 $\boldsymbol{A}^{\mathrm{T}}$，得 $\boldsymbol{A}^{\mathrm{T}}\boldsymbol{A\xi}=\boldsymbol{0}$. 这说明，$\boldsymbol{Ax}=\boldsymbol{0}$ 的解都是线性方程组 $\boldsymbol{A}^{\mathrm{T}}\boldsymbol{Ax}=\boldsymbol{0}$ 的解；

任取 $\boldsymbol{A}^{\mathrm{T}}\boldsymbol{Ax}=\boldsymbol{0}$ 的一个解 $\boldsymbol{\eta}$，则有 $\boldsymbol{A}^{\mathrm{T}}\boldsymbol{A\eta}=\boldsymbol{0}$，即 $\boldsymbol{A}^{\mathrm{T}}(\boldsymbol{A\eta})=\boldsymbol{0}$. 此式两边左乘向量 $\boldsymbol{\eta}^{\mathrm{T}}$，得到

$$\boldsymbol{\eta}^{\mathrm{T}}\boldsymbol{A}^{\mathrm{T}}(\boldsymbol{A\eta})=0,\quad 即\quad (\boldsymbol{A\eta})^{\mathrm{T}}(\boldsymbol{A\eta})=0,$$

故 $\|\boldsymbol{A\eta}\|^2=0$. 所以，$\boldsymbol{A\eta}$ 为零向量，即 $\boldsymbol{A\eta}=\boldsymbol{0}$. 这说明，$\boldsymbol{A}^{\mathrm{T}}\boldsymbol{Ax}=\boldsymbol{0}$ 的解也都是 $\boldsymbol{Ax}=\boldsymbol{0}$ 的解，

综上，$\boldsymbol{Ax}=\boldsymbol{0}$ 和 $\boldsymbol{A}^{\mathrm{T}}\boldsymbol{Ax}=\boldsymbol{0}$ 同解，所以 $r(\boldsymbol{A})=r(\boldsymbol{A}^{\mathrm{T}}\boldsymbol{A})$.

注　由本题可知，对于任意矩阵 $\boldsymbol{A}$，均有

$$r(\boldsymbol{A})=r(\boldsymbol{A}^{\mathrm{T}})=r(\boldsymbol{A}^{\mathrm{T}}\boldsymbol{A})=r(\boldsymbol{AA}^{\mathrm{T}}).$$

类题 设矩阵

$$A=\begin{pmatrix}1&0&1\\0&1&1\\-1&0&a\\0&a&-1\end{pmatrix},$$

求齐次线性方程组$(A^{\mathrm{T}}A)x=\mathbf{0}$的通解.

解 由上题可知,$Ax=\mathbf{0}$和$A^{\mathrm{T}}Ax=\mathbf{0}$同解,所以只需求$Ax=\mathbf{0}$的通解即可.

对A施行初等行变换:

$$A=\begin{pmatrix}1&0&1\\0&1&1\\-1&0&a\\0&a&-1\end{pmatrix}\longrightarrow\begin{pmatrix}1&0&1\\0&1&1\\0&0&a+1\\0&0&-1-a\end{pmatrix}\longrightarrow\begin{pmatrix}1&0&1\\0&1&1\\0&0&a+1\\0&0&0\end{pmatrix}.$$

下面分类讨论:

若$a=-1$,则

$$A\longrightarrow\begin{pmatrix}1&0&1\\0&1&1\\0&0&0\\0&0&0\end{pmatrix}.$$

此时,$Ax=\mathbf{0}$的通解为$k(-1,-1,1)^{\mathrm{T}}$,它也就是$(A^{\mathrm{T}}A)x=\mathbf{0}$的通解,其中$k$为任意常数.

若$a\neq-1$,则$r(A)=3$.此时,$Ax=\mathbf{0}$只有零解,$(A^{\mathrm{T}}A)x=\mathbf{0}$也只有零解.

例题 3 设A为任意n阶矩阵,证明:$r(A^n)=r(A^{n+1})$.

证 任取线性方程组$A^nx=\mathbf{0}$的一个解$\boldsymbol{\xi}$,得$A^n\boldsymbol{\xi}=\mathbf{0}$.此式两边左乘$A$,得$A^{n+1}\boldsymbol{\xi}=\mathbf{0}$.这说明,$A^nx=\mathbf{0}$的解都是线性方程组$A^{n+1}x=\mathbf{0}$的解.

任取$A^{n+1}x=\mathbf{0}$的一个解$\boldsymbol{\eta}$,得$A^{n+1}\boldsymbol{\eta}=\mathbf{0}$.$A$不一定可逆,不能左乘$A^{-1}$,怎么才能证明$A^n\boldsymbol{\eta}=\mathbf{0}$呢?

用反证法,假设$A^n\boldsymbol{\eta}\neq\mathbf{0}$,再结合$A^{n+1}\boldsymbol{\eta}=\mathbf{0}$.这不禁让我们联想到曾经做过的一道关于向量组线性无关的证明题——第4讲考法二中例题2的类题2.

考虑向量组$\boldsymbol{\eta},A\boldsymbol{\eta},A^2\boldsymbol{\eta},\cdots,A^n\boldsymbol{\eta}$.下面证明这个向量组线性无关.

设

$$k_0\boldsymbol{\eta}+k_1A\boldsymbol{\eta}+k_2A^2\boldsymbol{\eta}+\cdots+k_nA^n\boldsymbol{\eta}=\mathbf{0},$$

其中$k_0,k_1,\cdots,k_n$为常数.上式两边左乘矩阵A^n,得到$k_0A^n\boldsymbol{\eta}=\mathbf{0}$.由于$A^n\boldsymbol{\eta}\neq\mathbf{0}$,故$k_0=0$.同理可推出

$$k_1=\cdots=k_n=0.$$

故$\boldsymbol{\eta},A\boldsymbol{\eta},A^2\boldsymbol{\eta},\cdots,A^n\boldsymbol{\eta}$线性无关.但由于"$n+1$个$n$维向量必定线性相关",所以$\boldsymbol{\eta},A\boldsymbol{\eta},$

$A^2\eta,\cdots,A^n\eta$ 本应线性相关,从而矛盾.故假设不成立,从而 $A^n\eta=0$.这说明,$A^{n+1}x=0$ 的解都是 $A^nx=0$ 的解.

综上,$A^nx=0$ 和 $A^{n+1}x=0$ 同解,故 $\mathrm{r}(A^n)=\mathrm{r}(A^{n+1})$.

例题4 证明:若 A 为 n 阶矩阵,则

$$\mathrm{r}(A^*)=\begin{cases}n, & \mathrm{r}(A)=n,\\1, & \mathrm{r}(A)=n-1,\\0, & \mathrm{r}(A)<n-1.\end{cases}$$

证 若 $\mathrm{r}(A)=n$,则 $|A|\neq0$.故 $|A^*|=|A|^{n-1}\neq0$.所以,A^* 可逆,从而 $\mathrm{r}(A^*)=n$.

若 $\mathrm{r}(A)=n-1$,则 $|A|=0$.故

$$AA^*=|A|E=O,$$

从而

$$\mathrm{r}(A)+\mathrm{r}(A^*)\leqslant n.$$

将 $\mathrm{r}(A)=n-1$ 代入上式,得 $\mathrm{r}(A^*)\leqslant1$.又由于 $\mathrm{r}(A)=n-1$,说明 A 存在 $n-1$ 阶非零子式,而 A^* 中的每一个元素恰好为 $|A|$ 的代数余子式,因此 A^* 不可能是零矩阵,即 $\mathrm{r}(A^*)\geqslant1$.所以,此时有 $\mathrm{r}(A^*)=1$.

若 $\mathrm{r}(A)<n-1$,说明 A 的所有 $n-1$ 阶子式均为 0,故 $A^*=O$.所以 $\mathrm{r}(A^*)=0$.

综上,有

$$\mathrm{r}(A^*)=\begin{cases}n, & \mathrm{r}(A)=n,\\1, & \mathrm{r}(A)=n-1,\\0, & \mathrm{r}(A)<n-1.\end{cases}$$

考法二 考查矩阵秩的不等式的证明

例题5 设 A 为 $m\times n$ 矩阵,B 为 $n\times s$ 矩阵,证明:若 $AB=O$,则

$$\mathrm{r}(A)+\mathrm{r}(B)\leqslant n.$$

证 将 B 和 O 进行列分块,得到

$$A(\beta_1,\beta_2,\cdots,\beta_s)=(0,0,\cdots,0),$$

其中 $\beta_1,\beta_2,\cdots,\beta_s$ 为 B 的列向量组.故

$$A\beta_i=0\quad(i=1,2,\cdots,s).$$

这说明,B 的每一列都是线性方程组 $Ax=0$ 的解,所以 B 的列向量组一定能由线性方程组 $Ax=0$ 的基础解系线性表示.故 $\mathrm{r}(B)\leqslant n-\mathrm{r}(A)$,即

$$\mathrm{r}(A)+\mathrm{r}(B)\leqslant n.$$

注1 一看到 $AB=O$,就要想到:

(1) B 的每一列都是线性方程组 $Ax=0$ 的解;

(2) $\mathrm{r}(A)+\mathrm{r}(B)\leqslant n$.

注2 本题的证明方法非常典型,需要掌握.

例题 6　设 $\boldsymbol{A}$ 为 $m\times n$ 矩阵，$\boldsymbol{B}$ 为 $n\times s$ 矩阵，证明：$\mathrm{r}(\boldsymbol{AB})\leqslant\min\{\mathrm{r}(\boldsymbol{A}),\mathrm{r}(\boldsymbol{B})\}$.

证　由于 $\boldsymbol{AB}$ 和 $\boldsymbol{B}$ 的列数相同，所以考虑构造线性方程组 $\boldsymbol{Bx}=\boldsymbol{0}$ 和 $\boldsymbol{ABx}=\boldsymbol{0}$.

任取 $\boldsymbol{Bx}=\boldsymbol{0}$ 的一个解 $\boldsymbol{\xi}$，则 $\boldsymbol{B\xi}=\boldsymbol{0}$. 此式两边左乘 $\boldsymbol{A}$，得 $\boldsymbol{AB\xi}=\boldsymbol{0}$. 这说明，$\boldsymbol{Bx}=\boldsymbol{0}$ 的解均是 $\boldsymbol{ABx}=\boldsymbol{0}$ 的解，故

$$\mathrm{r}(\boldsymbol{AB})\leqslant\mathrm{r}(\boldsymbol{B}).$$

那么，该如何证明 $\mathrm{r}(\boldsymbol{AB})\leqslant\mathrm{r}(\boldsymbol{A})$呢？事实上，要证明 $\mathrm{r}(\boldsymbol{AB})\leqslant\mathrm{r}(\boldsymbol{A})$，即要证明

$$\mathrm{r}(\boldsymbol{B}^{\mathrm{T}}\boldsymbol{A}^{\mathrm{T}})\leqslant\mathrm{r}(\boldsymbol{A}^{\mathrm{T}}).$$

完全仿照 $\mathrm{r}(\boldsymbol{AB})\leqslant\mathrm{r}(\boldsymbol{B})$的证明过程，可知 $\mathrm{r}(\boldsymbol{B}^{\mathrm{T}}\boldsymbol{A}^{\mathrm{T}})\leqslant\mathrm{r}(\boldsymbol{A}^{\mathrm{T}})$显然成立，即有

$$\mathrm{r}(\boldsymbol{AB})\leqslant\mathrm{r}(\boldsymbol{A}).$$

综上，有 $\mathrm{r}(\boldsymbol{AB})\leqslant\mathrm{r}(\boldsymbol{B})$且 $\mathrm{r}(\boldsymbol{AB})\leqslant\mathrm{r}(\boldsymbol{A})$，即

$$\mathrm{r}(\boldsymbol{AB})\leqslant\min\{\mathrm{r}(\boldsymbol{A}),\mathrm{r}(\boldsymbol{B})\}.$$

例题 7　设 $\boldsymbol{A}$ 是 n 阶矩阵，且 $\boldsymbol{A}=\boldsymbol{A}_1\boldsymbol{A}_2\boldsymbol{A}_3$，$\boldsymbol{A}_i^2=\boldsymbol{A}_i\ (i=1,2,3)$，证明：

$$\mathrm{r}(\boldsymbol{A}-\boldsymbol{E})\leqslant3[n-\mathrm{r}(\boldsymbol{A})].$$

证　由 $\boldsymbol{A}_i^2=\boldsymbol{A}_i$ 得 $\boldsymbol{A}_i(\boldsymbol{A}_i-\boldsymbol{E})=\boldsymbol{O}\ (i=1,2,3)$，故

$$\mathrm{r}(\boldsymbol{A}_i)+\mathrm{r}(\boldsymbol{A}_i-\boldsymbol{E})\leqslant n\quad(i=1,2,3),$$

而

$$\begin{aligned}\mathrm{r}(\boldsymbol{A}_i)+\mathrm{r}(\boldsymbol{A}_i-\boldsymbol{E})&=\mathrm{r}(\boldsymbol{A}_i)+\mathrm{r}(\boldsymbol{E}-\boldsymbol{A}_i)\\&\geqslant\mathrm{r}[\boldsymbol{A}_i+(\boldsymbol{E}-\boldsymbol{A}_i)]\\&=\mathrm{r}(\boldsymbol{E})=n\quad(i=1,2,3),\end{aligned}$$

从而可得

$$\mathrm{r}(\boldsymbol{A}_i)+\mathrm{r}(\boldsymbol{A}_i-\boldsymbol{E})=n\quad(i=1,2,3).$$

又由于

$$\begin{aligned}\boldsymbol{A}-\boldsymbol{E}&=\boldsymbol{A}_1\boldsymbol{A}_2\boldsymbol{A}_3-\boldsymbol{E}\\&=(\boldsymbol{A}_1\boldsymbol{A}_2\boldsymbol{A}_3-\boldsymbol{A}_1\boldsymbol{A}_2)+(\boldsymbol{A}_1\boldsymbol{A}_2-\boldsymbol{A}_1)+(\boldsymbol{A}_1-\boldsymbol{E})\\&=\boldsymbol{A}_1\boldsymbol{A}_2(\boldsymbol{A}_3-\boldsymbol{E})+\boldsymbol{A}_1(\boldsymbol{A}_2-\boldsymbol{E})+(\boldsymbol{A}_1-\boldsymbol{E}),\end{aligned}$$

故由公式 $\mathrm{r}(\boldsymbol{A}+\boldsymbol{B})\leqslant\mathrm{r}(\boldsymbol{A})+\mathrm{r}(\boldsymbol{B})$和 $\mathrm{r}(\boldsymbol{AB})\leqslant\min\{\mathrm{r}(\boldsymbol{A}),\mathrm{r}(\boldsymbol{B})\}$可知

$$\begin{aligned}\mathrm{r}(\boldsymbol{A}-\boldsymbol{E})&\leqslant\mathrm{r}[\boldsymbol{A}_1\boldsymbol{A}_2(\boldsymbol{A}_3-\boldsymbol{E})]+\mathrm{r}[\boldsymbol{A}_1(\boldsymbol{A}_2-\boldsymbol{E})]+\mathrm{r}(\boldsymbol{A}_1-\boldsymbol{E})\\&\leqslant\mathrm{r}(\boldsymbol{A}_3-\boldsymbol{E})+\mathrm{r}(\boldsymbol{A}_2-\boldsymbol{E})+\mathrm{r}(\boldsymbol{A}_1-\boldsymbol{E})\\&=[n-\mathrm{r}(\boldsymbol{A}_3)]+[n-\mathrm{r}(\boldsymbol{A}_2)]+[n-\mathrm{r}(\boldsymbol{A}_1)]\\&\leqslant[n-\mathrm{r}(\boldsymbol{A})]+[n-\mathrm{r}(\boldsymbol{A})]+[n-\mathrm{r}(\boldsymbol{A})]\\&=3[n-\mathrm{r}(\boldsymbol{A})].\end{aligned}$$

考法三 考查矩阵与向量组的秩、矩阵等价及向量组等价

例题 8 设向量组

$$(\text{Ⅰ})\ \boldsymbol{\alpha}_1=\begin{pmatrix}1\\3\\0\\5\end{pmatrix},\boldsymbol{\alpha}_2=\begin{pmatrix}1\\2\\1\\4\end{pmatrix},\boldsymbol{\alpha}_3=\begin{pmatrix}1\\1\\2\\3\end{pmatrix};\quad (\text{Ⅱ})\ \boldsymbol{\beta}_1=\begin{pmatrix}1\\-3\\6\\-1\end{pmatrix},\boldsymbol{\beta}_2=\begin{pmatrix}a\\0\\b\\2\end{pmatrix}.$$

若向量组(Ⅰ)与(Ⅱ)等价,求 a,b 的值.

解 向量组(Ⅰ)与(Ⅱ)等价的充要条件是

$$\mathrm{r}(\text{Ⅰ})=\mathrm{r}(\text{Ⅱ})=\mathrm{r}(\text{Ⅰ},\text{Ⅱ}).$$

对由向量组(Ⅰ)和(Ⅱ)构成的矩阵(Ⅰ,Ⅱ)做初等行变换,可同时求出 r(Ⅰ)和 r(Ⅰ,Ⅱ):

$$(\text{Ⅰ},\text{Ⅱ})=\left(\begin{array}{ccc:cc}1&1&1&1&a\\3&2&1&-3&0\\0&1&2&6&b\\5&4&3&-1&2\end{array}\right)\longrightarrow\left(\begin{array}{ccc:cc}1&1&1&1&a\\0&-1&-2&-6&-3a\\0&1&2&6&b\\0&-1&-2&-6&2-5a\end{array}\right)\longrightarrow\left(\begin{array}{ccc:cc}1&1&1&1&a\\0&1&2&6&3a\\0&0&0&0&b-3a\\0&0&0&0&a-1\end{array}\right).$$

显然 r(Ⅰ)=2,所以要向量组(Ⅰ)与(Ⅱ)等价,必须保证

$$b-3a=a-1=0,\quad 即\quad a=1,b=3.$$

将 $a=1,b=3$ 代入向量组(Ⅱ)中,得

$$\boldsymbol{\beta}_1=\begin{pmatrix}1\\-3\\6\\-1\end{pmatrix},\quad \boldsymbol{\beta}_2=\begin{pmatrix}1\\0\\3\\2\end{pmatrix}.$$

显然,$\boldsymbol{\beta}_1,\boldsymbol{\beta}_2$ 线性无关,即 r(Ⅱ)=2. 所以,当 $a=1,b=3$ 时,有

$$\mathrm{r}(\text{Ⅰ})=\mathrm{r}(\text{Ⅱ})=\mathrm{r}(\text{Ⅰ},\text{Ⅱ})=2,$$

即向量组(Ⅰ)与(Ⅱ)等价.

例题 9(2013 年) 设 $\boldsymbol{A},\boldsymbol{B},\boldsymbol{C}$ 均为 n 阶矩阵,$\boldsymbol{AB}=\boldsymbol{C}$,且 $\boldsymbol{B}$ 可逆,则( ).

A. $\boldsymbol{C}$ 的行向量组与 $\boldsymbol{A}$ 的行向量组等价

B. $\boldsymbol{C}$ 的列向量组与 $\boldsymbol{A}$ 的列向量组等价

C. $\boldsymbol{C}$ 的行向量组与 $\boldsymbol{B}$ 的行向量组等价

D. $\boldsymbol{C}$ 的列向量组与 $\boldsymbol{B}$ 的列向量组等价

解 由于 $\boldsymbol{B}$ 可逆,故 $\boldsymbol{AB}$ 相当于对 $\boldsymbol{A}$ 做了一系列初等列变换. 又由于初等变换不改变矩阵的秩,故 $\mathrm{r}(\boldsymbol{A})=\mathrm{r}(\boldsymbol{AB})$.

我们有 $\mathrm{r}(\boldsymbol{A})=\mathrm{r}(\boldsymbol{A},\boldsymbol{A})$. 对此式右边的第二个 $\boldsymbol{A}$ 做一系列初等列变换,自然可得到

$$\mathrm{r}(\boldsymbol{A},\boldsymbol{A})=\mathrm{r}(\boldsymbol{A},\boldsymbol{AB}).$$

综上,有

$$\mathrm{r}(\boldsymbol{A})=\mathrm{r}(\boldsymbol{AB})=\mathrm{r}(\boldsymbol{A},\boldsymbol{AB}).$$

由于这三个秩相等，故 $\boldsymbol{A}$ 的列向量组与 $\boldsymbol{AB}=\boldsymbol{C}$ 的列向量组等价，即选项 B 正确.

类似地思考，可知由已知条件不能推出选项 A,C,D 一定成立.

例题 10(2000 年)　设 n 维列向量组 $\boldsymbol{\alpha}_1,\boldsymbol{\alpha}_2,\cdots\boldsymbol{\alpha}_m(m<n)$ 线性无关，则 n 维列向量组 $\boldsymbol{\beta}_1,\boldsymbol{\beta}_2,\cdots\boldsymbol{\beta}_m$ 也线性无关的充要条件是(　　).

A. $\boldsymbol{\alpha}_1,\boldsymbol{\alpha}_2,\cdots,\boldsymbol{\alpha}_m$ 可由 $\boldsymbol{\beta}_1,\boldsymbol{\beta}_2,\cdots,\boldsymbol{\beta}_m$ 线性表示

B. $\boldsymbol{\beta}_1,\boldsymbol{\beta}_2,\cdots,\boldsymbol{\beta}_m$ 可由 $\boldsymbol{\alpha}_1,\boldsymbol{\alpha}_2,\cdots\boldsymbol{\alpha}_m$ 线性表示

C. $\boldsymbol{\alpha}_1,\boldsymbol{\alpha}_2,\cdots,\boldsymbol{\alpha}_m$ 与 $\boldsymbol{\beta}_1,\boldsymbol{\beta}_2,\cdots,\boldsymbol{\beta}_m$ 等价

D. $\boldsymbol{A}=(\boldsymbol{\alpha}_1,\boldsymbol{\alpha}_2,\cdots\boldsymbol{\alpha}_m)$ 与 $\boldsymbol{B}=(\boldsymbol{\beta}_1,\boldsymbol{\beta}_2,\cdots,\boldsymbol{\beta}_m)$ 等价

解　对于这一题，我们很容易会错选选项 C.

由于

$$\boldsymbol{\beta}_1,\boldsymbol{\beta}_2,\cdots\boldsymbol{\beta}_m \text{ 线性无关} \Longleftrightarrow \mathrm{r}(\boldsymbol{\beta}_1,\boldsymbol{\beta}_2,\cdots\boldsymbol{\beta}_m)=m,$$

而恰好又有

$$\mathrm{r}(\boldsymbol{\alpha}_1,\boldsymbol{\alpha}_2,\cdots\boldsymbol{\alpha}_m)=m,$$

故对于本题而言，有

$$\boldsymbol{\beta}_1,\boldsymbol{\beta}_2,\cdots\boldsymbol{\beta}_m \text{ 线性无关} \Longleftrightarrow \mathrm{r}(\boldsymbol{\alpha}_1,\boldsymbol{\alpha}_2,\cdots\boldsymbol{\alpha}_m)=\mathrm{r}(\boldsymbol{\beta}_1,\boldsymbol{\beta}_2,\cdots\boldsymbol{\beta}_m).$$

所以，只需要在 A,B,C,D 四个选项中，找出那个与 $\mathrm{r}(\boldsymbol{\alpha}_1,\boldsymbol{\alpha}_2,\cdots\boldsymbol{\alpha}_m)=\mathrm{r}(\boldsymbol{\beta}_1,\boldsymbol{\beta}_2,\cdots\boldsymbol{\beta}_m)$ 等价的选项即可.

对于选项 A，$\boldsymbol{\alpha}_1,\boldsymbol{\alpha}_2,\cdots,\boldsymbol{\alpha}_m$ 可由 $\boldsymbol{\beta}_1,\boldsymbol{\beta}_2,\cdots,\boldsymbol{\beta}_m$ 线性表示，等价于

$$\mathrm{r}(\boldsymbol{\beta}_1,\boldsymbol{\beta}_2,\cdots,\boldsymbol{\beta}_m)=\mathrm{r}(\boldsymbol{\beta}_1,\boldsymbol{\beta}_2,\cdots,\boldsymbol{\beta}_m,\boldsymbol{\alpha}_1,\boldsymbol{\alpha}_2,\cdots,\boldsymbol{\alpha}_m),$$

故排除选项 A；

对于选项 B，$\boldsymbol{\beta}_1,\boldsymbol{\beta}_2,\cdots,\boldsymbol{\beta}_m$ 可由 $\boldsymbol{\alpha}_1,\boldsymbol{\alpha}_2,\cdots,\boldsymbol{\alpha}_m$ 线性表示，等价于

$$\mathrm{r}(\boldsymbol{\alpha}_1,\boldsymbol{\alpha}_2,\cdots,\boldsymbol{\alpha}_m)=\mathrm{r}(\boldsymbol{\alpha}_1,\boldsymbol{\alpha}_2,\cdots,\boldsymbol{\alpha}_m,\boldsymbol{\beta}_1,\boldsymbol{\beta}_2,\cdots,\boldsymbol{\beta}_m),$$

故排除选项 B；

对于选项 C，$\boldsymbol{\beta}_1,\boldsymbol{\beta}_2,\cdots,\boldsymbol{\beta}_m$ 与 $\boldsymbol{\alpha}_1,\boldsymbol{\alpha}_2,\cdots,\boldsymbol{\alpha}_m$ 等价，等价于

$$\mathrm{r}(\boldsymbol{\alpha}_1,\boldsymbol{\alpha}_2,\cdots,\boldsymbol{\alpha}_m)=\mathrm{r}(\boldsymbol{\beta}_1,\boldsymbol{\beta}_2,\cdots,\boldsymbol{\beta}_m)=\mathrm{r}(\boldsymbol{\alpha}_1,\boldsymbol{\alpha}_2,\cdots,\boldsymbol{\alpha}_m,\boldsymbol{\beta}_1,\boldsymbol{\beta}_2,\cdots,\boldsymbol{\beta}_m),$$

故排除选项 C；

对于选项 D，$\boldsymbol{A}=(\boldsymbol{\alpha}_1,\boldsymbol{\alpha}_2,\cdots\boldsymbol{\alpha}_m)$ 与 $\boldsymbol{B}=(\boldsymbol{\beta}_1,\boldsymbol{\beta}_2,\cdots,\boldsymbol{\beta}_m)$ 等价，等价于

$$\mathrm{r}(\boldsymbol{A})=\mathrm{r}(\boldsymbol{B}),$$

故选项 D 正确.

注　本题也可以采用特殊值法对错误选项进行排除. 比如，取

$$\boldsymbol{\alpha}_1=\begin{pmatrix}1\\0\\0\\0\end{pmatrix},\quad \boldsymbol{\alpha}_2=\begin{pmatrix}0\\1\\0\\0\end{pmatrix},\quad \boldsymbol{\beta}_1=\begin{pmatrix}0\\0\\1\\0\end{pmatrix},\quad \boldsymbol{\beta}_2=\begin{pmatrix}0\\0\\0\\1\end{pmatrix},$$

显然$\boldsymbol{\alpha}_1,\boldsymbol{\alpha}_2,\boldsymbol{\beta}_1,\boldsymbol{\beta}_2$线性无关，即$\boldsymbol{\alpha}_1,\boldsymbol{\alpha}_2$和$\boldsymbol{\beta}_1,\boldsymbol{\beta}_2$“谁也不能线性表示谁”，同时排除选项A,B,C,故选项D正确.

三、配套作业

1. 请熟记这一讲中的所有结论.

2. 设向量组

$$(\text{I})\ \boldsymbol{\alpha}_1=(1,2,-1)^{\mathrm{T}},\boldsymbol{\alpha}_2=(1,3,-1)^{\mathrm{T}},\boldsymbol{\alpha}_3=(-1,0,a-2)^{\mathrm{T}};$$

$$(\text{II})\ \boldsymbol{\beta}_1=(-1,-2,3)^{\mathrm{T}},\boldsymbol{\beta}_2=(-2,-4,5)^{\mathrm{T}},\boldsymbol{\beta}_3=(1,b,-1)^{\mathrm{T}}.$$

记矩阵

$$\boldsymbol{A}=(\boldsymbol{\alpha}_1,\boldsymbol{\alpha}_2,\boldsymbol{\alpha}_3),\quad \boldsymbol{B}=(\boldsymbol{\beta}_1,\boldsymbol{\beta}_2,\boldsymbol{\beta}_3).$$

(1) 问：a,b为何值时，矩阵$\boldsymbol{A}$与$\boldsymbol{B}$等价？a,b为何值时，矩阵$\boldsymbol{A}$与$\boldsymbol{B}$不等价？

(2) 问：a,b为何值时，向量组(Ⅰ)与(Ⅱ)等价？a,b为何值时，向量组(Ⅰ)与(Ⅱ)不等价？

第 7 讲 特征值与特征向量

特征值与特征向量在线性代数中起到了承上启下的作用，计算特征值与特征向量时，要用到行列式与线性方程组的知识，而特征值与特征向量本身又为后面的相似对角化与二次型提供了理论支撑.所以，这一讲内容的重要性是不言而喻的.

一、重要结论归纳总结

下面的重要结论,必须牢记.

(1) 设 $\lambda_1,\lambda_2,\cdots,\lambda_n$ 为 n 阶矩阵 $\boldsymbol{A}$ 的特征值,则

$$\lambda_1+\lambda_2+\cdots+\lambda_n=\mathrm{tr}(\boldsymbol{A}),\quad \lambda_1\lambda_2\cdots\lambda_n=|\boldsymbol{A}|.$$

(2) 属于不同特征值的特征向量一定线性无关.

(3) 若 λ 是矩阵 $\boldsymbol{A}$ 的 k 重特征值,则属于 λ 的线性无关特征向量最多有 k 个(代数重数 $\geqslant$ 几何重数).

(4) 属于同一个特征值的特征向量,其非零线性组合仍然是属于该特征值的特征向量.

(5) 若 $\boldsymbol{\xi}_1$ 和 $\boldsymbol{\xi}_2$ 分别是矩阵 $\boldsymbol{A}$ 的属于特征值 λ_1 和 λ_2 的特征向量,且 $\lambda_1\neq\lambda_2$,则对于任意常数 $k_1,k_2\neq0$,$k_1\boldsymbol{\xi}_1+k_2\boldsymbol{\xi}_2$ 一定不是 $\boldsymbol{A}$ 的特征向量.

(6) 对于 $n(n\geqslant2)$ 阶矩阵 $\boldsymbol{A}$,若 $\mathrm{r}(\boldsymbol{A})=1$,则 $\boldsymbol{A}$ 的特征值必为

$$\lambda_1=\lambda_2=\cdots=\lambda_{n-1}=0,\quad \lambda_n=\mathrm{tr}(\boldsymbol{A}).$$

注　由该结论可以推出另一个结论:特征值全为零的矩阵不一定是零矩阵.

(7) 设 $f(x)$ 为多项式,且 $f(\boldsymbol{A})=\boldsymbol{O}$,则对于矩阵 $\boldsymbol{A}$ 的任意特征值 λ,均有 $f(\lambda)=0$.

注　一些人会对该结论有所"误解".要注意,这里的 $f(\lambda)=0$,并不是指"存在满足 $f(x)=0$ 的特征值 λ",而是指"对于矩阵 $\boldsymbol{A}$ 的一切特征值 λ,均满足 $f(\lambda)=0$".所以,我们可以利用 $f(x)=0$ 解出 $\boldsymbol{A}$ 的特征值的所有可能取值.比如,若矩阵 $\boldsymbol{A}$ 满足 $\boldsymbol{A}^2=\boldsymbol{A}$,则 $\boldsymbol{A}$ 的特征值只能在 0 和 1 中取值.当然,这并不代表一定会取到 0,也不代表一定会取到 1,因为特征值可能全是 1,也可能全是 0.同理,我们也无法通过这个方法判断出每一个特征值的重数[因为由 $f(\boldsymbol{A})$ 得到的 $f(\lambda)$ 并不是特征多项式,特征多项式应该是 $|\lambda\boldsymbol{E}-\boldsymbol{A}|$].因此,如果想判断出特征值的重数,还需要题目中的其他条件,具体问题具体分析.

(8) 实对称矩阵的特征值一定是实数(实反对称矩阵的特征值一定是零或纯虚数).

(9) (凯莱-哈密顿定理)设矩阵 $\boldsymbol{A}$ 的特征多项式是 $f(\lambda)=|\lambda\boldsymbol{E}-\boldsymbol{A}|$,则必有

$$f(\boldsymbol{A})=\boldsymbol{O}.$$

(10) 如果已知矩阵 $\boldsymbol{A}$ 的特征值与特征向量,则可以求出一些与 $\boldsymbol{A}$ 相关的矩阵的特征值与特征向量,如下表所示:

矩阵	$\boldsymbol{A}$	$a\boldsymbol{A}+b\boldsymbol{E}$	$\boldsymbol{A}^k$	$f(\boldsymbol{A})$	$\boldsymbol{A}^{-1}$	$\boldsymbol{A}^*$	$\boldsymbol{P}^{-1}\boldsymbol{A}\boldsymbol{P}$
特征值	λ	$a\lambda+b$	λ^k	$f(\lambda)$	$\dfrac{1}{\lambda}$	$\dfrac{\|\boldsymbol{A}\|}{\lambda}$	λ
特征向量	$\boldsymbol{\xi}$	$\boldsymbol{\xi}$	$\boldsymbol{\xi}$	$\boldsymbol{\xi}$	$\boldsymbol{\xi}$	$\boldsymbol{\xi}$	$\boldsymbol{P}^{-1}\boldsymbol{\xi}$

注1　上表中 a,b 为常数且 $a\neq0$,$\boldsymbol{P}$ 是与 $\boldsymbol{A}$ 同阶的可逆矩阵.

注2　上表中计算 $\boldsymbol{A}^{-1}$,$\boldsymbol{A}^*$ 的特征值的方法是针对 $\boldsymbol{A}$ 的非零特征值 λ 而言的(因为 0 不

能做分母). 但如果我们打破常规认知,假设 0 可以做分母,并且分子和分母的 0 可以约分,那么我们将得到一个适用范围更广的 $\boldsymbol{A}^*$ 的特征值公式:假设 n 阶矩阵 $\boldsymbol{A}$ 的特征值为 $\lambda_1,\lambda_2,\cdots,\lambda_n$,则 $\boldsymbol{A}^*$ 的特征值为 $\prod\limits_{i\neq 1}\lambda_i,\prod\limits_{i\neq 2}\lambda_i,\cdots,\prod\limits_{i\neq n}\lambda_i$. 以 3 阶矩阵 $\boldsymbol{A}$ 为例. 假设 $\boldsymbol{A}$ 的特征值分别是 $\lambda_1,\lambda_2,\lambda_3$,那么 $\boldsymbol{A}^*$ 对应的特征值就是 $\lambda_2\lambda_3,\lambda_1\lambda_3,\lambda_1\lambda_2$.

注 3 虽然 $\boldsymbol{A}^{\mathrm{T}}$ 和 $\boldsymbol{A}$ 的特征值完全相同[这是因为 $|\boldsymbol{A}^{\mathrm{T}}-\lambda\boldsymbol{E}|=|(\boldsymbol{A}-\lambda\boldsymbol{E})^{\mathrm{T}}|=|\boldsymbol{A}-\lambda\boldsymbol{E}|$],但当 $\boldsymbol{A}^{\mathrm{T}}\neq\boldsymbol{A}$ 时,线性方程组 $(\boldsymbol{A}-\lambda\boldsymbol{E})\boldsymbol{x}=\boldsymbol{0}$ 和 $(\boldsymbol{A}^{\mathrm{T}}-\lambda\boldsymbol{E})\boldsymbol{x}=\boldsymbol{0}$ 的解并没有必然的联系,所以对应的特征向量不一定相同.

二、典型例题分类讲解

考法一 考查特征值与特征向量的定义

例题 1 设 $\boldsymbol{A}$ 为 3 阶矩阵,若非齐次线性方程组 $\boldsymbol{A}\boldsymbol{x}=\boldsymbol{\beta}$ 的通解为 $3\boldsymbol{\beta}+k_1\boldsymbol{\eta}_1+k_2\boldsymbol{\eta}_2$($k_1$, k_2 为任意常数),求 $\boldsymbol{A}$ 的特征值与特征向量.

解 由于 $\boldsymbol{A}\cdot(3\boldsymbol{\beta})=\boldsymbol{\beta}$,故

$$\boldsymbol{A}\boldsymbol{\beta}=\frac{1}{3}\boldsymbol{\beta},$$

从而 $\frac{1}{3}$ 是 $\boldsymbol{A}$ 的特征值,且其对应的特征向量为 $\boldsymbol{\beta}$.

由题设可知,向量组 $\boldsymbol{\eta}_1,\boldsymbol{\eta}_2$ 线性无关. 由于

$$\boldsymbol{A}\boldsymbol{\eta}_1=\boldsymbol{A}\boldsymbol{\eta}_2=\boldsymbol{0},$$

故 0 至少是 $\boldsymbol{A}$ 的二重特征值,且对应于线性无关的特征向量 $\boldsymbol{\eta}_1,\boldsymbol{\eta}_2$.

综上,$\boldsymbol{A}$ 的所有特征值为 $\frac{1}{3}$,0,0,且分别对应于特征向量 $\boldsymbol{\beta},\boldsymbol{\eta}_1,\boldsymbol{\eta}_2$.

例题 2 设矩阵

$$\boldsymbol{A}=\begin{pmatrix}1 & 1 & 1\\ a_{21} & a_{22} & a_{23}\\ a_{31} & a_{32} & a_{33}\end{pmatrix},$$

且它有三个特征向量

$$\boldsymbol{\alpha}_1=(1,1,1)^{\mathrm{T}},\quad \boldsymbol{\alpha}_2=(1,1,0)^{\mathrm{T}},\quad \boldsymbol{\alpha}_3=(1,0,0)^{\mathrm{T}},$$

求 $\boldsymbol{A}$.

解 直接利用特征值与特征向量的定义求解即可.

假设 $\boldsymbol{\alpha}_1,\boldsymbol{\alpha}_2,\boldsymbol{\alpha}_3$ 分别是属于特征值 $\lambda_1,\lambda_2,\lambda_3$ 的特征向量,则由定义可知

$$\boldsymbol{A}\boldsymbol{\alpha}_1=\lambda_1\boldsymbol{\alpha}_1,\quad \boldsymbol{A}\boldsymbol{\alpha}_2=\lambda_2\boldsymbol{\alpha}_2,\quad \boldsymbol{A}\boldsymbol{\alpha}_3=\lambda_3\boldsymbol{\alpha}_3.$$

然后,利用矩阵乘法即可求出 $\boldsymbol{A}$.

注意到 $\boldsymbol{\alpha}_3=(1,0,0)^{\mathrm{T}}$ 中的零元素最多，所以从上面第三个等式开始求比较方便.

(1) 由 $\boldsymbol{A}\boldsymbol{\alpha}_3=\lambda_3\boldsymbol{\alpha}_3$，即

$$\begin{pmatrix}1&1&1\\a_{21}&a_{22}&a_{23}\\a_{31}&a_{32}&a_{33}\end{pmatrix}\begin{pmatrix}1\\0\\0\end{pmatrix}=\begin{pmatrix}\lambda_3\\0\\0\end{pmatrix},$$

得

$$\lambda_3=1,\quad a_{21}=0,\quad a_{31}=0,$$

代入可知

$$\boldsymbol{A}=\begin{pmatrix}1&1&1\\0&a_{22}&a_{23}\\0&a_{32}&a_{33}\end{pmatrix}.$$

(2) 由 $\boldsymbol{A}\boldsymbol{\alpha}_2=\lambda_2\boldsymbol{\alpha}_2$，即

$$\begin{pmatrix}1&1&1\\0&a_{22}&a_{23}\\0&a_{32}&a_{33}\end{pmatrix}\begin{pmatrix}1\\1\\0\end{pmatrix}=\begin{pmatrix}\lambda_2\\\lambda_2\\0\end{pmatrix},$$

得

$$\lambda_2=2,\quad a_{22}=2,\quad a_{32}=0,$$

代入可知

$$\boldsymbol{A}=\begin{pmatrix}1&1&1\\0&2&a_{23}\\0&0&a_{33}\end{pmatrix}.$$

(3) 由 $\boldsymbol{A}\boldsymbol{\alpha}_1=\lambda_1\boldsymbol{\alpha}_1$，即

$$\begin{pmatrix}1&1&1\\0&2&a_{23}\\0&0&a_{33}\end{pmatrix}\begin{pmatrix}1\\1\\1\end{pmatrix}=\begin{pmatrix}\lambda_1\\\lambda_1\\\lambda_1\end{pmatrix},$$

得

$$\lambda_1=3,\quad a_{23}=1,\quad a_{33}=3,$$

代入可知

$$\boldsymbol{A}=\begin{pmatrix}1&1&1\\0&2&1\\0&0&3\end{pmatrix}.$$

例题 3 设 $\boldsymbol{A}$ 为3阶矩阵,且

$$|3\boldsymbol{A}+2\boldsymbol{E}|=|\boldsymbol{A}-\boldsymbol{E}|=|3\boldsymbol{E}-2\boldsymbol{A}|=0,$$

则 $|\boldsymbol{A}^*-\boldsymbol{E}|=($ $)$.

A. $\frac{5}{3}$ B. $\frac{2}{3}$ C. $-\frac{2}{3}$ D. $-\frac{5}{3}$

解 由于 $|3\boldsymbol{A}+2\boldsymbol{E}|=0$,故 $\left|\boldsymbol{A}+\frac{2}{3}\boldsymbol{E}\right|=0$,从而 $\boldsymbol{A}$ 有特征值 $-\frac{2}{3}$;

由于 $|\boldsymbol{A}-\boldsymbol{E}|=0$,故 $\boldsymbol{A}$ 有特征值1;

由于 $|3\boldsymbol{E}-2\boldsymbol{A}|=0$,故 $\left|\boldsymbol{A}-\frac{3}{2}\boldsymbol{E}\right|=0$,从而 $\boldsymbol{A}$ 有特征值 $\frac{3}{2}$.

综上,$\boldsymbol{A}$ 的全部特征值为 $-\frac{2}{3},1,\frac{3}{2}$,故 $\boldsymbol{A}^*$ 的全部特征值为 $\frac{3}{2},-1,-\frac{2}{3}$,从而 $\boldsymbol{A}^*-\boldsymbol{E}$ 的全部特征值为 $\frac{1}{2},-2,-\frac{5}{3}$. 所以

$$|\boldsymbol{A}^*-\boldsymbol{E}|=\frac{1}{2}\times(-2)\times\left(-\frac{5}{3}\right)=\frac{5}{3}.$$

故选项A正确.

例题 4 设 $\boldsymbol{A}$ 为3阶矩阵,向量组 $\boldsymbol{\alpha},\boldsymbol{A\alpha},\boldsymbol{A}^2\boldsymbol{\alpha}$ 线性无关,且 $\boldsymbol{A}^3\boldsymbol{\alpha}=3\boldsymbol{A\alpha}-2\boldsymbol{A}^2\boldsymbol{\alpha}$,证明:

$$|\boldsymbol{A}|=|\boldsymbol{A}+3\boldsymbol{E}|=|\boldsymbol{A}-\boldsymbol{E}|=0,\quad |\boldsymbol{A}+\boldsymbol{E}|=-4.$$

证 本题可以使用第1讲中的方法:逆用矩阵乘法,建立相似关系(请同学们采用这种方法自行完成,一定要做). 这里我们换一种方法来求解:直接对题目中的条件进行恒等变形,凑出特征值与特征向量的定义式.

对已知的等式进行变形,得

$$\boldsymbol{A}(\boldsymbol{A}+3\boldsymbol{E})(\boldsymbol{A}-\boldsymbol{E})\boldsymbol{\alpha}=\boldsymbol{0},$$

即

$$\boldsymbol{A}\cdot(\boldsymbol{A}+3\boldsymbol{E})(\boldsymbol{A}-\boldsymbol{E})\boldsymbol{\alpha}=0\cdot(\boldsymbol{A}+3\boldsymbol{E})(\boldsymbol{A}-\boldsymbol{E})\boldsymbol{\alpha}.$$

这很像特征值和特征向量的定义,但需要证明

$$(\boldsymbol{A}+3\boldsymbol{E})(\boldsymbol{A}-\boldsymbol{E})\boldsymbol{\alpha}\neq\boldsymbol{0}.$$

对此,我们可以采用反证法.

假设 $(\boldsymbol{A}+3\boldsymbol{E})(\boldsymbol{A}-\boldsymbol{E})\boldsymbol{\alpha}=\boldsymbol{0}$,则

$$\boldsymbol{A}^2\boldsymbol{\alpha}+2\boldsymbol{A\alpha}-3\boldsymbol{\alpha}=\boldsymbol{0},$$

与 $\boldsymbol{\alpha},\boldsymbol{A\alpha},\boldsymbol{A}^2\boldsymbol{\alpha}$ 线性无关矛盾. 故

$$(\boldsymbol{A}+3\boldsymbol{E})(\boldsymbol{A}-\boldsymbol{E})\boldsymbol{\alpha}\neq\boldsymbol{0}.$$

所以,由特征值和特征向量的定义可知,0是 $\boldsymbol{A}$ 的特征值,从而 $|\boldsymbol{A}|=0$.

同理,由于

$$(\boldsymbol{A}+3\boldsymbol{E})\boldsymbol{A}(\boldsymbol{A}-\boldsymbol{E})\boldsymbol{\alpha}=\boldsymbol{0},$$

即

$$(\boldsymbol{A}+3\boldsymbol{E})\cdot\boldsymbol{A}(\boldsymbol{A}-\boldsymbol{E})\boldsymbol{\alpha}=0\cdot\boldsymbol{A}(\boldsymbol{A}-\boldsymbol{E})\boldsymbol{\alpha},\quad 且\quad \boldsymbol{A}(\boldsymbol{A}-\boldsymbol{E})\boldsymbol{\alpha}\neq\boldsymbol{0},$$

故 0 也是 $\boldsymbol{A}+3\boldsymbol{E}$ 的特征值,从而 $|\boldsymbol{A}+3\boldsymbol{E}|=0$.

同上,由 $(\boldsymbol{A}-\boldsymbol{E})\cdot(\boldsymbol{A}+3\boldsymbol{E})\boldsymbol{A\alpha}=\boldsymbol{0}$ 得到

$$(\boldsymbol{A}-\boldsymbol{E})\cdot(\boldsymbol{A}+3\boldsymbol{E})\boldsymbol{A\alpha}=0\cdot(\boldsymbol{A}+3\boldsymbol{E})\boldsymbol{A\alpha},\quad 且\quad (\boldsymbol{A}+3\boldsymbol{E})\boldsymbol{A\alpha}\neq\boldsymbol{0},$$

故 0 也是 $\boldsymbol{A}-\boldsymbol{E}$ 的特征值,从而 $|\boldsymbol{A}-\boldsymbol{E}|=0$.

由上面的分析可知,$\boldsymbol{A}$ 的三个特征值恰为 $0,-3,1$,故 $\boldsymbol{A}+\boldsymbol{E}$ 的特征值为 $1,-2,2$,从而

$$|\boldsymbol{A}+\boldsymbol{E}|=1\times(-2)\times2=-4.$$

例题 5 设 $\boldsymbol{A}$ 是 n 阶实对称矩阵,$\boldsymbol{B}$ 是 n 阶可逆矩阵,n 维列向量 $\boldsymbol{\alpha}$ 是 $\boldsymbol{A}$ 的属于特征值 λ 的特征向量,则矩阵 $(\boldsymbol{B}^{-1}\boldsymbol{AB})^{\mathrm{T}}$ 对应于特征值 λ 的特征向量是(　　).

A. $\boldsymbol{B}^{-1}\boldsymbol{\alpha}$　　B. $\boldsymbol{B}^{\mathrm{T}}\boldsymbol{\alpha}$　　C. $\boldsymbol{B\alpha}$　　D. $(\boldsymbol{B}^{-1})^{\mathrm{T}}\boldsymbol{\alpha}$

解 由题意知 $\boldsymbol{A\alpha}=\lambda\boldsymbol{\alpha}$. 再根据选项的特点,不妨假设矩阵 $(\boldsymbol{B}^{-1}\boldsymbol{AB})^{\mathrm{T}}$ 的属于特征值 λ 的特征向量为 $\boldsymbol{P\alpha}$,故

$$(\boldsymbol{B}^{-1}\boldsymbol{AB})^{\mathrm{T}}\boldsymbol{P\alpha}=\lambda\boldsymbol{P\alpha}.\tag{7.1}$$

现在只要找到一个恰当的 $\boldsymbol{P}$,使得上式确实成立即可.

由于 $\boldsymbol{A}$ 为实对称矩阵,故

$$(\boldsymbol{B}^{-1}\boldsymbol{AB})^{\mathrm{T}}\boldsymbol{P\alpha}=\boldsymbol{B}^{\mathrm{T}}\boldsymbol{A}^{\mathrm{T}}(\boldsymbol{B}^{-1})^{\mathrm{T}}\boldsymbol{P\alpha}=\boldsymbol{B}^{\mathrm{T}}\boldsymbol{A}(\boldsymbol{B}^{-1})^{\mathrm{T}}\boldsymbol{P\alpha}.$$

为了能够利用条件 $\boldsymbol{A\alpha}=\lambda\boldsymbol{\alpha}$,我们自然希望 $(\boldsymbol{B}^{-1})^{\mathrm{T}}\boldsymbol{P}=\boldsymbol{E}$,即 $\boldsymbol{P}=\boldsymbol{B}^{\mathrm{T}}$. 此时,对于(7.1)式,有

$$左端=\boldsymbol{B}^{\mathrm{T}}\boldsymbol{A\alpha}=\lambda\boldsymbol{B}^{\mathrm{T}}\boldsymbol{\alpha}.$$

再将 $\boldsymbol{P}=\boldsymbol{B}^{\mathrm{T}}$ 代入(7.1)式右端,有

$$右端=\lambda\boldsymbol{P\alpha}=\lambda\boldsymbol{B}^{\mathrm{T}}\boldsymbol{\alpha}.$$

这说明,只要 $\boldsymbol{P}=\boldsymbol{B}^{\mathrm{T}}$,即可使(7.1)式成立. 所以,$\boldsymbol{B}^{\mathrm{T}}\boldsymbol{\alpha}$ 即为 $(\boldsymbol{B}^{-1}\boldsymbol{AB})^{\mathrm{T}}$ 的属于特征值 λ 的特征向量. 故选项 B 正确.

例题 6 设 $\lambda_1,\lambda_2,\cdots,\lambda_m$ 是 n 阶矩阵 $\boldsymbol{A}$ 的两两互异的特征值,$\boldsymbol{\xi}_1,\boldsymbol{\xi}_2,\cdots,\boldsymbol{\xi}_m$ 分别是属于特征值 $\lambda_1,\lambda_2,\cdots,\lambda_m$ 的特征向量. 令 $\boldsymbol{\eta}=\boldsymbol{\xi}_1+\boldsymbol{\xi}_2+\cdots+\boldsymbol{\xi}_m$,证明:向量组 $\boldsymbol{\eta},\boldsymbol{A\eta},\boldsymbol{A}^2\boldsymbol{\eta},\cdots,\boldsymbol{A}^{m-1}\boldsymbol{\eta}$ 线性无关.

证 *方法一* 用定义法. 假设

$$k_0\boldsymbol{\eta}+k_1\boldsymbol{A\eta}+k_2\boldsymbol{A}^2\boldsymbol{\eta}+\cdots+k_{m-1}\boldsymbol{A}^{m-1}\boldsymbol{\eta}=\boldsymbol{0},\tag{7.2}$$

其中 $k_0,k_1,\cdots,k_{m-1}$ 是常数. 由于

$$\begin{cases}\boldsymbol{\eta}=\boldsymbol{\xi}_1+\boldsymbol{\xi}_2+\cdots+\boldsymbol{\xi}_m,\\ \boldsymbol{A\eta}=\lambda_1\boldsymbol{\xi}_1+\lambda_2\boldsymbol{\xi}_2+\cdots+\lambda_m\boldsymbol{\xi}_m,\\ \boldsymbol{A}^2\boldsymbol{\eta}=\lambda_1^2\boldsymbol{\xi}_1+\lambda_2^2\boldsymbol{\xi}_2+\cdots+\lambda_m^2\boldsymbol{\xi}_m,\\ \cdots\cdots\\ \boldsymbol{A}^{m-1}\boldsymbol{\eta}=\lambda_1^{m-1}\boldsymbol{\xi}_1+\lambda_2^{m-1}\boldsymbol{\xi}_2+\cdots+\lambda_m^{m-1}\boldsymbol{\xi}_m,\end{cases}$$

将其代入假设的(7.2)式中,得到

$$k_0(\boldsymbol{\xi}_1+\boldsymbol{\xi}_2+\cdots+\boldsymbol{\xi}_m)+k_1(\lambda_1\boldsymbol{\xi}_1+\lambda_2\boldsymbol{\xi}_2+\cdots+\lambda_m\boldsymbol{\xi}_m)+\cdots$$
$$+k_{m-1}(\lambda_1^{m-1}\boldsymbol{\xi}_1+\lambda_2^{m-1}\boldsymbol{\xi}_2+\cdots+\lambda_m^{m-1}\boldsymbol{\xi}_m)=\mathbf{0},$$

整理得

$$(k_0+k_1\lambda_1+k_2\lambda_1^2+\cdots+k_{m-1}\lambda_1^{m-1})\boldsymbol{\xi}_1+\cdots$$
$$+(k_0+k_1\lambda_m+k_2\lambda_m^2+\cdots+k_{m-1}\lambda_m^{m-1})\boldsymbol{\xi}_m=\mathbf{0}.$$

由于 $\boldsymbol{\xi}_1,\boldsymbol{\xi}_2,\cdots,\boldsymbol{\xi}_m$ 是属于不同特征值的特征向量,故它们线性无关.所以,要上式成立,需要满足的条件是

$$\begin{cases}k_0+k_1\lambda_1+k_2\lambda_1^2+\cdots+k_{m-1}\lambda_1^{m-1}=0,\\ k_0+k_1\lambda_2+k_2\lambda_2^2+\cdots+k_{m-1}\lambda_2^{m-1}=0,\\ \cdots\cdots\\ k_0+k_1\lambda_m+k_2\lambda_m^2+\cdots+k_{m-1}\lambda_m^{m-1}=0.\end{cases} \tag{7.3}$$

这可看作以 $k_0,k_1,\cdots,k_{m-1}$ 为变量的线性方程组.该方程组的系数矩阵为

$$\boldsymbol{D}=\begin{pmatrix}1 & \lambda_1 & \cdots & \lambda_1^{m-1}\\ 1 & \lambda_2 & \cdots & \lambda_2^{m-1}\\ \vdots & \vdots & & \vdots\\ 1 & \lambda_m & \cdots & \lambda_m^{m-1}\end{pmatrix},$$

系数行列式为

$$|\boldsymbol{D}|=\begin{vmatrix}1 & \lambda_1 & \cdots & \lambda_1^{m-1}\\ 1 & \lambda_2 & \cdots & \lambda_2^{m-1}\\ \vdots & \vdots & & \vdots\\ 1 & \lambda_m & \cdots & \lambda_m^{m-1}\end{vmatrix}.$$

$|\boldsymbol{D}|$是一个 m 阶范德蒙德行列式.

因 $\lambda_1,\lambda_2,\cdots,\lambda_m$ 互不相同,故

$$|\boldsymbol{D}|=\begin{vmatrix}1 & \lambda_1 & \cdots & \lambda_1^{m-1}\\ 1 & \lambda_2 & \cdots & \lambda_2^{m-1}\\ \vdots & \vdots & & \vdots\\ 1 & \lambda_m & \cdots & \lambda_m^{m-1}\end{vmatrix}=\prod_{1\leqslant i<j\leqslant m}(\lambda_j-\lambda_i)\neq 0,$$

从而方程组(7.3)只有零解,故

$$k_0=k_1=\cdots=k_{m-1}=0.$$

所以,$\boldsymbol{\eta},\boldsymbol{A\eta},\boldsymbol{A}^2\boldsymbol{\eta},\cdots,\boldsymbol{A}^{m-1}\boldsymbol{\eta}$ 线性无关.

方法二 逆用矩阵乘法,快速得出结论.

由

$$\begin{cases}\boldsymbol{\eta}=\boldsymbol{\xi}_1+\boldsymbol{\xi}_2+\cdots+\boldsymbol{\xi}_m,\\ \boldsymbol{A}\boldsymbol{\eta}=\lambda_1\boldsymbol{\xi}_1+\lambda_2\boldsymbol{\xi}_2+\cdots+\lambda_m\boldsymbol{\xi}_m,\\ \boldsymbol{A}^2\boldsymbol{\eta}=\lambda_1^2\boldsymbol{\xi}_1+\lambda_2^2\boldsymbol{\xi}_2+\cdots+\lambda_m^2\boldsymbol{\xi}_m,\\ \cdots\cdots\\ \boldsymbol{A}^{m-1}\boldsymbol{\eta}=\lambda_1^{m-1}\boldsymbol{\xi}_1+\lambda_2^{m-1}\boldsymbol{\xi}_2+\cdots+\lambda_m^{m-1}\boldsymbol{\xi}_m,\end{cases}$$

得

$$(\boldsymbol{\eta},\boldsymbol{A}\boldsymbol{\eta},\cdots,\boldsymbol{A}^{m-1}\boldsymbol{\eta})=(\boldsymbol{\xi}_1,\boldsymbol{\xi}_2,\cdots,\boldsymbol{\xi}_m)\begin{pmatrix}1 & \lambda_1 & \cdots & \lambda_1^{m-1},\\ 1 & \lambda_2 & \cdots & \lambda_2^{m-1}\\ \vdots & \vdots & & \vdots\\ 1 & \lambda_m & \cdots & \lambda_m^{m-1}\end{pmatrix}.$$

由于$(\boldsymbol{\xi}_1,\boldsymbol{\xi}_2,\cdots,\boldsymbol{\xi}_m)$为列满秩矩阵,而

$$\begin{pmatrix}1 & \lambda_1 & \cdots & \lambda_1^{m-1}\\ 1 & \lambda_2 & \cdots & \lambda_2^{m-1}\\ \vdots & \vdots & & \vdots\\ 1 & \lambda_m & \cdots & \lambda_m^{m-1}\end{pmatrix}$$

是 m 阶可逆矩阵,故

$$\mathrm{r}(\boldsymbol{\eta},\boldsymbol{A}\boldsymbol{\eta},\cdots,\boldsymbol{A}^{m-1}\boldsymbol{\eta})=m.$$

所以,$\boldsymbol{\eta},\boldsymbol{A}\boldsymbol{\eta},\boldsymbol{A}^2\boldsymbol{\eta},\cdots,\boldsymbol{A}^{m-1}\boldsymbol{\eta}$ 线性无关.

考法二　考查特征值与特征向量相关的重要性质和结论

例题 7　设 $\boldsymbol{A}$ 为 n 阶矩阵,$\boldsymbol{A}$ 的每一行元素之和均为 2,且满足 $\boldsymbol{A}^2+k\boldsymbol{A}+6\boldsymbol{E}=\boldsymbol{O}$,求 k 的值.

解　由于 $\boldsymbol{A}$ 的每一行元素之和均为 2,故 $\boldsymbol{A}$ 有特征值 2,且

$$\boldsymbol{\alpha}=(1,1,\cdots,1)^{\mathrm{T}}$$

是属于特征值 2 的一个特征向量.

由于

$$\boldsymbol{A}^2+k\boldsymbol{A}+6\boldsymbol{E}=\boldsymbol{O},$$

故

$$2^2+2k+6=0,\quad 即\quad k=-5.$$

注　本题所考查的结论是:设 $f(x)$为多项式,且 $f(\boldsymbol{A})=\boldsymbol{O}$,则 $f(\lambda)=0$,其中 λ 是矩阵 $\boldsymbol{A}$ 的特征值.

类题　设 $\boldsymbol{A}$ 为 3 阶矩阵,且满足 $\mathrm{tr}(\boldsymbol{A})=-5$,$\boldsymbol{A}^2+2\boldsymbol{A}-3\boldsymbol{E}=\boldsymbol{O}$,则 $\boldsymbol{A}$ 的三个特征值为________.

解　设 λ 是 $\boldsymbol{A}$ 的特征值,则有

$$\lambda^2+2\lambda-3=0,$$

故 λ 只能取 1 或 -3. 又知 $\mathrm{tr}(\boldsymbol{A})=-5$,故 $\boldsymbol{A}$ 的三个特征值为 $-3,-3,1$.

例题 8 设 $\boldsymbol{A}$ 为 3 阶实对称矩阵,且满足 $\boldsymbol{A}^3+2\boldsymbol{A}^2+2\boldsymbol{A}=\boldsymbol{O}$,求 $\boldsymbol{A}$.

解 由于

$$\boldsymbol{A}^3+2\boldsymbol{A}^2+2\boldsymbol{A}=\boldsymbol{O},$$

故对于 $\boldsymbol{A}$ 的任何一个特征值 λ,均有

$$\lambda^3+2\lambda^2+2\lambda=0, \quad 即 \quad \lambda(\lambda^2+2\lambda+2)=0.$$

所以,$\boldsymbol{A}$ 的特征值的可能取值为 $0,-1-\mathrm{i},-1+\mathrm{i}$,其中 i 是虚数单位. 但考虑到 $\boldsymbol{A}$ 为实对称矩阵,其特征值只能为实数,故 $\boldsymbol{A}$ 的特征值为

$$\lambda_1=\lambda_2=\lambda_3=0.$$

由于实对称矩阵一定可以相似对角化,故存在可逆矩阵 $\boldsymbol{P}$,使得

$$\boldsymbol{P}^{-1}\boldsymbol{A}\boldsymbol{P}=\begin{pmatrix}\lambda_1 & & \\ & \lambda_2 & \\ & & \lambda_3\end{pmatrix}=\boldsymbol{O},$$

反解得 $\boldsymbol{A}=\boldsymbol{O}$.

注 本题考查实对称矩阵的两个性质:

(1) 特征值都是实数;

(2) 可以相似对角化.

例题 9 设 $\boldsymbol{A}$ 为 $n(n\geqslant 2)$ 阶矩阵,证明:若 $\mathrm{r}(\boldsymbol{A})=1$,则 $\boldsymbol{A}$ 的特征值为

$$\lambda_1=\lambda_2=\cdots=\lambda_{n-1}=0, \quad \lambda_n=\mathrm{tr}(\boldsymbol{A});$$

并求 λ_n 对应的特征向量.

解 因为 $\mathrm{r}(\boldsymbol{A})=1$,所以一定存在向量 $\boldsymbol{\alpha},\boldsymbol{\beta}$,使得 $\boldsymbol{A}=\boldsymbol{\alpha}\boldsymbol{\beta}^{\mathrm{T}}$. 故

$$\boldsymbol{A}^2=(\boldsymbol{\alpha}\boldsymbol{\beta}^{\mathrm{T}})(\boldsymbol{\alpha}\boldsymbol{\beta}^{\mathrm{T}})=\mathrm{tr}(\boldsymbol{A})\boldsymbol{A}.$$

因此,$\boldsymbol{A}$ 的任何一个特征值 λ 均满足

$$\lambda^2=\mathrm{tr}(\boldsymbol{A})\lambda,$$

从而 $\lambda=0$ 或 $\lambda=\mathrm{tr}(\boldsymbol{A})$. 又由于 $\mathrm{r}(\boldsymbol{A})=1$,故 $|\boldsymbol{A}|=0$,所以 0 一定是 $\boldsymbol{A}$ 的特征值. 接下来分析特征值 0 的重数.

因 $\mathrm{r}(\boldsymbol{A}-0\boldsymbol{E})=1$,故属于特征值 0 的线性无关特征向量有 $n-1$ 个,所以 0 至少是 $n-1$ 重特征值. 又由于

$$\lambda_1+\lambda_2+\cdots+\lambda_n=\mathrm{tr}(\boldsymbol{A}),$$

故一定有

$$\lambda_1=\lambda_2=\cdots=\lambda_{n-1}=0, \quad \lambda_n=\mathrm{tr}(\boldsymbol{A}).$$

在 $\boldsymbol{A}=\boldsymbol{\alpha}\boldsymbol{\beta}^{\mathrm{T}}$ 两边右乘 $\boldsymbol{\alpha}$,得

$$\boldsymbol{A}\boldsymbol{\alpha}=\boldsymbol{\alpha}\boldsymbol{\beta}^{\mathrm{T}}\boldsymbol{\alpha}=\mathrm{tr}(\boldsymbol{A})\boldsymbol{\alpha},$$

故 $\lambda_n=\mathrm{tr}(\boldsymbol{A})$ 对应的特征向量恰好就是 $\boldsymbol{\alpha}$.

注　本题考查秩一矩阵的结论.

类题(1999年,1992年)　设 n 阶矩阵 $\boldsymbol{A}$ 的元素全为1,则 $\boldsymbol{A}$ 的 n 个特征值为________.

解　由上题的结论可知,$\boldsymbol{A}$ 的 n 个特征值为 $0,\cdots,0,n$(共有 $n-1$ 个0).

例题10(2015年)　已知3阶矩阵 $\boldsymbol{A}$ 的特征值为 $\lambda_1=2,\lambda_2=-2,\lambda_3=1$,矩阵 $\boldsymbol{B}=\boldsymbol{A}^2-\boldsymbol{A}+\boldsymbol{E}$,则 $|\boldsymbol{B}|=$________.

解　因 $\boldsymbol{A}$ 的特征值为 $2,-2,1$,故 $\boldsymbol{B}$ 的特征值为 $2^2-2+1,(-2)^2+2+1,1^2-1+1$,即 $3,7,1$,从而 $|\boldsymbol{B}|=3\times7\times1=21$.

注　本题考查"重要结论归纳总结"中的结论(10).一定要搞清楚特征值和特征向量的变化规律,这是全国硕士研究生招生考试中线性代数的常考点.

类题　设 $\boldsymbol{A}$ 为3阶矩阵,且满足 $\boldsymbol{A}^2+\boldsymbol{A}-2\boldsymbol{E}=\boldsymbol{O}$,$|\boldsymbol{A}|=4$,求 $A_{11}+A_{22}+A_{33}$.

解　由于

$$\boldsymbol{A}^2+\boldsymbol{A}-2\boldsymbol{E}=\boldsymbol{O},$$

故 $\boldsymbol{A}$ 的任何一个特征值 λ 均满足

$$\lambda^2+\lambda-2=0,$$

从而 $\boldsymbol{A}$ 的特征值只可能为1或-2.又由于 $|\boldsymbol{A}|=4$,故 $\boldsymbol{A}$ 的特征值一定为 $-2,-2,1$.所以,$\boldsymbol{A}^*$ 的特征值为 $-2,-2,4$,从而

$$A_{11}+A_{22}+A_{33}=\mathrm{tr}(\boldsymbol{A}^*)=-2-2+4=0.$$

例题11　设矩阵 $\boldsymbol{A}=\begin{pmatrix}1&0&a\\b&2&0\\0&c&3\end{pmatrix}$,其中 a,b,c 满足 $abc=-6$,则 $\boldsymbol{A}^*$ 一定有一个非零特征值,为________.

解　我们有

$$|\boldsymbol{A}-\lambda\boldsymbol{E}|=\begin{vmatrix}1-\lambda&0&a\\b&2-\lambda&0\\0&c&3-\lambda\end{vmatrix}=(1-\lambda)(2-\lambda)(3-\lambda)+abc$$
$$=-\lambda(\lambda^2-6\lambda+11).$$

不妨记 $\boldsymbol{A}$ 的三个特征值分别为 $0,\lambda_2,\lambda_3$,故 $\boldsymbol{A}^*$ 的特征值分别为 $\lambda_2\lambda_3,0,0$.由韦达定理可知 $\lambda_2\lambda_3=11$,故 $\boldsymbol{A}^*$ 一定有一个非零特征值,为11.

例题12　设 $\boldsymbol{A}$ 为正定矩阵,$\lambda_1^*=1,\lambda_2^*=\lambda_3^*=4$ 为 $\boldsymbol{A}^*$ 的全部特征值,$\boldsymbol{\alpha}=(1,1,1)^{\mathrm{T}}$ 是 $\boldsymbol{A}^*$ 的属于特征值 $\lambda_1^*=1$ 的一个特征向量,求 $\boldsymbol{A}$ 及其全部特征值与特征向量.

解　由题设知

$$|\boldsymbol{A}^*|=\lambda_1^*\lambda_2^*\lambda_3^*=1\times4\times4=16,$$

而 $|\boldsymbol{A}^*|=|\boldsymbol{A}|^2$,故 $|\boldsymbol{A}|=\pm4$.又由于 $\boldsymbol{A}$ 为正定矩阵,故 $|\boldsymbol{A}|=4$.

假设$\lambda_1,\lambda_2,\lambda_3$是$\boldsymbol{A}$的特征值,则有

$$\lambda_1\lambda_2\lambda_3=|\boldsymbol{A}|=4,$$

且$\boldsymbol{A}^*$的特征值为$\lambda_2\lambda_3,\lambda_1\lambda_3,\lambda_1\lambda_2$,故

$$\begin{cases}\lambda_2\lambda_3=1,\\ \lambda_1\lambda_3=4,\\ \lambda_1\lambda_2=4\end{cases}\Longrightarrow\begin{cases}\lambda_1=4,\\ \lambda_2=1,\\ \lambda_3=1.\end{cases}$$

由特征值与特征向量的对应关系可知,$\boldsymbol{\alpha}=(1,1,1)^{\mathrm{T}}$应该是$\boldsymbol{A}$的属于特征值4的一个特征向量.由于实对称矩阵取自不同特征值的特征向量一定正交,故可取

$$\boldsymbol{\xi}_2=(1,-1,0)^{\mathrm{T}},\quad \boldsymbol{\xi}_3=(1,0,-1)^{\mathrm{T}}$$

作为$\boldsymbol{A}$的属于特征值1的特征向量.于是,$\boldsymbol{A}$的所有特征值与对应的特征向量已全部找到,分别为:特征值$\lambda_1=4$,特征向量$k_1\boldsymbol{\alpha}=k_1(1,1,1)^{\mathrm{T}}$($k_1$为任意非零常数);特征值$\lambda_2=\lambda_3=1$,特征向量$k_2\boldsymbol{\xi}_2+k_3\boldsymbol{\xi}_3=k_2(1,-1,0)^{\mathrm{T}}+k_3(1,0,-1)^{\mathrm{T}}$($k_2,k_3$是不全为零的任意常数).

令

$$\boldsymbol{P}=(\boldsymbol{\alpha},\boldsymbol{\xi}_2,\boldsymbol{\xi}_3)=\begin{pmatrix}1&1&1\\1&-1&0\\1&0&-1\end{pmatrix},$$

则

$$\boldsymbol{P}^{-1}\boldsymbol{A}\boldsymbol{P}=\begin{pmatrix}4&&\\&1&\\&&1\end{pmatrix}\xlongequal{\text{记为}}\boldsymbol{\Lambda},$$

反解得

$$\boldsymbol{A}=\boldsymbol{P}\boldsymbol{\Lambda}\boldsymbol{P}^{-1}=\begin{pmatrix}2&1&1\\1&2&1\\1&1&2\end{pmatrix}.$$

注 众所周知,如果已知$\boldsymbol{A}$的特征值与特征向量,则可求出$\boldsymbol{A}^*$的特征值与特征向量,而本题是反向考查.

例题13 设$\boldsymbol{A}$为3阶实对称矩阵,其各行元素之和为零,全部非零特征值为1,6,则下列说法中正确的有(　　)种.

① $\boldsymbol{A}^*$的全部元素均不为零;

② $(\boldsymbol{A}^*)^*\neq\boldsymbol{O}$;

③ 6是$\boldsymbol{A}^*$的唯一非零特征值;

④ 线性方程组$\boldsymbol{Ax}=\boldsymbol{0}$与$\boldsymbol{A}^*\boldsymbol{x}=\boldsymbol{0}$有非零公共解.

A. 1　　B. 2　　C. 3　　D. 4

解 由于 $\boldsymbol{A}$ 的各行元素之和为零,故

$$\boldsymbol{A}\begin{pmatrix}1\\1\\1\end{pmatrix}=\begin{pmatrix}0\\0\\0\end{pmatrix}=0\begin{pmatrix}1\\1\\1\end{pmatrix},$$

从而 $\lambda_1=0$ 是 $\boldsymbol{A}$ 的特征值,对应的一个特征向量为 $\boldsymbol{\xi}_1=(1,1,1)^{\mathrm{T}}$. 故

$$(\boldsymbol{A}^*)^*=|\boldsymbol{A}|\boldsymbol{A}=\boldsymbol{O},$$

即②错误.

而 $\boldsymbol{A}$ 还有特征值 1,6,故 $\boldsymbol{A}$ 的特征值为

$$\lambda_1=0,\quad \lambda_2=1,\quad \lambda_3=6,$$

从而 $\boldsymbol{A}^*$ 的特征值为

$$\mu_1=6,\quad \mu_2=0,\quad \mu_3=0.$$

故 6 是 $\boldsymbol{A}^*$ 的唯一非零特征值,即③正确.

由特征值与特征向量的对应关系可知,$\boldsymbol{\xi}_1=(1,1,1)^{\mathrm{T}}$ 也是 $\boldsymbol{A}^*$ 的属于特征值 6 的特征向量. 将 $\boldsymbol{\xi}_1$ 单位化,得 $\boldsymbol{e}_1=\dfrac{\boldsymbol{\xi}_1}{\|\boldsymbol{\xi}_1\|}=\dfrac{1}{\sqrt{3}}(1,1,1)^{\mathrm{T}}$. 由于 $\boldsymbol{A}$ 是实对称矩阵,故

$$(\boldsymbol{A}^*)^{\mathrm{T}}=(\boldsymbol{A}^{\mathrm{T}})^*=\boldsymbol{A}^*,$$

即 $\boldsymbol{A}^*$ 也是实对称矩阵. 由谱分解定理可知

$$\boldsymbol{A}^*=\mu_1\boldsymbol{e}_1\boldsymbol{e}_1^{\mathrm{T}}=6\cdot\frac{1}{\sqrt{3}}\begin{pmatrix}1\\1\\1\end{pmatrix}\cdot\frac{1}{\sqrt{3}}(1,1,1)$$

$$=6\cdot\frac{1}{3}\begin{pmatrix}1\\1\\1\end{pmatrix}(1,1,1)=\begin{pmatrix}2&2&2\\2&2&2\\2&2&2\end{pmatrix}.$$

显然,$\boldsymbol{A}^*$ 的元素均不是零,故①正确.

由于 $\boldsymbol{A}$ 为实对称矩阵,故非零特征值的个数等于秩,即 $\mathrm{r}(\boldsymbol{A})=2$,从而 $\boldsymbol{A}\boldsymbol{x}=\boldsymbol{0}$ 的基础解系中仅有一个向量. 又 $\boldsymbol{A}\boldsymbol{\xi}_1=\boldsymbol{0}$,故 $\boldsymbol{\xi}_1=(1,1,1)^{\mathrm{T}}$ 就是 $\boldsymbol{A}\boldsymbol{x}=\boldsymbol{0}$ 的基础解系.

而

$$\boldsymbol{A}^*=\begin{pmatrix}2&2&2\\2&2&2\\2&2&2\end{pmatrix}\longrightarrow\begin{pmatrix}1&1&1\\0&0&0\\0&0&0\end{pmatrix},$$

可取 $\boldsymbol{A}^*\boldsymbol{x}=\boldsymbol{0}$ 的一个基础解系为

$$\boldsymbol{\xi}_2=(1,-1,0)^{\mathrm{T}},\quad \boldsymbol{\xi}_3=(1,0,-1)^{\mathrm{T}}.$$

要 $\boldsymbol{Ax}=\boldsymbol{0}$ 与 $\boldsymbol{A}^*\boldsymbol{x}=\boldsymbol{0}$ 有公共解，只需存在常数 k_1,k_2,k_3，使得

$$k_1\boldsymbol{\xi}_1=k_2\boldsymbol{\xi}_2+k_3\boldsymbol{\xi}_3$$

即可. 但经验证，$\boldsymbol{\xi}_1,\boldsymbol{\xi}_2,\boldsymbol{\xi}_3$ 线性无关，故上式成立的唯一情况为

$$k_1=k_2=k_3=0.$$

这说明，$\boldsymbol{Ax}=\boldsymbol{0}$ 与 $\boldsymbol{A}^*\boldsymbol{x}=\boldsymbol{0}$ 没有非零公共解，故④错误.

综上，①，③正确，②，④错误，故选项 B 正确.

注 1 本题还可以通过下面的方法得到 $\boldsymbol{A}^*$ 的表达式：由于 $|\boldsymbol{A}|=0$，故 $\boldsymbol{AA}^*=\boldsymbol{O}$. 这说明，$\boldsymbol{A}^*$ 的每一列都是 $\boldsymbol{Ax}=\boldsymbol{0}$ 的解. 而又由于 $\boldsymbol{\xi}_1=(1,1,1)^{\mathrm{T}}$ 是 $\boldsymbol{Ax}=\boldsymbol{0}$ 的基础解系，故 $\boldsymbol{A}^*$ 的每一列都与 $\boldsymbol{\xi}_1$ 成比例. 不妨假设

$$\boldsymbol{A}^*=\begin{pmatrix} a & b & c \\ a & b & c \\ a & b & c \end{pmatrix}.$$

根据 $\boldsymbol{A}^*$ 为实对称矩阵，其对称位置的元素必须相等，故 $a=b$ 且 $a=c$，从而

$$\boldsymbol{A}^*=\begin{pmatrix} a & a & a \\ a & a & a \\ a & a & a \end{pmatrix}.$$

又 $\boldsymbol{A}^*$ 的特征值为 6，0，0，故

$$\mathrm{tr}(\boldsymbol{A}^*)=6+0+0=6, \quad 即 \quad a+a+a=6,$$

也即 $a=2$，从而

$$\boldsymbol{A}^*=\begin{pmatrix} 2 & 2 & 2 \\ 2 & 2 & 2 \\ 2 & 2 & 2 \end{pmatrix}.$$

注 2 从注 1 中可以看出：对于 n 阶实对称矩阵 $\boldsymbol{A}$，除了要知道“特征值都是实数”“一定可以相似对角化”等性质以外，还应该熟悉它最基本的性质，即“满足 $\boldsymbol{A}^{\mathrm{T}}=\boldsymbol{A}$ 或 $a_{ij}=a_{ji}$ $(i,j=1,2,\cdots,n)$”(实对称矩阵的定义). 正是这个性质，使得有关实对称矩阵的问题很多时候可以直接用“待定系数法”进行求解，毕竟根据 $a_{ij}=a_{ji}(i,j=1,2,\cdots,n)$ 可以让未知参数大大减少.

类题 设 $\boldsymbol{A}$ 为 3 阶实对称矩阵，$\boldsymbol{\alpha}$ 为 3 维列向量，且

$$\mathrm{r}(\boldsymbol{A})=\mathrm{r}(\boldsymbol{A},\boldsymbol{\alpha})=1, \quad |\boldsymbol{A}-\boldsymbol{E}|=3. \quad \boldsymbol{\alpha}=(-1,1,0)^{\mathrm{T}},$$

求 $\boldsymbol{\alpha}^{\mathrm{T}}\boldsymbol{A}\boldsymbol{\alpha}$.

解 由于 $\mathrm{r}(\boldsymbol{A})=\mathrm{r}(\boldsymbol{A},\boldsymbol{\alpha})=1$，故 $\boldsymbol{A}$ 的每一列都与 $\boldsymbol{\alpha}$ 成比例. 而 $\boldsymbol{\alpha}=(-1,1,0)^{\mathrm{T}}$，故假设

$$A=\begin{pmatrix} a & b & c \\ -a & -b & -c \\ 0 & 0 & 0 \end{pmatrix}.$$

又由于 A 为实对称矩阵，故 $b=-a$ 且 $c=0$，从而

$$A=\begin{pmatrix} a & -a & 0 \\ -a & a & 0 \\ 0 & 0 & 0 \end{pmatrix}.$$

又已知 $|A-E|=3$，即

$$|A-E|=\begin{vmatrix} a-1 & -a & 0 \\ -a & a-1 & 0 \\ 0 & 0 & -1 \end{vmatrix}=-[(a-1)^2-a^2]=2a-1=3,$$

解得 $a=2$. 由此得

$$A=\begin{pmatrix} 2 & -2 & 0 \\ -2 & 2 & 0 \\ 0 & 0 & 0 \end{pmatrix}.$$

所以，对于任意的 3 维列向量 $x=(x_1,x_2,x_3)^{\mathrm{T}}$，均有

$$x^{\mathrm{T}}Ax=(x_1,x_2,x_3)\begin{pmatrix} 2 & -2 & 0 \\ -2 & 2 & 0 \\ 0 & 0 & 0 \end{pmatrix}\begin{pmatrix} x_1 \\ x_2 \\ x_3 \end{pmatrix}=2x_1^2+2x_2^2-4x_1x_2.$$

由于 $\alpha=(-1,1,0)^{\mathrm{T}}$，故将 $x_1=-1,x_2=1,x_3=0$ 代入上式，得

$$\alpha^{\mathrm{T}}A\alpha=2+2+4=8.$$

例题 14　设 A 和 B 均为 5 阶矩阵，且满足 $\mathrm{r}(A)+\mathrm{r}(B)=4$，分析以下命题：

(1) A 和 B 一定存在相同的特征值；

(2) A 和 B 一定存在公共的特征向量；

(3) $AB=O$；

(4) 若 $\xi_1,\xi_2,\cdots,\xi_s$ 和 $\eta_1,\eta_2,\cdots,\eta_t$ 分别是线性方程组 $Ax=0$ 和 $Bx=0$ 的基础解系，则向量组 $\xi_1,\xi_2,\cdots,\xi_s,\eta_1,\eta_2,\cdots,\eta_t$ 线性相关；

(5) $\mathrm{r}(A,B)=4$；

(6) $\mathrm{r}\begin{pmatrix} A \\ B \end{pmatrix}=4$；

(7) $\mathrm{r}(A+B)=4$；

(8) $\mathrm{r}\begin{pmatrix} \boldsymbol{A} & \boldsymbol{O} \\ \boldsymbol{O} & \boldsymbol{B} \end{pmatrix}=4$;

(9) $\mathrm{r}(\boldsymbol{AB})\leqslant 2$.

上述命题中正确的是________.

解 由于 $\mathrm{r}(\boldsymbol{A})+\mathrm{r}(\boldsymbol{B})=4$,故

$$\mathrm{r}\begin{pmatrix} \boldsymbol{A} \\ \boldsymbol{B} \end{pmatrix}\leqslant \mathrm{r}(\boldsymbol{A})+\mathrm{r}(\boldsymbol{B})=4<5.$$

所以,线性方程组$\begin{pmatrix} \boldsymbol{A} \\ \boldsymbol{B} \end{pmatrix}\boldsymbol{x}=\boldsymbol{0}$有非零解,从而 $\boldsymbol{A}$ 和 $\boldsymbol{B}$ 都有特征值 0,且$\begin{pmatrix} \boldsymbol{A} \\ \boldsymbol{B} \end{pmatrix}\boldsymbol{x}=\boldsymbol{0}$的非零解就是 $\boldsymbol{A}$ 和 $\boldsymbol{B}$ 属于特征值 0 的公共特征向量.故命题(1),(2)正确,命题(6)错误.

对于命题(3),(5),(7),显然错误,其实取 $\boldsymbol{A}=\boldsymbol{B}=\begin{pmatrix} \boldsymbol{E}_2 & \boldsymbol{O} \\ \boldsymbol{O} & \boldsymbol{O} \end{pmatrix}$即可得到反例(其中 $\boldsymbol{E}_2$ 代表 2 阶单位矩阵),请同学们自行验证.

命题(8)正确,因为

$$\mathrm{r}\begin{pmatrix} \boldsymbol{A} & \boldsymbol{O} \\ \boldsymbol{O} & \boldsymbol{B} \end{pmatrix}=\mathrm{r}(\boldsymbol{A})+\mathrm{r}(\boldsymbol{B})=4.$$

命题(9)正确.事实上,由于 $\mathrm{r}(\boldsymbol{A})+\mathrm{r}(\boldsymbol{B})=4$,故 $\mathrm{r}(\boldsymbol{A}),\mathrm{r}(\boldsymbol{B})$的可能取值是 0,4;1,3;2,2;3,1;4,0.无论哪种情况,均有

$$\mathrm{r}(\boldsymbol{AB})\leqslant\min\{\mathrm{r}(\boldsymbol{A}),\mathrm{r}(\boldsymbol{B})\}\leqslant 2.$$

命题(4)也正确,因为"个数>维数,必相关",而 $\boldsymbol{\xi}_1,\boldsymbol{\xi}_2,\cdots,\boldsymbol{\xi}_s,\boldsymbol{\eta}_1,\boldsymbol{\eta}_2,\cdots,\boldsymbol{\eta}_t$ 是 6 个 5 维向量,一定线性相关.

综上,正确的命题是(1),(2),(4),(8),(9).

三、配套作业

1. 设矩阵

$$\boldsymbol{A}=\begin{pmatrix} 2 & 1 & 1 \\ 1 & 2 & 1 \\ 1 & 1 & a \end{pmatrix}$$

可逆,$\boldsymbol{\alpha}=(1,b,1)^{\mathrm{T}}$ 是矩阵 $\boldsymbol{A}^*$ 的属于特征值 λ 的特征向量,其中 $b>0$,求 a,b,λ 的值.

2. (1998 年)设向量 $\boldsymbol{\alpha}=(a_1,a_2,\cdots,a_n)^{\mathrm{T}},\boldsymbol{\beta}=(b_1,b_2,\cdots,b_n)^{\mathrm{T}}$ 都是非零列向量,且 $\boldsymbol{\alpha}^{\mathrm{T}}\boldsymbol{\beta}=0$.记 $\boldsymbol{A}=\boldsymbol{\alpha}\boldsymbol{\beta}^{\mathrm{T}}$.

(1) 求$\boldsymbol{A}^2$； (2) 求$\boldsymbol{A}$的特征值与特征向量.

3. (2003年)设矩阵

$$\boldsymbol{A}=\begin{pmatrix}3&2&2\\2&3&2\\2&2&3\end{pmatrix},\quad \boldsymbol{P}=\begin{pmatrix}0&1&0\\1&0&1\\0&0&1\end{pmatrix},\quad \boldsymbol{B}=\boldsymbol{P}^{-1}\boldsymbol{A}^*\boldsymbol{P},$$

求矩阵$\boldsymbol{B}+2\boldsymbol{E}$的特征值与特征向量.

4. 设3阶矩阵$\boldsymbol{A}$满足$\frac{1}{6}\boldsymbol{A}(\boldsymbol{A}+\boldsymbol{E})=\boldsymbol{E}$，则下列数值中，$|\boldsymbol{A}+2\boldsymbol{E}|$不可能取到的是(　　).

A. 4　　B. 16　　C. -16　　D. 64

5. 已知矩阵

$$\boldsymbol{A}=\begin{pmatrix}3&1&0\\-4&-1&a\\b&2&-2\end{pmatrix},$$

而$\boldsymbol{\alpha}=(1,c,-2)^{\mathrm{T}}$是$\boldsymbol{A}^{-1}$的属于特征值$\lambda_1$的特征向量，并且$|\boldsymbol{A}|=-2$.

(1) 求a,b,c,λ_1的值；

(2) 求$\boldsymbol{A}$的所有实特征值及其对应的特征向量.

6. 设3阶矩阵$\boldsymbol{A}$的特征值为$\lambda_3>\lambda_2>\lambda_1>0$，且矩阵$(\boldsymbol{A}^*)^2-4\boldsymbol{E}$的特征值为$\mu_1=0$，$\mu_2=5$，$\mu_3=32$，求$\boldsymbol{A}^{-1}$的特征值.

7. 设$\boldsymbol{\xi}_1$是n阶矩阵$\boldsymbol{A}$的属于特征值λ的特征向量，$\boldsymbol{\xi}_1,\boldsymbol{\xi}_2,\cdots,\boldsymbol{\xi}_m$满足

$$(\boldsymbol{A}-\lambda\boldsymbol{E})\boldsymbol{\xi}_{i+1}=\boldsymbol{\xi}_i\quad(i=1,2,\cdots,m-1),$$

证明：向量组$\boldsymbol{\xi}_1,\boldsymbol{\xi}_2,\cdots,\boldsymbol{\xi}_m$线性无关.

第8讲 一般矩阵的相似对角化

矩阵的相似对角化，是历年全国硕士研究生招生考试中线性代数解答题的必考内容.在全国硕士研究生招生考试数学考试大纲中，规定对线性代数只出一道解答题，这导致对相似理论之前的内容(行列式、矩阵、向量组、方程组)很难再单独命制解答题，所以相似理论与二次型的重要性再次提高.

为了让这仅剩的一道线性代数解答题串联起更多的考点，在往后的全国硕士研究生招生考试中，对相似理论与二次型的考查很有可能越来越灵活、越来越综合.希望同学们提高对自己的要求，努力学好相似理论与二次型这部分内容.

一、重要结论归纳总结

(1) 若 n 阶矩阵 $\boldsymbol{A}$ 有 n 个无关的特征向量,则 $\boldsymbol{A}$ 一定可以相似对角化(充要条件).

(2) 若 n 阶矩阵 $\boldsymbol{A}$ 的每一个特征值的重数与其对应的线性无关特征向量个数相等,则 $\boldsymbol{A}$ 一定可以相似对角化(充要条件).

(3) 若 n 阶矩阵 $\boldsymbol{A}$ 有 n 个互不相同的特征值,则 $\boldsymbol{A}$ 一定可以相似对角化(充分条件).

(4) 实对称矩阵一定可以相似对角化(充分条件).

(5) 若 n 阶矩阵 $\boldsymbol{A}$ 满足 $\mathrm{r}(\boldsymbol{A})=1$,则

$$\boldsymbol{A}\text{ 可以相似对角化}\Longleftrightarrow \mathrm{tr}(\boldsymbol{A})\neq 0,$$

注　这说明,迹不为零的秩一矩阵一定可以相似对角化.

(6) 若 n 阶矩阵 $\boldsymbol{A}$ 满足 $\boldsymbol{A}^2-(a+b)\boldsymbol{A}+ab\boldsymbol{E}=\boldsymbol{O}$($a,b$ 为常数且 $a\neq b$),则 $\boldsymbol{A}$ 一定可以相似对角化.

思考　这里的 a,b 和 $\boldsymbol{A}$ 是什么关系?

特别地,设 n 阶矩阵 $\boldsymbol{A}$ 满足 $\boldsymbol{A}^2=\boldsymbol{A}$,则 $\boldsymbol{A}$ 一定可以相似对角化.

(7) 若矩阵 $\boldsymbol{A}\sim\boldsymbol{B}$,则

① $|\lambda\boldsymbol{E}-\boldsymbol{A}|=|\lambda\boldsymbol{E}-\boldsymbol{B}|$(特征多项式相同,也正因为如此,才导致 $\boldsymbol{A}$ 和 $\boldsymbol{B}$ 的特征值、行列式、迹等都相同);

② $\boldsymbol{A}$ 和 $\boldsymbol{B}$ 的特征值完全相同;

③ $|\boldsymbol{A}|=|\boldsymbol{B}|$;

④ $\mathrm{tr}(\boldsymbol{A})=\mathrm{tr}(\boldsymbol{B})$;

⑤ $\mathrm{r}(\boldsymbol{A})=\mathrm{r}(\boldsymbol{B})$;

⑥ $f(\boldsymbol{A})\sim f(\boldsymbol{B})$,这里 $f(x)$ 是多项式;

⑦ $\boldsymbol{A}^*\sim\boldsymbol{B}^*$;

⑧ $\boldsymbol{A}^{-1}\sim\boldsymbol{B}^{-1}$(如果 $\boldsymbol{A}$ 和 $\boldsymbol{B}$ 均可逆的话);

⑨ $\boldsymbol{A}^{\mathrm{T}}\sim\boldsymbol{B}^{\mathrm{T}}$.

注　(7)中的结论,大多数都只是 $\boldsymbol{A}\sim\boldsymbol{B}$ 的必要条件. 也就是说,若满足 $\boldsymbol{A}\sim\boldsymbol{B}$,则必有结论①~⑨成立,但反之不一定.

比如,即使①~⑤都成立,也不能推出 $\boldsymbol{A}\sim\boldsymbol{B}$. 事实上,设矩阵

$$\boldsymbol{A}=\begin{pmatrix}1&0\\0&1\end{pmatrix},\quad \boldsymbol{B}=\begin{pmatrix}1&1\\0&1\end{pmatrix},$$

则

$$|\boldsymbol{A}-\lambda\boldsymbol{E}|=|\boldsymbol{B}-\lambda\boldsymbol{E}|=(\lambda-1)^2.$$

显然,①,②,③,④,⑤同时成立,但 $\boldsymbol{A}$ 和 $\boldsymbol{B}$ 不相似(想想如何说明 $\boldsymbol{A}$ 和 $\boldsymbol{B}$ 不相似).

又比如,由⑥成立是否能反推出 $\boldsymbol{A}\sim\boldsymbol{B}$,其实是依赖于 $f(x)$ 的表达式的. 事实上,若取

$f(x)=x^2$，那么即使有 $\boldsymbol{A}^2\sim\boldsymbol{B}^2$，也不能推出 $\boldsymbol{A}\sim\boldsymbol{B}$. 例如，对于

$$\boldsymbol{A}=\begin{pmatrix}1&0\\0&-1\end{pmatrix},\quad \boldsymbol{B}=\begin{pmatrix}1&0\\0&1\end{pmatrix},$$

显然有 $\boldsymbol{A}^2=\boldsymbol{B}^2=\boldsymbol{E}$. 既然 $\boldsymbol{A}^2$ 和 $\boldsymbol{B}^2$ 相等，那肯定是相似的，即 $\boldsymbol{A}^2\sim\boldsymbol{B}^2$，但 $\boldsymbol{A}$ 和 $\boldsymbol{B}$ 本身并不相似(想想如何说明 $\boldsymbol{A}$ 和 $\boldsymbol{B}$ 不相似). 但是，如果对于任意的多项式 $f(x)$，均有 $f(\boldsymbol{A})\sim f(\boldsymbol{B})$，那么 $\boldsymbol{A}$ 与 $\boldsymbol{B}$ 一定相似(想想为什么).

再比如，即使有 $\boldsymbol{A}^*\sim\boldsymbol{B}^*$，也不能推出 $\boldsymbol{A}\sim\boldsymbol{B}$. 对此，根据"当 $\mathrm{r}(\boldsymbol{A})<n-1$ 时，$\boldsymbol{A}^*=\boldsymbol{O}$"可轻松构造出反例.

当然，⑨是 $\boldsymbol{A}\sim\boldsymbol{B}$ 的充要条件，在可逆时⑧也是 $\boldsymbol{A}\sim\boldsymbol{B}$ 的充要条件.

二、典型例题分类讲解

考法一　考查具体矩阵的相似对角化

这是全国硕士研究生招生考试中线性代数考查的重点，但不是难点，希望每一位同学都能掌握.

例题 1(2004 年)　设矩阵

$$\boldsymbol{A}=\begin{pmatrix}1&2&-3\\-1&4&-3\\1&a&5\end{pmatrix}$$

有一个二重特征值，求 a 的值，并判断 $\boldsymbol{A}$ 能否相似对角化.

解　由于题目中未说明这个二重特征值具体是什么，所以很可能需要分类讨论.

$\boldsymbol{A}$ 的特征多项式为

$$|\boldsymbol{A}-\lambda\boldsymbol{E}|=\begin{vmatrix}1-\lambda&2&-3\\-1&4-\lambda&-3\\1&a&5-\lambda\end{vmatrix}=\begin{vmatrix}3-\lambda&2&-3\\3-\lambda&4-\lambda&-3\\1+a&a&5-\lambda\end{vmatrix}=\begin{vmatrix}3-\lambda&2&-3\\0&2-\lambda&0\\1+a&a&5-\lambda\end{vmatrix}$$

$$=(2-\lambda)(\lambda^2-8\lambda+18+3a).$$

显然，$\boldsymbol{A}$ 的一个特征值为 $\lambda=2$. 下面进行讨论.

(1) 若 $\lambda=2$ 是二重特征值，则必有

$$2^2-8\times2+18+3a=0,\quad 即\quad a=-2,$$

且此时

$$|\boldsymbol{A}-\lambda\boldsymbol{E}|=-(\lambda-2)^2(\lambda-6).$$

当 $\lambda=2$ 时，有

$$A-\lambda E=A-2E=\begin{pmatrix}-1&2&-3\\-1&2&-3\\1&-2&3\end{pmatrix}\longrightarrow\begin{pmatrix}1&-2&3\\0&0&0\\0&0&0\end{pmatrix}.$$

显然,属于特征值 $\lambda=2$ 的线性无关特征向量恰有两个,故此时 A 可以相似对角化.

(2) 若 $\lambda=2$ 不是二重特征值,则二重特征值必定来自 $\lambda^2-8\lambda+18+3a$,即它是一个完全平方式,也即

$$\lambda^2-8\lambda+18+3a=(\lambda-4)^2,\quad 从而\quad a=-\frac{2}{3},$$

且此时

$$|A-\lambda E|=-(\lambda-2)(\lambda-4)^2.$$

当 $\lambda=4$ 时,有

$$A-\lambda E=A-4E=\begin{pmatrix}-3&2&-3\\-1&0&-3\\1&-\frac{2}{3}&1\end{pmatrix}\longrightarrow\begin{pmatrix}0&2&6\\-1&0&-3\\0&0&0\end{pmatrix}\longrightarrow\begin{pmatrix}1&0&3\\0&1&3\\0&0&0\end{pmatrix}.$$

显然,属于特征值 $\lambda=4$ 的线性无关特征向量仅有一个,故此时 A 不可相似对角化.

例题 2(2015 年)　设矩阵 $A=\begin{pmatrix}0&2&-3\\-1&3&-3\\1&-2&a\end{pmatrix}$ 和 $B=\begin{pmatrix}1&-2&0\\0&b&0\\0&3&1\end{pmatrix}$ 相似.

(1) 求 a,b 的值;

(2) 求可逆矩阵 P,使得 $P^{-1}AP$ 为对角矩阵.

解　(1) 由于 A 和 B 相似,故

$$|A|=|B|,\quad 且\quad \mathrm{tr}(A)=\mathrm{tr}(B).$$

由此得到

$$\begin{cases}2a-3=b,\\a+3=b+2,\end{cases}\quad 故\quad \begin{cases}a=4,\\b=5.\end{cases}$$

(2) 由于 A 和 B 相似,故

$$|A-\lambda E|=|B-\lambda E|=\begin{vmatrix}1-\lambda&-2&0\\0&5-\lambda&0\\0&3&1-\lambda\end{vmatrix}=(1-\lambda)^2(5-\lambda).$$

于是,A,B 的特征值均为

$$\lambda_1=\lambda_2=1,\quad \lambda_3=5.$$

当 $\lambda_1=\lambda_2=1$ 时,解线性方程组 $(A-E)x=0$. 因

$$\boldsymbol{A}-\boldsymbol{E}=\begin{pmatrix}-1&2&-3\\-1&2&-3\\1&-2&3\end{pmatrix}\longrightarrow\begin{pmatrix}1&-2&3\\0&0&0\\0&0&0\end{pmatrix},$$

故可取 x_2,x_3 为自由变量，分别令$(x_2,x_3)=(1,0),(0,1)$，就得到属于特征值 $\lambda_1=\lambda_2=1$ 的线性无关特征向量

$$\boldsymbol{\xi}_1=(2,1,0)^{\mathrm{T}},\quad \boldsymbol{\xi}_2=(-3,0,1)^{\mathrm{T}}.$$

当 $\lambda_3=5$ 时，解线性方程组$(\boldsymbol{A}-5\boldsymbol{E})\boldsymbol{x}=\boldsymbol{0}$. 因

$$\boldsymbol{A}-5\boldsymbol{E}=\begin{pmatrix}-5&2&-3\\-1&-2&-3\\1&-2&-1\end{pmatrix}\longrightarrow\begin{pmatrix}0&-8&-8\\0&-4&-4\\1&-2&-1\end{pmatrix}\longrightarrow\begin{pmatrix}1&-2&-1\\0&1&1\\0&0&0\end{pmatrix}\longrightarrow\begin{pmatrix}1&0&1\\0&1&1\\0&0&0\end{pmatrix},$$

故可取 x_3 为自由变量，令 $x_3=1$，就得到属于特征值 $\lambda_3=5$ 的线性无关特征向量

$$\boldsymbol{\xi}_3=(-1,-1,1)^{\mathrm{T}}.$$

令 $\boldsymbol{P}=(\boldsymbol{\xi}_1,\boldsymbol{\xi}_2,\boldsymbol{\xi}_3)$，则

$$\boldsymbol{P}^{-1}\boldsymbol{A}\boldsymbol{P}=\begin{pmatrix}1&&\\&1&\\&&5\end{pmatrix}.$$

注 由于$|\boldsymbol{A}|=|\boldsymbol{B}|$和 $\mathrm{tr}(\boldsymbol{A})=\mathrm{tr}(\boldsymbol{B})$都只是 $\boldsymbol{A}$ 与 $\boldsymbol{B}$ 相似的必要条件，所以解出的 $a=4,b=5$ 本应再代回矩阵 $\boldsymbol{A},\boldsymbol{B}$ 中，检验是否确有 $\boldsymbol{A}$ 与 $\boldsymbol{B}$ 相似. 但是，由于(1)中 a,b 的值只有 $a=4,b=5$ 这一组，并且从题目中已知 $\boldsymbol{A}$ 与 $\boldsymbol{B}$ 是相似的，所以我们默认 $a=4,b=5$ 时 $\boldsymbol{A}$ 与 $\boldsymbol{B}$ 相似. 但是，同学们需要明白，从逻辑上来讲，是应该检验的，尤其是在 a,b 的取值不止一组的时候.

例题 3 设矩阵

$$\boldsymbol{A}=\begin{pmatrix}1&3&-1\\0&4&5\\0&0&9\end{pmatrix},$$

求一个矩阵 $\boldsymbol{B}$，使得 $\boldsymbol{B}^2=\boldsymbol{A}$ 成立.

解 显然，$\boldsymbol{A}$ 的特征值为

$$\lambda_1=1,\quad \lambda_2=4,\quad \lambda_3=9,$$

且 $\boldsymbol{A}$ 可以相似对角化，即存在可逆矩阵 $\boldsymbol{P}$，使得

$$\boldsymbol{P}^{-1}\boldsymbol{A}\boldsymbol{P}=\begin{pmatrix}1&&\\&4&\\&&9\end{pmatrix}\xlongequal{\text{记为}}\boldsymbol{\Lambda}.$$

对于 $\lambda_1=1$，有

$$\boldsymbol{A}-\boldsymbol{E}=\begin{pmatrix}0&3&-1\\0&3&5\\0&0&8\end{pmatrix}\longrightarrow\begin{pmatrix}0&1&0\\0&0&1\\0&0&0\end{pmatrix},$$

故得到属于特征值 $\lambda_1=1$ 的一个特征向量

$$\boldsymbol{\xi}_1=(1,0,0)^{\mathrm{T}};$$

对于 $\lambda_2=4$，有

$$\boldsymbol{A}-4\boldsymbol{E}=\begin{pmatrix}-3&3&-1\\0&0&5\\0&0&5\end{pmatrix}\longrightarrow\begin{pmatrix}1&-1&0\\0&0&1\\0&0&0\end{pmatrix},$$

故得到属于特征值 $\lambda_2=4$ 的一个特征向量

$$\boldsymbol{\xi}_2=(1,1,0)^{\mathrm{T}};$$

对于 $\lambda_3=9$，有

$$\boldsymbol{A}-9\boldsymbol{E}=\begin{pmatrix}-8&3&-1\\0&-5&5\\0&0&0\end{pmatrix}\longrightarrow\begin{pmatrix}4&0&-1\\0&1&-1\\0&0&0\end{pmatrix},$$

故得到属于特征值 $\lambda_3=9$ 的一个特征向量

$$\boldsymbol{\xi}_3=(1,4,4)^{\mathrm{T}}.$$

令 $\boldsymbol{P}=(\boldsymbol{\xi}_1,\boldsymbol{\xi}_2,\boldsymbol{\xi}_3)$，则

$$\boldsymbol{P}^{-1}\boldsymbol{A}\boldsymbol{P}=\begin{pmatrix}1&&\\&4&\\&&9\end{pmatrix}\xlongequal{\text{记为}}\boldsymbol{\Lambda},$$

反解得 $\boldsymbol{A}=\boldsymbol{P}\boldsymbol{\Lambda}\boldsymbol{P}^{-1}$.

为了构造出 $\boldsymbol{A}=\boldsymbol{B}^2$，令

$$\boldsymbol{\Lambda}_1=\begin{pmatrix}1&&\\&2&\\&&3\end{pmatrix},$$

则

$$\boldsymbol{\Lambda}_1^2=\begin{pmatrix}1&&\\&4&\\&&9\end{pmatrix},$$

从而

$$\boldsymbol{A}=\boldsymbol{P}\boldsymbol{\Lambda}_1\boldsymbol{\Lambda}_1\boldsymbol{P}^{-1}=(\boldsymbol{P}\boldsymbol{\Lambda}_1\boldsymbol{P}^{-1})(\boldsymbol{P}\boldsymbol{\Lambda}_1\boldsymbol{P}^{-1}).$$

故只需取 $\boldsymbol{B}=\boldsymbol{P}\boldsymbol{\Lambda}_1\boldsymbol{P}^{-1}$ 即可. 经计算得

$$\boldsymbol{B}=\begin{pmatrix}1&1&1\\0&1&4\\0&0&4\end{pmatrix}\begin{pmatrix}1&&\\&2&\\&&3\end{pmatrix}\begin{pmatrix}1&1&1\\0&1&4\\0&0&4\end{pmatrix}^{-1}=\begin{pmatrix}1&1&-\frac{1}{2}\\0&2&1\\0&0&3\end{pmatrix}.$$

注 1 本题的答案不唯一. 事实上,$\boldsymbol{\Lambda}_1=\begin{pmatrix}\pm1&&\\&\pm2&\\&&\pm3\end{pmatrix}$都能保证 $\boldsymbol{\Lambda}_1^2=\begin{pmatrix}1&&\\&4&\\&&9\end{pmatrix}$.

注 2 这类题在各年的考研模拟试卷中很常见. 在后面学习有关正定矩阵的内容时,还会再次见到类似的求解操作.

考法二　考查抽象矩阵的相似对角化

例题 4 设 3 阶矩阵 $\boldsymbol{A}$ 的特征值为 0,2,2,且 $\boldsymbol{A}$ 不能相似对角化,则 $\mathrm{r}(\boldsymbol{A})+\mathrm{r}(\boldsymbol{A}-2\boldsymbol{E})$ = ________.

解 由于 0 是单特征值,它恰好对应一个线性无关的特征向量,故 $\mathrm{r}(\boldsymbol{A})=2$[事实上,任何 n 阶矩阵 $\boldsymbol{B}$ 的单特征值 λ 都一定满足 $\mathrm{r}(\boldsymbol{A}-\lambda\boldsymbol{E})=n-1$].

由于 2 是二重特征值,且 $\boldsymbol{A}$ 不能相似对角化,所以 2 对应的线性无关特征向量只能有一个,故 $\mathrm{r}(\boldsymbol{A}-2\boldsymbol{E})=2$.

综上,有

$$\mathrm{r}(\boldsymbol{A})+\mathrm{r}(\boldsymbol{A}-2\boldsymbol{E})=2+2=4.$$

例题 5 设 n 阶矩阵 $\boldsymbol{A}$ 满足 $\boldsymbol{A}^2=\boldsymbol{A}$,证明: $\boldsymbol{A}$ 可以相似对角化.

证 因 $\boldsymbol{A}^2=\boldsymbol{A}$,故 $\boldsymbol{A}$ 的任何一个特征值 λ 均满足 $\lambda^2=\lambda$,从而 $\boldsymbol{A}$ 的特征值只能取 0 或 1.

由于 $\boldsymbol{A}^2=\boldsymbol{A}$,故 $\boldsymbol{A}(\boldsymbol{A}-\boldsymbol{E})=\boldsymbol{O}$,从而

$$\mathrm{r}(\boldsymbol{A})+\mathrm{r}(\boldsymbol{A}-\boldsymbol{E})\leqslant n.$$

又由于

$$\mathrm{r}(\boldsymbol{A})+\mathrm{r}(\boldsymbol{A}-\boldsymbol{E})=\mathrm{r}(\boldsymbol{A})+\mathrm{r}(\boldsymbol{E}-\boldsymbol{A})\geqslant\mathrm{r}[\boldsymbol{A}+(\boldsymbol{E}-\boldsymbol{A})]=\mathrm{r}(\boldsymbol{E})=n,$$

故

$$\mathrm{r}(\boldsymbol{A})+\mathrm{r}(\boldsymbol{A}-\boldsymbol{E})=n.$$

而属于特征值 0 的线性无关特征向量有 $n-\mathrm{r}(\boldsymbol{A})$个,属于特征值 1 的线性无关特征向量有 $n-\mathrm{r}(\boldsymbol{A}-\boldsymbol{E})$个. 又知取自不同特征值的特征向量必定线性无关,故 $\boldsymbol{A}$ 的线性无关特征向量个数为

$$[n-\mathrm{r}(\boldsymbol{A})]+[n-\mathrm{r}(\boldsymbol{A}-\boldsymbol{E})]=2n-[\mathrm{r}(\boldsymbol{A})+\mathrm{r}(\boldsymbol{A}-\boldsymbol{E})]=2n-n=n.$$

所以,$\boldsymbol{A}$ 可以相似对角化.

注1 若$\boldsymbol{A}^2-(a+b)\boldsymbol{A}+ab\boldsymbol{E}=\boldsymbol{O}$($a,b$为常数且$a\neq b$),则$\boldsymbol{A}$一定可以相似对角化(证明方法与本题类似,请同学们自行完成).

注2 在本题的证明过程中,并没有分别考虑特征值0和1对应的线性无关特征向量个数是否符合$\boldsymbol{A}$可以相似对角化的条件,而是直接使用结论"若n阶矩阵$\boldsymbol{A}$有n个线性无关的特征向量,则一定可以相似对角化",从而一步到位判断出满足$\boldsymbol{A}^2=\boldsymbol{A}$的矩阵一定可以相似对角化. 当然,由于"任何的$k$重特征值,最多只能拥有$k$个线性无关的特征向量",所以若特征值0的重数为$k$,当我们判断出线性无关的特征向量总个数为$n$时,也就顺便推出了属于$k$重特征值0的线性无关特征向量个数为$k$,属于$n-k$重特征值1的线性无关特征向量个数为$n-k$.

例题6 证明:若$n(n\geqslant 2)$阶矩阵$\boldsymbol{A}$满足$\mathrm{r}(\boldsymbol{A})=1$,则

$$\boldsymbol{A}\text{ 可以相似对角化}\Longleftrightarrow \mathrm{tr}(\boldsymbol{A})\neq 0.$$

证 由于$\mathrm{r}(\boldsymbol{A})=1$,故$\boldsymbol{A}$的特征值为

$$\lambda_1=\lambda_2=\cdots=\lambda_{n-1}=0,\quad \lambda_n=\mathrm{tr}(\boldsymbol{A}).$$

充分性 设$\mathrm{tr}(\boldsymbol{A})\neq 0$,则0是$n-1$重特征值,且属于特征值0的线性无关特征向量个数为

$$n-\mathrm{r}(\boldsymbol{A})=n-1.$$

所以,此时$\boldsymbol{A}$可以相似对角化.

必要性 设$\boldsymbol{A}$可以相似对角化. 若$\mathrm{tr}(\boldsymbol{A})=0$,则0是$n$重特征值,但属于特征值0的线性无关特征向量个数仍为

$$n-\mathrm{r}(\boldsymbol{A})=n-1.$$

所以,此时$\boldsymbol{A}$不能相似对角化,矛盾. 故$\mathrm{tr}(\boldsymbol{A})\neq 0$.

注 至此,我们可以总结出以下关于秩一矩阵的结论:

(1) 若方阵$\boldsymbol{A}$满足$\mathrm{r}(\boldsymbol{A})=1$,则$\boldsymbol{A}$一定可以分解为一个列向量乘以一个行向量,即$\boldsymbol{A}=\boldsymbol{\alpha\beta}^{\mathrm{T}}$[$\boldsymbol{\alpha}$与$\boldsymbol{\beta}$为同维列向量,且$\boldsymbol{\alpha}^{\mathrm{T}}\boldsymbol{\beta}=\boldsymbol{\beta}^{\mathrm{T}}\boldsymbol{\alpha}=\mathrm{tr}(\boldsymbol{A})$];

(2) 若$\boldsymbol{A}$是方阵,且满足$\mathrm{r}(\boldsymbol{A})=1$,则

$$\boldsymbol{A}^k=[\mathrm{tr}(\boldsymbol{A})]^{k-1}\boldsymbol{A};$$

(3) 若$\boldsymbol{A}$是n阶矩阵,且满足$\mathrm{r}(\boldsymbol{A})=1$,则$\boldsymbol{A}$的特征值为

$$\lambda_1=\lambda_2=\cdots=\lambda_{n-1}=0,\quad \lambda_n=\mathrm{tr}(\boldsymbol{A});$$

(4) 若$\boldsymbol{A}$是$n(n\geqslant 2)$阶矩阵,且满足$\mathrm{r}(\boldsymbol{A})=1$,则

$$\boldsymbol{A}\text{ 可以相似对角化}\Longleftrightarrow \mathrm{tr}(\boldsymbol{A})\neq 0.$$

类题 设向量

$$\boldsymbol{\alpha}=(1,2,3)^{\mathrm{T}},\quad \boldsymbol{\beta}_1=(0,1,1)^{\mathrm{T}},\quad \boldsymbol{\beta}_2=(-3,2,0)^{\mathrm{T}},\quad \boldsymbol{\beta}_3=(-2,1,1)^{\mathrm{T}},\quad \boldsymbol{\beta}_4=(-3,0,1)^{\mathrm{T}},$$

记$\boldsymbol{A}_i=\boldsymbol{\alpha\beta}_i^{\mathrm{T}}$,其中$i=1,2,3,4$,则下列矩阵中不能相似对角化的是( ).

A. $\boldsymbol{A}_1$ B. $\boldsymbol{A}_2$ C. $\boldsymbol{A}_3$ D. $\boldsymbol{A}_4$

解 显然,这里的 $\boldsymbol{A}_i(i=1,2,3,4)$ 都是秩为 1 的方阵,故 $\boldsymbol{A}_i$ 是否能相似对角化取决于其是否满足 $\mathrm{tr}(\boldsymbol{A}_i)\neq 0$.

由上题注释中的(1)可知 $\mathrm{tr}(\boldsymbol{A}_i)=\boldsymbol{\alpha}^{\mathrm{T}}\boldsymbol{\beta}_i=\boldsymbol{\beta}_i^{\mathrm{T}}\boldsymbol{\alpha}(i=1,2,3,4)$,故本题只需判断 $\boldsymbol{\alpha}$ 与哪个 $\boldsymbol{\beta}_i$ 正交即可. 经检验可知,$\boldsymbol{\alpha}$ 与 $\boldsymbol{\beta}_4$ 正交,故 $\boldsymbol{A}_4$ 不能相似对角化.

例题 7 已知 $\boldsymbol{A}$ 为 n 阶非零矩阵,但 $\boldsymbol{A}^m=\boldsymbol{O}(m>1)$,证明:$\boldsymbol{A}$ 不能相似对角化.

证 由于 $\boldsymbol{A}^m=\boldsymbol{O}$,故 $\boldsymbol{A}$ 的特征值全为 0. 假设 $\boldsymbol{A}$ 可以相似对角化,则 $\boldsymbol{A}\sim\boldsymbol{\Lambda}=\boldsymbol{O}$. 所以,存在可逆矩阵 $\boldsymbol{P}$,使得 $\boldsymbol{P}^{-1}\boldsymbol{A}\boldsymbol{P}=\boldsymbol{O}$,反解出 $\boldsymbol{A}=\boldsymbol{O}$. 这与 $\boldsymbol{A}\neq\boldsymbol{O}$ 矛盾,故 $\boldsymbol{A}$ 不能相似对角化.

例题 8(2012 年) 设 $\boldsymbol{A},\boldsymbol{P}$ 均为 3 阶矩阵,且 $\boldsymbol{P}$ 可逆. 已知

$$\boldsymbol{P}^{-1}\boldsymbol{A}\boldsymbol{P}=\begin{pmatrix}1&&\\&1&\\&&2\end{pmatrix}.$$

若 $\boldsymbol{P}=(\boldsymbol{\alpha}_1,\boldsymbol{\alpha}_2,\boldsymbol{\alpha}_3)$,$\boldsymbol{Q}=(\boldsymbol{\alpha}_1+\boldsymbol{\alpha}_2,\boldsymbol{\alpha}_2,\boldsymbol{\alpha}_3)$,则 $\boldsymbol{Q}^{-1}\boldsymbol{A}\boldsymbol{Q}=(\quad)$.

A. $\begin{pmatrix}1&&\\&2&\\&&1\end{pmatrix}$　　B. $\begin{pmatrix}1&&\\&1&\\&&2\end{pmatrix}$　　C. $\begin{pmatrix}2&&\\&1&\\&&2\end{pmatrix}$　　D. $\begin{pmatrix}2&&\\&2&\\&&1\end{pmatrix}$

解 由

$$\boldsymbol{P}^{-1}\boldsymbol{A}\boldsymbol{P}=\begin{pmatrix}1&&\\&1&\\&&2\end{pmatrix}\quad 和\quad \boldsymbol{P}=(\boldsymbol{\alpha}_1,\boldsymbol{\alpha}_2,\boldsymbol{\alpha}_3)$$

可知,$\boldsymbol{A}$ 有特征值 1,1,2,且对应的特征向量分别为 $\boldsymbol{\alpha}_1,\boldsymbol{\alpha}_2,\boldsymbol{\alpha}_3$. 由于 $\boldsymbol{\alpha}_1,\boldsymbol{\alpha}_2$ 都是属于特征值 1 的特征向量,故 $\boldsymbol{\alpha}_1+\boldsymbol{\alpha}_2$ 也是属于特征值 1 的特征向量. 所以,由特征值与特征向量的对应关系可知

$$\boldsymbol{Q}^{-1}\boldsymbol{A}\boldsymbol{Q}=\begin{pmatrix}1&&\\&1&\\&&2\end{pmatrix},$$

即选项 B 正确.

注 一定要弄清楚特征值与特征向量之间的对应关系. 若 $\boldsymbol{A}$ 有特征值 λ,对应的特征向量为 $\boldsymbol{\xi}$,那么对于任意常数 $k\neq 0$,$k\boldsymbol{\xi}$ 仍然是属于特征值 λ 的特征向量. 注意,千万不要以为它对应的特征值为 $k\lambda$.

类题 设 $\boldsymbol{A}$ 是 3 阶矩阵,$\boldsymbol{P}=(\boldsymbol{p}_1,\boldsymbol{p}_2,\boldsymbol{p}_3)$ 为 3 阶可逆矩阵,满足

$$\boldsymbol{P}^{-1}\boldsymbol{A}\boldsymbol{P}=\begin{pmatrix}2&&\\&2&\\&&3\end{pmatrix}.$$

若有可逆矩阵 $\boldsymbol{Q}$，使得

$$\boldsymbol{Q}^{-1}(\boldsymbol{A}+\boldsymbol{A}^{*})\boldsymbol{Q}=\begin{pmatrix}8 & & \\ & 8 & \\ & & 7\end{pmatrix},$$

则 $\boldsymbol{Q}$ 不可以取为（　　）.

A. $(2\boldsymbol{p}_1,-3\boldsymbol{p}_2,3\boldsymbol{p}_3)$　　B. $(\boldsymbol{p}_1-\boldsymbol{p}_2,2\boldsymbol{p}_2,\boldsymbol{p}_3)$

C. $(\boldsymbol{p}_1-2\boldsymbol{p}_2,\boldsymbol{p}_1+\boldsymbol{p}_2,\boldsymbol{p}_3)$　　D. $(\boldsymbol{p}_1,\boldsymbol{p}_2+\boldsymbol{p}_3,\boldsymbol{p}_3)$

解　显然，$\boldsymbol{A}$ 的特征值为 2,2,3，其中特征值 2 对应的特征向量为 $\boldsymbol{p}_1,\boldsymbol{p}_2$，特征值 3 对应的特征向量为 $\boldsymbol{p}_3$. 由于“属于不同特征值的特征向量线性组合以后不再是特征向量”，故 $\boldsymbol{p}_2+\boldsymbol{p}_3$ 不是特征向量. 所以，应选择选项 D.

至于为什么 $\boldsymbol{A}+\boldsymbol{A}^{*}$ 的特征值是 8,8,7，只需用我们上一讲中的结论即可得到. 事实上，由于 $\boldsymbol{A}$ 的特征值为 2,2,3，故 $\boldsymbol{A}^{*}$ 对应的特征值为 $2\times3,2\times3,2\times2$，即 6,6,4，从而 $\boldsymbol{A}+\boldsymbol{A}^{*}$ 的特征值是 $2+6,2+6,3+4$，即 8,8,7.

对于下面例题 9 这类题，相信同学们非常熟悉.

例题 9　设 $\boldsymbol{A}$ 为 3 阶矩阵，$\boldsymbol{\alpha}_1$ 是 $\boldsymbol{A}$ 的属于特征值 1 的特征向量，$\boldsymbol{\alpha}_2$ 是线性方程组 $\boldsymbol{Ax}=\boldsymbol{0}$ 的非零解，$\boldsymbol{\alpha}_3$ 满足

$$\boldsymbol{A\alpha}_3=\boldsymbol{\alpha}_1-\boldsymbol{\alpha}_2+\boldsymbol{\alpha}_3.$$

(1) 证明：向量组 $\boldsymbol{\alpha}_1,\boldsymbol{\alpha}_2,\boldsymbol{\alpha}_3$ 线性无关；

(2) 求 $\boldsymbol{A}$ 的特征值与特征向量；

(3) 判断 $\boldsymbol{A}$ 能否相似对角化.

解　(1) 由于 $\boldsymbol{\alpha}_1$ 是属于特征值 1 的特征向量，故

$$\boldsymbol{A\alpha}_1=\boldsymbol{\alpha}_1\quad(\boldsymbol{\alpha}_1\neq\boldsymbol{0});$$

由于 $\boldsymbol{\alpha}_2$ 是 $\boldsymbol{Ax}=\boldsymbol{0}$ 的非零解，故

$$\boldsymbol{A\alpha}_2=\boldsymbol{0}\quad(\boldsymbol{\alpha}_2\neq\boldsymbol{0}).$$

将上面得到的等式及 $\boldsymbol{A\alpha}_3=\boldsymbol{\alpha}_1-\boldsymbol{\alpha}_2+\boldsymbol{\alpha}_3$ 做如下变形：

$$\boldsymbol{A\alpha}_1=\boldsymbol{\alpha}_1\Longrightarrow(\boldsymbol{A}-\boldsymbol{E})\boldsymbol{\alpha}_1=\boldsymbol{0};$$

$$\boldsymbol{A\alpha}_2=\boldsymbol{0}\Longrightarrow(\boldsymbol{A}-\boldsymbol{E})\boldsymbol{\alpha}_2=-\boldsymbol{\alpha}_2;$$

$$\boldsymbol{A\alpha}_3=\boldsymbol{\alpha}_1-\boldsymbol{\alpha}_2+\boldsymbol{\alpha}_3\Longrightarrow(\boldsymbol{A}-\boldsymbol{E})\boldsymbol{\alpha}_3=\boldsymbol{\alpha}_1-\boldsymbol{\alpha}_2.$$

接下来使用定义法证明 $\boldsymbol{\alpha}_1,\boldsymbol{\alpha}_2,\boldsymbol{\alpha}_3$ 线性无关. 假设

$$k_1\boldsymbol{\alpha}_1+k_2\boldsymbol{\alpha}_2+k_3\boldsymbol{\alpha}_3=\boldsymbol{0},\tag{8.1}$$

其中 k_1,k_2,k_3 为常数. 上式两端左乘 $\boldsymbol{A}-\boldsymbol{E}$，得

$$-k_2\boldsymbol{\alpha}_2+k_3(\boldsymbol{\alpha}_1-\boldsymbol{\alpha}_2)=\boldsymbol{0},\quad 即\quad k_3\boldsymbol{\alpha}_1-(k_2+k_3)\boldsymbol{\alpha}_2=\boldsymbol{0}.$$

由于 $\boldsymbol{\alpha}_1$ 和 $\boldsymbol{\alpha}_2$ 分别是属于特征值 1 和 0 的特征向量，故 $\boldsymbol{\alpha}_1,\boldsymbol{\alpha}_2$ 线性无关，从而

$$\begin{cases} k_3=0, \\ k_2+k_3=0, \end{cases} \quad 解得 \quad k_2=k_3=0.$$

将 $k_2=k_3=0$ 代回(8.1)式中,得 $k_1\boldsymbol{\alpha}_1=\mathbf{0}$. 由于 $\boldsymbol{\alpha}_1\neq\mathbf{0}$,故 $k_1=0$. 所以,$\boldsymbol{\alpha}_1,\boldsymbol{\alpha}_2,\boldsymbol{\alpha}_3$ 线性无关.

(2) 第1讲中的例题1就是这个类型的题.

① 构造矩阵 $\boldsymbol{P}$,使抽象矩阵 $\boldsymbol{A}$ 相似于某个矩阵 $\boldsymbol{B}$.

令 $\boldsymbol{P}=(\boldsymbol{\alpha}_1,\boldsymbol{\alpha}_2,\boldsymbol{\alpha}_3)$,则由(1)可知 $\boldsymbol{P}$ 可逆. 因

$$\boldsymbol{AP}=(\boldsymbol{A\alpha}_1,\boldsymbol{A\alpha}_2,\boldsymbol{A\alpha}_3)=(\boldsymbol{\alpha}_1,\mathbf{0},\boldsymbol{\alpha}_1-\boldsymbol{\alpha}_2+\boldsymbol{\alpha}_3)=(\boldsymbol{\alpha}_1,\boldsymbol{\alpha}_2,\boldsymbol{\alpha}_3)\begin{pmatrix}1&0&1\\0&0&-1\\0&0&1\end{pmatrix}=\boldsymbol{PB},$$

其中

$$\boldsymbol{B}=\begin{pmatrix}1&0&1\\0&0&-1\\0&0&1\end{pmatrix},$$

故 $\boldsymbol{P}^{-1}\boldsymbol{AP}=\boldsymbol{B}$,从而 $\boldsymbol{A}$ 与 $\boldsymbol{B}$ 相似. 所以,要求 $\boldsymbol{A}$ 的特征值与特征向量,只需求 $\boldsymbol{B}$ 的特征值与特征向量即可.

② 求 $\boldsymbol{A}$ 和 $\boldsymbol{B}$ 的特征值.

由于 $\boldsymbol{B}$ 是一个上三角矩阵,故 $\boldsymbol{B}$ 的特征值为 $1,1,0$,从而 $\boldsymbol{A}$ 的特征值也是 $1,1,0$.

③ 求 $\boldsymbol{B}$ 的特征向量.

对于特征值 1,有

$$\boldsymbol{B}-\boldsymbol{E}=\begin{pmatrix}0&0&1\\0&-1&-1\\0&0&0\end{pmatrix}\longrightarrow\begin{pmatrix}0&1&0\\0&0&1\\0&0&0\end{pmatrix}.$$

由此可得到 $\boldsymbol{B}$ 的属于特征值 1 的线性无关特征向量

$$\boldsymbol{\xi}_1=(1,0,0)^{\mathrm{T}}.$$

对于特征值 0,有

$$\boldsymbol{B}-0\boldsymbol{E}=\begin{pmatrix}1&0&1\\0&0&-1\\0&0&1\end{pmatrix}\longrightarrow\begin{pmatrix}1&0&0\\0&0&1\\0&0&0\end{pmatrix},$$

由此可得到 $\boldsymbol{B}$ 的属于特征值 0 的线性无关特征向量

$$\boldsymbol{\xi}_2=(0,1,0)^{\mathrm{T}}.$$

④ 求 $\boldsymbol{A}$ 的特征向量.

假设 $\boldsymbol{B\xi}=\lambda\boldsymbol{\xi}(\boldsymbol{\xi}\neq\mathbf{0})$,则由 $\boldsymbol{P}^{-1}\boldsymbol{AP}=\boldsymbol{B}$ 有

$$A(P\xi)=(AP)\xi=(PB)\xi=P(B\xi)=P(\lambda\xi)=\lambda(P\xi).$$

这说明,若 $P^{-1}AP=B$,且 B 的属于特征值 λ 的特征向量为 ξ,那么 A 的属于特征值 λ 的特征向量为 $P\xi$. 于是,得到 A 的属于特征值 1 的线性无关特征向量

$$P\xi_1=(\alpha_1,\alpha_2,\alpha_3)\begin{pmatrix}1\\0\\0\end{pmatrix}=\alpha_1,$$

从而属于特征值 1 的全部特征向量为 $k_1\alpha_1$(k_1 为任意非零常数);并且得到 A 的属于特征值 0 的线性无关特征向量

$$P\xi_2=(\alpha_1,\alpha_2,\alpha_3)\begin{pmatrix}0\\1\\0\end{pmatrix}=\alpha_2,$$

从而属于特征值 0 的全部特征向量为 $k_2\alpha_2$(k_2 为任意非零常数).

(3) 由于 1 是 A 的二重特征值,但属于特征值 1 的线性无关特征向量却只有一个,故 A 不能相似对角化.

注 相似的矩阵有相同的特征值,但并不一定有相同的特征向量.

考法三 考查两个矩阵相似的判定

判断两个一般矩阵 A 和 B 是否相似,比较复杂,一般而言,可以尝试以下思路:

(1) 证明不相似的思路:

① 利用必要条件.

若矩阵 $A\sim B$,则有 $r(A)=r(B)$,$|A|=|B|$,$tr(A)=tr(B)$,等等. 所以,我们可以通过 $r(A)\neq r(B)$,$|A|\neq|B|$,$tr(A)\neq tr(B)$等来说明 A 和 B 不相似. 这种思路常用于选择题.

② 利用相似的传递性.

若我们能证明 A 可以相似对角化,但 B 不可相似对角化,则 A 和 B 一定不相似.

③ 利用线性无关特征向量的个数.

若两个矩阵相似,则不仅其特征值相同,且其重特征值对应的线性无关特征向量个数也相同. 所以,我们可以利用这一点去证明两个矩阵不相似.

比如,当我们发现 $|A-\lambda E|=|B-\lambda E|$ 时,说明 A 和 B 的特征多项式相同,故 A,B 的特征值、行列式、秩、迹全部都对应相等,很难判断出是否相似. 此时,我们可以判断每一个特征值 λ 对应的 $r(A-\lambda E)$ 和 $r(B-\lambda E)$. 若存在某个 λ_i,使得 $r(A-\lambda_i E)\neq r(B-\lambda_i E)$,则说明 A 和 B 一定不相似[其实这也算是利用了结论"若 $A\sim B$,则 $f(A)\sim f(B)$"的逆否命题].

(2) 证明相似的思路:

① 利用相似的定义.

如果能通过题目中的条件直接凑出 $P^{-1}AP=B$(P 为某个可逆矩阵),则说明 $A\sim B$.

② 利用相似的传递性.

如果我们能证明 $\boldsymbol{A}$ 和 $\boldsymbol{B}$ 均可以相似对角化，且 $\boldsymbol{A}$ 和 $\boldsymbol{B}$ 的特征值相同(包括重数)，则 $\boldsymbol{A}$ 和 $\boldsymbol{B}$ 就相似于同一个对角矩阵 $\boldsymbol{\Lambda}$. 所以，根据相似的传递性，就可以间接证明 $\boldsymbol{A}\sim\boldsymbol{B}$. 特别地，特征值相同的实对称矩阵一定相似.

情形一　利用能否相似对角化判断是否相似

1. 两个矩阵均可以相似对角化

例题 10(2014 年)　判断 n 阶矩阵

$$\boldsymbol{A}=\begin{pmatrix}1&1&\cdots&1\\1&1&\cdots&1\\\vdots&\vdots&&\vdots\\1&1&\cdots&1\end{pmatrix}\quad 和\quad \boldsymbol{B}=\begin{pmatrix}0&\cdots&0&1\\0&\cdots&0&2\\\vdots&&\vdots&\vdots\\0&\cdots&0&n\end{pmatrix}$$

是否相似.

解　令 $|\boldsymbol{A}-\lambda\boldsymbol{E}|=0$，解得 $\boldsymbol{A}$ 的特征值

$$\lambda_1=\lambda_2=\cdots=\lambda_{n-1}=0,\quad \lambda_n=\mathrm{tr}(\boldsymbol{A})=n,$$

又由于 $\mathrm{r}(\boldsymbol{A})=1$，故 $n-1$ 重特征值 0 恰好对应 $n-1$ 个线性无关的特征向量，故

$$\boldsymbol{A}\sim\begin{pmatrix}n&0&\cdots&0\\0&0&\cdots&0\\\vdots&\vdots&&\vdots\\0&0&\cdots&0\end{pmatrix}\xlongequal{记为}\boldsymbol{\Lambda}.$$

令 $|\boldsymbol{B}-\mu\boldsymbol{E}|=0$，解得 $\boldsymbol{B}$ 的特征值

$$\mu_1=\mu_2=\cdots=\mu_{n-1}=0,\quad \mu_n=\mathrm{tr}(\boldsymbol{B})=n.$$

又由于 $\mathrm{r}(\boldsymbol{B})=1$，故 $n-1$ 重特征值 0 恰好对应 $n-1$ 个线性无关的特征向量，故

$$\boldsymbol{B}\sim\begin{pmatrix}n&0&\cdots&0\\0&0&\cdots&0\\\vdots&\vdots&&\vdots\\0&0&\cdots&0\end{pmatrix}=\boldsymbol{\Lambda}.$$

综上，由相似的传递性可知 $\boldsymbol{A}$ 和 $\boldsymbol{B}$ 相似.

2. 一个矩阵可以相似对角化，另一个矩阵不可相似对角化

例题 11　设矩阵

$$\boldsymbol{A}=\begin{pmatrix}1&0&4\\0&2&0\\1&0&-2\end{pmatrix},\quad \boldsymbol{B}=\begin{pmatrix}2&0&0\\-1&0&3\\4&2&-1\end{pmatrix},$$

判断 $\boldsymbol{A}$ 和 $\boldsymbol{B}$ 是否相似.

解　因

$$|\boldsymbol{A}-\lambda\boldsymbol{E}|=\begin{vmatrix}1-\lambda & 0 & 4\\ 0 & 2-\lambda & 0\\ 1 & 0 & -2-\lambda\end{vmatrix}=-(\lambda-2)^2(\lambda+3),$$

故 $\boldsymbol{A}$ 的特征值为

$$\lambda_1=\lambda_2=2,\quad \lambda_3=-3.$$

因

$$|\boldsymbol{B}-\mu\boldsymbol{E}|=\begin{vmatrix}2-\mu & 0 & 0\\ -1 & -\mu & 3\\ 4 & 2 & -1-\mu\end{vmatrix}=-(\mu-2)^2(\mu+3),$$

故 $\boldsymbol{B}$ 的特征值为

$$\mu_1=\mu_2=2,\quad \mu_3=-3.$$

所以,$\boldsymbol{A}$ 和 $\boldsymbol{B}$ 的特征值相同.

对于 $\boldsymbol{A}$ 及其二重特征值 2,有

$$\boldsymbol{A}-2\boldsymbol{E}=\begin{pmatrix}-1 & 0 & 4\\ 0 & 0 & 0\\ 1 & 0 & -4\end{pmatrix}\longrightarrow\begin{pmatrix}1 & 0 & -4\\ 0 & 0 & 0\\ 0 & 0 & 0\end{pmatrix},$$

故 $\boldsymbol{A}$ 可以相似对角化,且相似于

$$\boldsymbol{\Lambda}_1=\begin{pmatrix}2 & & \\ & 2 & \\ & & -3\end{pmatrix};$$

对于 $\boldsymbol{B}$ 及其二重特征值 2,有

$$\boldsymbol{B}-2\boldsymbol{E}=\begin{pmatrix}0 & 0 & 0\\ -1 & -2 & 3\\ 4 & 2 & -3\end{pmatrix}.$$

显然,$\boldsymbol{B}$ 不可相似对角化.

一个可以相似对角化的矩阵,必定不可能相似于一个不可相似对角化的矩阵,所以 $\boldsymbol{A}$ 和 $\boldsymbol{B}$ 不相似.

3. 两个矩阵均不可相似对角化

例题 12(2018 年)　下列矩阵中与矩阵 $\boldsymbol{X}=\begin{pmatrix}1 & 1 & 0\\ 0 & 1 & 1\\ 0 & 0 & 1\end{pmatrix}$ 相似的矩阵为(　　).

A. $\begin{pmatrix}1&1&-1\\0&1&1\\0&0&1\end{pmatrix}$　　B. $\begin{pmatrix}1&0&-1\\0&1&1\\0&0&1\end{pmatrix}$　　C. $\begin{pmatrix}1&1&-1\\0&1&0\\0&0&1\end{pmatrix}$　　D. $\begin{pmatrix}1&0&-1\\0&1&0\\0&0&1\end{pmatrix}$

解　显然,$\boldsymbol{X}$ 的特征值为 1,1,1,且属于特征值 1 的线性无关特征向量个数为

$$3-\mathrm{r}(\boldsymbol{X}-\boldsymbol{E})=3-2=1.$$

观察 A,B,C,D 四个选项可知,其中矩阵的特征值也均为 1,1,1,故只能考查线性无关特征向量的个数.

分别记选项 A,B,C,D 中的矩阵为 $\boldsymbol{A},\boldsymbol{B},\boldsymbol{C},\boldsymbol{D}$.

对于矩阵 $\boldsymbol{A}$,属于特征值 1 的线性无关特征向量个数为

$$3-\mathrm{r}(\boldsymbol{A}-\boldsymbol{E})=3-2=1$$

(此时并不能断言选项 A 正确);

对于矩阵 $\boldsymbol{B}$,属于特征值 1 的线性无关特征向量个数为

$$3-\mathrm{r}(\boldsymbol{B}-\boldsymbol{E})=3-1=2,$$

故选项 B 错误;

对于矩阵 $\boldsymbol{C}$,属于特征值 1 的线性无关特征向量个数为

$$3-\mathrm{r}(\boldsymbol{C}-\boldsymbol{E})=3-1=2,$$

故选项 C 错误;

对于矩阵 $\boldsymbol{D}$,属于特征值 1 的线性无关特征向量个数为

$$3-\mathrm{r}(\boldsymbol{D}-\boldsymbol{E})=3-1=2,$$

故选项 D 错误.

综上,由排除法可知应选择选项 A. 其实,可以验证矩阵 $\boldsymbol{A}$ 与 $\boldsymbol{X}$ 相似.

注　以上三道题,分别代表了判定两个一般矩阵是否相似时的三种情形,它们的求解方法都非常典型,同学们一定要掌握. 这三种求解方法都离不开“判断能否相似对角化”,但下面情形二中的例题告诉我们,有时候可以直接回归定义来求解.

情形二　利用定义判断是否相似

例题 13(2016 年)　设 $\boldsymbol{A},\boldsymbol{B}$ 均是可逆矩阵,且 $\boldsymbol{A}$ 与 $\boldsymbol{B}$ 相似,则下列结论中错误的是(　　).

A. $\boldsymbol{A}^{\mathrm{T}}$ 与 $\boldsymbol{B}^{\mathrm{T}}$ 相似　　B. $\boldsymbol{A}^{-1}$ 与 $\boldsymbol{B}^{-1}$ 相似

C. $\boldsymbol{A}+\boldsymbol{A}^{\mathrm{T}}$ 与 $\boldsymbol{B}+\boldsymbol{B}^{\mathrm{T}}$ 相似　　D. $\boldsymbol{A}+\boldsymbol{A}^{-1}$ 与 $\boldsymbol{B}+\boldsymbol{B}^{-1}$ 相似

解　直接利用相似的定义即可解决.

由于 $\boldsymbol{A}$ 与 $\boldsymbol{B}$ 相似,故存在可逆矩阵 $\boldsymbol{P}$,使得

$$\boldsymbol{P}^{-1}\boldsymbol{A}\boldsymbol{P}=\boldsymbol{B}.$$

在 $\boldsymbol{P}^{-1}\boldsymbol{A}\boldsymbol{P}=\boldsymbol{B}$ 两端取转置,得

$$\boldsymbol{P}^{\mathrm{T}}\boldsymbol{A}^{\mathrm{T}}(\boldsymbol{P}^{\mathrm{T}})^{-1}=\boldsymbol{B}^{\mathrm{T}},$$

故 $\boldsymbol{A}^{\mathrm{T}}$ 与 $\boldsymbol{B}^{\mathrm{T}}$ 相似，从而选项 A 正确.

在 $\boldsymbol{P}^{-1}\boldsymbol{A}\boldsymbol{P}=\boldsymbol{B}$ 两端求逆矩阵，得

$$\boldsymbol{P}^{-1}\boldsymbol{A}^{-1}\boldsymbol{P}=\boldsymbol{B}^{-1},$$

故 $\boldsymbol{A}^{-1}$ 与 $\boldsymbol{B}^{-1}$ 相似，从而选项 B 正确.

将 $\boldsymbol{P}^{-1}\boldsymbol{A}\boldsymbol{P}=\boldsymbol{B}$ 和 $\boldsymbol{P}^{-1}\boldsymbol{A}^{-1}\boldsymbol{P}=\boldsymbol{B}^{-1}$ 相加，得

$$\boldsymbol{P}^{-1}(\boldsymbol{A}+\boldsymbol{A}^{-1})\boldsymbol{P}=\boldsymbol{B}+\boldsymbol{B}^{-1},$$

从而选项 D 正确.

将 $\boldsymbol{P}^{-1}\boldsymbol{A}\boldsymbol{P}=\boldsymbol{B}$ 和 $\boldsymbol{P}^{\mathrm{T}}\boldsymbol{A}^{\mathrm{T}}(\boldsymbol{P}^{\mathrm{T}})^{-1}=\boldsymbol{B}^{\mathrm{T}}$ 相加，则等号右端为 $\boldsymbol{B}+\boldsymbol{B}^{\mathrm{T}}$，但左端没有公因式可以提出来(除非 $\boldsymbol{P}^{-1}=\boldsymbol{P}^{\mathrm{T}}$，即 $\boldsymbol{P}$ 为正交矩阵)，无法化成相似的定义式，故选项 C 错误.

下面我们来看几道计算量大一些的题，其中对于相似的 $\boldsymbol{A}$ 与 $\boldsymbol{B}$，需要求具体的可逆矩阵 $\boldsymbol{P}$，使得

$$\boldsymbol{P}^{-1}\boldsymbol{A}\boldsymbol{P}=\boldsymbol{B}.$$

例题 14 设矩阵

$$\boldsymbol{A}=\begin{pmatrix}2&0&0\\0&0&1\\0&1&0\end{pmatrix},\quad \boldsymbol{B}=\begin{pmatrix}1&0&0\\0&-1&0\\0&-6&2\end{pmatrix},$$

问：矩阵 $\boldsymbol{A}$ 与 $\boldsymbol{B}$ 是否相似？若相似，求可逆矩阵 $\boldsymbol{P}$，使得

$$\boldsymbol{P}^{-1}\boldsymbol{A}\boldsymbol{P}=\boldsymbol{B}.$$

解 *方法一* 经计算可知

$$|\boldsymbol{A}-\lambda\boldsymbol{E}|=|\boldsymbol{B}-\lambda\boldsymbol{E}|=-(\lambda-2)(\lambda-1)(\lambda+1),$$

故 $\boldsymbol{A},\boldsymbol{B}$ 的特征值都为 $-1,1,2$.

(1) 将 $\boldsymbol{A}$ 相似对角化.

因

$$\boldsymbol{A}+\boldsymbol{E}=\begin{pmatrix}3&0&0\\0&1&1\\0&1&1\end{pmatrix}\longrightarrow\begin{pmatrix}1&0&0\\0&1&1\\0&0&0\end{pmatrix},$$

故 $\boldsymbol{A}$ 的属于特征值 -1 的一个特征向量为

$$\boldsymbol{\xi}_1=(0,-1,1)^{\mathrm{T}};$$

因

$$\boldsymbol{A}-\boldsymbol{E}=\begin{pmatrix}1&0&0\\0&-1&1\\0&1&-1\end{pmatrix}\longrightarrow\begin{pmatrix}1&0&0\\0&1&-1\\0&0&0\end{pmatrix},$$

故 $\boldsymbol{A}$ 的属于特征值 1 的一个特征向量为

$$\boldsymbol{\xi}_2=(0,1,1)^{\mathrm{T}};$$

因

$$\boldsymbol{A}-2\boldsymbol{E}=\begin{pmatrix}0&0&0\\0&-2&1\\0&1&-2\end{pmatrix}\longrightarrow\begin{pmatrix}0&1&0\\0&0&1\\0&0&0\end{pmatrix},$$

故 $\boldsymbol{A}$ 的属于特征值 2 的一个特征向量为

$$\boldsymbol{\xi}_3=(1,0,0)^{\mathrm{T}}.$$

令

$$\boldsymbol{P}_1=(\boldsymbol{\xi}_1,\boldsymbol{\xi}_2,\boldsymbol{\xi}_3)=\begin{pmatrix}0&0&1\\-1&1&0\\1&1&0\end{pmatrix},$$

则

$$\boldsymbol{P}_1^{-1}\boldsymbol{A}\boldsymbol{P}_1=\begin{pmatrix}-1&&\\&1&\\&&2\end{pmatrix}\xlongequal{\text{记为}}\boldsymbol{\Lambda}.$$

(2) 将 $\boldsymbol{B}$ 相似对角化.

因

$$\boldsymbol{B}+\boldsymbol{E}=\begin{pmatrix}2&0&0\\0&0&0\\0&-6&3\end{pmatrix}\longrightarrow\begin{pmatrix}1&0&0\\0&2&-1\\0&0&0\end{pmatrix},$$

故 $\boldsymbol{B}$ 的属于特征值-1 的一个特征向量为

$$\boldsymbol{\eta}_1=(0,1,2)^{\mathrm{T}};$$

因

$$\boldsymbol{B}-\boldsymbol{E}=\begin{pmatrix}0&0&0\\0&-2&0\\0&-6&1\end{pmatrix}\longrightarrow\begin{pmatrix}0&1&0\\0&0&1\\0&0&0\end{pmatrix},$$

故 $\boldsymbol{B}$ 的属于特征值 1 的一个特征向量为

$$\boldsymbol{\eta}_2=(1,0,0)^{\mathrm{T}};$$

因

$$\boldsymbol{B}-2\boldsymbol{E}=\begin{pmatrix}-1&0&0\\0&-3&0\\0&-6&0\end{pmatrix}\longrightarrow\begin{pmatrix}1&0&0\\0&1&0\\0&0&0\end{pmatrix},$$

故 $\boldsymbol{B}$ 的属于特征值 2 的一个特征向量为

$$\boldsymbol{\eta}_3=(0,0,1)^{\mathrm{T}}.$$

令

$$\boldsymbol{P}_2=(\boldsymbol{\eta}_1,\boldsymbol{\eta}_2,\boldsymbol{\eta}_3)=\begin{pmatrix}0&1&0\\1&0&0\\2&0&1\end{pmatrix},$$

则

$$\boldsymbol{P}_2^{-1}\boldsymbol{B}\boldsymbol{P}_2=\boldsymbol{\Lambda}.$$

(3) 建立 $\boldsymbol{A},\boldsymbol{B}$ 之间的关系，求出所需的可逆矩阵 $\boldsymbol{P}$.

由(1)和(2)可知

$$\boldsymbol{P}_1^{-1}\boldsymbol{A}\boldsymbol{P}_1=\boldsymbol{P}_2^{-1}\boldsymbol{B}\boldsymbol{P}_2,$$

故

$$\boldsymbol{P}_2\boldsymbol{P}_1^{-1}\boldsymbol{A}\boldsymbol{P}_1\boldsymbol{P}_2^{-1}=\boldsymbol{B}.$$

令 $\boldsymbol{P}=\boldsymbol{P}_1\boldsymbol{P}_2^{-1}$，则 $\boldsymbol{P}$ 即为所求的可逆矩阵.

经计算可知

$$\boldsymbol{P}_2^{-1}=\begin{pmatrix}0&1&0\\1&0&0\\0&-2&1\end{pmatrix},$$

故

$$\boldsymbol{P}=\boldsymbol{P}_1\boldsymbol{P}_2^{-1}=\begin{pmatrix}0&0&1\\-1&1&0\\1&1&0\end{pmatrix}\begin{pmatrix}0&1&0\\1&0&0\\0&-2&1\end{pmatrix}=\begin{pmatrix}0&-2&1\\1&-1&0\\1&1&0\end{pmatrix}.$$

方法二　由于 $\boldsymbol{P}^{-1}\boldsymbol{A}\boldsymbol{P}=\boldsymbol{B}$，故 $\boldsymbol{A}\boldsymbol{P}=\boldsymbol{P}\boldsymbol{B}$.

设 $\boldsymbol{P}=(\boldsymbol{\alpha}_1,\boldsymbol{\alpha}_2,\boldsymbol{\alpha}_3)$，则

$$\boldsymbol{A}(\boldsymbol{\alpha}_1,\boldsymbol{\alpha}_2,\boldsymbol{\alpha}_3)=(\boldsymbol{\alpha}_1,\boldsymbol{\alpha}_2,\boldsymbol{\alpha}_3)\begin{pmatrix}1&0&0\\0&-1&0\\0&-6&2\end{pmatrix},$$

即

$$(\boldsymbol{A}\boldsymbol{\alpha}_1,\boldsymbol{A}\boldsymbol{\alpha}_2,\boldsymbol{A}\boldsymbol{\alpha}_3)=(\boldsymbol{\alpha}_1,-\boldsymbol{\alpha}_2-6\boldsymbol{\alpha}_3,2\boldsymbol{\alpha}_3).$$

故

$$\begin{cases}\boldsymbol{A}\boldsymbol{\alpha}_1=\boldsymbol{\alpha}_1,\\\boldsymbol{A}\boldsymbol{\alpha}_2=-\boldsymbol{\alpha}_2-6\boldsymbol{\alpha}_3,\\\boldsymbol{A}\boldsymbol{\alpha}_3=2\boldsymbol{\alpha}_3,\end{cases}$$

变形为

$$\begin{cases}(\boldsymbol{A}-\boldsymbol{E})\boldsymbol{\alpha}_1=\boldsymbol{0},\\(\boldsymbol{A}+\boldsymbol{E})\boldsymbol{\alpha}_2=-6\boldsymbol{\alpha}_3,\\(\boldsymbol{A}-2\boldsymbol{E})\boldsymbol{\alpha}_3=\boldsymbol{0}.\end{cases}$$

所以,只需解线性方程组,即可得到 $\boldsymbol{\alpha}_1,\boldsymbol{\alpha}_2,\boldsymbol{\alpha}_3$ 的表达式.

因

$$\boldsymbol{A}-\boldsymbol{E}=\begin{pmatrix}1&0&0\\0&-1&1\\0&1&-1\end{pmatrix}\to\begin{pmatrix}1&0&0\\0&1&-1\\0&0&0\end{pmatrix},$$

故可取

$$\boldsymbol{\alpha}_1=(0,1,1)^{\mathrm{T}};$$

因

$$\boldsymbol{A}-2\boldsymbol{E}=\begin{pmatrix}0&0&0\\0&-2&1\\0&1&-2\end{pmatrix}\to\begin{pmatrix}0&1&0\\0&0&1\\0&0&0\end{pmatrix},$$

故可取

$$\boldsymbol{\alpha}_3=(1,0,0)^{\mathrm{T}};$$

因

$$(\boldsymbol{A}+\boldsymbol{E},-6\boldsymbol{\alpha}_3)=\begin{pmatrix}3&0&0&-6\\0&1&1&0\\0&1&1&0\end{pmatrix}\to\begin{pmatrix}1&0&0&-2\\0&1&1&0\\0&0&0&0\end{pmatrix},$$

故可取

$$\boldsymbol{\alpha}_2=k(0,-1,1)^{\mathrm{T}}+(-2,0,0)^{\mathrm{T}}.$$

其中 k 为待定常数.

要让 $\boldsymbol{\alpha}_1,\boldsymbol{\alpha}_2,\boldsymbol{\alpha}_3$ 线性无关(因 $\boldsymbol{P}$ 可逆),可令 $|\boldsymbol{\alpha}_1,\boldsymbol{\alpha}_2,\boldsymbol{\alpha}_3|\neq0$,求出 k 满足的条件即可.此处取 $k=1$,得

$$\boldsymbol{\alpha}_2=(-2,-1,1)^{\mathrm{T}}.$$

故

$$\boldsymbol{P}=(\boldsymbol{\alpha}_1,\boldsymbol{\alpha}_2,\boldsymbol{\alpha}_3)=\begin{pmatrix}0&-2&1\\1&-1&0\\1&1&0\end{pmatrix}.$$

这与第一种方法得到的答案是一致的.

注 1　方法一是常规方法,而方法二是新方法,该方法完全避开相似理论,只用线性方程组的思想便求出 $\boldsymbol{P}$.

注 2　本题的答案不是唯一的.请同学们思考为什么.

类题(2019 年)　设矩阵

$$\boldsymbol{A}=\begin{pmatrix}-2 & -2 & 1\\ 2 & x & -2\\ 0 & 0 & -2\end{pmatrix}\quad 与\quad \boldsymbol{B}=\begin{pmatrix}2 & 1 & 0\\ 0 & -1 & 0\\ 0 & 0 & y\end{pmatrix}$$

相似.

(1) 求 x,y;　　(2) 求可逆矩阵 $\boldsymbol{P}$,使得 $\boldsymbol{P}^{-1}\boldsymbol{A}\boldsymbol{P}=\boldsymbol{B}$.

解　(1) 由于 $\boldsymbol{A}$ 与 $\boldsymbol{B}$ 相似,故

$$|\boldsymbol{A}|=|\boldsymbol{B}|,\quad 且\quad \mathrm{tr}(\boldsymbol{A})=\mathrm{tr}(\boldsymbol{B}).$$

由此得

$$\begin{cases}4x-8=-2y,\\ x-4=y+1,\end{cases}$$

解得 $x=3,y=-2$.

(2) *方法一*　显然,$\boldsymbol{A},\boldsymbol{B}$ 的特征值均为 $2,-1,-2$.下面计算它们的特征向量.

因

$$\boldsymbol{A}-2\boldsymbol{E}=\begin{pmatrix}-4 & -2 & 1\\ 2 & 1 & -2\\ 0 & 0 & -4\end{pmatrix}\longrightarrow\begin{pmatrix}2 & 1 & 0\\ 0 & 0 & 1\\ 0 & 0 & 0\end{pmatrix},$$

故 $\boldsymbol{A}$ 的属于特征值 2 的一个特征向量为

$$\boldsymbol{\xi}_1=(-1,2,0)^{\mathrm{T}};$$

因

$$\boldsymbol{A}+\boldsymbol{E}=\begin{pmatrix}-1 & -2 & 1\\ 2 & 4 & -2\\ 0 & 0 & -1\end{pmatrix}\longrightarrow\begin{pmatrix}1 & 2 & 0\\ 0 & 0 & 1\\ 0 & 0 & 0\end{pmatrix},$$

故 $\boldsymbol{A}$ 的属于特征值 -1 的一个特征向量为

$$\boldsymbol{\xi}_2=(-2,1,0)^{\mathrm{T}};$$

因

$$\boldsymbol{A}+2\boldsymbol{E}=\begin{pmatrix}0 & -2 & 1\\ 2 & 5 & -2\\ 0 & 0 & 0\end{pmatrix}\longrightarrow\begin{pmatrix}4 & 0 & 1\\ 0 & 2 & -1\\ 0 & 0 & 0\end{pmatrix},$$

故 $\boldsymbol{A}$ 的属于特征值 -2 的一个特征向量为

$$\boldsymbol{\xi}_3=(-1,2,4)^{\mathrm{T}}.$$

令

$$\boldsymbol{P}_1=(\boldsymbol{\xi}_1,\boldsymbol{\xi}_2,\boldsymbol{\xi}_3)=\begin{pmatrix}-1&-2&-1\\2&1&2\\0&0&4\end{pmatrix},$$

则

$$\boldsymbol{P}_1^{-1}\boldsymbol{A}\boldsymbol{P}_1=\begin{pmatrix}2&&\\&-1&\\&&-2\end{pmatrix}.$$

因

$$\boldsymbol{B}-2\boldsymbol{E}=\begin{pmatrix}0&1&0\\0&-3&0\\0&0&-4\end{pmatrix}\longrightarrow\begin{pmatrix}0&1&0\\0&0&1\\0&0&0\end{pmatrix},$$

故 $\boldsymbol{B}$ 的属于特征值 2 的一个特征向量为

$$\boldsymbol{\eta}_1=(1,0,0)^{\mathrm{T}};$$

因

$$\boldsymbol{B}+\boldsymbol{E}=\begin{pmatrix}3&1&0\\0&0&0\\0&0&-1\end{pmatrix}\longrightarrow\begin{pmatrix}3&1&0\\0&0&1\\0&0&0\end{pmatrix},$$

故 $\boldsymbol{B}$ 的属于特征值 -1 的一个特征向量为

$$\boldsymbol{\eta}_2=(-1,3,0)^{\mathrm{T}};$$

因

$$\boldsymbol{B}+2\boldsymbol{E}=\begin{pmatrix}4&1&0\\0&1&0\\0&0&0\end{pmatrix}\longrightarrow\begin{pmatrix}1&0&0\\0&1&0\\0&0&0\end{pmatrix},$$

故 $\boldsymbol{B}$ 的属于特征值 -2 的一个特征向量为

$$\boldsymbol{\eta}_3=(0,0,1)^{\mathrm{T}}.$$

令

$$\boldsymbol{P}_2=(\boldsymbol{\eta}_1,\boldsymbol{\eta}_2,\boldsymbol{\eta}_3)=\begin{pmatrix}1&-1&0\\0&3&0\\0&0&1\end{pmatrix},$$

则

$$P_2^{-1}BP_2=\begin{pmatrix}2&&\\&-1&\\&&-2\end{pmatrix}.$$

综上,有

$$P_1^{-1}AP_1=P_2^{-1}BP_2,$$

变形得

$$P_2P_1^{-1}AP_1P_2^{-1}=B,$$

故只需令 $P=P_1P_2^{-1}$ 即可.又因

$$\begin{pmatrix}P_2\\P_1\end{pmatrix}=\begin{pmatrix}1&-1&0\\0&3&0\\0&0&1\\-1&-2&-1\\2&1&2\\0&0&4\end{pmatrix}\longrightarrow\begin{pmatrix}1&0&0\\0&3&0\\0&0&1\\-1&-3&-1\\2&3&2\\0&0&4\end{pmatrix}\longrightarrow\begin{pmatrix}1&0&0\\0&1&0\\0&0&1\\-1&-1&-1\\2&1&2\\0&0&4\end{pmatrix},$$

故

$$P=P_1P_2^{-1}=\begin{pmatrix}-1&-1&-1\\2&1&2\\0&0&4\end{pmatrix},$$

且此时有 $P^{-1}AP=B$.

方法二　设 $P=(\alpha_1,\alpha_2,\alpha_3)$.因 $AP=PB$,故

$$A(\alpha_1,\alpha_2,\alpha_3)=(\alpha_1,\alpha_2,\alpha_3)\begin{pmatrix}2&1&0\\0&-1&0\\0&0&-2\end{pmatrix}.$$

由此得

$$\begin{cases}A\alpha_1=2\alpha_1,\\A\alpha_2=\alpha_1-\alpha_2,\\A\alpha_3=-2\alpha_3,\end{cases}$$

变形得

$$\begin{cases}(A-2E)\alpha_1=0,\\(A+E)\alpha_2=\alpha_1,\\(A+2E)\alpha_3=0.\end{cases}$$

解这个线性方程组(由三个方程组构成,先解第一个和第三个方程组,求出 $\boldsymbol{\alpha}_1$ 和 $\boldsymbol{\alpha}_3$ 后,再将 $\boldsymbol{\alpha}_1$ 代入第二个方程组,求出 $\boldsymbol{\alpha}_2$. 注意解不唯一),知可取

$$\boldsymbol{\alpha}_1=(-1,2,0)^{\mathrm{T}},\quad \boldsymbol{\alpha}_2=(-1,1,0)^{\mathrm{T}},\quad \boldsymbol{\alpha}_3=(-1,2,4)^{\mathrm{T}},$$

故

$$\boldsymbol{P}=(\boldsymbol{\alpha}_1,\boldsymbol{\alpha}_2,\boldsymbol{\alpha}_3)=\begin{pmatrix}-1&-1&-1\\2&1&2\\0&0&4\end{pmatrix}$$

即为所求.

例题 15 设 $\boldsymbol{A}$ 为 3 阶矩阵,向量组 $\boldsymbol{\alpha}_1,\boldsymbol{\alpha}_2,\boldsymbol{\alpha}_3$ 线性无关,且满足

$$\boldsymbol{A}\boldsymbol{\alpha}_1=\boldsymbol{\alpha}_1,\quad \boldsymbol{A}\boldsymbol{\alpha}_2=\boldsymbol{\alpha}_2-\boldsymbol{\alpha}_1,\quad \boldsymbol{A}\boldsymbol{\alpha}_3=-2\boldsymbol{\alpha}_1+\boldsymbol{\alpha}_2+\boldsymbol{\alpha}_3.$$

(1) 证明:矩阵 $\boldsymbol{A}$ 不能相似对角化;

(2) 设矩阵

$$\boldsymbol{A}=\begin{pmatrix}1&2&0\\0&1&3\\0&0&1\end{pmatrix},\quad \boldsymbol{B}=\begin{pmatrix}1&-1&-2\\0&1&1\\0&0&1\end{pmatrix},$$

求所有可逆矩阵 $\boldsymbol{P}$,使得 $\boldsymbol{P}^{-1}\boldsymbol{A}\boldsymbol{P}=\boldsymbol{B}$.

解 (1) 令 $\boldsymbol{P}=(\boldsymbol{\alpha}_1,\boldsymbol{\alpha}_2,\boldsymbol{\alpha}_3)$,则 $\boldsymbol{A}\boldsymbol{P}=\boldsymbol{P}\boldsymbol{B}$,其中

$$\boldsymbol{B}=\begin{pmatrix}1&-1&-2\\0&1&1\\0&0&1\end{pmatrix}.$$

由于向量组 $\boldsymbol{\alpha}_1,\boldsymbol{\alpha}_2,\boldsymbol{\alpha}_3$ 线性无关,故 $\boldsymbol{P}$ 可逆,从而 $\boldsymbol{P}^{-1}\boldsymbol{A}\boldsymbol{P}=\boldsymbol{B}$,即 $\boldsymbol{A}$ 与 $\boldsymbol{B}$ 相似.

因

$$|\boldsymbol{B}-\lambda\boldsymbol{E}|=\begin{vmatrix}1-\lambda&-1&-2\\0&1-\lambda&1\\0&0&1-\lambda\end{vmatrix}=(1-\lambda)^3,$$

故 $\lambda_1=\lambda_2=\lambda_3=1$ 是 $\boldsymbol{B}$ 的三重特征值. 假设 $\boldsymbol{B}$ 可以相似对角化,则存在可逆矩阵 $\boldsymbol{Q}$,使得

$$\boldsymbol{Q}^{-1}\boldsymbol{B}\boldsymbol{Q}=\begin{pmatrix}\lambda_1&&\\&\lambda_2&\\&&\lambda_3\end{pmatrix}=\boldsymbol{E},$$

故

$$\boldsymbol{B}=\boldsymbol{Q}\boldsymbol{E}\boldsymbol{Q}^{-1}=\boldsymbol{E},$$

矛盾. 所以,$\boldsymbol{B}$ 不能相似对角化,故 $\boldsymbol{A}$ 也不能相似对角化.

(2) 这本质上和前面两道题没有太大区别,只是这里要求的不是某个可逆矩阵 $\boldsymbol{P}$,而是所有满足条件的可逆矩阵 $\boldsymbol{P}$. 所以,设 $\boldsymbol{P}=(\boldsymbol{\alpha}_1,\boldsymbol{\alpha}_2,\boldsymbol{\alpha}_3)$ 后,在解关于 $\boldsymbol{\alpha}_1,\boldsymbol{\alpha}_2,\boldsymbol{\alpha}_3$ 的线性方程组时,应当求出通解,而不是特解,仅此而已.

令 $\boldsymbol{P}=(\boldsymbol{\alpha}_1,\boldsymbol{\alpha}_2,\boldsymbol{\alpha}_3)$,则由已知得 $\boldsymbol{P}$ 可逆,且

$$\boldsymbol{A}(\boldsymbol{\alpha}_1,\boldsymbol{\alpha}_2,\boldsymbol{\alpha}_3)=(\boldsymbol{\alpha}_1,\boldsymbol{\alpha}_2,\boldsymbol{\alpha}_3)\begin{pmatrix}1&-1&-2\\0&1&1\\0&0&1\end{pmatrix}, \tag{8.2}$$

即 $\boldsymbol{AP}=\boldsymbol{PB}$,从而 $\boldsymbol{P}^{-1}\boldsymbol{AP}=\boldsymbol{B}$,故需求出 $\boldsymbol{\alpha}_1,\boldsymbol{\alpha}_2,\boldsymbol{\alpha}_3$.

由(8.2)式得

$$\begin{cases}\boldsymbol{A\alpha}_1=\boldsymbol{\alpha}_1,\\ \boldsymbol{A\alpha}_2=-\boldsymbol{\alpha}_1+\boldsymbol{\alpha}_2,\\ \boldsymbol{A\alpha}_3=-2\boldsymbol{\alpha}_1+\boldsymbol{\alpha}_2+\boldsymbol{\alpha}_3,\end{cases}$$

即

$$\begin{cases}(\boldsymbol{A}-\boldsymbol{E})\boldsymbol{\alpha}_1=\boldsymbol{0},\\ (\boldsymbol{A}-\boldsymbol{E})\boldsymbol{\alpha}_2=-\boldsymbol{\alpha}_1,\\ (\boldsymbol{A}-\boldsymbol{E})\boldsymbol{\alpha}_3=-2\boldsymbol{\alpha}_1+\boldsymbol{\alpha}_2.\end{cases}$$

对于 $(\boldsymbol{A}-\boldsymbol{E})\boldsymbol{\alpha}_1=\boldsymbol{0}$,由

$$\boldsymbol{A}-\boldsymbol{E}=\begin{pmatrix}0&2&0\\0&0&3\\0&0&0\end{pmatrix},$$

易求得

$$\boldsymbol{\alpha}_1=(k_1,0,0)^{\mathrm{T}},$$

其中 k_1 为任意非零常数.

对于 $(\boldsymbol{A}-\boldsymbol{E})\boldsymbol{\alpha}_2=-\boldsymbol{\alpha}_1$,由

$$(\boldsymbol{A}-\boldsymbol{E},-\boldsymbol{\alpha}_1)=\begin{pmatrix}0&2&0&-k_1\\0&0&3&0\\0&0&0&0\end{pmatrix},$$

易求得

$$\boldsymbol{\alpha}_2=\left(k_2,-\frac{1}{2}k_1,0\right)^{\mathrm{T}},$$

其中 k_2 为任意常数.

将 $\boldsymbol{\alpha}_1,\boldsymbol{\alpha}_2$ 代入等式 $(\boldsymbol{A}-\boldsymbol{E})\boldsymbol{\alpha}_3=-2\boldsymbol{\alpha}_1+\boldsymbol{\alpha}_2$,同理可求得

$$\boldsymbol{\alpha}_3=\left(k_3,\frac{1}{2}k_2-k_1,-\frac{1}{6}k_1\right)^{\mathrm{T}},$$

其中 k_3 为任意常数.

综上,有

$$\boldsymbol{P}=(\boldsymbol{\alpha}_1,\boldsymbol{\alpha}_2,\boldsymbol{\alpha}_3)=\begin{pmatrix}k_1 & k_2 & k_3\\ 0 & -\frac{1}{2}k_1 & \frac{1}{2}k_2-k_1\\ 0 & 0 & -\frac{1}{6}k_1\end{pmatrix}.$$

注 在本题的(2)中,由 $\boldsymbol{\alpha}_1,\boldsymbol{\alpha}_2,\boldsymbol{\alpha}_3$ 线性无关可知 $\boldsymbol{\alpha}_1\neq\mathbf{0}$,从而 k_1 为任意非零常数.当然,由 $\boldsymbol{P}$ 可逆也可看出 $k_1\neq0$(其实 $\boldsymbol{P}$ 可逆也是由 $\boldsymbol{\alpha}_1,\boldsymbol{\alpha}_2,\boldsymbol{\alpha}_3$ 线性无关得到的).

考法四 考查在已知特征值与特征向量的条件下反求矩阵

若已知矩阵 $\boldsymbol{A}$ 的特征值与特征向量,要求 $\boldsymbol{A}$,则从 $\boldsymbol{P}^{-1}\boldsymbol{A}\boldsymbol{P}=\boldsymbol{\Lambda}$ 中解出 $\boldsymbol{A}=\boldsymbol{P}\boldsymbol{\Lambda}\boldsymbol{P}^{-1}$ 即可,其中 $\boldsymbol{\Lambda}$ 是以 $\boldsymbol{A}$ 的特征值为主对角线上元素的对角矩阵,$\boldsymbol{P}$ 是由对应的特征向量拼成的可逆矩阵.其实,这类题的解法与第 2 讲考法五中介绍的利用相似对角化计算矩阵幂的方法几乎是一样的.

例题 16 设 $\boldsymbol{A}$ 为 3 阶矩阵,向量 $\boldsymbol{\beta}=(9,18,-18)^{\mathrm{T}}$,又已知线性方程组 $\boldsymbol{A}\boldsymbol{x}=\boldsymbol{\beta}$ 的通解为

$$\boldsymbol{x}=\begin{pmatrix}1\\2\\-2\end{pmatrix}+k_1\begin{pmatrix}-2\\1\\0\end{pmatrix}+k_2\begin{pmatrix}2\\0\\1\end{pmatrix},$$

其中 k_1,k_2 为任意常数,求 $\boldsymbol{A}$ 和 $\boldsymbol{A}^{100}$.

解 设

$$\boldsymbol{\eta}=\begin{pmatrix}1\\2\\-2\end{pmatrix},\quad \boldsymbol{\xi}_1=\begin{pmatrix}-2\\1\\0\end{pmatrix},\quad \boldsymbol{\xi}_2=\begin{pmatrix}2\\0\\1\end{pmatrix},$$

则

$$\begin{cases}\boldsymbol{A}\boldsymbol{\eta}=\boldsymbol{\beta}=9\boldsymbol{\eta},\\ \boldsymbol{A}\boldsymbol{\xi}_1=\mathbf{0}=0\boldsymbol{\xi}_1,\\ \boldsymbol{A}\boldsymbol{\xi}_2=\mathbf{0}=0\boldsymbol{\xi}_2.\end{cases}$$

经检验知向量组 $\boldsymbol{\eta},\boldsymbol{\xi}_1,\boldsymbol{\xi}_2$ 线性无关,故 $\boldsymbol{A}$ 的特征值为 9,0,0.

令

$$P=(\boldsymbol{\eta},\boldsymbol{\xi}_1,\boldsymbol{\xi}_2)=\begin{pmatrix}1&-2&2\\2&1&0\\-2&0&1\end{pmatrix},$$

则

$$P^{-1}AP=\begin{pmatrix}9&&\\&0&\\&&0\end{pmatrix}\xlongequal{\text{记为}}\boldsymbol{\Lambda},$$

反解得

$$A=P\Lambda P^{-1}=\begin{pmatrix}1&2&-2\\2&4&-4\\-2&-4&4\end{pmatrix}.$$

注意到 $r(A)=1$,故

$$A^{100}=[\operatorname{tr}(A)]^{99}A=9^{99}A=9^{99}\begin{pmatrix}1&2&-2\\2&4&-4\\-2&-4&4\end{pmatrix}.$$

例题 17　设 A,B,C 均为 3 阶矩阵,且 $AB=B,CA^{\mathrm{T}}=4C$,其中

$$B=\begin{pmatrix}-1&-1&-2\\1&0&1\\0&1&1\end{pmatrix},\quad C=\begin{pmatrix}1&1&1\\2&2&2\\-1&-1&-1\end{pmatrix},\quad \boldsymbol{\xi}=\begin{pmatrix}1\\3\\a\end{pmatrix}.$$

(1) 求 A;　　　(2) 问:a 为何值时,有 $A^{2022}\boldsymbol{\xi}=\boldsymbol{\xi}$?

解　(1) 由于 $AB=B$,故

$$A(\boldsymbol{\beta}_1,\boldsymbol{\beta}_2,\boldsymbol{\beta}_3)=(\boldsymbol{\beta}_1,\boldsymbol{\beta}_2,\boldsymbol{\beta}_3).$$

这说明,$\boldsymbol{\beta}_1,\boldsymbol{\beta}_2,\boldsymbol{\beta}_3$ 均是 A 的属于特征值 1 的特征向量.但注意到 $\boldsymbol{\beta}_1,\boldsymbol{\beta}_2$ 线性无关,且 $\boldsymbol{\beta}_3=\boldsymbol{\beta}_1+\boldsymbol{\beta}_2$,故通过 $AB=B$ 只能推出 1 至少是 A 的二重特征值.

由于 $CA^{\mathrm{T}}=4C$,故 $AC^{\mathrm{T}}=4C^{\mathrm{T}}$,即

$$A(\boldsymbol{\gamma}_1,\boldsymbol{\gamma}_2,\boldsymbol{\gamma}_3)=4(\boldsymbol{\gamma}_1,\boldsymbol{\gamma}_2,\boldsymbol{\gamma}_3).$$

所以,$\boldsymbol{\gamma}_1,\boldsymbol{\gamma}_2,\boldsymbol{\gamma}_3$ 均是 A 的属于特征值 4 的特征向量.但注意到 $\boldsymbol{\gamma}_1,\boldsymbol{\gamma}_2,\boldsymbol{\gamma}_3$ 成比例,所以通过 $CA^{\mathrm{T}}=4C$ 只能推出 4 至少是 A 的单特征值.

结合上述两个结论,可得 A 的特征值恰为 1,1,4,且对应的线性无关特征向量分别为 $\boldsymbol{\beta}_1,\boldsymbol{\beta}_2,\boldsymbol{\gamma}_1$.

令

$$\boldsymbol{P}=(\boldsymbol{\beta}_1,\boldsymbol{\beta}_2,\boldsymbol{\gamma}_1)=\begin{pmatrix}-1 & -1 & 1\\ 1 & 0 & 1\\ 0 & 1 & 1\end{pmatrix},$$

则

$$\boldsymbol{P}^{-1}\boldsymbol{A}\boldsymbol{P}=\begin{pmatrix}1 & & \\ & 1 & \\ & & 4\end{pmatrix}\xlongequal{\text{记为}}\boldsymbol{\Lambda},$$

反解得

$$\boldsymbol{A}=\boldsymbol{P}\boldsymbol{\Lambda}\boldsymbol{P}^{-1}=\begin{pmatrix}2 & 1 & 1\\ 1 & 2 & 1\\ 1 & 1 & 2\end{pmatrix}.$$

(2) 可以直接计算出 $\boldsymbol{A}^{2022}$ 后,代入等式 $\boldsymbol{A}^{2022}\boldsymbol{\xi}=\boldsymbol{\xi}$ 中,解出 a,但是该方法计算量大.

由于 $\boldsymbol{\beta}_1,\boldsymbol{\beta}_2,\boldsymbol{\gamma}_1$ 是 3 个 3 维线性无关向量,故 $\boldsymbol{\xi}$ 一定能够由 $\boldsymbol{\beta}_1,\boldsymbol{\beta}_2,\boldsymbol{\gamma}_1$ 线性表示,不妨假设

$$\boldsymbol{\xi}=x_1\boldsymbol{\beta}_1+x_2\boldsymbol{\beta}_2+x_3\boldsymbol{\gamma}_1,$$

其中 x_1,x_2,x_3 为待定常数.

由于 $\boldsymbol{A}\boldsymbol{\beta}_1=\boldsymbol{\beta}_1$,故

$$\boldsymbol{A}^{2022}\boldsymbol{\beta}_1=\boldsymbol{\beta}_1;$$

由于 $\boldsymbol{A}\boldsymbol{\beta}_2=\boldsymbol{\beta}_2$,故

$$\boldsymbol{A}^{2022}\boldsymbol{\beta}_2=\boldsymbol{\beta}_2;$$

由于 $\boldsymbol{A}\boldsymbol{\gamma}_1=4\boldsymbol{\gamma}_1$,故

$$\boldsymbol{A}^{2022}\boldsymbol{\gamma}_1=4^{2022}\boldsymbol{\gamma}_1.$$

所以,有

$$\begin{aligned}\boldsymbol{A}^{2022}\boldsymbol{\xi}&=\boldsymbol{A}^{2022}(x_1\boldsymbol{\beta}_1+x_2\boldsymbol{\beta}_2+x_3\boldsymbol{\gamma}_1)=x_1\boldsymbol{A}^{2022}\boldsymbol{\beta}_1+x_2\boldsymbol{A}^{2022}\boldsymbol{\beta}_2+x_3\boldsymbol{A}^{2022}\boldsymbol{\gamma}_1\\&=x_1\boldsymbol{\beta}_1+x_2\boldsymbol{\beta}_2+x_3\cdot 4^{2022}\boldsymbol{\gamma}_1.\end{aligned}$$

又由于 $\boldsymbol{A}^{2022}\boldsymbol{\xi}=\boldsymbol{\xi}$,故

$$x_1\boldsymbol{\beta}_1+x_2\boldsymbol{\beta}_2+x_3\cdot 4^{2022}\boldsymbol{\gamma}_1=x_1\boldsymbol{\beta}_1+x_2\boldsymbol{\beta}_2+x_3\boldsymbol{\gamma}_1,$$

化简得

$$x_3\cdot 4^{2022}\boldsymbol{\gamma}_1=x_3\boldsymbol{\gamma}_1.$$

因 $\boldsymbol{\gamma}_1\neq\boldsymbol{0}$,故 $x_3=0$. 这说明

$$\boldsymbol{\xi}=x_1\boldsymbol{\beta}_1+x_2\boldsymbol{\beta}_2.$$

我们知道,不论 a 的取值如何,$\boldsymbol{\xi}$ 一定能由 $\boldsymbol{\beta}_1,\boldsymbol{\beta}_2,\boldsymbol{\gamma}_1$ 线性表示;但 $\boldsymbol{\xi}$ 不一定能由 $\boldsymbol{\beta}_1,\boldsymbol{\beta}_2$

线性表示.而现在已推出 $\boldsymbol{\xi}=x_1\boldsymbol{\beta}_1+x_2\boldsymbol{\beta}_2$，这就需要选择恰当的 a，使得 $\boldsymbol{\xi}=x_1\boldsymbol{\beta}_1+x_2\boldsymbol{\beta}_2$ 可以成立.

因

$$(\boldsymbol{\beta}_1,\boldsymbol{\beta}_2,\boldsymbol{\xi})=\begin{pmatrix}-1&-1&1\\1&0&3\\0&1&a\end{pmatrix}\rightarrow\begin{pmatrix}1&0&3\\0&1&-4\\0&0&a+4\end{pmatrix},$$

故当 $a=-4$ 时，

$$\mathrm{r}(\boldsymbol{\beta}_1,\boldsymbol{\beta}_2)=\mathrm{r}(\boldsymbol{\beta}_1,\boldsymbol{\beta}_2,\boldsymbol{\xi}),$$

从而 $\boldsymbol{\xi}$ 能由 $\boldsymbol{\beta}_1,\boldsymbol{\beta}_2$ 线性表示.

综上，$a=-4$ 即为所求.

三、配套作业

1. 设矩阵

$$\boldsymbol{A}=\begin{pmatrix}0&0&1\\-2&-1&-2\\1&0&0\end{pmatrix},\quad \boldsymbol{B}=\begin{pmatrix}0&0&1\\0&-1&0\\1&0&0\end{pmatrix},\quad \boldsymbol{C}=\begin{pmatrix}1&0&0\\0&-1&0\\0&1&-1\end{pmatrix},$$

问：$\boldsymbol{A}$ 与 $\boldsymbol{B}$ 是否相似？$\boldsymbol{A}$ 与 $\boldsymbol{C}$ 是否相似？

2. 设 $\boldsymbol{A}=(a_{ij})$ 是 n 阶矩阵，$a_{ij}=ij\,(i,j=1,2,\cdots,n)$，问：$\boldsymbol{A}$ 能否相似对角化？若能，求出可逆矩阵 $\boldsymbol{P}$，使得 $\boldsymbol{P}^{-1}\boldsymbol{A}\boldsymbol{P}$ 为对角矩阵.

3. 设矩阵 $\boldsymbol{A}$ 与 $\boldsymbol{\Lambda}$ 相似，且

$$\boldsymbol{A}=\begin{pmatrix}1&-1&1\\2&4&-2\\-3&-3&a\end{pmatrix},\quad \boldsymbol{\Lambda}=\begin{pmatrix}2&&\\&2&\\&&b\end{pmatrix},$$

求 a,b 的值，并计算 $(\boldsymbol{A}-4\boldsymbol{E})^8$.

4. 设矩阵

$$\boldsymbol{A}=\begin{pmatrix}0&0&1\\0&0&0\\1&0&0\end{pmatrix},\quad \boldsymbol{B}=\begin{pmatrix}1&0&0\\0&1&2\\0&-1&-2\end{pmatrix},$$

证明：$\boldsymbol{A}$ 与 $\boldsymbol{B}$ 相似；并求可逆矩阵 $\boldsymbol{P}$，使得 $\boldsymbol{P}^{-1}\boldsymbol{A}\boldsymbol{P}=\boldsymbol{B}$.

5. 设 $\boldsymbol{A},\boldsymbol{B},\boldsymbol{C}$ 均是 n 阶矩阵，且满足

$$\mathrm{r}(\boldsymbol{B})+\mathrm{r}(\boldsymbol{C})=n,\quad (\boldsymbol{A}+\boldsymbol{E})\boldsymbol{C}=\boldsymbol{O},\quad \boldsymbol{B}(\boldsymbol{A}^{\mathrm{T}}-2\boldsymbol{E})=\boldsymbol{O},$$

证明：$\boldsymbol{A}\sim\boldsymbol{\Lambda}$；并求 $\boldsymbol{\Lambda}$ 和 $|\boldsymbol{A}|$，其中 $\boldsymbol{\Lambda}$ 为对角矩阵.

6. 设三个 n 阶非零矩阵 $\boldsymbol{A}_i(i=1,2,3)$满足 $\boldsymbol{A}_i^2=\boldsymbol{A}_i$,且

$$\boldsymbol{A}_i\boldsymbol{A}_j=\boldsymbol{O} \quad (i\neq j;i,j=1,2,3),$$

证明:

(1) 每一个 $\boldsymbol{A}_i$ 都既有特征值 0,也有特征值 1;

(2) 若 $\boldsymbol{\alpha}$ 是 $\boldsymbol{A}_i$ 的属于特征值 1 的特征向量,则 $\boldsymbol{\alpha}$ 必定也是 $\boldsymbol{A}_j$ 的属于特征值 0 的特征向量;

(3) 若 $\boldsymbol{\alpha}_1,\boldsymbol{\alpha}_2,\boldsymbol{\alpha}_3$ 依次是 $\boldsymbol{A}_1,\boldsymbol{A}_2,\boldsymbol{A}_3$ 的属于特征值 1 的特征向量,则向量组 $\boldsymbol{\alpha}_1,\boldsymbol{\alpha}_2,\boldsymbol{\alpha}_3$ 必定线性无关.

第9讲 实对称矩阵的相似对角化

实对称矩阵是一种特殊的矩阵，所以第8讲中关于一般矩阵的所有结论对实对称矩阵都适用，但实对称矩阵本身还具有一些特殊性质，比如特征值都是实数、属于不同特征值的特征向量具有正交性等.正是由于这些特殊性质，使得实对称矩阵的考法更加丰富，同学们应该加倍重视.

这一讲的最大特点之一是，利用谱分解定理由特征值与特征向量反求实对称矩阵.与常规方法相比，该方法速度快、运算量小、正确率高，是帮助考生提高解题速度的好方法.

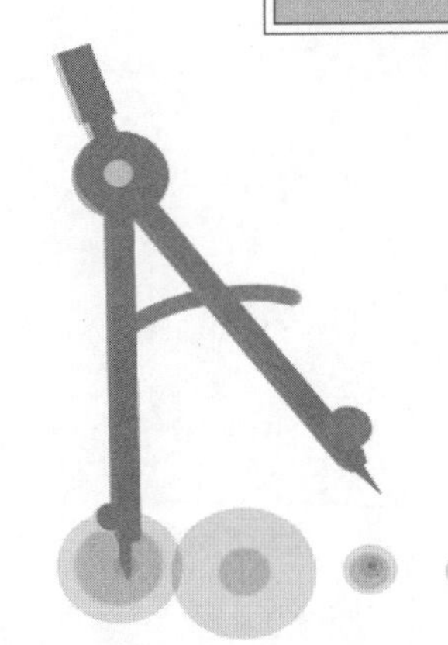

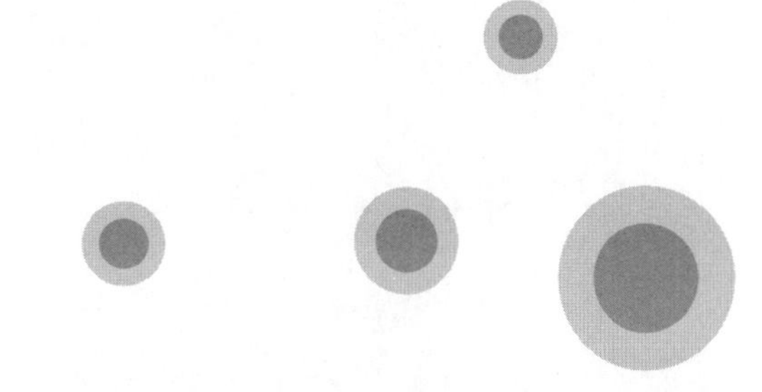

一、重要结论归纳总结

(一) 实对称矩阵的独特性质

(1) 实对称矩阵的特征值全都是实数.

注　非实对称矩阵不具有该性质. 比如,对于反对称矩阵 $\boldsymbol{A}=\begin{pmatrix}0 & -1\\1 & 0\end{pmatrix}$ 而言,有

$$|\boldsymbol{A}-\lambda\boldsymbol{E}|=\lambda^2+1,\quad 故\quad \lambda=\pm\mathrm{i}.$$

(2) 实对称矩阵一定可以相似对角化.

注　这个性质说明,对于实对称矩阵而言,它的任何一个特征值均满足"代数重数=几何重数",即它的每一个 k 重特征值 λ 一定恰好对应 k 个线性无关的特征向量.

(3) 实对称矩阵的属于不同特征值的特征向量,不仅线性无关,而且正交.

注1　向量 $\boldsymbol{\alpha}$ 与 $\boldsymbol{\beta}$ 正交说明它们的内积为零,即 $(\boldsymbol{\alpha},\boldsymbol{\beta})=0$. 我们可以通过这个性质建立等式,求解未知参数. 这一点很重要.

注2　若3阶实矩阵 $\boldsymbol{A}$ 存在三个正交的特征向量,问: $\boldsymbol{A}$ 是否一定是实对称矩阵? 回答是肯定的(请同学们思考为什么).

(4) 对于 n 阶实对称矩阵 $\boldsymbol{A}$,一定存在正交矩阵 $\boldsymbol{Q}$,使得

$$\boldsymbol{Q}^{\mathrm{T}}\boldsymbol{A}\boldsymbol{Q}=\begin{pmatrix}\lambda_1 & & & \\ & \lambda_2 & & \\ & & \ddots & \\ & & & \lambda_n\end{pmatrix},$$

其中 $\lambda_1,\lambda_2,\cdots,\lambda_n$ 是 $\boldsymbol{A}$ 的 n 个特征值, $\boldsymbol{Q}$ 的列向量组是由 $\boldsymbol{A}$ 的 n 个线性无关特征向量 $\boldsymbol{\xi}_1,\boldsymbol{\xi}_2,\cdots,\boldsymbol{\xi}_n$ 进行"施密特正交化"及"单位化"以后得到的新向量组 $\boldsymbol{e}_1,\boldsymbol{e}_2,\cdots,\boldsymbol{e}_n$.

注　对于一般矩阵的相似对角化问题,其一般形式为"求可逆矩阵 $\boldsymbol{P}$,使得 $\boldsymbol{P}^{-1}\boldsymbol{A}\boldsymbol{P}=\boldsymbol{\Lambda}$";对于实对称矩阵的相似对角化问题,其一般形式为"求正交矩阵 $\boldsymbol{Q}$,使得 $\boldsymbol{Q}^{\mathrm{T}}\boldsymbol{A}\boldsymbol{Q}=\boldsymbol{\Lambda}$". 这里 $\boldsymbol{\Lambda}$ 为对角矩阵.

(二) 实对称矩阵的相似对角化步骤

(1) 求出实对称矩阵 $\boldsymbol{A}$ 的所有互不相同的特征值 $\lambda_1,\lambda_2,\cdots,\lambda_s$,设它们的重数依次为 $k_1,k_2,\cdots,k_s(k_1+k_2+\cdots+k_s=n)$.

(2) 对每一个特征值 λ_i(k_i 重),求出线性方程组 $(\boldsymbol{A}-\lambda_i\boldsymbol{E})\boldsymbol{x}=\boldsymbol{0}$ 的一个基础解系,得到 k_i 个线性无关的特征向量,再将其施密特正交化、单位化,便可得到 k_i 个两两正交的单位特征向量. 由于 $k_1+k_2+\cdots+k_s=n$,故总共可得到 n 个两两正交的单位特征向量.

(3) 以这 n 个两两正交的单位特征向量为列拼成正交矩阵 $\boldsymbol{Q}$,则有

$$\boldsymbol{Q}^{\mathrm{T}}\boldsymbol{A}\boldsymbol{Q}=\boldsymbol{Q}^{-1}\boldsymbol{A}\boldsymbol{Q}=\boldsymbol{\Lambda},$$

其中 $\boldsymbol{\Lambda}$ 是以 $\boldsymbol{A}$ 的特征值 $\lambda_i(i=1,2,\cdots,s)$ 为主对角线上元素的对角矩阵，且 λ_i 的个数为其重数 k_i，它们的排列次序必须和 $\boldsymbol{Q}$ 中单位特征向量的排列次序相对应.

注 在非实对称矩阵相似对角化的过程中，不要对其特征向量使用施密特正交化.

(三) 谱分解定理

谱分解定理特别适用于计算零特征值较多的实对称矩阵 $\boldsymbol{A}$ 的表达式. 下面以 3 阶实对称矩阵为例来说明.

设 $\boldsymbol{A}$ 为 3 阶实对称矩阵，且已知其特征值和特征向量，如何求 $\boldsymbol{A}$ 呢？

由于必存在可逆矩阵 $\boldsymbol{P}$，使得 $\boldsymbol{P}^{-1}\boldsymbol{AP}=\boldsymbol{\Lambda}$，我们当然可以从 $\boldsymbol{P}^{-1}\boldsymbol{AP}=\boldsymbol{\Lambda}$ 中反解出 $\boldsymbol{A}=\boldsymbol{P\Lambda P}^{-1}$，其中 $\boldsymbol{\Lambda}$ 是以 $\boldsymbol{A}$ 的特征值为主对角线上元素的对角矩阵. 但这样计算量较大，那么有没有快捷一些的方法呢？

其实，对于实对称矩阵 $\boldsymbol{A}$ 而言，一定存在正交矩阵 $\boldsymbol{Q}$，使得 $\boldsymbol{Q}^{\mathrm{T}}\boldsymbol{AQ}=\boldsymbol{\Lambda}$，其中

$$\boldsymbol{\Lambda}=\begin{pmatrix}\lambda_1 & & \\ & \lambda_2 & \\ & & \lambda_3\end{pmatrix},\quad \boldsymbol{Q}=(\boldsymbol{e}_1,\boldsymbol{e}_2,\boldsymbol{e}_3),$$

这里 $\lambda_1,\lambda_2,\lambda_3$ 为 $\boldsymbol{A}$ 的特征值，$\boldsymbol{e}_1,\boldsymbol{e}_2,\boldsymbol{e}_3$ 分别是 $\boldsymbol{A}$ 的属于特征值 $\lambda_1,\lambda_2,\lambda_3$ 的单位正交特征向量. 从 $\boldsymbol{Q}^{\mathrm{T}}\boldsymbol{AQ}=\boldsymbol{\Lambda}$ 中将 $\boldsymbol{A}$ 反解出，得

$$\boldsymbol{A}=\boldsymbol{Q\Lambda Q}^{\mathrm{T}}=(\boldsymbol{e}_1,\boldsymbol{e}_2,\boldsymbol{e}_3)\begin{pmatrix}\lambda_1 & & \\ & \lambda_2 & \\ & & \lambda_3\end{pmatrix}\begin{pmatrix}\boldsymbol{e}_1^{\mathrm{T}}\\ \boldsymbol{e}_2^{\mathrm{T}}\\ \boldsymbol{e}_3^{\mathrm{T}}\end{pmatrix}=\lambda_1\boldsymbol{e}_1\boldsymbol{e}_1^{\mathrm{T}}+\lambda_2\boldsymbol{e}_2\boldsymbol{e}_2^{\mathrm{T}}+\lambda_3\boldsymbol{e}_3\boldsymbol{e}_3^{\mathrm{T}}.$$

这就是 3 阶实对称矩阵对应的谱分解定理. 同理，n 阶实对称矩阵也有相应的谱分解定理.

请同学们记住上述谱分解定理给出的公式. 这个公式非常好用，尤其是当 $\boldsymbol{A}$ 存在零特征值时.

二、典型例题分类讲解

考法一 考查实对称矩阵相似对角化的相关问题

例题 1 已知向量 $\boldsymbol{\alpha}_1=(1,1,1)^{\mathrm{T}}$，求一组非零向量 $\boldsymbol{\alpha}_2,\boldsymbol{\alpha}_3$，使得 $\boldsymbol{\alpha}_1,\boldsymbol{\alpha}_2,\boldsymbol{\alpha}_3$ 两两正交.

解 设向量 $\boldsymbol{\alpha}=(x_1,x_2,x_3)^{\mathrm{T}}$ 与 $\boldsymbol{\alpha}_1=(1,1,1)^{\mathrm{T}}$ 正交，则 $(\boldsymbol{\alpha}_1,\boldsymbol{\alpha})=0$，即

$$x_1+x_2+x_3=0.$$

也就是说，满足齐次线性方程 $x_1+x_2+x_3=0$ 的一切向量 $\boldsymbol{\alpha}=(x_1,x_2,x_3)^{\mathrm{T}}$ 均与 $\boldsymbol{\alpha}_1$ 正交.

接下来，常规方法是将齐次线性方程 $x_1+x_2+x_3=0$ 中的自由变量 x_2,x_3 分别赋值为 1,0 和 0,1，得到基础解系中的两个线性无关向量，然后用施密特正交化方法，将它们变成正交向量.

但为了直接得到两两正交的向量,我们可以分两步进行:

(1) 求出基础解系中的一个向量 $\boldsymbol{\xi}_1$. 令自由变量 x_2,x_3 分别为 1,0,得

$$\boldsymbol{\xi}_1=(-1,1,0)^{\mathrm{T}}.$$

显然,$\boldsymbol{\xi}_1$ 与 $\boldsymbol{\alpha}_1$ 正交.

(2) 让基础解系中的另一个向量 $\boldsymbol{\xi}_2=(x_1,x_2,x_3)^{\mathrm{T}}$ 同时与向量 $\boldsymbol{\alpha}_1=(1,1,1)^{\mathrm{T}}$ 和 $\boldsymbol{\xi}_1=(-1,1,0)^{\mathrm{T}}$ 都正交,即令 $(\boldsymbol{\alpha}_1,\boldsymbol{\xi}_2)=0$ 且 $(\boldsymbol{\xi}_1,\boldsymbol{\xi}_2)=0$,得

$$\begin{cases} x_1+x_2+x_3=0, \\ -x_1+x_2 \qquad =0. \end{cases}$$

对这个线性方程组的系数矩阵 $\boldsymbol{A}$ 做初等行变换,得

$$\boldsymbol{A}=\begin{pmatrix} 1 & 1 & 1 \\ -1 & 1 & 0 \end{pmatrix} \longrightarrow \begin{pmatrix} 1 & 1 & 1 \\ 0 & 2 & 1 \end{pmatrix},$$

故可取

$$\boldsymbol{\xi}_2=(-1,-1,2)^{\mathrm{T}}.$$

综上,取

$$\boldsymbol{\alpha}_2=\boldsymbol{\xi}_1=(-1,1,0)^{\mathrm{T}}, \quad \boldsymbol{\alpha}_3=\boldsymbol{\xi}_2=(-1,-1,2)^{\mathrm{T}},$$

即可使得 $\boldsymbol{\alpha}_1,\boldsymbol{\alpha}_2,\boldsymbol{\alpha}_3$ 两两正交(请同学们自行验证).

例题 2　设矩阵

$$\boldsymbol{A}=\begin{pmatrix} 0 & -1 & 1 \\ -1 & 0 & 1 \\ 1 & 1 & 0 \end{pmatrix},$$

求一个正交矩阵 $\boldsymbol{Q}$,使得 $\boldsymbol{Q}^{\mathrm{T}}\boldsymbol{A}\boldsymbol{Q}$ 为对角矩阵.

解　按照标准步骤进行求解即可.

(1) 求特征值.

因

$$|\boldsymbol{A}-\lambda\boldsymbol{E}|=\begin{vmatrix} -\lambda & -1 & 1 \\ -1 & -\lambda & 1 \\ 1 & 1 & -\lambda \end{vmatrix}=\begin{vmatrix} -\lambda & -1-\lambda & 1 \\ -1 & -\lambda-1 & 1 \\ 1 & 2 & -\lambda \end{vmatrix}=\begin{vmatrix} -\lambda & -1-\lambda & 1 \\ \lambda-1 & 0 & 0 \\ 1 & 2 & -\lambda \end{vmatrix}$$

$$=-(\lambda-1)^2(\lambda+2),$$

故 $\boldsymbol{A}$ 的特征值为

$$\lambda_1=-2, \quad \lambda_2=\lambda_3=1.$$

(2) 求不同特征值对应的特征向量,并将重特征值对应的特征向量正交化.

对于 $\lambda_1=-2$,有

$$A+2E=\begin{pmatrix}2&-1&1\\-1&2&1\\1&1&2\end{pmatrix}\longrightarrow\begin{pmatrix}0&-3&-3\\0&3&3\\1&1&2\end{pmatrix}\longrightarrow\begin{pmatrix}1&0&1\\0&1&1\\0&0&0\end{pmatrix},$$

故 $\boldsymbol{A}$ 的属于特征值 $\lambda_1=-2$ 的一个特征向量为

$$\boldsymbol{\xi}_1=(-1,-1,1)^{\mathrm{T}}.$$

对于 $\lambda_2=\lambda_3=1$，有

$$A-E=\begin{pmatrix}-1&-1&1\\-1&-1&1\\1&1&-1\end{pmatrix}\longrightarrow\begin{pmatrix}1&1&-1\\0&0&0\\0&0&0\end{pmatrix},$$

故得到 $\boldsymbol{A}$ 的属于特征值 $\lambda_2=\lambda_3=1$ 的两个线性无关特征向量

$$\boldsymbol{\xi}_2=(-1,1,0)^{\mathrm{T}},\quad \boldsymbol{\xi}_3=(1,0,1)^{\mathrm{T}}.$$

将其正交化：

$$\boldsymbol{\beta}_1=\boldsymbol{\xi}_2=(-1,1,0)^{\mathrm{T}},$$

$$\boldsymbol{\beta}_2=\boldsymbol{\xi}_3-\frac{(\boldsymbol{\xi}_3,\boldsymbol{\beta}_1)}{(\boldsymbol{\beta}_1,\boldsymbol{\beta}_1)}\boldsymbol{\beta}_1=(1,0,1)^{\mathrm{T}}-\frac{-1}{2}(-1,1,0)^{\mathrm{T}}=\frac{1}{2}(1,1,2)^{\mathrm{T}}.$$

(3) 将特征向量单位化.

令

$$\boldsymbol{e}_1=\frac{\boldsymbol{\xi}_1}{\|\boldsymbol{\xi}_1\|}=\frac{1}{\sqrt{3}}(-1,-1,1)^{\mathrm{T}},$$

$$\boldsymbol{e}_2=\frac{\boldsymbol{\beta}_1}{\|\boldsymbol{\beta}_1\|}=\frac{1}{\sqrt{2}}(-1,1,0)^{\mathrm{T}},$$

$$\boldsymbol{e}_3=\frac{\boldsymbol{\beta}_2}{\|\boldsymbol{\beta}_2\|}=\frac{1}{\sqrt{6}}(1,1,2)^{\mathrm{T}},$$

则 $\boldsymbol{e}_1,\boldsymbol{e}_2,\boldsymbol{e}_3$ 为 $\boldsymbol{A}$ 的两两正交的单位特征向量.

(4) 构造正交矩阵.

令

$$\boldsymbol{Q}=(\boldsymbol{e}_1,\boldsymbol{e}_2,\boldsymbol{e}_3)=\begin{pmatrix}-\frac{1}{\sqrt{3}}&-\frac{1}{\sqrt{2}}&\frac{1}{\sqrt{6}}\\-\frac{1}{\sqrt{3}}&\frac{1}{\sqrt{2}}&\frac{1}{\sqrt{6}}\\\frac{1}{\sqrt{3}}&0&\frac{2}{\sqrt{6}}\end{pmatrix},$$

则 $\boldsymbol{Q}$ 为正交矩阵，且

$$Q^{\mathrm{T}}AQ=\begin{pmatrix}-2&&\\&1&\\&&1\end{pmatrix}.$$

注 本题在计算二重特征值 1 对应的特征向量时，可以用例题 1 的方法避开烦琐的施密特正交化：假设属于特征值 1 的特征向量为 $\boldsymbol{\xi}=(x_1,x_2,x_3)^{\mathrm{T}}$，则由正交性可知 $(\boldsymbol{\xi},\boldsymbol{\xi}_1)=0$，即

$$-x_1-x_2+x_3=0.$$

取其中一个解 $\boldsymbol{\xi}_2=(-1,1,0)^{\mathrm{T}}$ 作为特征值 1 对应的一个特征向量，假设另一个特征向量为 $\boldsymbol{\xi}_3=(x_1,x_2,x_3)^{\mathrm{T}}$. 为了得到两两正交的特征向量，我们可以直接让 $\boldsymbol{\xi}_3$ 与 $\boldsymbol{\xi}_1,\boldsymbol{\xi}_2$ 都正交，即令 $(\boldsymbol{\xi}_1,\boldsymbol{\xi}_3)=0$ 且 $(\boldsymbol{\xi}_2,\boldsymbol{\xi}_3)=0$，得

$$\begin{cases}-x_1-x_2+x_3=0,\\-x_1+x_2\qquad\ =0.\end{cases}$$

取该方程组的一个解 $\boldsymbol{\xi}_3=(1,1,2)^{\mathrm{T}}$ 作为特征值 1 对应的另一个特征向量，这样 $\boldsymbol{\xi}_1,\boldsymbol{\xi}_2,\boldsymbol{\xi}_3$ 就两两正交了.

例题 3 设 3 阶实对称矩阵 $\boldsymbol{A}$ 的特征值为 $1,2,-1$，属于特征值 $1,2$ 的特征向量分别为

$$\boldsymbol{\alpha}_1=(2,3,-1)^{\mathrm{T}},\quad \boldsymbol{\alpha}_2=(1,a,2a)^{\mathrm{T}},$$

求齐次线性方程组 $(\boldsymbol{A}^*-2\boldsymbol{E})\boldsymbol{x}=\boldsymbol{0}$ 的通解.

解 求解本题的常规方法是：先通过特征值与特征向量的信息，反解出矩阵 $\boldsymbol{A}$（用考法二中介绍的方法），然后计算出 $\boldsymbol{A}^*$ 的表达式，最后求出 $(\boldsymbol{A}^*-2\boldsymbol{E})\boldsymbol{x}=\boldsymbol{0}$ 的通解. 但这种方法计算量较大. 这里我们换一种方法来求解.

由于 $\boldsymbol{\alpha}_1,\boldsymbol{\alpha}_2$ 是实对称矩阵 $\boldsymbol{A}$ 的属于不同特征值的特征向量，故它们正交，所以

$$2+3a-2a=0,\quad 即\quad a=-2.$$

又由于 $\boldsymbol{A}$ 的特征值为 $1,2,-1$，所以 $\boldsymbol{A}^*$ 的特征值为 $-2,-1,2$，从而 $\boldsymbol{A}^*-2\boldsymbol{E}$ 的特征值为 $-4,-3,0$. 因 $\boldsymbol{A}$ 为实对称矩阵，故 $\boldsymbol{A}^*-2\boldsymbol{E}$ 也是实对称矩阵，从而其非零特征值的个数即为秩，即

$$\mathrm{r}(\boldsymbol{A}^*-2\boldsymbol{E})=2.$$

这说明，$(\boldsymbol{A}^*-2\boldsymbol{E})\boldsymbol{x}=\boldsymbol{0}$ 的基础解系中只有一个向量.

将 $(\boldsymbol{A}^*-2\boldsymbol{E})\boldsymbol{x}=\boldsymbol{0}$ 变形，得 $\boldsymbol{A}^*\boldsymbol{x}=2\boldsymbol{x}$，这说明只需找到 $\boldsymbol{A}^*$ 的属于特征值 2 的特征向量即可. 根据 $\boldsymbol{A}$ 和 $\boldsymbol{A}^*$ 的特征值与特征向量的对应关系可知，我们只需找到 $\boldsymbol{A}$ 的属于特征值 -1 的特征向量即可. 又已知 $\boldsymbol{\alpha}_1,\boldsymbol{\alpha}_2$ 分别是 $\boldsymbol{A}$ 的属于特征值 $1,2$ 的特征向量，故只需利用正交性，即可求得 $\boldsymbol{A}$ 的属于特征值 -1 的特征向量.

设 $\boldsymbol{\alpha}_3=(a_1,a_2,a_3)^{\mathrm{T}}$ 为 $\boldsymbol{A}$ 的属于特征值 -1 的特征向量，则 $(\boldsymbol{\alpha}_1,\boldsymbol{\alpha}_3)=0$ 且 $(\boldsymbol{\alpha}_2,\boldsymbol{\alpha}_3)=\boldsymbol{0}$，从而有

$$\begin{cases}2a_1+3a_2-a_3=0,\\ a_1-2a_2-4a_3=0.\end{cases}$$

对此方程组的系数矩阵做初等行变换：

$$\begin{pmatrix}2&3&-1\\1&-2&-4\end{pmatrix}\longrightarrow\begin{pmatrix}0&7&7\\1&-2&-4\end{pmatrix}\longrightarrow\begin{pmatrix}1&0&-2\\0&1&1\end{pmatrix}.$$

故可取 $\boldsymbol{\alpha}_3=(2,-1,1)^{\mathrm{T}}$ 为 $\boldsymbol{A}$ 的属于特征值 -1 的一个特征向量.

综上，$(\boldsymbol{A}^*-2\boldsymbol{E})\boldsymbol{x}=\boldsymbol{0}$ 的通解为 $k\boldsymbol{\alpha}_3$，即 $k(2,-1,1)^{\mathrm{T}}$，其中 k 为任意常数.

考法二　考查由特征值和特征向量反求矩阵

例题 4(2011 年)　设 $\boldsymbol{A}$ 为 3 阶实对称矩阵，$\mathrm{r}(\boldsymbol{A})=2$，且

$$\boldsymbol{A}\begin{pmatrix}1&1\\0&0\\-1&1\end{pmatrix}=\begin{pmatrix}-1&1\\0&0\\1&1\end{pmatrix}.$$

(1) 求 $\boldsymbol{A}$ 的所有特征值与特征向量；　　(2) 求 $\boldsymbol{A}$.

解　(1) 由于 $\mathrm{r}(\boldsymbol{A})=2$，故 0 是 $\boldsymbol{A}$ 的特征值.

记

$$\boldsymbol{\beta}_1=(1,0,-1)^{\mathrm{T}},\quad \boldsymbol{\beta}_2=(1,0,1)^{\mathrm{T}},$$

则由题意可知

$$\boldsymbol{A}\boldsymbol{\beta}_1=-\boldsymbol{\beta}_1,\quad \boldsymbol{A}\boldsymbol{\beta}_2=\boldsymbol{\beta}_2.$$

故 -1 和 1 也是 $\boldsymbol{A}$ 的特征值，它们对应的特征向量分别为 $\boldsymbol{\beta}_1,\boldsymbol{\beta}_2$.

假设 $\boldsymbol{\alpha}=(x_1,x_2,x_3)^{\mathrm{T}}$ 是属于特征值 0 的特征向量，则由正交性可知 $(\boldsymbol{\alpha},\boldsymbol{\beta}_1)=0$ 且 $(\boldsymbol{\alpha},\boldsymbol{\beta}_2)=0$，从而有

$$\begin{cases}x_1-x_3=0,\\x_1+x_3=0.\end{cases}$$

求解此方程组知可取 $\boldsymbol{\alpha}=(0,1,0)^{\mathrm{T}}$.

综上，$\boldsymbol{A}$ 的所有特征值为 $0,-1,1$，分别对应于特征向量

$$\boldsymbol{\alpha}=(0,1,0)^{\mathrm{T}},\quad \boldsymbol{\beta}_1=(1,0,-1)^{\mathrm{T}},\quad \boldsymbol{\beta}_2=(1,0,1)^{\mathrm{T}}.$$

故所有的特征向量为

$$k_1\boldsymbol{\alpha}=k_1(0,1,0)^{\mathrm{T}},\quad k_2\boldsymbol{\beta}_1=k_2(1,0,-1)^{\mathrm{T}},\quad k_3\boldsymbol{\beta}_2=k_3(1,0,1)^{\mathrm{T}}.$$

其中 k_1,k_2,k_3 均为非零常数.

(2) 由于特征值互不相同，故 $\boldsymbol{\alpha},\boldsymbol{\beta}_1,\boldsymbol{\beta}_2$ 已经两两正交，从而只需将其单位化即可.

将 $\boldsymbol{\alpha},\boldsymbol{\beta}_1,\boldsymbol{\beta}_2$ 单位化，得

$$e_1=\frac{\boldsymbol{\alpha}}{\|\boldsymbol{\alpha}\|}=(0,1,0)^{\mathrm T},$$

$$e_2=\frac{\boldsymbol{\beta}_1}{\|\boldsymbol{\beta}_1\|}=\frac{1}{\sqrt2}(1,0,-1)^{\mathrm T},$$

$$e_3=\frac{\boldsymbol{\beta}_2}{\|\boldsymbol{\beta}_2\|}=\frac{1}{\sqrt2}(1,0,1)^{\mathrm T}.$$

令 $\boldsymbol{Q}=(\boldsymbol{e}_1,\boldsymbol{e}_2,\boldsymbol{e}_3)$，则

$$\boldsymbol{Q}^{\mathrm T}\boldsymbol{A}\boldsymbol{Q}=\begin{pmatrix}0&&\\&-1&\\&&1\end{pmatrix}\xlongequal{\text{记为}}\boldsymbol{\Lambda}.$$

将 $\boldsymbol{A}$ 反解出来，即得

$$\boldsymbol{A}=\boldsymbol{Q}\boldsymbol{\Lambda}\boldsymbol{Q}^{\mathrm T}=(\boldsymbol{e}_1,\boldsymbol{e}_2,\boldsymbol{e}_3)\begin{pmatrix}0&&\\&-1&\\&&1\end{pmatrix}(\boldsymbol{e}_1,\boldsymbol{e}_2,\boldsymbol{e}_3)^{\mathrm T}=0\boldsymbol{e}_1\boldsymbol{e}_1^{\mathrm T}-\boldsymbol{e}_2\boldsymbol{e}_2^{\mathrm T}+\boldsymbol{e}_3\boldsymbol{e}_3^{\mathrm T}$$

$$=-\frac12\begin{pmatrix}1\\0\\-1\end{pmatrix}(1,0,-1)+\frac12\begin{pmatrix}1\\0\\1\end{pmatrix}(1,0,1)=\begin{pmatrix}0&0&1\\0&0&0\\1&0&0\end{pmatrix}.$$

注　求解本题的常规方法是：以线性无关的特征向量为列拼成可逆矩阵 $\boldsymbol{P}$，然后由 $\boldsymbol{P}^{-1}\boldsymbol{A}\boldsymbol{P}=\boldsymbol{\Lambda}$ 反解出 $\boldsymbol{A}=\boldsymbol{P}\boldsymbol{\Lambda}\boldsymbol{P}^{-1}$（$\boldsymbol{\Lambda}$ 是以 $\boldsymbol{A}$ 的特征值为主对角线上元素的对角矩阵）. 但该方法需要计算逆矩阵，并且要计算 3 阶矩阵的乘积，计算量较大. 若利用谱分解定理给出的公式

$$\boldsymbol{A}=\lambda_1\boldsymbol{e}_1\boldsymbol{e}_1^{\mathrm T}+\lambda_2\boldsymbol{e}_2\boldsymbol{e}_2^{\mathrm T}+\lambda_3\boldsymbol{e}_3\boldsymbol{e}_3^{\mathrm T},$$

则可以避开逆矩阵的计算，从而减少计算量. 尤其是注意到本题的 $\lambda_1=0$，故在计算 $\boldsymbol{A}$ 时，其实无须知道 $\boldsymbol{e}_1$ 的表达式，只需计算 $\boldsymbol{A}=\lambda_2\boldsymbol{e}_2\boldsymbol{e}_2^{\mathrm T}+\lambda_3\boldsymbol{e}_3\boldsymbol{e}_3^{\mathrm T}$ 即可，从而再一次减少了计算量.

例题 5　设 $\boldsymbol{A}$ 为 3 阶实对称矩阵，向量组 $\boldsymbol{\alpha},\boldsymbol{\beta}$ 线性无关，且

$$\boldsymbol{A}\boldsymbol{\alpha}=3\boldsymbol{\beta},\quad \boldsymbol{A}\boldsymbol{\beta}=3\boldsymbol{\alpha},$$

其中

$$\boldsymbol{\alpha}=(0,-1,1)^{\mathrm T},\quad \boldsymbol{\beta}=(1,0,-1)^{\mathrm T};$$

又设 3 阶矩阵 $\boldsymbol{B}$ 满足

$$\mathrm{r}(\boldsymbol{A}\boldsymbol{B})<\mathrm{r}(\boldsymbol{B}).$$

(1) 求 $\boldsymbol{A}$ 的所有特征值与特征向量；　　(2) 求 $\boldsymbol{A}$.

解　(1) 由 $\boldsymbol{A}\boldsymbol{\alpha}=3\boldsymbol{\beta},\boldsymbol{A}\boldsymbol{\beta}=3\boldsymbol{\alpha}$ 可得

$$\boldsymbol{A}(\boldsymbol{\alpha}+\boldsymbol{\beta})=3(\boldsymbol{\alpha}+\boldsymbol{\beta}),\quad \boldsymbol{A}(\boldsymbol{\alpha}-\boldsymbol{\beta})=(-3)(\boldsymbol{\alpha}-\boldsymbol{\beta}),$$

所以 3 和 -3 均是 $\boldsymbol{A}$ 的特征值，分别对应于特征向量 $\boldsymbol{\alpha}+\boldsymbol{\beta}$ 和 $\boldsymbol{\alpha}-\boldsymbol{\beta}$.

由于 $\mathrm{r}(\boldsymbol{AB})<\mathrm{r}(\boldsymbol{B})$，所以 $\boldsymbol{A}$ 必然不是可逆矩阵. 故 0 是 $\boldsymbol{A}$ 的特征值. 假设其对应的特征向量为 $\boldsymbol{\xi}=(x_1,x_2,x_3)^{\mathrm{T}}$. 由正交性可知 $(\boldsymbol{\xi},\boldsymbol{\alpha}+\boldsymbol{\beta})=0$ 且 $(\boldsymbol{\xi},\boldsymbol{\alpha}-\boldsymbol{\beta})=0$，故有

$$\begin{cases} x_1-x_2=0, \\ -x_1-x_2+2x_3=0, \end{cases}$$

可解得特征向量

$$\boldsymbol{\xi}=(1,1,1)^{\mathrm{T}}.$$

综上，$\boldsymbol{A}$ 的所有特征值为 $0,3,-3$，分别对应于特征向量

$$\boldsymbol{\xi}=(1,1,1)^{\mathrm{T}},\quad \boldsymbol{\alpha}+\boldsymbol{\beta}=(1,-1,0)^{\mathrm{T}},\quad \boldsymbol{\alpha}-\boldsymbol{\beta}=(-1,-1,2)^{\mathrm{T}}.$$

故 $\boldsymbol{A}$ 的所有特征向量为

$$k_1\boldsymbol{\xi}=k_1(1,1,1)^{\mathrm{T}},\quad k_2(\boldsymbol{\alpha}+\boldsymbol{\beta})=k_2(1,-1,0)^{\mathrm{T}},\quad k_3(\boldsymbol{\alpha}-\boldsymbol{\beta})=k_3(-1,-1,2)^{\mathrm{T}},$$

其中 k_1,k_2,k_3 均为非零常数.

(2) 由于特征值互不相同，故 $\boldsymbol{\xi},\boldsymbol{\alpha}+\boldsymbol{\beta},\boldsymbol{\alpha}-\boldsymbol{\beta}$ 已经两两正交，从而只需将其单位化即可.

将 $\boldsymbol{\xi},\boldsymbol{\alpha}+\boldsymbol{\beta},\boldsymbol{\alpha}-\boldsymbol{\beta}$ 单位化，得

$$\boldsymbol{e}_1=\frac{\boldsymbol{\xi}}{\|\boldsymbol{\xi}\|}=\frac{1}{\sqrt{3}}(1,1,1)^{\mathrm{T}},$$

$$\boldsymbol{e}_2=\frac{\boldsymbol{\alpha}+\boldsymbol{\beta}}{\|\boldsymbol{\alpha}+\boldsymbol{\beta}\|}=\frac{1}{\sqrt{2}}(1,-1,0)^{\mathrm{T}},$$

$$\boldsymbol{e}_3=\frac{\boldsymbol{\alpha}-\boldsymbol{\beta}}{\|\boldsymbol{\alpha}-\boldsymbol{\beta}\|}=\frac{1}{\sqrt{6}}(-1,-1,2)^{\mathrm{T}}.$$

根据谱分解定理，即得

$$\begin{aligned}\boldsymbol{A}&=0\boldsymbol{e}_1\boldsymbol{e}_1^{\mathrm{T}}+3\boldsymbol{e}_2\boldsymbol{e}_2^{\mathrm{T}}-3\boldsymbol{e}_3\boldsymbol{e}_3^{\mathrm{T}}\\&=3\cdot\frac{1}{2}\begin{pmatrix}1\\-1\\0\end{pmatrix}(1,-1,0)-3\cdot\frac{1}{6}\begin{pmatrix}-1\\-1\\2\end{pmatrix}(-1,-1,2)\\&=\begin{pmatrix}1&-2&1\\-2&1&1\\1&1&-2\end{pmatrix}.\end{aligned}$$

例题 6 设 $\boldsymbol{A}$ 为 3 阶实对称矩阵，$\boldsymbol{\alpha}=(1,0,1)^{\mathrm{T}}$ 是属于特征值 3 的一个特征向量.

(1) 若 $\boldsymbol{A}$ 满足 $\mathrm{r}(3\boldsymbol{E}-\boldsymbol{A})>1,\boldsymbol{A}^2-4\boldsymbol{A}+3\boldsymbol{E}=\boldsymbol{O}$，求 $\boldsymbol{A}$.

(2) 若 $\boldsymbol{A}$ 为(1)中所求的矩阵，矩阵

$$\boldsymbol{B}=\begin{pmatrix}3&0&0\\0&1&1\\0&0&1\end{pmatrix},$$

是否存在可逆矩阵 $\boldsymbol{P}$,使得 $\boldsymbol{P}$ 为矩阵方程 $\boldsymbol{AX}-\boldsymbol{XB}=\boldsymbol{O}$ 的解？若存在,求 $\boldsymbol{P}$;若不存在,说明理由.

解　(1) 由于

$$\boldsymbol{A}^2-4\boldsymbol{A}+3\boldsymbol{E}=\boldsymbol{O},$$

故 $\boldsymbol{A}$ 的任何一个特征值 λ 均满足

$$\lambda^2-4\lambda+3=0,$$

从而 λ 只能在 1 和 3 中取值.

再分析特征值的重数. 由于 3 是 $\boldsymbol{A}$ 的一个特征值,故 $\mathrm{r}(\boldsymbol{A}-3\boldsymbol{E})\leqslant 2$. 又因 $\mathrm{r}(\boldsymbol{A}-3\boldsymbol{E})\geqslant 2$,故

$$\mathrm{r}(\boldsymbol{A}-3\boldsymbol{E})=2.$$

由于 $\boldsymbol{A}$ 可以相似对角化,所以由 $\mathrm{r}(\boldsymbol{A}-3\boldsymbol{E})=2$ 可知,属于特征值 3 的线性无关特征向量恰好只有一个. 于是,3 一定是单特征值,1 一定是二重特征值,即 $\boldsymbol{A}$ 的特征值为 3,1,1,且 3 对应于特征向量为 $\boldsymbol{\alpha}=(1,0,1)^{\mathrm{T}}$. 故 $\boldsymbol{A}-\boldsymbol{E}$ 的特征值为 2,0,0,且特征值 2 对应的特征向量为 $\boldsymbol{\alpha}=(1,0,1)^{\mathrm{T}}$.

将 $\boldsymbol{\alpha}$ 单位化,得 $\boldsymbol{e}_1=\dfrac{\boldsymbol{\alpha}}{\|\boldsymbol{\alpha}\|}=\dfrac{1}{\sqrt{2}}(1,0,1)^{\mathrm{T}}$,再记 $\boldsymbol{A}-\boldsymbol{E}$ 的属于特征值 0 的两个正交单位特征向量为 $\boldsymbol{e}_2,\boldsymbol{e}_3$,则由谱分解定理可知

$$\boldsymbol{A}-\boldsymbol{E}=2\boldsymbol{e}_1\boldsymbol{e}_1^{\mathrm{T}}+0\boldsymbol{e}_2\boldsymbol{e}_2^{\mathrm{T}}+0\boldsymbol{e}_3\boldsymbol{e}_3^{\mathrm{T}}=2\cdot\frac{1}{\sqrt{2}}\begin{pmatrix}1\\0\\1\end{pmatrix}\cdot\frac{1}{\sqrt{2}}(1,0,1)=\begin{pmatrix}1&0&1\\0&0&0\\1&0&1\end{pmatrix}.$$

故

$$\boldsymbol{A}=\begin{pmatrix}2&0&1\\0&1&0\\1&0&2\end{pmatrix}.$$

(2) 这一问题看似复杂,其实就是要判断是否存在可逆矩阵 $\boldsymbol{P}$,使得 $\boldsymbol{P}^{-1}\boldsymbol{AP}=\boldsymbol{B}$,即判断 $\boldsymbol{A}$ 与 $\boldsymbol{B}$ 是否相似.

由于 $\boldsymbol{A}-\boldsymbol{E}$ 的特征值为 2,0,0,且 $\boldsymbol{A}-\boldsymbol{E}$ 为实对称矩阵,可以相似对角化,故 $\mathrm{r}(\boldsymbol{A}-\boldsymbol{E})=1$. 但是,显然 $\mathrm{r}(\boldsymbol{B}-\boldsymbol{E})=2$,所以 $\boldsymbol{A}$ 与 $\boldsymbol{B}$ 不相似,从而不存在这样的可逆矩阵 $\boldsymbol{P}$,使得 $\boldsymbol{P}$ 为方程 $\boldsymbol{AX}-\boldsymbol{XB}=\boldsymbol{O}$ 的解.

例题 7　设 3 阶实矩阵 $\boldsymbol{A}$ 及其伴随矩阵 $\boldsymbol{A}^*$ 满足

$$\boldsymbol{A}-\boldsymbol{A}^*-\boldsymbol{E}=\boldsymbol{O},\quad 且\quad |\boldsymbol{A}|=2.$$

(1) 证明：$\boldsymbol{A}$ 可以相似对角化；

(2) 如果 $\boldsymbol{A}$ 为实对称矩阵,且 $\boldsymbol{\xi}=(1,1,-1)^{\mathrm{T}}$ 是齐次线性方程组 $(\boldsymbol{A}-2\boldsymbol{E})\boldsymbol{x}=\boldsymbol{0}$ 的一个

解,求对称矩阵 $\boldsymbol{B}$,使得 $\boldsymbol{B}^2=\boldsymbol{A}+\boldsymbol{E}$.

解 (1) 在 $\boldsymbol{A}-\boldsymbol{A}^*-\boldsymbol{E}=\boldsymbol{O}$ 两边左乘矩阵 $\boldsymbol{A}$,得

$$\boldsymbol{A}^2-2\boldsymbol{E}-\boldsymbol{A}=\boldsymbol{O},\quad 即\quad \boldsymbol{A}^2-\boldsymbol{A}-2\boldsymbol{E}=\boldsymbol{O},$$

故 $\boldsymbol{A}$ 的任何一个特征值 λ 均满足

$$\lambda^2-\lambda-2=0,$$

从而 λ 只能取 -1 或 2. 又因 $|\boldsymbol{A}|=2$,故 $\boldsymbol{A}$ 的特征值为 $2,-1,-1$.

由 $\boldsymbol{A}^2-\boldsymbol{A}-2\boldsymbol{E}=\boldsymbol{O}$ 得

$$(\boldsymbol{A}-2\boldsymbol{E})(\boldsymbol{A}+\boldsymbol{E})=\boldsymbol{O},$$

故

$$\mathrm{r}(\boldsymbol{A}-2\boldsymbol{E})+\mathrm{r}(\boldsymbol{A}+\boldsymbol{E})\leqslant 3.$$

又由公式 $\mathrm{r}(\boldsymbol{A}\pm\boldsymbol{B})\leqslant\mathrm{r}(\boldsymbol{A})+\mathrm{r}(\boldsymbol{B})$ 得

$$\mathrm{r}(\boldsymbol{A}-2\boldsymbol{E})+\mathrm{r}(\boldsymbol{A}+\boldsymbol{E})\geqslant\mathrm{r}(3\boldsymbol{E})=3,$$

故

$$\mathrm{r}(\boldsymbol{A}-2\boldsymbol{E})+\mathrm{r}(\boldsymbol{A}+\boldsymbol{E})=3.$$

$\boldsymbol{A}$ 的属于特征值 2 的线性无关特征向量有 $3-\mathrm{r}(\boldsymbol{A}-2\boldsymbol{E})$ 个,属于特征值 -1 的线性无关特征向量有 $3-\mathrm{r}(\boldsymbol{A}+\boldsymbol{E})$ 个,故 $\boldsymbol{A}$ 的线性无关特征向量个数为

$$[3-\mathrm{r}(\boldsymbol{A}-2\boldsymbol{E})]+[3-\mathrm{r}(\boldsymbol{A}+\boldsymbol{E})]=6-[\mathrm{r}(\boldsymbol{A}+\boldsymbol{E})+\mathrm{r}(\boldsymbol{A}-2\boldsymbol{E})]=3.$$

所以,$\boldsymbol{A}$ 可以相似对角化.

(2) 由于 $\boldsymbol{A}$ 的特征值为 $2,-1,-1$,故 $\boldsymbol{A}+\boldsymbol{E}$ 的特征值为 $3,0,0$.

在求本题所需的矩阵 $\boldsymbol{B}$ 之前,我们先来讨论一个更具一般性的问题:若 $\boldsymbol{C}$ 是特征值均为非负实数的实对称矩阵,如何求出一个矩阵 $\boldsymbol{B}$,使得 $\boldsymbol{B}^2=\boldsymbol{C}$?

由于 $\boldsymbol{C}$ 为实对称矩阵,故存在正交矩阵 $\boldsymbol{Q}$,使得 $\boldsymbol{Q}^{\mathrm{T}}\boldsymbol{C}\boldsymbol{Q}=\boldsymbol{\Lambda}$,其中

$$\boldsymbol{Q}=(\boldsymbol{e}_1,\boldsymbol{e}_2,\boldsymbol{e}_3),\quad \boldsymbol{\Lambda}=\begin{pmatrix}\lambda_1 & & \\ & \lambda_2 & \\ & & \lambda_3\end{pmatrix},$$

这里 $\lambda_1,\lambda_2,\lambda_3$ 是 $\boldsymbol{C}$ 的特征值,$\boldsymbol{e}_1,\boldsymbol{e}_2,\boldsymbol{e}_3$ 是 $\boldsymbol{C}$ 的分别属于特征值 $\lambda_1,\lambda_2,\lambda_3$ 的单位正交特征向量. 于是,反解得 $\boldsymbol{C}=\boldsymbol{Q}\boldsymbol{\Lambda}\boldsymbol{Q}^{\mathrm{T}}$.

记

$$\boldsymbol{\Lambda}_1=\begin{pmatrix}\sqrt{\lambda_1} & & \\ & \sqrt{\lambda_2} & \\ & & \sqrt{\lambda_3}\end{pmatrix},$$

则 $(\boldsymbol{\Lambda}_1)^2=\boldsymbol{\Lambda}$,故

$$\boldsymbol{C}=(\boldsymbol{Q}\boldsymbol{\Lambda}_1\boldsymbol{Q}^{\mathrm{T}})(\boldsymbol{Q}\boldsymbol{\Lambda}_1\boldsymbol{Q}^{\mathrm{T}}).$$

若记 $\boldsymbol{B}=\boldsymbol{Q}\boldsymbol{\Lambda}_1\boldsymbol{Q}^{\mathrm{T}}$，则 $\boldsymbol{C}=\boldsymbol{B}^2$，且由谱分解定理知 $\boldsymbol{B}$ 可写成如下形式：

$$\boldsymbol{B}=\boldsymbol{Q}\boldsymbol{\Lambda}_1\boldsymbol{Q}^{\mathrm{T}}=\sqrt{\lambda_1}\boldsymbol{e}_1\boldsymbol{e}_1^{\mathrm{T}}+\sqrt{\lambda_2}\boldsymbol{e}_2\boldsymbol{e}_2^{\mathrm{T}}+\sqrt{\lambda_3}\boldsymbol{e}_3\boldsymbol{e}_3^{\mathrm{T}}. \tag{9.1}$$

回到本题中来，$\boldsymbol{C}=\boldsymbol{A}+\boldsymbol{E}$ 的特征值为 $\lambda_1=3,\lambda_2=\lambda_3=0$，且其属于特征值 $\lambda_1=3$ 的特征向量为 $\boldsymbol{\xi}=(1,1,-1)^{\mathrm{T}}$. 将 $\boldsymbol{\xi}$ 单位化，得

$$\boldsymbol{e}_1=\frac{\boldsymbol{\xi}}{\|\boldsymbol{\xi}\|}=\frac{1}{\sqrt{3}}(1,1,-1)^{\mathrm{T}}.$$

于是，由公式(9.1)可知

$$\boldsymbol{B}=\sqrt{\lambda_1}\boldsymbol{e}_1\boldsymbol{e}_1^{\mathrm{T}}=\sqrt{3}\cdot\frac{1}{\sqrt{3}}\begin{pmatrix}1\\1\\-1\end{pmatrix}\cdot\frac{1}{\sqrt{3}}(1,1,-1)=\frac{\sqrt{3}}{3}\begin{pmatrix}1&1&-1\\1&1&-1\\-1&-1&1\end{pmatrix}.$$

三、配套作业

1. 已知 $\boldsymbol{A}$ 为 3 阶实对称矩阵，$\mathrm{tr}(\boldsymbol{A})=1$，$|\boldsymbol{A}|=-12$，且线性方程组 $(\boldsymbol{A}^*-4\boldsymbol{E})\boldsymbol{x}=\boldsymbol{0}$ 的一个解为 $\boldsymbol{\alpha}_1=(1,0,-2)^{\mathrm{T}}$.

(1) 求 $\boldsymbol{A}$；　(2) 求线性方程组 $(\boldsymbol{A}^*+6\boldsymbol{E})\boldsymbol{x}=\boldsymbol{0}$ 的通解.

2. 设 3 阶实对称矩阵 $\boldsymbol{A}$ 的特征值分别为 $0,1,1$，$\boldsymbol{\alpha}_1=(1,a,0)^{\mathrm{T}}$ 和 $\boldsymbol{\alpha}_2=(1,-1,a)^{\mathrm{T}}$ 是 $\boldsymbol{A}$ 的特征向量，且 $\boldsymbol{A}(\boldsymbol{\alpha}_1+\boldsymbol{\alpha}_2)=\boldsymbol{\alpha}_2$.

(1) 求 a 的值；　(2) 求线性方程组 $\boldsymbol{A}\boldsymbol{x}=\boldsymbol{\alpha}_2$ 的通解；　(3) 求 $\boldsymbol{A}$.

3. 设 $\boldsymbol{A}$ 是 3 阶实对称矩阵，$\lambda=2$ 是 $\boldsymbol{A}$ 仅有的一个非零特征值，并且对应于特征向量 $\boldsymbol{\alpha}=(-1,1,1)^{\mathrm{T}}$.

(1) 求线性方程组 $\boldsymbol{A}\boldsymbol{x}=\boldsymbol{0}$ 的通解；　(2) 求 $\boldsymbol{A}$.

4. 设 $\boldsymbol{A}$ 为正定矩阵，$\mu_1=1,\mu_2=\mu_3=4$ 是 $\boldsymbol{A}^*$ 的全部特征值，$\boldsymbol{\alpha}=(1,1,1)^{\mathrm{T}}$ 是 $\boldsymbol{A}^*$ 的属于特征值 1 的特征向量，求 $\boldsymbol{A}$ 及其全部特征值与特征向量.

第10讲 利用正交变换法将二次型化为标准形

利用正交变换法将二次型化为标准形，是全国硕士研究生招生考试中线性代数考查的重点，但并不是难点，因为从本质上来说，它只是“实对称矩阵的相似对角化”的应用之一.

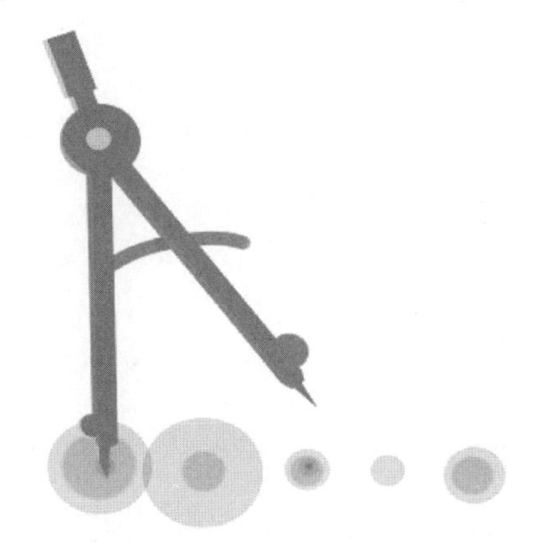

一、重要结论归纳总结

(1) 对于任一 n 元实二次型 $f(\boldsymbol{x})=\boldsymbol{x}^{\mathrm{T}}\boldsymbol{A}\boldsymbol{x}$($\boldsymbol{A}$ 为实对称矩阵),都存在正交变换 $\boldsymbol{x}=\boldsymbol{Q}\boldsymbol{y}$,将其化为标准形:

$$f(\boldsymbol{x})=\boldsymbol{x}^{\mathrm{T}}\boldsymbol{A}\boldsymbol{x}=(\boldsymbol{Q}\boldsymbol{y})^{\mathrm{T}}\boldsymbol{A}(\boldsymbol{Q}\boldsymbol{y})=\boldsymbol{y}^{\mathrm{T}}\boldsymbol{Q}^{\mathrm{T}}\boldsymbol{A}\boldsymbol{Q}\boldsymbol{y}=\boldsymbol{y}^{\mathrm{T}}\boldsymbol{\Lambda}\boldsymbol{y}=\sum_{i=1}^{n}\lambda_i y_i^2,$$

其中

$$\boldsymbol{\Lambda}=\boldsymbol{Q}^{\mathrm{T}}\boldsymbol{A}\boldsymbol{Q}=\begin{pmatrix}\lambda_1 & & & \\ & \lambda_2 & & \\ & & \ddots & \\ & & & \lambda_n\end{pmatrix},$$

这里 $\lambda_1,\lambda_2,\cdots,\lambda_n$ 是 $\boldsymbol{A}$ 的 n 个特征值.

(2) 对于任一 n 元实二次型 $f(\boldsymbol{x})=\boldsymbol{x}^{\mathrm{T}}\boldsymbol{A}\boldsymbol{x}$,都存在可逆线性变换 $\boldsymbol{x}=\boldsymbol{P}\boldsymbol{y}$,将其化为标准形:

$$f(\boldsymbol{x})=\boldsymbol{x}^{\mathrm{T}}\boldsymbol{A}\boldsymbol{x}=(\boldsymbol{P}\boldsymbol{y})^{\mathrm{T}}\boldsymbol{A}(\boldsymbol{P}\boldsymbol{y})=\boldsymbol{y}^{\mathrm{T}}\boldsymbol{P}^{\mathrm{T}}\boldsymbol{A}\boldsymbol{P}\boldsymbol{y}=\boldsymbol{y}^{\mathrm{T}}\boldsymbol{\Lambda}\boldsymbol{y}=\sum_{i=1}^{n}d_i y_i^2,$$

其中

$$\boldsymbol{\Lambda}=\boldsymbol{P}^{\mathrm{T}}\boldsymbol{A}\boldsymbol{P}=\begin{pmatrix}d_1 & & & \\ & d_2 & & \\ & & \ddots & \\ & & & d_n\end{pmatrix},$$

这里 $d_1,d_2,\cdots,d_n$ 未必是 $\boldsymbol{A}$ 的 n 个特征值.

(3) **惯性定理**:对于一个 n 元实二次型 $f(\boldsymbol{x})=\boldsymbol{x}^{\mathrm{T}}\boldsymbol{A}\boldsymbol{x}$,用不同的可逆线性变换,可以化成不同的标准形,但这些不同的标准形有一个共同点,那就是“正系数的个数永远不变,负系数的个数也永远不变”.

本书以下除特殊说明外,所提及的二次型均指实二次型.

二、典型例题分类讲解

考法一　考查利用正交变换法将二次型化为标准形

例题 1　设二次型

$$f(x_1,x_2,x_3)=\boldsymbol{x}^{\mathrm{T}}\boldsymbol{A}\boldsymbol{x}=ax_1^2+4x_2^2+bx_3^2-4x_1x_2+4x_1x_3-8x_2x_3,$$

$\boldsymbol{\alpha}=(1,-2,2)^{\mathrm{T}}$ 是矩阵 $\boldsymbol{A}$ 的属于特征值 λ 的特征向量.

(1) 求 a,b,λ 的值;

(2) 利用正交变换法将该二次型化为标准形;

(3) 当 $x_1^2+x_2^2+x_3^2=4$ 时,求 $f(x_1,x_2,x_3)$的最大值.

解 (1) 该二次型对应的矩阵为

$$\boldsymbol{A}=\begin{pmatrix} a & -2 & 2 \\ -2 & 4 & -4 \\ 2 & -4 & b \end{pmatrix}.$$

由题意可知 $\boldsymbol{A\alpha}=\lambda\boldsymbol{\alpha}$,即

$$\begin{pmatrix} a & -2 & 2 \\ -2 & 4 & -4 \\ 2 & -4 & b \end{pmatrix}\begin{pmatrix} 1 \\ -2 \\ 2 \end{pmatrix}=\lambda\begin{pmatrix} 1 \\ -2 \\ 2 \end{pmatrix}.$$

由此得

$$\begin{cases} a+4+4=\lambda, \\ -2-8-8=-2\lambda, \\ 2+8+2b=2\lambda, \end{cases} \quad 解得 \quad \begin{cases} a=1, \\ b=4, \\ \lambda=9. \end{cases}$$

(2) 将 $a=1,b=4$ 回代矩阵 $\boldsymbol{A}$ 中,得

$$\boldsymbol{A}=\begin{pmatrix} 1 & -2 & 2 \\ -2 & 4 & -4 \\ 2 & -4 & 4 \end{pmatrix}.$$

由于 $\mathrm{r}(\boldsymbol{A})=1$,故 $\boldsymbol{A}$ 的特征值为

$$\lambda_1=\lambda_2=0, \quad \lambda_3=9.$$

由(1)知,属于特征值 $\lambda_3=9$ 的特征向量为 $\boldsymbol{\xi}_3=\boldsymbol{\alpha}=(1,-2,2)^{\mathrm{T}}$.

对于特征值 $\lambda_1=\lambda_2=0$,有

$$\boldsymbol{A}-0\boldsymbol{E}\longrightarrow\begin{pmatrix} 1 & -2 & 2 \\ 0 & 0 & 0 \\ 0 & 0 & 0 \end{pmatrix},$$

故可取 $\boldsymbol{\xi}_1=(2,1,0)^{\mathrm{T}}$ 为属于特征值 $\lambda_1=\lambda_2=0$ 的一个特征向量.假设属于特征值 $\lambda_1=\lambda_2=0$ 的与 $\boldsymbol{\xi}_1$ 线性无关的一个特征向量为 $\boldsymbol{\xi}_2=(x_1,x_2,x_3)^{\mathrm{T}}$.由正交性可知$(\boldsymbol{\xi}_2,\boldsymbol{\xi}_3)=0$ 且$(\boldsymbol{\xi}_2,\boldsymbol{\xi}_1)=0$,于是

$$\begin{cases} x_1-2x_2+2x_3=0, \\ 2x_1+x_2=0. \end{cases}$$

对此方程组的系数矩阵做初等行变换,得

$$\begin{pmatrix} 1 & -2 & 2 \\ 2 & 1 & 0 \end{pmatrix}\longrightarrow\begin{pmatrix} 1 & -2 & 2 \\ 0 & 5 & -4 \end{pmatrix},$$

故可取 $\boldsymbol{\xi}_2=(-2,4,5)^{\mathrm{T}}$.

将 $\boldsymbol{\xi}_1,\boldsymbol{\xi}_2,\boldsymbol{\xi}_3$ 单位化,得

$$\boldsymbol{e}_1=\frac{\boldsymbol{\xi}_1}{\|\boldsymbol{\xi}_1\|}=\frac{1}{\sqrt{5}}(2,1,0)^{\mathrm{T}},$$

$$\boldsymbol{e}_2=\frac{\boldsymbol{\xi}_2}{\|\boldsymbol{\xi}_2\|}=\frac{1}{3\sqrt{5}}(-2,4,5)^{\mathrm{T}},$$

$$\boldsymbol{e}_3=\frac{\boldsymbol{\xi}_3}{\|\boldsymbol{\xi}_3\|}=\frac{1}{3}(1,-2,2)^{\mathrm{T}}.$$

令 $\boldsymbol{Q}=(\boldsymbol{e}_1,\boldsymbol{e}_2,\boldsymbol{e}_3)$,则

$$\boldsymbol{Q}^{\mathrm{T}}\boldsymbol{A}\boldsymbol{Q}=\begin{pmatrix}0&&\\&0&\\&&9\end{pmatrix}.$$

故在正交变换 $\boldsymbol{x}=\boldsymbol{Q}\boldsymbol{y}[\boldsymbol{y}=(y_1,y_2,y_3)^{\mathrm{T}}]$下,$f(x_1,x_2,x_3)$可化为标准形 $9y_3^2$.

(3) 因 $\boldsymbol{x}=\boldsymbol{Q}\boldsymbol{y}$,故

$$\|\boldsymbol{x}\|=\sqrt{\boldsymbol{x}^{\mathrm{T}}\boldsymbol{x}}=\sqrt{(\boldsymbol{Q}\boldsymbol{y})^{\mathrm{T}}(\boldsymbol{Q}\boldsymbol{y})}=\sqrt{\boldsymbol{y}^{\mathrm{T}}(\boldsymbol{Q}^{\mathrm{T}}\boldsymbol{Q})\boldsymbol{y}}=\sqrt{\boldsymbol{y}^{\mathrm{T}}\boldsymbol{y}}=\|\boldsymbol{y}\|.$$

这说明,在正交变换 $\boldsymbol{x}=\boldsymbol{Q}\boldsymbol{y}$ 下,向量的长度并不发生改变.故由 $x_1^2+x_2^2+x_3^2=4$ 可知

$$y_1^2+y_2^2+y_3^2=4.$$

那么,在 $y_1^2+y_2^2+y_3^2=4$ 的前提下,求 $f(x_1,x_2,x_3)=9y_3^2$ 的最大值,就是很简单的问题了.事实上,直接让 $y_3^2=4$,而 $y_1^2=y_2^2=0$ 即可,此时取得 $f(x_1,x_2,x_3)=9y_3^2$ 的最大值,为 $9\times4=36$.

注　设实二次型 $f(x_1,x_2,\cdots,x_n)=\boldsymbol{x}^{\mathrm{T}}\boldsymbol{A}\boldsymbol{x}$.若实对称矩阵 $\boldsymbol{A}$ 的特征值 $\lambda_1,\lambda_2,\cdots,\lambda_n$ 满足 $\lambda_1\leqslant\lambda_2\leqslant\cdots\leqslant\lambda_n$,则当 $\boldsymbol{x}^{\mathrm{T}}\boldsymbol{x}=a$ 时,有

$$a\lambda_1\leqslant f(x_1,x_2,\cdots,x_n)\leqslant a\lambda_n.$$

例题 2　设实对称矩阵

$$\boldsymbol{A}=\begin{pmatrix}0&-1&4\\-1&3&-1\\4&-1&0\end{pmatrix},$$

求可将二次型 $f_1(x_1,x_2,x_3)=\boldsymbol{x}^{\mathrm{T}}\boldsymbol{A}\boldsymbol{x}$ 与 $f_2(x_1,x_2,x_3)=\boldsymbol{x}^{\mathrm{T}}\boldsymbol{A}^*\boldsymbol{x}$ 都化为标准形的正交变换 $\boldsymbol{x}=\boldsymbol{Q}\boldsymbol{y}$,并写出它们分别对应的标准形.

解　设 $\boldsymbol{A}$ 的特征值为 $\lambda_1,\lambda_2,\lambda_3$,且特征值 λ_1 对应于特征向量 $\boldsymbol{\xi}_1$,则 $\boldsymbol{A}^*$ 有特征值 $\lambda_2\lambda_3$,且对应于特征向量 $\boldsymbol{\xi}_1$.这说明,若我们找到正交矩阵 $\boldsymbol{Q}$,使得

$$\boldsymbol{Q}^{\mathrm{T}}\boldsymbol{A}\boldsymbol{Q}=\begin{pmatrix}\lambda_1&&\\&\lambda_2&\\&&\lambda_3\end{pmatrix},$$

则必有

$$Q^{\mathrm{T}}A^{*}Q=\begin{pmatrix}\lambda_2\lambda_3 & & \\ & \lambda_1\lambda_3 & \\ & & \lambda_1\lambda_2\end{pmatrix}.$$

所以,本题看似将两个二次型同时化为标准形,但其实就是将二次型 $f_1(x_1,x_2,x_3)$化为标准形.

因

$$|A-\lambda E|=\begin{vmatrix}-\lambda & -1 & 4\\ -1 & 3-\lambda & -1\\ 4 & -1 & -\lambda\end{vmatrix}=\begin{vmatrix}5-\lambda & -1 & 4\\ \lambda-5 & 3-\lambda & -1\\ 5-\lambda & -1 & -\lambda\end{vmatrix}=\begin{vmatrix}5-\lambda & -1 & 4\\ 0 & 2-\lambda & 3\\ 0 & 0 & -\lambda-4\end{vmatrix},$$

故 A 的特征值为 5,2,-4,从而 A^* 的特征值为-8,-20,10.下面计算特征向量.

因

$$A-5E=\begin{pmatrix}-5 & -1 & 4\\ -1 & -2 & -1\\ 4 & -1 & -5\end{pmatrix}\longrightarrow\begin{pmatrix}1 & 2 & 1\\ 0 & 9 & 9\\ 0 & -9 & -9\end{pmatrix}\longrightarrow\begin{pmatrix}1 & 0 & -1\\ 0 & 1 & 1\\ 0 & 0 & 0\end{pmatrix},$$

故可取 A 的属于特征值 5 的一个特征向量为 $\boldsymbol{\xi}_1=(1,-1,1)^{\mathrm{T}}$.令

$$e_1=\frac{\boldsymbol{\xi}_1}{\|\boldsymbol{\xi}_1\|}=\frac{1}{\sqrt{3}}(1,-1,1)^{\mathrm{T}}.$$

因

$$A-2E=\begin{pmatrix}-2 & -1 & 4\\ -1 & 1 & -1\\ 4 & -1 & -2\end{pmatrix}\longrightarrow\begin{pmatrix}1 & -1 & 1\\ 0 & -3 & 6\\ 0 & 3 & -6\end{pmatrix}\longrightarrow\begin{pmatrix}1 & 0 & -1\\ 0 & 1 & -2\\ 0 & 0 & 0\end{pmatrix},$$

故可取 A 的属于特征值 2 的一个特征向量为 $\boldsymbol{\xi}_2=(1,2,1)^{\mathrm{T}}$.令

$$e_2=\frac{\boldsymbol{\xi}_2}{\|\boldsymbol{\xi}_2\|}=\frac{1}{\sqrt{6}}(1,2,1)^{\mathrm{T}}.$$

因

$$A+4E=\begin{pmatrix}4 & -1 & 4\\ -1 & 7 & -1\\ 4 & -1 & 4\end{pmatrix}\longrightarrow\begin{pmatrix}1 & 0 & 1\\ 0 & 1 & 0\\ 0 & 0 & 0\end{pmatrix},$$

故可取 A 的属于特征值-4 的一个特征向量为 $\boldsymbol{\xi}_3=(1,0,-1)^{\mathrm{T}}$.令

$$e_3=\frac{\boldsymbol{\xi}_3}{\|\boldsymbol{\xi}_3\|}=\frac{1}{\sqrt{2}}(1,0,-1)^{\mathrm{T}}.$$

令 $\boldsymbol{Q}=(\boldsymbol{e}_1,\boldsymbol{e}_2,\boldsymbol{e}_3)$，则在正交变换 $\boldsymbol{x}=\boldsymbol{Q}\boldsymbol{y}[\boldsymbol{y}=(y_1,y_2,y_3)^{\mathrm{T}}]$下，$f_1(x_1,x_2,x_3)=\boldsymbol{x}^{\mathrm{T}}\boldsymbol{A}\boldsymbol{x}$ 与 $f_2(x_1,x_2,x_3)=\boldsymbol{x}^{\mathrm{T}}\boldsymbol{A}^*\boldsymbol{x}$ 都化为标准形：

$$f_1(x_1,x_2,x_3)=5y_1^2+2y_2^2-4y_3^2,\quad f_2(x_1,x_2,x_3)=-8y_1^2-20y_2^2+10y_3^2.$$

考法二　考查利用谱分解定理反求矩阵

例题3(2010年)　二次型 $f(x_1,x_2,x_3)=\boldsymbol{x}^{\mathrm{T}}\boldsymbol{A}\boldsymbol{x}$ 在正交变换 $\boldsymbol{x}=\boldsymbol{Q}\boldsymbol{y}$ 下的标准形为 $y_1^2+y_2^2$，矩阵 $\boldsymbol{Q}$ 的第3列为 $\left(\frac{\sqrt{2}}{2},0,\frac{\sqrt{2}}{2}\right)^{\mathrm{T}}$.

(1) 求 $\boldsymbol{A}$；　　(2) 证明：$\boldsymbol{A}+\boldsymbol{E}$ 为正定矩阵.

解　(1) 由题意可知，$\boldsymbol{A}$ 的特征值为1,1,0，且属于特征值0的特征向量为

$$\boldsymbol{\xi}=\left(\frac{\sqrt{2}}{2},0,\frac{\sqrt{2}}{2}\right)^{\mathrm{T}}.$$

所以，$\boldsymbol{A}-\boldsymbol{E}$ 的特征值为0,0,−1，且−1对应的特征向量为

$$\boldsymbol{e}=\boldsymbol{\xi}=\left(\frac{\sqrt{2}}{2},0,\frac{\sqrt{2}}{2}\right)^{\mathrm{T}}.$$

这里 $\boldsymbol{e}$ 已是单位向量. 所以，由谱分解定理知

$$\boldsymbol{A}-\boldsymbol{E}=(-1)\boldsymbol{e}\boldsymbol{e}^{\mathrm{T}}=(-1)\cdot\frac{\sqrt{2}}{2}\begin{pmatrix}1\\0\\1\end{pmatrix}\cdot\frac{\sqrt{2}}{2}(1,0,1)$$

$$=\left(-\frac{1}{2}\right)\begin{pmatrix}1&0&1\\0&0&0\\1&0&1\end{pmatrix}=\begin{pmatrix}-\frac{1}{2}&0&-\frac{1}{2}\\0&0&0\\-\frac{1}{2}&0&-\frac{1}{2}\end{pmatrix}.$$

故

$$\boldsymbol{A}=(\boldsymbol{A}-\boldsymbol{E})+\boldsymbol{E}=\begin{pmatrix}\frac{1}{2}&0&-\frac{1}{2}\\0&1&0\\-\frac{1}{2}&0&\frac{1}{2}\end{pmatrix}.$$

(2) 因 $\boldsymbol{A}$ 为实对称矩阵，故 $\boldsymbol{A}+\boldsymbol{E}$ 为实对称矩阵. 又由于 $\boldsymbol{A}$ 的特征值为1,1,0，故 $\boldsymbol{A}+\boldsymbol{E}$ 的特征值为2,2,1. 所以，$\boldsymbol{A}+\boldsymbol{E}$ 为正定矩阵.

类题　设三元二次型 $f(x_1,x_2,x_3)=\boldsymbol{x}^{\mathrm{T}}\boldsymbol{A}\boldsymbol{x}$ 经过正交变换化为标准形 $5y_1^2-y_2^2-y_3^2$，若 $\boldsymbol{A}$ 的每一行元素之和均为5，则该二次型的表达式为________.

解 二次型由正交变换化成标准形后，平方项前的系数就是其对应矩阵的特征值，故 $\boldsymbol{A}$ 的特征值为 $5,-1,-1$. 又由于 $\boldsymbol{A}$ 的每一行元素之和均为 5，故

$$\boldsymbol{A}\begin{pmatrix}1\\1\\1\end{pmatrix}=5\begin{pmatrix}1\\1\\1\end{pmatrix},$$

即 $\boldsymbol{\xi}_1=(1,1,1)^{\mathrm{T}}$ 是 $\boldsymbol{A}$ 的属于特征值 5 的特征向量. 所以，$\boldsymbol{A}+\boldsymbol{E}$ 的特征值为 $6,0,0$，且特征值 6 对应的单位特征向量为

$$\boldsymbol{e}_1=\frac{\boldsymbol{\xi}_1}{\|\boldsymbol{\xi}_1\|}=\frac{1}{\sqrt{3}}(1,1,1)^{\mathrm{T}}.$$

于是，由谱分解定理知

$$\boldsymbol{A}+\boldsymbol{E}=6\boldsymbol{e}_1\boldsymbol{e}_1^{\mathrm{T}}=6\cdot\frac{1}{\sqrt{3}}\begin{pmatrix}1\\1\\1\end{pmatrix}\cdot\frac{1}{\sqrt{3}}(1,1,1)=\begin{pmatrix}2&2&2\\2&2&2\\2&2&2\end{pmatrix},$$

故

$$\boldsymbol{A}=\begin{pmatrix}2&2&2\\2&2&2\\2&2&2\end{pmatrix}-\boldsymbol{E}=\begin{pmatrix}1&2&2\\2&1&2\\2&2&1\end{pmatrix}.$$

所以，所求的二次型为

$$f(x_1,x_2,x_3)=x_1^2+x_2^2+x_3^2+4(x_1x_2+x_2x_3+x_1x_3).$$

考法三　考查正交变换下特征值与特征向量的对应关系

例题 4(2015 年)　设二次型 $f(x_1,x_2,x_3)=\boldsymbol{x}^{\mathrm{T}}\boldsymbol{A}\boldsymbol{x}$ 在正交变换 $\boldsymbol{x}=\boldsymbol{P}\boldsymbol{y}$ 下的标准形为 $2y_1^2+y_2^2-y_3^2$，其中 $\boldsymbol{P}=(\boldsymbol{e}_1,\boldsymbol{e}_2,\boldsymbol{e}_3)$，若

$$\boldsymbol{Q}=(\boldsymbol{e}_1,-\boldsymbol{e}_3,\boldsymbol{e}_2),$$

则 $f(x_1,x_2,x_3)$ 在另一个正交变换 $\boldsymbol{x}=\boldsymbol{Q}\boldsymbol{y}$ 下的标准形为(　　).

A. $2y_1^2-y_2^2+y_3^2$　　B. $2y_1^2+y_2^2-y_3^2$

C. $2y_1^2-y_2^2-y_3^2$　　D. $2y_1^2+y_2^2+y_3^2$

解 其实本题考查的是特征值与特征向量的对应关系.

由题意可知，$\boldsymbol{A}$ 的特征值为 $2,1,-1$，对应的特征向量分别为 $\boldsymbol{e}_1,\boldsymbol{e}_2,\boldsymbol{e}_3$. 由特征值与特征向量的对应关系可知，$\boldsymbol{Q}$ 中的 $\boldsymbol{e}_1$ 对应于特征值 2，$-\boldsymbol{e}_3$ 对应于特征值 -1，$\boldsymbol{e}_2$ 对应于特征值 1，故 $f(x_1,x_2,x_3)$ 在正交变换 $\boldsymbol{x}=\boldsymbol{Q}\boldsymbol{y}$ 下的标准形为

$$2y_1^2-y_2^2+y_3^2,$$

故选项 A 正确.

考法四　考查利用正交变换实现两个二次型的相互转化

例题 5(2020 年)　设二次型

$$f(x_1,x_2)=x_1^2-4x_1x_2+4x_2^2$$

经过正交变换

$$\begin{pmatrix}x_1\\x_2\end{pmatrix}=\boldsymbol{Q}\begin{pmatrix}y_1\\y_2\end{pmatrix}$$

化为一个新的二次型

$$g(y_1,y_2)=ay_1^2+4y_1y_2+by_2^2\quad(a\geqslant b).$$

(1) 求 a,b 的值；　　　(2) 求正交矩阵 $\boldsymbol{Q}$.

解　(1) 二次型 $f(x_1,x_2)$ 和 $g(y_1,y_2)$ 对应的矩阵分别为

$$\boldsymbol{A}=\begin{pmatrix}1&-2\\-2&4\end{pmatrix},\quad \boldsymbol{B}=\begin{pmatrix}a&2\\2&b\end{pmatrix}.$$

记 $\boldsymbol{x}=(x_1,x_2)^{\mathrm{T}},\boldsymbol{y}=(y_1,y_2)^{\mathrm{T}}$. 由于 $f(x_1,x_2)$ 经过正交变换 $\boldsymbol{x}=\boldsymbol{Qy}$ 化为 $g(y_1,y_2)$，即

$$\boldsymbol{x}^{\mathrm{T}}\boldsymbol{Ax}\xlongequal{\boldsymbol{x}=\boldsymbol{Qy}}(\boldsymbol{Qy})^{\mathrm{T}}\boldsymbol{A}(\boldsymbol{Qy})=\boldsymbol{y}^{\mathrm{T}}(\boldsymbol{Q}^{\mathrm{T}}\boldsymbol{AQ})\boldsymbol{y},\quad 故\quad \boldsymbol{B}=\boldsymbol{Q}^{\mathrm{T}}\boldsymbol{AQ}.$$

显然 $\boldsymbol{A}$ 与 $\boldsymbol{B}$ 相似，故

$$|\boldsymbol{A}|=|\boldsymbol{B}|,\quad \mathrm{tr}(\boldsymbol{A})=\mathrm{tr}(\boldsymbol{B}),$$

从而有

$$\begin{cases}0=ab-4,\\5=a+b.\end{cases}$$

由于 $a\geqslant b$，故解得 $a=4,b=1$.

(2) 由(1)知

$$\boldsymbol{A}=\begin{pmatrix}1&-2\\-2&4\end{pmatrix},\quad \boldsymbol{B}=\begin{pmatrix}4&2\\2&1\end{pmatrix}.$$

下面利用正交变换将 $\boldsymbol{A},\boldsymbol{B}$ 化为对角矩阵.

① 对于 $\boldsymbol{A}$，易求得特征值：5，0.

因

$$\boldsymbol{A}-5\boldsymbol{E}=\begin{pmatrix}-4&-2\\-2&-1\end{pmatrix}\longrightarrow\begin{pmatrix}2&1\\0&0\end{pmatrix},$$

故 $\boldsymbol{A}$ 的属于特征值 5 的一个特征向量为 $\boldsymbol{\xi}_1=(1,-2)^{\mathrm{T}}$；

因

$$\boldsymbol{A}-0\boldsymbol{E}=\begin{pmatrix}1&-2\\-2&4\end{pmatrix}\longrightarrow\begin{pmatrix}1&-2\\0&0\end{pmatrix},$$

故 $\boldsymbol{A}$ 的属于特征值 0 的一个特征向量为 $\boldsymbol{\xi}_2=(2,1)^{\mathrm{T}}$.

将 $\boldsymbol{\xi}_1,\boldsymbol{\xi}_2$ 单位化，令

$$\boldsymbol{e}_1=\frac{\boldsymbol{\xi}_1}{\|\boldsymbol{\xi}_1\|}=\frac{1}{\sqrt{5}}(1,-2)^{\mathrm{T}},\quad \boldsymbol{e}_2=\frac{\boldsymbol{\xi}_2}{\|\boldsymbol{\xi}_2\|}=\frac{1}{\sqrt{5}}(2,1)^{\mathrm{T}}.$$

再令

$$\boldsymbol{Q}_1=(\boldsymbol{e}_1,\boldsymbol{e}_2)=\begin{pmatrix}\frac{1}{\sqrt{5}} & \frac{2}{\sqrt{5}}\\ -\frac{2}{\sqrt{5}} & \frac{1}{\sqrt{5}}\end{pmatrix},$$

则

$$\boldsymbol{Q}_1^{\mathrm{T}}\boldsymbol{A}\boldsymbol{Q}_1=\begin{pmatrix}5 & \\ & 0\end{pmatrix}.$$

② 对于 $\boldsymbol{B}$，易求得特征值：5，0.

因

$$\boldsymbol{B}-5\boldsymbol{E}=\begin{pmatrix}-1 & 2\\ 2 & -4\end{pmatrix}\longrightarrow\begin{pmatrix}1 & -2\\ 0 & 0\end{pmatrix},$$

故 $\boldsymbol{B}$ 的属于特征值 5 的一个特征向量为 $\boldsymbol{\mu}_1=(2,1)^{\mathrm{T}}$；

因

$$\boldsymbol{B}-0\boldsymbol{E}=\begin{pmatrix}4 & 2\\ 2 & 1\end{pmatrix}\longrightarrow\begin{pmatrix}2 & 1\\ 0 & 0\end{pmatrix},$$

故 $\boldsymbol{B}$ 的属于特征值 0 的一个特征向量为 $\boldsymbol{\mu}_2=(-1,2)^{\mathrm{T}}$.

将 $\boldsymbol{\mu}_1,\boldsymbol{\mu}_2$ 单位化，令

$$\boldsymbol{\gamma}_1=\frac{\boldsymbol{\mu}_1}{\|\boldsymbol{\mu}_1\|}=\frac{1}{\sqrt{5}}(2,1)^{\mathrm{T}},\quad \boldsymbol{\gamma}_2=\frac{\boldsymbol{\mu}_2}{\|\boldsymbol{\mu}_2\|}=\frac{1}{\sqrt{5}}(-1,2)^{\mathrm{T}}.$$

再令

$$\boldsymbol{Q}_2=(\boldsymbol{\gamma}_1,\boldsymbol{\gamma}_2)=\begin{pmatrix}\frac{2}{\sqrt{5}} & -\frac{1}{\sqrt{5}}\\ \frac{1}{\sqrt{5}} & \frac{2}{\sqrt{5}}\end{pmatrix},$$

则

$$\boldsymbol{Q}_2^{\mathrm{T}}\boldsymbol{B}\boldsymbol{Q}_2=\begin{pmatrix}5 & \\ & 0\end{pmatrix}.$$

综上，有

$$Q_1^{\mathrm{T}}AQ_1=Q_2^{\mathrm{T}}BQ_2,$$

从而

$$B=Q_2Q_1^{\mathrm{T}}AQ_1Q_2^{\mathrm{T}}=(Q_1Q_2^{\mathrm{T}})^{\mathrm{T}}AQ_1Q_2^{\mathrm{T}}.$$

令 $Q=Q_1Q_2^{\mathrm{T}}$，则 Q 为正交矩阵，且 $B=Q^{\mathrm{T}}AQ$. 于是，Q 即为所求的矩阵：

$$Q=Q_1Q_2^{\mathrm{T}}=\begin{pmatrix}\frac{1}{\sqrt{5}} & \frac{2}{\sqrt{5}}\\ -\frac{2}{\sqrt{5}} & \frac{1}{\sqrt{5}}\end{pmatrix}\begin{pmatrix}\frac{2}{\sqrt{5}} & \frac{1}{\sqrt{5}}\\ -\frac{1}{\sqrt{5}} & \frac{2}{\sqrt{5}}\end{pmatrix}=\begin{pmatrix}0 & 1\\ -1 & 0\end{pmatrix}.$$

注　本题的答案不唯一.

三、配套作业

1. 设二次型 $f(x_1,x_2,x_3)=2x_1^2+5x_2^2+5x_3^2+2ax_1x_2+2bx_1x_3-8x_2x_3\ (a>0)$ 可经过正交变换化为标准形 $y_1^2+y_2^2+cy_3^2\ (c\neq 1)$，求出 a,b,c 的值和正交变换所用的矩阵 Q.

2. 设3阶实对称矩阵 A 满足 $A^2=2A$，已知二次型 $f(x_1,x_2,x_3)=x^{\mathrm{T}}Ax$ 经过正交变换 $x=Qy$ 化为 $\lambda y_2^2+\lambda y_3^2\ (\lambda\neq 0)$，其中

$$Q=\frac{1}{\sqrt{2}}\begin{pmatrix}1 & 0 & a\\ 0 & c & 0\\ b & 0 & 1\end{pmatrix}\quad (b,c>0).$$

(1) 求 a,b,c 的值；

(2) 求一个可逆线性变换 $x=Pz$，将 $f(x_1,x_2,x_3)$ 化为规范形.

3. 设三元二次型 $f(x)=x^{\mathrm{T}}Ax$ 对应的矩阵 A 的特征值为 $1,1,-1$，$\xi_3=(0,1,1)^{\mathrm{T}}$ 是属于特征值 -1 的特征向量.

(1) 若3维非零向量 α 与 ξ_3 正交，证明：α 是对应于特征值1的特征向量；

(2) 求二次型 $f(x)=x^{\mathrm{T}}Ax$ 的具体表达式.

第11讲 利用配方法将二次型化为标准形

将二次型化为标准形的方法很多，常用的是正交变换法和配方法．相对于正交变换法而言，配方法的操作更简单，计算量更小，所以当题目中没有明确要求必须使用正交变换法时，我们一般都利用配方法将二次型化为标准形．值得注意的是，用正交变换法得到的标准形中平方项的系数恰好就是原二次型对应矩阵的特征值，而用配方法得到的标准形中平方项的系数不一定是特征值．

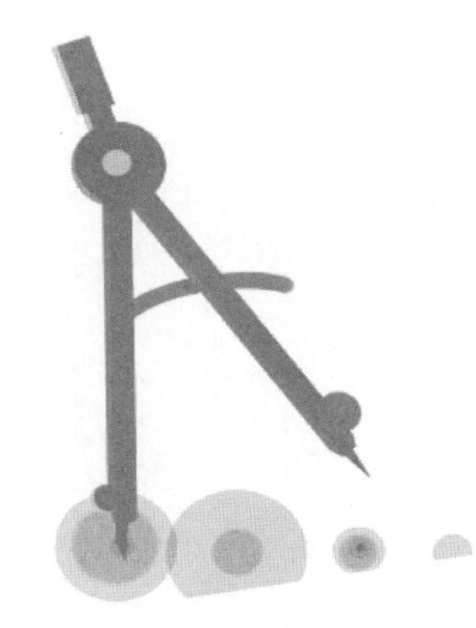

一、重要结论归纳总结

配方法一定要按照标准流程来操作：一次只针对一个变量进行配方. 这样做的目的是为了保证所做的线性变换一定可逆(在这样的配方法下,得到的变换矩阵是一个主对角线上元素全部非零的上三角矩阵,必定可逆,从而所做的线性变换可逆). 如果采用其他方法进行配方,可能表面上已配方好,但其实所做的线性变换不可逆,这样的配方是无效的.

二、典型例题分类讲解

考法一　考查化二次型为标准形的配方法

情形一　二次型含平方项

例题 1　用配方法化二次型 $f(x_1,x_2,x_3)=x_1^2+5x_2^2+5x_3^2+2x_1x_2-4x_1x_3$ 为标准形,并写出所做的线性变换.

解　因

$$\begin{aligned}f(x_1,x_2,x_3)&=x_1^2+5x_2^2+5x_3^2+2x_1x_2-4x_1x_3\\&=(x_1^2+2x_1x_2-4x_1x_3)+5x_2^2+5x_3^2\\&=[(x_1+x_2-2x_3)^2-x_2^2-4x_3^2+4x_2x_3]+5x_2^2+5x_3^2\\&=(x_1+x_2-2x_3)^2+4x_2^2+x_3^2+4x_2x_3\\&=(x_1+x_2-2x_3)^2+(2x_2+x_3)^2+0\cdot x_3^2.\end{aligned}$$

故令

$$\begin{cases}y_1=x_1+x_2-2x_3,\\y_2=2x_2+x_3,\\y_3=x_3,\end{cases}$$

即做线性变换

$$\begin{cases}x_1=y_1-\dfrac{1}{2}y_2+\dfrac{5}{2}y_3,\\x_2=\dfrac{1}{2}y_2-\dfrac{1}{2}y_3,\\x_3=y_3,\end{cases}$$

则二次型 $f(x_1,x_2,x_3)$ 可化为标准形 $y_1^2+y_2^2$.

类题　用配方法化二次型 $f(x_1,x_2,x_3)=x_1^2+2x_1x_2+4x_1x_3-4x_2x_3+3x_2^2$ 为标准形,并写出所做的线性变换.

解　因

$$\begin{aligned}f(x_1,x_2,x_3)&=(x_1^2+2x_1x_2+4x_1x_3)-4x_2x_3+3x_2^2\\&=[(x_1+x_2+2x_3)^2-x_2^2-4x_3^2-4x_2x_3]-4x_2x_3+3x_2^2\end{aligned}$$

$$=(x_1+x_2+2x_3)^2+2x_2^2-8x_2x_3-4x_3^2$$
$$=(x_1+x_2+2x_3)^2+2(x_2-2x_3)^2-12x_3^2,$$

故令

$$\begin{cases}y_1=x_1+x_2+2x_3,\\y_2=x_2-2x_3,\\y_3=x_3,\end{cases}$$

即做线性变换

$$\begin{cases}x_1=y_1-y_2-4y_3,\\x_2=y_2+2y_3,\\x_3=y_3,\end{cases}$$

则二次型 $f(x_1,x_2,x_3)$可化为标准形 $y_1^2+2y_2^2-12y_3^2$.

情形二　二次型不含平方项

例题 2　用配方法化二次型 $f(x_1,x_2,x_3)=2x_1x_2+2x_1x_3-6x_2x_3$ 为标准形,并写出所做的线性变换.

解　本题中二次型没有平方项,只有交叉项,所以考虑利用平方差代换

$$\begin{cases}x_1=y_1+y_2,\\x_2=y_1-y_2,\\x_3=y_3,\end{cases}$$

构造出平方项:

$$f(x_1,x_2,x_3)=2x_1x_2+2x_1x_3-6x_2x_3=2(y_1^2-y_2^2)+2(y_1+y_2)y_3-6(y_1-y_2)y_3$$
$$=2y_1^2-2y_2^2-4y_1y_3+8y_2y_3.$$

接下来的操作就与上面的例题 1 完全类似了.因

$$f(x_1,x_2,x_3)=2y_1^2-2y_2^2-4y_1y_3+8y_2y_3$$
$$=2(y_1-y_3)^2-2y_3^2-2y_2^2+8y_2y_3$$
$$=2(y_1-y_3)^2-2(y_2^2-4y_2y_3+y_3^2)$$
$$=2(y_1-y_3)^2-2(y_2-2y_3)^2+6y_3^2,$$

故令

$$\begin{cases}z_1=y_1-y_3,\\z_2=y_2-2y_3,\\z_3=y_3,\end{cases}\quad\text{即}\quad\begin{cases}y_1=z_1+z_3,\\y_2=z_2+2z_3,\\y_3=z_3,\end{cases}$$

则二次型 $f(x_1,x_2,x_3)$化为标准形

$$2z_1^2-2z_2^2+6z_3^2.$$

结合前面的平方差代换,得所做的线性变换为

$$\begin{cases}x_1=z_1+z_2+3z_3,\\x_2=z_1-z_2-z_3,\\x_3=z_3.\end{cases}$$

类题 用配方法化二次型 $f(x_1,x_2,x_3)=x_1x_2+4x_2x_3$ 为标准形,并写出所做的线性变换.

解 做平方差代换

$$\begin{cases}x_1=y_1+y_2,\\x_2=y_1-y_2,\\x_3=y_3,\end{cases}$$

构造出平方项,得

$$\begin{aligned}f(x_1,x_2,x_3)&=y_1^2-y_2^2+4(y_1-y_2)y_3=(y_1+2y_3)^2-4y_3^2-y_2^2-4y_2y_3\\&=(y_1+2y_3)^2-(y_2+2y_3)^2,\end{aligned}$$

再令

$$\begin{cases}z_1=y_1+2y_3,\\z_2=y_2+2y_3,\\z_3=y_3,\end{cases}\quad 即 \quad \begin{cases}y_1=z_1-2z_3,\\y_2=z_2-2z_3,\\y_3=z_3,\end{cases}$$

便可得到标准形:

$$f(x_1,x_2,x_3)=z_1^2-z_2^2.$$

综合上面做的两个变换,得所做的线性变换为

$$\begin{cases}x_1=z_1+z_2-4z_3,\\x_2=z_1-z_2,\\x_3=z_3.\end{cases}$$

总结 任何二次型都可以用上面例题1或例题2的方法进行配方,从而化成标准形.具体来说,如果二次型中有平方项,则可直接用配方法;如果二次型中只有交叉项,则需要先使用平方差变换,构造出平方项,再用配方法.

考法二 考查配方法中线性变换的可逆性

例题3(2014年) 设二次型 $f(x_1,x_2,x_3)=x_1^2-x_2^2+2ax_1x_3+4x_2x_3$ 的负惯性指数为1,则 a 的取值范围是________.

解

$$\begin{aligned}f(x_1,x_2,x_3)&=x_1^2-x_2^2+2ax_1x_3+4x_2x_3\\&=(x_1+ax_3)^2-a^2x_3^2-x_2^2+4x_2x_3\\&=(x_1+ax_3)^2-(x_2-2x_3)^2+(4-a^2)x_3^2.\end{aligned}$$

由于该二次型的负惯性指数为1,故 $4-a^2\geqslant 0$,解得 $-2\leqslant a\leqslant 2$.

例题4 判断下述推理是否正确:

对于三元二次型

$$\begin{aligned}f(x_1,x_2,x_3)&=x_1^2+x_2^2+x_3^2-x_1x_2-x_2x_3-x_1x_3\\&=\frac{1}{2}(x_1-x_2)^2+\frac{1}{2}(x_2-x_3)^2+\frac{1}{2}(x_1-x_3)^2,\end{aligned}$$

由于它可化为三项正系数的平方和，所以它是正定二次型.

解 推理不正确. 这里显然不是按照标准流程来进行配方的. 现在来考查所做的线性变换是否可逆.

令

$$\begin{cases}y_1=x_1-x_2,\\y_2=x_2-x_3,\\y_3=x_3-x_1,\end{cases}$$

则关于 x_1,x_2,x_3 的系数行列式为

$$\begin{vmatrix}1&-1&0\\0&1&-1\\1&0&-1\end{vmatrix}=\begin{vmatrix}0&-1&0\\0&1&-1\\0&0&-1\end{vmatrix}=0,$$

所以该线性变换不是可逆的.

注 我们知道，用配方法化二次型为标准形时，为了保证所做的可逆线性变换，需按标准流程来操作. 有时候，命题人会故意用一个相应于不可逆线性变换的配方来误导考生，使得分析出来的秩、正惯性指数、负惯性指数均是错误的. 这时候，需要去掉括号，重新配方.

例题 5(2004 年) 二次型 $f(x_1,x_2,x_3)=(x_1+x_2)^2+(x_2-x_3)^2+(x_3+x_1)^2$ 的秩为________.

解 对于线性变换

$$\begin{cases}y_1=x_1+x_2,\\y_2=x_2-x_3,\\y_3=x_1+x_3,\end{cases}$$

其对应的变换矩阵 $\boldsymbol{P}$ 不满秩：

$$\boldsymbol{P}=\begin{pmatrix}1&1&0\\0&1&-1\\1&0&1\end{pmatrix}\longrightarrow\begin{pmatrix}1&1&0\\0&1&-1\\0&-1&1\end{pmatrix}\longrightarrow\begin{pmatrix}1&1&0\\0&1&-1\\0&0&0\end{pmatrix}.$$

所以，该线性变换不是可逆的，从而不能通过 $f(x_1,x_2,x_3)=(x_1+x_2)^2+(x_2-x_3)^2+(x_3+x_1)^2$ 直接看出秩.

由于

$$\begin{aligned}f(x_1,x_2,x_3)&=(x_1+x_2)^2+(x_2-x_3)^2+(x_3+x_1)^2\\&=2x_1^2+2x_2^2+2x_3^2+2x_1x_2+2x_1x_3-2x_2x_3,\end{aligned}$$

故该二次型对应的矩阵为

$$A=\begin{pmatrix}2&1&1\\1&2&-1\\1&-1&2\end{pmatrix}\longrightarrow\begin{pmatrix}0&3&-3\\0&3&-3\\1&-1&2\end{pmatrix}\longrightarrow\begin{pmatrix}1&-1&2\\0&1&-1\\0&0&0\end{pmatrix}.$$

显然 $r(A)=2$,故二次型 $f(x_1,x_2,x_3)$的秩为 2.

例题 6(2018 年)　设二次型

$$f(x_1,x_2,x_3)=(x_1-x_2+x_3)^2+(x_2+x_3)^2+(x_1+ax_3)^2,$$

其中 a 是参数.

(1) 求 $f(x_1,x_2,x_3)=0$ 的解;　　　(2) 求 $f(x_1,x_2,x_3)$的规范形.

解　(1) 令

$$(x_1-x_2+x_3)^2+(x_2+x_3)^2+(x_1+ax_3)^2=0,$$

则

$$\begin{cases}x_1-x_2+x_3=0,\\x_2+x_3=0,\\x_1+ax_3=0.\end{cases}\tag{11.1}$$

这个线性方程组的系数矩阵为

$$B=\begin{pmatrix}1&-1&1\\0&1&1\\1&0&a\end{pmatrix}\longrightarrow\begin{pmatrix}1&-1&1\\0&1&1\\0&1&a-1\end{pmatrix}\longrightarrow\begin{pmatrix}1&0&2\\0&1&1\\0&0&a-2\end{pmatrix}.$$

显然,需要对 a 进行讨论.

若 $a\neq2$,则 $r(B)=3$. 此时,方程组(11.1)只有零解,即 $x_1=x_2=x_3=0$.

若 $a=2$,则

$$B\longrightarrow\begin{pmatrix}1&0&2\\0&1&1\\0&0&0\end{pmatrix}.$$

显然,方程组(11.1)的一个基础解系为

$$\boldsymbol{\xi}=(-2,-1,1)^{\mathrm{T}},$$

故其通解为 $k\boldsymbol{\xi}$,其中 k 为任意常数.

(2) 由(1)中的讨论可知,a 的取值决定了

$$\begin{cases}y_1=x_1-x_2+x_3,\\y_2=x_2+x_3,\\y_3=x_1+ax_3\end{cases}\tag{11.2}$$

是否为可逆线性变换. 同样,讨论如下:

若 $a\neq 2$，则变换(11.2)为可逆线性变换，故由

$$f(x_1,x_2,x_3)=(x_1-x_2+x_3)^2+(x_2+x_3)^2+(x_1+ax_3)^2$$

可以看出，此时 $f(x_1,x_2,x_3)$ 正定，故规范形为 $y_1^2+y_2^2+y_3^2$.

若 $a=2$，则变换(11.2)不是可逆线性变换.我们去掉括号，重新整理：

$$\begin{aligned}f(x_1,x_2,x_3)&=(x_1-x_2+x_3)^2+(x_2+x_3)^2+(x_1+2x_3)^2\\&=2x_1^2+2x_2^2+6x_3^2-2x_1x_2+6x_1x_3\\&=\left[2\left(x_1-\frac{1}{2}x_2+\frac{3}{2}x_3\right)^2-\frac{1}{2}x_2^2-\frac{9}{2}x_3^2+3x_2x_3\right]+2x_2^2+6x_3^2\\&=2\left(x_1-\frac{1}{2}x_2+\frac{3}{2}x_3\right)^2+\frac{3}{2}x_2^2+\frac{3}{2}x_3^2+3x_2x_3\\&=2\left(x_1-\frac{1}{2}x_2+\frac{3}{2}x_3\right)^2+\frac{3}{2}(x_2+x_3)^2+0\cdot x_3^2.\end{aligned}$$

显然，通过适当的可逆线性变换，二次型 $f(x_1,x_2,x_3)$ 可化为规范形 $z_1^2+z_2^2$.

三、配套作业

1. 化二次型 $f(x_1,x_2,x_3)=x_1^2-3x_2^2-2x_1x_2+2x_1x_3-6x_2x_3$ 为标准形，并写出所做的可逆线性变换.

2. 设二次型 $f(x_1,x_2,x_3)=x_1x_2+2x_1x_3+4x_2x_3$，请用配方法将其化为标准形与规范形，并写出所做的可逆线性变换.

第12讲 二次型的正定性

这一讲的重点是二次型正定的6个充要条件，难点是利用定义去证明二次型是正定的．在全国硕士研究生招生考试中，关于二次型的冷门考点是二次型负定的充要条件．

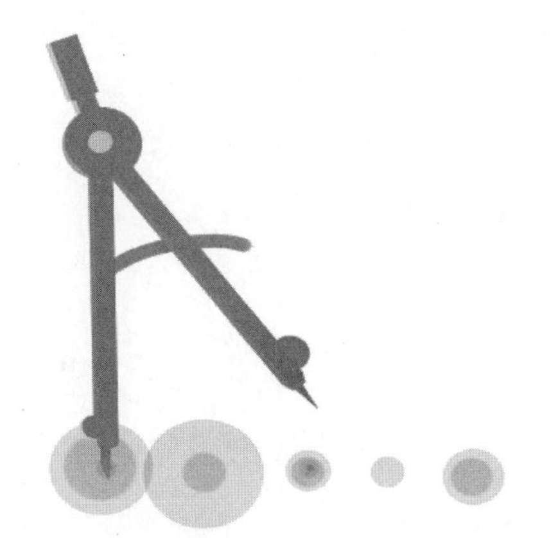

一、重要结论归纳总结

二次型 $f(\boldsymbol{x})=\boldsymbol{x}^{\mathrm{T}}\boldsymbol{A}\boldsymbol{x}$ 的正定性也就是其对应矩阵 $\boldsymbol{A}$ 的正定性. 注意,验证 $\boldsymbol{A}$ 为正定矩阵的前提是 $\boldsymbol{A}$ 为实对称矩阵.

(一) 二次型正定的充要条件

假设 $\boldsymbol{A}$ 为实对称矩阵,则以下 6 个命题等价:

(1) 二次型 $f(\boldsymbol{x})=\boldsymbol{x}^{\mathrm{T}}\boldsymbol{A}\boldsymbol{x}$ 正定:对于任意 $\boldsymbol{x}\neq\boldsymbol{0}$,有$\boldsymbol{x}^{\mathrm{T}}\boldsymbol{A}\boldsymbol{x}>0$(这是二次型正定的定义,也是在做关于二次型正定性的抽象证明题时最常用的方法);

(2) $\boldsymbol{A}$ 的特征值均大于零;

(3) $\boldsymbol{A}$ 的正惯性指数为 $p=n$(n 为 $\boldsymbol{A}$ 的阶数);

(4) $\boldsymbol{A}$ 与单位矩阵 $\boldsymbol{E}$ 合同(存在可逆矩阵 $\boldsymbol{P}$,使得 $\boldsymbol{P}^{\mathrm{T}}\boldsymbol{A}\boldsymbol{P}=\boldsymbol{E}$);

(5) 存在可逆矩阵 $\boldsymbol{P}$,使得 $\boldsymbol{A}=\boldsymbol{P}^{\mathrm{T}}\boldsymbol{P}$ (这等价于 $\boldsymbol{P}^{\mathrm{T}}\boldsymbol{E}\boldsymbol{P}=\boldsymbol{A}$,所以本质还是描述"$\boldsymbol{A}$ 与 $\boldsymbol{E}$ 合同");

(6) $\boldsymbol{A}$ 的全部顺序主子式均大于零.

注　上述的命题(2)~(5),其实都是指"$\boldsymbol{A}$ 的特征值全为正的",只是不断地变换说法而已.

(二) 二次型正定的必要条件

设 $\boldsymbol{A}=(a_{ij})$为 n 阶实对称矩阵,以下是 $f(\boldsymbol{x})=\boldsymbol{x}^{\mathrm{T}}\boldsymbol{A}\boldsymbol{x}$ 为正定二次型的最常用的两个必要条件:

(1) $a_{ii}>0(i=1,2,\cdots,n)$;

(2) $|\boldsymbol{A}|>0$.

(三) 二次型负定的充要条件

二次型 $f(\boldsymbol{x})=\boldsymbol{x}^{\mathrm{T}}\boldsymbol{A}\boldsymbol{x}$ 为负定的$\Longleftrightarrow\boldsymbol{A}$ 的奇数阶主子式为负的,且偶数阶主子式为正的.

二、典型例题分类讲解

考法一　考查具体矩阵正定性的判定

对于具体的矩阵 $\boldsymbol{A}$,判断其是否为正定矩阵,一般最快捷的方法是利用顺序主子式,其次是利用特征值、正惯性指数等.

例题 1(1997 年)　若二次型 $f(x_1,x_2,x_3)=2x_1^2+x_2^2+x_3^2+2x_1x_2+tx_2x_3$ 是正定的,求 t 的取值范围.

解　二次型 $f(x_1,x_2,x_3)$对应的矩阵为

$$A=\begin{pmatrix}2&1&0\\1&1&\frac{t}{2}\\0&\frac{t}{2}&1\end{pmatrix}.$$

由于 $f(x_1,x_2,x_3)$ 为正定二次型，故 $\boldsymbol{A}$ 的顺序主子式均大于零，即

$$\Delta_1=2>0,\quad \Delta_2=\begin{vmatrix}2&1\\1&1\end{vmatrix}=1>0,\quad \Delta_3=\begin{vmatrix}2&1&0\\1&1&\frac{t}{2}\\0&\frac{t}{2}&1\end{vmatrix}>0.$$

前两个不等式显然成立，故只需解最后一个不等式即可. 由

$$\Delta_3=\begin{vmatrix}2&1&0\\1&1&\frac{t}{2}\\0&\frac{t}{2}&1\end{vmatrix}=\begin{vmatrix}0&-1&-t\\1&1&\frac{t}{2}\\0&\frac{t}{2}&1\end{vmatrix}=-\begin{vmatrix}-1&-t\\\frac{t}{2}&1\end{vmatrix}=1-\frac{t^2}{2}>0,$$

得 $-\sqrt{2}<t<\sqrt{2}$. 故当 $-\sqrt{2}<t<\sqrt{2}$ 时，$f(x_1,x_2,x_3)$ 为正定二次型.

例题 2 设矩阵

$$A=\begin{pmatrix}1&0&1\\0&-2&0\\1&0&1\end{pmatrix},\quad B=(\mu E+A)^n\quad (n\geqslant 1),$$

其中 μ 为实数，问：$\boldsymbol{B}$ 何时为正定矩阵？

解 显然，$\boldsymbol{B}$ 为实对称矩阵. 因

$$|A-\lambda E|=\begin{vmatrix}1-\lambda&0&1\\0&-2-\lambda&0\\1&0&1-\lambda\end{vmatrix}=-\lambda(\lambda-2)(\lambda+2),$$

故 $\boldsymbol{A}$ 的特征值为 $0,2,-2$，从而 $\boldsymbol{B}$ 的特征值为 $\mu^n,(\mu+2)^n,(\mu-2)^n$. 要让 $\boldsymbol{B}$ 为正定矩阵，只需让其特征值全为正数即可.

若 n 为偶数，则当 $\mu\neq 0$ 且 $\mu\neq -2$ 且 $\mu\neq 2$ 时，$\mu^n,(\mu+2)^n,(\mu-2)^n$ 均为正数，从而 $\boldsymbol{B}$ 为正定矩阵；

若 n 为奇数，则当 $\mu>2$ 时，$\mu^n,(\mu+2)^n,(\mu-2)^n$ 均为正数，从而 $\boldsymbol{B}$ 为正定矩阵.

例题 3 设三元二次型 $f(\boldsymbol{x})=\boldsymbol{x}^{\mathrm{T}}\boldsymbol{A}\boldsymbol{x}$ 的平方项系数均为 0，且 $\boldsymbol{A\alpha}=2\boldsymbol{\alpha}$，其中 $\boldsymbol{\alpha}=(1,2,-1)^{\mathrm{T}}$.

(1) 求该二次型在正交变换下的标准形；

(2) 求 k 的取值范围,使得 $\boldsymbol{A}^3+2\boldsymbol{A}^2-4\boldsymbol{A}+k\boldsymbol{E}$ 为正定矩阵.

解　(1) 由题意,可设

$$\boldsymbol{A}=\begin{pmatrix}0&a&b\\a&0&c\\b&c&0\end{pmatrix}.$$

由于 $\boldsymbol{A\alpha}=2\boldsymbol{\alpha}$,故

$$\begin{pmatrix}0&a&b\\a&0&c\\b&c&0\end{pmatrix}\begin{pmatrix}1\\2\\-1\end{pmatrix}=2\begin{pmatrix}1\\2\\-1\end{pmatrix}.$$

由此得

$$\begin{cases}2a-b=2,\\a-c=4,\\b+2c=-2,\end{cases}$$

解得 $a=b=2,c=-2$,故

$$\boldsymbol{A}=\begin{pmatrix}0&2&2\\2&0&-2\\2&-2&0\end{pmatrix}.$$

于是

$$|\boldsymbol{A}-\lambda\boldsymbol{E}|=\begin{vmatrix}-\lambda&2&2\\2&-\lambda&-2\\2&-2&-\lambda\end{vmatrix}=-(\lambda+4)(\lambda-2)^2,$$

故 $\boldsymbol{A}$ 的特征值为 $2,2,-4$.所以,该二次型在某个正交变换下的标准形为 $2y_1^2+2y_2^2-4y_3^2$.

(2) 因 $\boldsymbol{A}$ 的特征值为 $2,2,-4$,故 $\boldsymbol{A}^3+2\boldsymbol{A}^2-4\boldsymbol{A}+k\boldsymbol{E}$ 的特征值为 $8+k,8+k,k-16$.所以,当 $k>16$ 时,$\boldsymbol{A}^3+2\boldsymbol{A}^2-4\boldsymbol{A}+k\boldsymbol{E}$ 为正定矩阵.

例题4　已知二次型

$$f(x_1,x_2,x_3)=\boldsymbol{x}^{\mathrm{T}}\boldsymbol{A}\boldsymbol{x}=(1-a)x_1^2+(1-a)x_2^2+2x_3^2+2(1+a)x_1x_2,$$

该二次型对应的矩阵 $\boldsymbol{A}$ 满足 $\mathrm{r}(\boldsymbol{A}^{\mathrm{T}}\boldsymbol{A})=2$.

(1) 求 a 的值;

(2) 求正交变换 $\boldsymbol{x}=\boldsymbol{Q}\boldsymbol{y}$,把二次型 $f(x_1,x_2,x_3)$ 化成标准形;

(3) 求方程 $f(x_1,x_2,x_3)=0$ 的解.

解　(1) 该二次型对应的矩阵为

$$A=\begin{pmatrix}1-a & 1+a & 0\\ 1+a & 1-a & 0\\ 0 & 0 & 2\end{pmatrix}.$$

由于 $r(A^TA)=2$，故 $r(A)=2$. 由此易知 $a=0$.

(2) 由(1)知该二次型对应的矩阵为

$$A=\begin{pmatrix}1 & 1 & 0\\ 1 & 1 & 0\\ 0 & 0 & 2\end{pmatrix},$$

则

$$|A-\lambda E|=\begin{vmatrix}1-\lambda & 1 & 0\\ 1 & 1-\lambda & 0\\ 0 & 0 & 2-\lambda\end{vmatrix}=-\lambda(\lambda-2)^2,$$

从而 A 的特征值为 0,2,2.

因

$$A-0E=\begin{pmatrix}1 & 1 & 0\\ 1 & 1 & 0\\ 0 & 0 & 2\end{pmatrix}\longrightarrow\begin{pmatrix}1 & 1 & 0\\ 0 & 0 & 1\\ 0 & 0 & 0\end{pmatrix},$$

故可取 $\xi_1=(-1,1,0)^T$ 为 A 的属于特征值 0 的一个特征向量. 将 ξ_1 单位化，得

$$e_1=\frac{\xi_1}{\|\xi_1\|}=\frac{1}{\sqrt{2}}(-1,1,0)^T.$$

因

$$A-2E=\begin{pmatrix}-1 & 1 & 0\\ 1 & -1 & 0\\ 0 & 0 & 0\end{pmatrix}\longrightarrow\begin{pmatrix}1 & -1 & 0\\ 0 & 0 & 0\\ 0 & 0 & 0\end{pmatrix},$$

故可取 A 的属于特征值 2 的两个线性无关特征向量为

$$\xi_2=(1,1,0)^T,\quad \xi_3=(0,0,1)^T,$$

单位化得

$$e_2=\frac{1}{\sqrt{2}}(1,1,0)^T,\quad e_3=(0,0,1)^T.$$

令 $Q=(e_1,e_2,e_3)$，则由正交变换 $x=Qy\,[y=(y_1,y_2,y_3)^T]$ 可将二次型 $f(x_1,x_2,x_3)$ 化为标准形：

$$f(x_1,x_2,x_3)=2y_2^2+2y_3^2.$$

(3) 由 $f(x_1,x_2,x_3)=2y_2^2+2y_3^2=0$ 解得

$$(y_1,y_2,y_3)=(k,0,0),$$

其中 k 为任意常数. 再由 $\boldsymbol{x}=\boldsymbol{Q}\boldsymbol{y}$ 可知

$$\begin{pmatrix} x_1 \\ x_2 \\ x_3 \end{pmatrix}=\begin{pmatrix} -\frac{1}{\sqrt{2}} & \frac{1}{\sqrt{2}} & 0 \\ \frac{1}{\sqrt{2}} & \frac{1}{\sqrt{2}} & 0 \\ 0 & 0 & 1 \end{pmatrix}\begin{pmatrix} k \\ 0 \\ 0 \end{pmatrix}=\begin{pmatrix} -\frac{1}{\sqrt{2}}k \\ \frac{1}{\sqrt{2}}k \\ 0 \end{pmatrix}=k'\begin{pmatrix} -1 \\ 1 \\ 0 \end{pmatrix},$$

其中 $k'=\dfrac{k}{\sqrt{2}}$ 也是任意常数.

注　本题已知 $\mathrm{r}(\boldsymbol{A}^{\mathrm{T}}\boldsymbol{A})=2$,所以可以把 a 解出来. 若没有这个条件,则需要讨论 a,此时 $\boldsymbol{A}$ 可能正定,也可能只是半正定. 如果 $\boldsymbol{A}$ 正定,那么 $f(x_1,x_2,x_3)=0$ 就只有零解;如果 $\boldsymbol{A}$ 半正定,那么 $f(x_1,x_2,x_3)=0$ 有无穷多个解.

考法二　考查抽象矩阵正定性的判定

对于抽象矩阵 $\boldsymbol{A}$,证明其是正定矩阵,最根本的方法是直接利用定义证明 $\boldsymbol{x}^{\mathrm{T}}\boldsymbol{A}\boldsymbol{x}$ 为正定二次型:

(1) 证明 $\boldsymbol{A}$ 是实对称矩阵;

(2) 证明 $\boldsymbol{x}^{\mathrm{T}}\boldsymbol{A}\boldsymbol{x}\geqslant 0$,且等号仅在 $\boldsymbol{x}=\boldsymbol{0}$ 时才成立.

例题 5　请选择恰当的方法,快速完成下列关于矩阵正定性的问题:

(1) 设 $\boldsymbol{A}$ 为正定矩阵,证明:$\boldsymbol{A}^2,\boldsymbol{A}^{-1},\boldsymbol{A}^*,\boldsymbol{A}^{\mathrm{T}}$ 也都是正定矩阵.

(2) 设 $\boldsymbol{A}$ 是正定矩阵,证明:$|\boldsymbol{E}+\boldsymbol{A}|>1$.

(3) 设 $\boldsymbol{A}$ 是正定矩阵,且矩阵 $\boldsymbol{A}$ 与 $\boldsymbol{B}$ 合同,证明:$\boldsymbol{B}$ 也是正定矩阵.

(4) 设 $\boldsymbol{A}$ 和 $\boldsymbol{B}$ 都是 n 阶正定矩阵,证明:$\boldsymbol{A}+\boldsymbol{B}$ 也是正定矩阵.

(5) 设 n 阶矩阵 $\boldsymbol{A}$ 满足 $\boldsymbol{A}^2-4\boldsymbol{A}+3\boldsymbol{E}=\boldsymbol{O}$,证明:$\boldsymbol{C}=(2\boldsymbol{E}-\boldsymbol{A})^{\mathrm{T}}(2\boldsymbol{E}-\boldsymbol{A})$ 也是正定矩阵.

(6) 设 $\boldsymbol{A}$ 是 3 阶实对称矩阵,且 $\boldsymbol{A}^2+2\boldsymbol{A}=\boldsymbol{O}$,$\mathrm{r}(\boldsymbol{A})=2$. 若 $\boldsymbol{A}+k\boldsymbol{E}$ 是正定矩阵,则 k 的取值范围是________.

(7) 设 $\boldsymbol{\alpha}=(1,2,1)^{\mathrm{T}}$,$\boldsymbol{A}=\boldsymbol{\alpha}\boldsymbol{\alpha}^{\mathrm{T}}$. 若 $\boldsymbol{B}=(k\boldsymbol{E}-\boldsymbol{A})^*$ 是正定矩阵,则 k 的取值范围是________.

解　(1) 由于 $\boldsymbol{A}$ 是正定矩阵,故 $\boldsymbol{A}$ 是实对称矩阵,从而 $\boldsymbol{A}^2,\boldsymbol{A}^{-1},\boldsymbol{A}^*,\boldsymbol{A}^{\mathrm{T}}$ 也均是实对称矩阵. 又由于 $\boldsymbol{A}$ 的特征值均为正数,故 $\boldsymbol{A}^2,\boldsymbol{A}^{-1},\boldsymbol{A}^*,\boldsymbol{A}^{\mathrm{T}}$ 的特征值也均是正数,故 $\boldsymbol{A}^2,\boldsymbol{A}^{-1},\boldsymbol{A}^*,\boldsymbol{A}^{\mathrm{T}}$ 都是正定矩阵.

(2) 由于 $\boldsymbol{A}$ 是正定矩阵,故其特征值均大于 0,故 $\boldsymbol{E}+\boldsymbol{A}$ 的特征值均大于 1,从而 $|\boldsymbol{E}+\boldsymbol{A}|>1$.

(3) 由于 $\boldsymbol{A}$ 与 $\boldsymbol{B}$ 合同,故存在可逆矩阵 $\boldsymbol{P}$,使得 $\boldsymbol{P}^{\mathrm{T}}\boldsymbol{A}\boldsymbol{P}=\boldsymbol{B}$. 此式两端同时取转置,并注

意到 $\boldsymbol{A}^{\mathrm{T}}=\boldsymbol{A}$，得

$$\boldsymbol{B}^{\mathrm{T}}=(\boldsymbol{P}^{\mathrm{T}}\boldsymbol{A}\boldsymbol{P})^{\mathrm{T}}=\boldsymbol{P}^{\mathrm{T}}\boldsymbol{A}^{\mathrm{T}}\boldsymbol{P}=\boldsymbol{P}^{\mathrm{T}}\boldsymbol{A}\boldsymbol{P}=\boldsymbol{B},$$

故 $\boldsymbol{B}$ 也是实对称矩阵. 又由于 $\boldsymbol{A}$ 正定，故 $\boldsymbol{A}$ 的特征值均为正数，故 $\boldsymbol{B}$ 的特征值也均为正数，从而 $\boldsymbol{B}$ 也是正定矩阵.

(4) 因 $\boldsymbol{A}$ 和 $\boldsymbol{B}$ 都是正定矩阵，故 $\boldsymbol{A}$，$\boldsymbol{B}$ 均为实对称矩阵，从而 $\boldsymbol{A}+\boldsymbol{B}$ 也是实对称矩阵.

又由于 $\boldsymbol{x}^{\mathrm{T}}\boldsymbol{A}\boldsymbol{x}$，$\boldsymbol{x}^{\mathrm{T}}\boldsymbol{B}\boldsymbol{x}$ 均是正定二次型，故当 $\boldsymbol{x}\neq\boldsymbol{0}$ 时，$\boldsymbol{x}^{\mathrm{T}}\boldsymbol{A}\boldsymbol{x}>0$，$\boldsymbol{x}^{\mathrm{T}}\boldsymbol{B}\boldsymbol{x}>0$，从而

$$\boldsymbol{x}^{\mathrm{T}}(\boldsymbol{A}+\boldsymbol{B})\boldsymbol{x}=\boldsymbol{x}^{\mathrm{T}}\boldsymbol{A}\boldsymbol{x}+\boldsymbol{x}^{\mathrm{T}}\boldsymbol{B}\boldsymbol{x}>0.$$

所以，二次型 $\boldsymbol{x}^{\mathrm{T}}(\boldsymbol{A}+\boldsymbol{B})\boldsymbol{x}$ 也是正定的，从而 $\boldsymbol{A}+\boldsymbol{B}$ 是正定矩阵.

(5) 令 $\boldsymbol{B}=2\boldsymbol{E}-\boldsymbol{A}$，则

$$\boldsymbol{C}^{\mathrm{T}}=(\boldsymbol{B}^{\mathrm{T}}\boldsymbol{B})^{\mathrm{T}}=\boldsymbol{B}^{\mathrm{T}}(\boldsymbol{B}^{\mathrm{T}})^{\mathrm{T}}=\boldsymbol{B}^{\mathrm{T}}\boldsymbol{B}=\boldsymbol{C}.$$

故 $\boldsymbol{C}$ 是实对称矩阵. 又由于 $\boldsymbol{A}^2-4\boldsymbol{A}+3\boldsymbol{E}=\boldsymbol{O}$，故

$$\boldsymbol{A}^2-4\boldsymbol{A}+4\boldsymbol{E}=\boldsymbol{E},\quad \text{即}\quad (\boldsymbol{A}-2\boldsymbol{E})^2=\boldsymbol{E},$$

也即 $\boldsymbol{B}^2=\boldsymbol{E}$，从而 $\boldsymbol{B}$ 可逆. 故 $\boldsymbol{C}=\boldsymbol{B}^{\mathrm{T}}\boldsymbol{B}$ 为正定矩阵.

(6) 因 $\boldsymbol{A}^2+2\boldsymbol{A}=\boldsymbol{O}$，故 $\boldsymbol{A}$ 的特征值只能在 0 和 -2 中取值. 又 $\boldsymbol{A}$ 是秩为 2 的 3 阶实对称矩阵，故 $\boldsymbol{A}$ 的特征值一定是

$$\lambda_1=\lambda_2=-2,\quad \lambda_3=0.$$

于是，$\boldsymbol{A}+k\boldsymbol{E}$ 的特征值为

$$\mu_1=\mu_2=k-2,\quad \mu_3=k.$$

要保证 $\boldsymbol{A}+k\boldsymbol{E}$ 正定，只需 $k>2$ 即可.

(7) $\boldsymbol{A}=\boldsymbol{\alpha}\boldsymbol{\alpha}^{\mathrm{T}}$ 为秩一矩阵. 由于 $\boldsymbol{\alpha}=(1,2,1)^{\mathrm{T}}$，故 $\boldsymbol{A}$ 的特征值为 6，0，0. 于是，$k\boldsymbol{E}-\boldsymbol{A}$ 的特征值为 $k-6$，k，k. 而要保证 $\boldsymbol{B}=(k\boldsymbol{E}-\boldsymbol{A})^*$ 是正定矩阵，则需要 $\boldsymbol{B}$ 的特征值均为正的，而这只需要 $k\boldsymbol{E}-\boldsymbol{A}$ 的特征值同号即可. 故 $k>6$ 或 $k<0$.

例题 6(1999 年) 设 $\boldsymbol{A}$ 为 $m\times n$ 实矩阵，$\boldsymbol{E}$ 为 n 阶单位矩阵，$\boldsymbol{B}=\lambda\boldsymbol{E}+\boldsymbol{A}^{\mathrm{T}}\boldsymbol{A}$，证明：当 $\lambda>0$ 时，$\boldsymbol{B}$ 为正定矩阵.

证 首先证明 $\boldsymbol{B}$ 为实对称矩阵：

$$\boldsymbol{B}^{\mathrm{T}}=(\lambda\boldsymbol{E}+\boldsymbol{A}^{\mathrm{T}}\boldsymbol{A})^{\mathrm{T}}=\lambda\boldsymbol{E}+\boldsymbol{A}^{\mathrm{T}}\boldsymbol{A}=\boldsymbol{B}.$$

其次，对于任意 n 维列向量 $\boldsymbol{x}\neq\boldsymbol{0}$，均有

$$\boldsymbol{x}^{\mathrm{T}}\boldsymbol{B}\boldsymbol{x}=\boldsymbol{x}^{\mathrm{T}}(\lambda\boldsymbol{E}+\boldsymbol{A}^{\mathrm{T}}\boldsymbol{A})\boldsymbol{x}=\lambda\boldsymbol{x}^{\mathrm{T}}\boldsymbol{x}+\boldsymbol{x}^{\mathrm{T}}\boldsymbol{A}^{\mathrm{T}}\boldsymbol{A}\boldsymbol{x}=\lambda\|\boldsymbol{x}\|^2+\|\boldsymbol{A}\boldsymbol{x}\|^2.$$

由于 $\boldsymbol{x}$ 为非零向量，故 $\|\boldsymbol{x}\|>0$. 所以，当 $\lambda>0$ 时，$\boldsymbol{x}^{\mathrm{T}}\boldsymbol{B}\boldsymbol{x}>0$. 由正定二次型的定义可知，二次型 $\boldsymbol{x}^{\mathrm{T}}\boldsymbol{B}\boldsymbol{x}$ 是正定的，从而 $\boldsymbol{B}$ 为正定矩阵.

类题(1999 年) 设 m 阶实对称矩阵 $\boldsymbol{A}$ 正定，$\boldsymbol{B}$ 为 $m\times n$ 实矩阵，证明：$\boldsymbol{B}^{\mathrm{T}}\boldsymbol{A}\boldsymbol{B}$ 为正定矩阵的充要条件是 $\mathrm{r}(\boldsymbol{B})=n$.

证 对于这种抽象型证明题，使用正定二次型的定义来证明一般是最快的.

充分性 先检验 $\boldsymbol{B}^{\mathrm{T}}\boldsymbol{A}\boldsymbol{B}$ 是否为实对称矩阵：因

$$(\boldsymbol{B}^{\mathrm{T}}\boldsymbol{A}\boldsymbol{B})^{\mathrm{T}}=\boldsymbol{B}^{\mathrm{T}}\boldsymbol{A}^{\mathrm{T}}\boldsymbol{B}=\boldsymbol{B}^{\mathrm{T}}\boldsymbol{A}\boldsymbol{B},$$

故 $\boldsymbol{B}^{\mathrm{T}}\boldsymbol{A}\boldsymbol{B}$ 为实对称矩阵.

若 $\mathrm{r}(\boldsymbol{B})=n$,则对于任意 n 维非零列向量 $\boldsymbol{x}$,均有 $\boldsymbol{B}\boldsymbol{x}\neq\boldsymbol{0}$. 又由于 $\boldsymbol{A}$ 为正定矩阵,故

$$(\boldsymbol{B}\boldsymbol{x})^{\mathrm{T}}\boldsymbol{A}(\boldsymbol{B}\boldsymbol{x})>0,\quad 即\quad \boldsymbol{x}^{\mathrm{T}}(\boldsymbol{B}^{\mathrm{T}}\boldsymbol{A}\boldsymbol{B})\boldsymbol{x}>0.$$

由正定二次型的定义可知,$\boldsymbol{x}^{\mathrm{T}}(\boldsymbol{B}^{\mathrm{T}}\boldsymbol{A}\boldsymbol{B})\boldsymbol{x}$ 为正定二次型,从而 $\boldsymbol{B}^{\mathrm{T}}\boldsymbol{A}\boldsymbol{B}$ 为正定矩阵.

必要性　若 $\boldsymbol{B}^{\mathrm{T}}\boldsymbol{A}\boldsymbol{B}$ 为正定矩阵,则对任意 n 维非零列向量 $\boldsymbol{x}$,均有

$$\boldsymbol{x}^{\mathrm{T}}(\boldsymbol{B}^{\mathrm{T}}\boldsymbol{A}\boldsymbol{B})\boldsymbol{x}>0,\quad 即\quad (\boldsymbol{B}\boldsymbol{x})^{\mathrm{T}}\boldsymbol{A}(\boldsymbol{B}\boldsymbol{x})>0.$$

故 $\boldsymbol{B}\boldsymbol{x}\neq\boldsymbol{0}$. 这相当于齐次线性方程组 $\boldsymbol{B}\boldsymbol{x}=\boldsymbol{0}$ 只有零解,即 $\mathrm{r}(\boldsymbol{B})=n$.

注　从本题可以总结出,当要证明 $\mathrm{r}(\boldsymbol{A})=n$ 时(其中 n 是矩阵 $\boldsymbol{A}$ 的列数),可以考虑去证明齐次线性方程组 $\boldsymbol{A}\boldsymbol{x}=\boldsymbol{0}$ 只有零解.

例题 7　设 $\boldsymbol{A}$ 是 n 阶正定矩阵,$\boldsymbol{B}$ 是 n 阶实反对称矩阵,则对 $\boldsymbol{A}-\boldsymbol{B}^2$ 的以下判断中正确的是________.

① 对称矩阵；　② 反对称矩阵；　③ 正定矩阵；　④ 可逆矩阵.

解　因

$$(\boldsymbol{A}-\boldsymbol{B}^2)^{\mathrm{T}}=\boldsymbol{A}^{\mathrm{T}}-(\boldsymbol{B}^2)^{\mathrm{T}}=\boldsymbol{A}-(\boldsymbol{B}^{\mathrm{T}})^2=\boldsymbol{A}-(-\boldsymbol{B})^2=\boldsymbol{A}-\boldsymbol{B}^2,$$

故 $\boldsymbol{A}-\boldsymbol{B}^2$ 为实对称矩阵,从而①正确,②错误.

对于任意 n 维列向量 $\boldsymbol{x}\neq\boldsymbol{0}$,有

$$\begin{aligned}\boldsymbol{x}^{\mathrm{T}}(\boldsymbol{A}-\boldsymbol{B}^2)\boldsymbol{x}&=\boldsymbol{x}^{\mathrm{T}}\boldsymbol{A}\boldsymbol{x}-\boldsymbol{x}^{\mathrm{T}}\boldsymbol{B}^2\boldsymbol{x}=\boldsymbol{x}^{\mathrm{T}}\boldsymbol{A}\boldsymbol{x}+\boldsymbol{x}^{\mathrm{T}}\boldsymbol{B}^{\mathrm{T}}\boldsymbol{B}\boldsymbol{x}\\&=\boldsymbol{x}^{\mathrm{T}}\boldsymbol{A}\boldsymbol{x}+(\boldsymbol{B}\boldsymbol{x})^{\mathrm{T}}\boldsymbol{B}\boldsymbol{x}=\boldsymbol{x}^{\mathrm{T}}\boldsymbol{A}\boldsymbol{x}+\|\boldsymbol{B}\boldsymbol{x}\|^2.\end{aligned}$$

由于 $\boldsymbol{A}$ 为 n 阶正定矩阵,故 $\boldsymbol{x}^{\mathrm{T}}\boldsymbol{A}\boldsymbol{x}>0$,从而

$$\boldsymbol{x}^{\mathrm{T}}(\boldsymbol{A}-\boldsymbol{B}^2)\boldsymbol{x}=\boldsymbol{x}^{\mathrm{T}}\boldsymbol{A}\boldsymbol{x}+\|\boldsymbol{B}\boldsymbol{x}\|^2>0.$$

由正定二次型的定义可知,$\boldsymbol{x}^{\mathrm{T}}(\boldsymbol{A}-\boldsymbol{B}^2)\boldsymbol{x}$ 为正定二次型,于是 $\boldsymbol{A}-\boldsymbol{B}^2$ 为正定矩阵. 既然 $\boldsymbol{A}-\boldsymbol{B}^2$ 正定,它必然可逆,故③,④均正确.

综上,应填①,③,④.

例题 8　已知矩阵

$$\boldsymbol{A}=\begin{pmatrix}1&1&\cdots&1\\a_1&a_2&\cdots&a_s\\a_1^2&a_2^2&\cdots&a_s^2\\\vdots&\vdots&&\vdots\\a_1^{n-1}&a_2^{n-1}&\cdots&a_s^{n-1}\end{pmatrix},$$

其中 $a_1,a_2,\cdots,a_s$ 是互异的实数,试讨论矩阵 $\boldsymbol{B}=\boldsymbol{A}^{\mathrm{T}}\boldsymbol{A}$ 的正定性.

解　显然,$\boldsymbol{B}$ 是实对称矩阵,且对于任意 n 维列向量 $\boldsymbol{x}\neq\boldsymbol{0}$,均有

$$\boldsymbol{x}^{\mathrm{T}}\boldsymbol{B}\boldsymbol{x}=\boldsymbol{x}^{\mathrm{T}}\boldsymbol{A}^{\mathrm{T}}\boldsymbol{A}\boldsymbol{x}=(\boldsymbol{A}\boldsymbol{x})^{\mathrm{T}}(\boldsymbol{A}\boldsymbol{x})=\|\boldsymbol{A}\boldsymbol{x}\|^2\geqslant 0,$$

故 $\boldsymbol{B}$ 至少是半正定矩阵. 要确定 $\boldsymbol{B}$ 是否为正定矩阵,主要考虑“对于任意 n 维列向量 $\boldsymbol{x}\neq\boldsymbol{0}$,

是否均有$\boldsymbol{Ax}\neq\boldsymbol{0}$". 这相当于判断线性方程组 $\boldsymbol{Ax}=\boldsymbol{0}$ 是否只有零解,即 $r(\boldsymbol{A})=s$ 是否成立.

若 $n=s$,则$|\boldsymbol{A}|$为范德蒙德行列式. 由于 $a_1,a_2,\cdots,a_s$ 互异,故$|\boldsymbol{A}|\neq 0$,从而 $r(\boldsymbol{A})=s$. 所以,$\boldsymbol{B}$ 正定.

若 $n>s$,则根据"本身无关,则延长必无关"可知,仍有 $r(\boldsymbol{A})=s$. 所以,$\boldsymbol{B}$ 正定.

若 $n<s$,则 $r(\boldsymbol{A})\leqslant n<s$. 所以,$\boldsymbol{B}$ 不是正定矩阵.

三、配套作业

1. 下列二次型中为正定二次型是(　　).

A. $f(x_1,x_2,x_3,x_4)=(x_1-x_2)^2+(x_2-x_3)^2+(x_3-x_4)^2+(x_4-x_1)^2$

B. $f(x_1,x_2,x_3,x_4)=(x_1+x_2)^2+(x_2+x_3)^2+(x_3+x_4)^2+(x_4+x_1)^2$

C. $f(x_1,x_2,x_3,x_4)=(x_1-x_2)^2+(x_2+x_3)^2+(x_3-x_4)^2+(x_4+x_1)^2$

D. $f(x_1,x_2,x_3,x_4)=(x_1-x_2)^2+(x_2+x_3)^2+(x_3+x_4)^2+(x_4+x_1)^2$

2. (1) 设 $\boldsymbol{A}$ 是 n 阶实对称矩阵,且存在 n 维非零列向量 $\boldsymbol{\xi}_0$,使得 $\boldsymbol{\xi}_0^{\mathrm{T}}\boldsymbol{A}\boldsymbol{\xi}_0>0$,证明:$\boldsymbol{A}$ 一定有正的特征值.

(2) 设二次型 $f(x_1,x_2,x_3)=\boldsymbol{x}^{\mathrm{T}}\boldsymbol{Bx}=x_1^2-2x_2^2+x_3^2+2x_1x_2-2x_2x_3+4x_1x_3$,求一个具体的 $\boldsymbol{\xi}$,使得 $\boldsymbol{\xi}^{\mathrm{T}}\boldsymbol{B}\boldsymbol{\xi}>0$.

3. 设 $\boldsymbol{A},\boldsymbol{B}$ 都是 n 阶正定矩阵,证明:$\boldsymbol{AB}$ 也是正定矩阵的充要条件是 $\boldsymbol{AB}=\boldsymbol{BA}$(这个结论很重要,请同学们记住).

4. (2005 年)设 $\boldsymbol{D}=\begin{pmatrix}\boldsymbol{A} & \boldsymbol{C}\\ \boldsymbol{C}^{\mathrm{T}} & \boldsymbol{B}\end{pmatrix}$为正定矩阵,其中 $\boldsymbol{A}$ 和 $\boldsymbol{B}$ 分别为 m 阶和 n 阶实对称矩阵,$\boldsymbol{C}$ 为 $m\times n$ 实矩阵.

(1) 设矩阵 $\boldsymbol{P}=\begin{pmatrix}\boldsymbol{E}_m & -\boldsymbol{A}^{-1}\boldsymbol{C}\\ \boldsymbol{O} & \boldsymbol{E}_n\end{pmatrix}$,求 $\boldsymbol{P}^{\mathrm{T}}\boldsymbol{DP}$;

(2) 判断 $\boldsymbol{B}-\boldsymbol{C}^{\mathrm{T}}\boldsymbol{A}^{-1}\boldsymbol{C}$ 是否为正定矩阵.

配套作业答案

第 1 讲

1. $|(\boldsymbol{A}^{-1}+\boldsymbol{B}^{-1})^{-1}|=\dfrac{1}{|\boldsymbol{A}^{-1}+\boldsymbol{B}^{-1}|}=\dfrac{1}{|\boldsymbol{A}^{-1}||\boldsymbol{E}+\boldsymbol{A}\boldsymbol{B}^{-1}|}=\dfrac{1}{|\boldsymbol{A}^{-1}||\boldsymbol{B}+\boldsymbol{A}||\boldsymbol{B}^{-1}|}$

$$=\frac{|\boldsymbol{A}||\boldsymbol{B}|}{|\boldsymbol{A}+\boldsymbol{B}|}=\frac{1\times 2}{2}=1.$$

2. 因

$$|\boldsymbol{A}|=\begin{vmatrix}1&1&0\\0&1&1\\1&1&2\end{vmatrix}=\begin{vmatrix}1&1&0\\0&1&1\\0&0&2\end{vmatrix}=2,$$

故 $\boldsymbol{A}^*=|\boldsymbol{A}|\boldsymbol{A}^{-1}=2\boldsymbol{A}^{-1}$，从而

$$\left|\left(\frac{1}{2}\boldsymbol{A}^2\right)^{-1}-3\boldsymbol{A}^*\right|=|2(\boldsymbol{A}^{-1})^2-6\boldsymbol{A}^{-1}|=2^3|(\boldsymbol{A}^{-1})^2(\boldsymbol{E}-3\boldsymbol{A})|$$

$$=8\times\frac{1}{4}\times(-1)^3|3\boldsymbol{A}-\boldsymbol{E}|.$$

而

$$|3\boldsymbol{A}-\boldsymbol{E}|=\begin{vmatrix}2&3&0\\0&2&3\\3&3&5\end{vmatrix}=2\begin{vmatrix}2&3\\3&5\end{vmatrix}-3\begin{vmatrix}0&3\\3&5\end{vmatrix}=2-3\times(-9)=29,$$

代入得

$$\left|\left(\frac{1}{2}\boldsymbol{A}^2\right)^{-1}-3\boldsymbol{A}^*\right|=-58.$$

3. $\boldsymbol{A}^2+3\boldsymbol{A}-2\boldsymbol{E}=\boldsymbol{O}\Longrightarrow(\boldsymbol{A}+\boldsymbol{E})(\boldsymbol{A}+2\boldsymbol{E})=4\boldsymbol{E}\Longrightarrow(\boldsymbol{A}+\boldsymbol{E})^{-1}=\dfrac{\boldsymbol{A}+2\boldsymbol{E}}{4}$;

$\boldsymbol{A}^2+3\boldsymbol{A}-2\boldsymbol{E}=\boldsymbol{O}\Longrightarrow\boldsymbol{A}(\boldsymbol{A}+3\boldsymbol{E})=2\boldsymbol{E}\Longrightarrow\boldsymbol{A}^{-1}=\dfrac{\boldsymbol{A}+3\boldsymbol{E}}{2}$.

于是

$$A^{*}=|A|A^{-1}=\frac{1}{2}\cdot\frac{A+3E}{2}=\frac{A+3E}{4}.$$

故 $$(A+E)^{-1}+A^{*}=\frac{A+2E}{4}+\frac{A+3E}{4}=\frac{2A+5E}{4}.$$

4. 因 A 为正交矩阵,故 $AA^{T}=E$. 两边取行列式,得到 $|A|^{2}=1$,故 $|A|=\pm1$. 于是

$$|E-A^{2}|=|AA^{T}-A^{2}|=|A||A^{T}-A|,$$

对于上式中的 $|A^{T}-A|$,我们可以采用以下两种不同的方法进行计算:

(1) $|A^{T}-A|=|(A-A^{T})^{T}|=|A-A^{T}|$;

(2) $|A^{T}-A|=|-(A-A^{T})|=(-1)^{2n+1}|A-A^{T}|=-|A-A^{T}|$.

对比(1),(2)两式中的结果可发现 $|A-A^{T}|=-|A-A^{T}|$,故 $|A-A^{T}|=0$. 所以

$$|E-A^{2}|=0.$$

5. 这类题的解法,就是通过矩阵的恒等变形(主要是提取公因式),将目标矩阵分解为题目中各可逆矩阵的乘积.

$A-B^{-1}=(AB-E)B^{-1}$. 由于 $AB-E,B^{-1}$ 均可逆,故 $A-B^{-1}$ 也可逆.

$$\begin{aligned}(A-B^{-1})^{-1}-A^{-1}&=[(AB-E)B^{-1}]^{-1}-A^{-1}=B(AB-E)^{-1}-BB^{-1}A^{-1}\\&=B[(AB-E)^{-1}-(AB)^{-1}]=B[(AB-E)^{-1}AB-E](AB)^{-1}\\&=B[(AB-E)^{-1}(AB-E+E)-E](AB)^{-1}\\&=B[E+(AB-E)^{-1}-E](AB)^{-1}\\&=B(AB-E)^{-1}(AB)^{-1}.\end{aligned}$$

由于 $A,B,AB-E$ 都是可逆矩阵,故 $(A-B^{-1})^{-1}-A^{-1}$ 也可逆(甚至还能求出其逆矩阵为 $ABA-A$).

6. 可以直接计算出 $A^{2}-2A+2E$ 的表达式,然后求行列式,但本题利用特征值求解更快捷. 由于 $\alpha\beta^{T}$ 是秩一矩阵,故其特征值为 $0,0,\beta^{T}\alpha$,即 $0,0,2$,从而 $A=E-\alpha\beta^{T}$ 的特征值为 $1,1,-1$,进一步知 $A^{2}-2A+2E$ 的特征值为 $1,1,5$. 因此

$$|A^{2}-2A+2E|=1\times1\times5=5.$$

7. 令 $P=(\alpha_{1},\alpha_{2})$,则 P 为可逆矩阵. 因

$$AP=A(\alpha_{1},\alpha_{2})=(A\alpha_{1},A\alpha_{2})=(\alpha_{1}+\alpha_{2},3\alpha_{1}+\alpha_{2})=(\alpha_{1},\alpha_{2})\begin{pmatrix}1&3\\1&1\end{pmatrix}=PB,$$

其中 $B=\begin{pmatrix}1&3\\1&1\end{pmatrix}$,故 $P^{-1}AP=B$,即 A 与 B 相似,从而

$$|A|=|B|=\begin{vmatrix}1&3\\1&1\end{vmatrix}=-2.$$

第 2 讲

1. 将 $\boldsymbol{A}$ 分块为 $\boldsymbol{A}=\begin{pmatrix}\boldsymbol{B}&\boldsymbol{O}\\\boldsymbol{O}&\boldsymbol{C}\end{pmatrix}$，则 $\boldsymbol{A}^n=\begin{pmatrix}\boldsymbol{B}^n&\boldsymbol{O}\\\boldsymbol{O}&\boldsymbol{C}^n\end{pmatrix}$，其中

$$\boldsymbol{B}=\begin{pmatrix}3&1&0\\0&3&1\\0&0&3\end{pmatrix},\quad \boldsymbol{C}=\begin{pmatrix}3&-1\\-9&3\end{pmatrix}.$$

而 $\boldsymbol{B}=3\boldsymbol{E}+\boldsymbol{D}$，其中

$$\boldsymbol{D}=\begin{pmatrix}0&1&0\\0&0&1\\0&0&0\end{pmatrix},$$

故

$$\boldsymbol{B}^n=(3\boldsymbol{E}+\boldsymbol{D})^n=3^n\boldsymbol{E}+\mathrm{C}_n^1\cdot 3^{n-1}\boldsymbol{D}+\mathrm{C}_n^2\cdot 3^{n-2}\boldsymbol{D}^2+\cdots+\boldsymbol{D}^n.$$

由于 $\boldsymbol{C}$ 是秩一矩阵，故

$$\boldsymbol{C}=\begin{pmatrix}1\\-3\end{pmatrix}(3,-1),\quad 从而\quad \boldsymbol{C}^n=6^{n-1}\boldsymbol{C}.$$

所以，当 $n\geqslant 2$ 时，有

$$\boldsymbol{A}^n=\begin{pmatrix}3^n&\mathrm{C}_n^1\cdot 3^{n-1}&\mathrm{C}_n^2\cdot 3^{n-2}&0&0\\0&3^n&\mathrm{C}_n^1\cdot 3^{n-1}&0&0\\0&0&3^n&0&0\\0&0&0&3\cdot 6^{n-1}&-6^{n-1}\\0&0&0&-9\cdot 6^{n-1}&3\cdot 6^{n-1}\end{pmatrix}.$$

2. (1) 先求 $\boldsymbol{A}$ 的特征值. 令

$$|\boldsymbol{A}-\lambda\boldsymbol{E}|=-(\lambda-2)(\lambda^2-4)=0,$$

解得 $\boldsymbol{A}$ 的特征值

$$\lambda_1=\lambda_2=2,\quad \lambda_3=-2.$$

由于 $\boldsymbol{A}$ 可以相似对角化，故 $\lambda_1=\lambda_2=2$ 对应两个线性无关的特征向量，从而 $\mathrm{r}(\boldsymbol{A}-2\boldsymbol{E})=1$，解得 $a=-4$.

再求特征向量.

当 $\lambda_1=\lambda_2=2$ 时，解线性方程组 $(\boldsymbol{A}-2\boldsymbol{E})\boldsymbol{x}=\boldsymbol{0}$，得到 $\boldsymbol{A}$ 的属于特征值 $\lambda_1=\lambda_2=2$ 的两个线性无关特征向量

$$\boldsymbol{\xi}_1=(1,0,1)^{\mathrm{T}},\quad \boldsymbol{\xi}_2=(0,1,0)^{\mathrm{T}};$$

当$\lambda_3=-2$时，解线性方程组$(\boldsymbol{A}+2\boldsymbol{E})\boldsymbol{x}=\boldsymbol{0}$，得到$\boldsymbol{A}$的属于特征值$\lambda_3=-2$的一个特征向量

$$\boldsymbol{\xi}_3=(1,2,-1)^{\mathrm{T}}.$$

令

$$\boldsymbol{P}=(\boldsymbol{\xi}_1,\boldsymbol{\xi}_2,\boldsymbol{\xi}_3)=\begin{pmatrix}1&0&1\\0&1&2\\1&0&-1\end{pmatrix},$$

则

$$\boldsymbol{P}^{-1}\boldsymbol{A}\boldsymbol{P}=\begin{pmatrix}2&&\\&2&\\&&-2\end{pmatrix}\xlongequal{\text{记为}}\boldsymbol{\Lambda}.$$

(2) 在$\boldsymbol{P}^{-1}\boldsymbol{A}\boldsymbol{P}=\boldsymbol{\Lambda}$的两边取100次方，得

$$\boldsymbol{P}^{-1}\boldsymbol{A}^{100}\boldsymbol{P}=\begin{pmatrix}2^{100}&&\\&2^{100}&\\&&(-2)^{100}\end{pmatrix}=2^{100}\boldsymbol{E},$$

反解得

$$\boldsymbol{A}^{100}=\boldsymbol{P}(2^{100}\boldsymbol{E})\boldsymbol{P}^{-1}=2^{100}\boldsymbol{P}\boldsymbol{P}^{-1}=2^{100}\boldsymbol{E}=\begin{pmatrix}2^{100}&&\\&2^{100}&\\&&2^{100}\end{pmatrix}.$$

3. 观察题目中的递推公式，发现可以将其表示为矩阵形式，即

$$\begin{pmatrix}x_n\\y_n\end{pmatrix}=\begin{pmatrix}1&2\\4&3\end{pmatrix}\begin{pmatrix}x_{n-1}\\y_{n-1}\end{pmatrix}\quad(n=1,2,\cdots).$$

设

$$\boldsymbol{A}=\begin{pmatrix}1&2\\4&3\end{pmatrix},\quad \boldsymbol{\eta}_n=\begin{pmatrix}x_n\\y_n\end{pmatrix}\quad(n=1,2,\cdots),$$

则上述递推式可简化为

$$\boldsymbol{\eta}_n=\boldsymbol{A}^n\boldsymbol{\eta}_0\quad(n=1,2,\cdots)$$

所以，只需先求出$\boldsymbol{\eta}_{100}$，即可求出x_{100}和y_{100}.

由

$$|\boldsymbol{A}-\lambda\boldsymbol{E}|=(\lambda-5)(\lambda+1),$$

解得$\boldsymbol{A}$的特征值

$$\lambda_1=-1,\quad \lambda_2=5.$$

对于 $\lambda_1=-1$,求得特征向量 $\boldsymbol{\xi}_1=(1,-1)^{\mathrm{T}}$;对于 $\lambda_2=5$,求得特征向量 $\boldsymbol{\xi}_2=(1,2)^{\mathrm{T}}$.

又

$$\boldsymbol{\eta}_0=\begin{pmatrix}x_0\\y_0\end{pmatrix}=\begin{pmatrix}1\\1\end{pmatrix}=\frac{1}{3}\left[\begin{pmatrix}1\\-1\end{pmatrix}+2\begin{pmatrix}1\\2\end{pmatrix}\right]=\frac{1}{3}(\boldsymbol{\xi}_1+2\boldsymbol{\xi}_2),$$

故

$$\boldsymbol{\eta}_{100}=\boldsymbol{A}^{100}\boldsymbol{\eta}_0=\frac{1}{3}(\boldsymbol{A}^{100}\boldsymbol{\xi}_1+2\boldsymbol{A}^{100}\boldsymbol{\xi}_2)=\frac{1}{3}\left[\begin{pmatrix}1\\-1\end{pmatrix}+2\times5^{100}\begin{pmatrix}1\\2\end{pmatrix}\right]=\begin{pmatrix}\frac{1}{3}+\frac{2}{3}\times5^{100}\\-\frac{1}{3}+\frac{4}{3}\times5^{100}\end{pmatrix}.$$

所以

$$x_{100}=\frac{1}{3}+\frac{2}{3}\times5^{100},\quad y_{100}=-\frac{1}{3}+\frac{4}{3}\times5^{100}.$$

第 3 讲

1. 由于 $A_{21}\neq0$,故 $\boldsymbol{A}$ 存在 3 阶非零子式,即 $\mathrm{r}(\boldsymbol{A})\geqslant3$. 又由于 $\mathrm{r}(\boldsymbol{A})<4$,故 $\mathrm{r}(\boldsymbol{A})=3$. 所以,$\boldsymbol{Ax}=\boldsymbol{0}$ 的基础解系中仅有一个向量. 又 $\boldsymbol{AA}^*=|\boldsymbol{A}|\boldsymbol{E}=\boldsymbol{O}$,故 $\boldsymbol{A}^*$ 的每一列都是 $\boldsymbol{Ax}=\boldsymbol{0}$ 的解. 所以,只需找到 $\boldsymbol{A}^*$ 的一个非零列即可得到基础解系.

由于 $A_{21}\neq0$,所以 A_{21} 所在的列一定非零,从而 $(A_{21},A_{22},A_{23},A_{24})^{\mathrm{T}}$ 即为 $\boldsymbol{Ax}=\boldsymbol{0}$ 的一个基础解系. 因此,$\boldsymbol{Ax}=\boldsymbol{0}$ 的通解为 $k(A_{21},A_{22},A_{23},A_{24})^{\mathrm{T}}$,其中 k 为任意常数.

2. 本题很明显是“已知线性方程组的通解,求增广矩阵列向量之间的线性关系”,即属于本讲中的“考法三”.

$(1,2,1,0)^{\mathrm{T}}$ 是 $\boldsymbol{Ax}=\boldsymbol{\beta}$ 的解,这说明

$$\boldsymbol{\alpha}_1+2\boldsymbol{\alpha}_2+\boldsymbol{\alpha}_3=\boldsymbol{\beta};\tag{①}$$

$k(1,-1,0,2)^{\mathrm{T}}$ 是 $\boldsymbol{Ax}=\boldsymbol{0}$ 的通解,这说明

$$\boldsymbol{\alpha}_1-\boldsymbol{\alpha}_2+2\boldsymbol{\alpha}_4=\boldsymbol{0}.\tag{②}$$

观察①式,可知①式就是选项 A;

①-②,得 $3\boldsymbol{\alpha}_2+\boldsymbol{\alpha}_3-2\boldsymbol{\alpha}_4=\boldsymbol{\beta}$,这就是选项 D;

①+②,得 $2\boldsymbol{\alpha}_1+\boldsymbol{\alpha}_2+\boldsymbol{\alpha}_3+2\boldsymbol{\alpha}_4=\boldsymbol{\beta}$,这就是选项 C.

由于②式中没有 $\boldsymbol{\alpha}_3$,所以无论如何操作,都无法消去①式中的 $\boldsymbol{\alpha}_3$,所以选项 B 必然错误.

3. 由于 $(2,1,0,1)^{\mathrm{T}}$ 是 $\boldsymbol{Ax}=\boldsymbol{\alpha}_5$ 的解,故

$$2\boldsymbol{\alpha}_1+\boldsymbol{\alpha}_2+\boldsymbol{\alpha}_4=\boldsymbol{\alpha}_5;\tag{③}$$

由于 $k(1,-1,2,0)^{\mathrm{T}}$ 是 $\boldsymbol{Ax}=\boldsymbol{0}$ 的通解,故

$$\boldsymbol{\alpha}_1-\boldsymbol{\alpha}_2+2\boldsymbol{\alpha}_3=\mathbf{0}. \tag{④}$$

要分析 $\boldsymbol{B}\boldsymbol{x}=\mathbf{0}$ 的解，其实就是分析向量 $\boldsymbol{\alpha}_1,\boldsymbol{\alpha}_2,\boldsymbol{\alpha}_3,\boldsymbol{\alpha}_4,\boldsymbol{\alpha}_5$ 之间的线性关系.

观察③式，可知③式其实就是选项 C，故选项 C 是 $\boldsymbol{B}\boldsymbol{x}=\mathbf{0}$ 的解；

④×(−2)+③，得

$$3\boldsymbol{\alpha}_2-4\boldsymbol{\alpha}_3+\boldsymbol{\alpha}_4-\boldsymbol{\alpha}_5=\mathbf{0},$$

故 $(0,3,-4,1,-1)^{\mathrm{T}}$ 是 $\boldsymbol{B}\boldsymbol{x}=\mathbf{0}$ 的解，从而选项 A 是 $\boldsymbol{B}\boldsymbol{x}=\mathbf{0}$ 的解；

③+④，得

$$3\boldsymbol{\alpha}_1+2\boldsymbol{\alpha}_3+\boldsymbol{\alpha}_4=\boldsymbol{\alpha}_5,$$

故 $(3,0,2,1,-1)^{\mathrm{T}}$ 是 $\boldsymbol{B}\boldsymbol{x}=\mathbf{0}$ 的解，从而选项 D 是 $\boldsymbol{B}\boldsymbol{x}=\mathbf{0}$ 的解.

由于④式中不含 $\boldsymbol{\alpha}_4$，故无论如何操作，都无法消去③式中的 $\boldsymbol{\alpha}_4$，从而应选择选项 B.

4. (1) 记 $\boldsymbol{C}=\begin{pmatrix}1&3&0&2\\1&2&-1&3\end{pmatrix}$，则线性方程组 $\boldsymbol{C}\boldsymbol{x}=\mathbf{0}$ 的基础解系即可构成矩阵 $\boldsymbol{A}$.

因

$$\boldsymbol{C}=\begin{pmatrix}1&3&0&2\\1&2&-1&3\end{pmatrix}\longrightarrow\begin{pmatrix}1&3&0&2\\0&-1&-1&1\end{pmatrix}\longrightarrow\begin{pmatrix}1&0&-3&5\\0&1&1&-1\end{pmatrix},$$

故 $\boldsymbol{C}\boldsymbol{x}=\mathbf{0}$ 的一个基础解系为

$$\boldsymbol{\alpha}_1=(3,-1,1,0)^{\mathrm{T}},\quad \boldsymbol{\alpha}_2=(-5,1,0,1)^{\mathrm{T}}.$$

所以，可取 $\boldsymbol{A}=\begin{pmatrix}\boldsymbol{\alpha}_1^{\mathrm{T}}\\\boldsymbol{\alpha}_2^{\mathrm{T}}\end{pmatrix}=\begin{pmatrix}3&-1&1&0\\-5&1&0&1\end{pmatrix}$（注：答案不唯一）.

(2) 假设非零公共解为 $\boldsymbol{\gamma}$，则 $\boldsymbol{\gamma}$ 既可以由向量组 $\boldsymbol{\xi}_1,\boldsymbol{\xi}_2$ 线性表示，也可以由向量组 $\boldsymbol{\eta}_1,\boldsymbol{\eta}_2$ 线性表示. 假设

$$\boldsymbol{\gamma}=x_1\boldsymbol{\xi}_1+x_2\boldsymbol{\xi}_2=-x_3\boldsymbol{\eta}_1-x_4\boldsymbol{\eta}_2,$$

则有

$$x_1\boldsymbol{\xi}_1+x_2\boldsymbol{\xi}_2+x_3\boldsymbol{\eta}_1+x_4\boldsymbol{\eta}_2=\mathbf{0}.$$

故只需对矩阵 $(\boldsymbol{\xi}_1,\boldsymbol{\xi}_2,\boldsymbol{\eta}_1,\boldsymbol{\eta}_2)$ 做初等行变换，求出线性方程组

$$(\boldsymbol{\xi}_1,\boldsymbol{\xi}_2,\boldsymbol{\eta}_1,\boldsymbol{\eta}_2)\boldsymbol{x}=\mathbf{0} \tag{⑤}$$

的通解即可.

我们有

$$(\boldsymbol{\xi}_1,\boldsymbol{\xi}_2,\boldsymbol{\eta}_1,\boldsymbol{\eta}_2)=\begin{pmatrix}1&1&1&0\\3&2&1&-3\\0&-1&2&1\\2&3&1&a\end{pmatrix}\longrightarrow\begin{pmatrix}1&1&1&0\\0&1&2&3\\0&0&1&1\\0&0&0&a\end{pmatrix}.$$

由于 $\boldsymbol{\gamma}\neq\mathbf{0}$，故 x_1,x_2,x_3,x_4 不全为零，从而 $(\boldsymbol{\xi}_1,\boldsymbol{\xi}_2,\boldsymbol{\eta}_1,\boldsymbol{\eta}_2)\boldsymbol{x}=\mathbf{0}$ 有非零解，由此可知

$$\mathrm{r}(\boldsymbol{\xi}_1,\boldsymbol{\xi}_2,\boldsymbol{\eta}_1,\boldsymbol{\eta}_2)<4,\quad 所以\quad a=0.$$

于是,有

$$(\boldsymbol{\xi}_1,\boldsymbol{\xi}_2,\boldsymbol{\eta}_1,\boldsymbol{\eta}_2)\longrightarrow\begin{pmatrix}1&1&1&0\\0&1&2&3\\0&0&1&1\\0&0&0&0\end{pmatrix}\longrightarrow\begin{pmatrix}1&0&0&-2\\0&1&0&1\\0&0&1&1\\0&0&0&0\end{pmatrix},$$

故方程组⑤的通解为 $k(2,-1,-1,1)^{\mathrm{T}}$,其中 k 为任意常数.所以,所求的公共解为

$$\boldsymbol{\gamma}=x_1\boldsymbol{\xi}_1+x_2\boldsymbol{\xi}_2=2k(1,3,0,2)^{\mathrm{T}}+(-k)(1,2,-1,3)^{\mathrm{T}}=k(1,4,1,1)^{\mathrm{T}}.$$

第 4 讲

1. 用定义法.假设存在常数 $k_1,k_2,\cdots,k_s,l_1,l_2,\cdots,l_t$,使得

$$(k_1\boldsymbol{\alpha}_1+k_2\boldsymbol{\alpha}_2+\cdots k_s\boldsymbol{\alpha}_s)+(l_1\boldsymbol{\beta}_1+l_2\boldsymbol{\beta}_2+\cdots+l_t\boldsymbol{\beta}_t)=\mathbf{0}. \tag{⑥}$$

由特征值与特征向量的定义可知

$$\boldsymbol{A\alpha}_i=\lambda_1\boldsymbol{\alpha}_i(i=1,2,\cdots,s),\quad 且\quad \boldsymbol{A\beta}_j=\lambda_2\boldsymbol{\beta}_j(j=1,2,\cdots,t).$$

在⑥式两边左乘矩阵 $\boldsymbol{A}$,得

$$\lambda_1(k_1\boldsymbol{\alpha}_1+k_2\boldsymbol{\alpha}_2+\cdots k_s\boldsymbol{\alpha}_s)+\lambda_2(l_1\boldsymbol{\beta}_1+l_2\boldsymbol{\beta}_2+\cdots+l_t\boldsymbol{\beta}_t)=\mathbf{0}. \tag{⑦}$$

⑦$-\lambda_1\times$⑥,得

$$(\lambda_2-\lambda_1)(l_1\boldsymbol{\beta}_1+l_2\boldsymbol{\beta}_2+\cdots+l_t\boldsymbol{\beta}_t)=\mathbf{0}.$$

由于 $\lambda_1\neq\lambda_2$,故 $\lambda_2-\lambda_1\neq0$,从而

$$l_1\boldsymbol{\beta}_1+l_2\boldsymbol{\beta}_2+\cdots+l_t\boldsymbol{\beta}_t=\mathbf{0}.$$

又由于 $\boldsymbol{\beta}_1,\boldsymbol{\beta}_2,\cdots,\boldsymbol{\beta}_t$ 线性无关,故

$$l_1=l_2=\cdots=l_t=0.$$

同理可得

$$k_1=k_2=\cdots=k_s=0.$$

综上,由线性无关的定义可得,$\boldsymbol{\alpha}_1,\boldsymbol{\alpha}_2,\cdots,\boldsymbol{\alpha}_s,\boldsymbol{\beta}_1,\boldsymbol{\beta}_2,\cdots,\boldsymbol{\beta}_t$ 线性无关.

2. 用定义法.假设存在常数 $k_1,k_2,\cdots,k_t$,使得

$$k_1\boldsymbol{A\beta}_1+k_2\boldsymbol{A\beta}_2+\cdots+k_t\boldsymbol{A\beta}_t=\mathbf{0}.$$

上式右端提取公因子 $\boldsymbol{A}$,得到

$$\boldsymbol{A}(k_1\boldsymbol{\beta}_1+k_2\boldsymbol{\beta}_2+\cdots+k_t\boldsymbol{\beta}_t)=\mathbf{0}.$$

这说明,$k_1\boldsymbol{\beta}_1+k_2\boldsymbol{\beta}_2+\cdots+k_t\boldsymbol{\beta}_t$ 是 $\boldsymbol{Ax}=\mathbf{0}$ 的解.而 $\boldsymbol{\alpha}_1,\boldsymbol{\alpha}_2,\cdots,\boldsymbol{\alpha}_s$ 是 $\boldsymbol{Ax}=\mathbf{0}$ 的基础解系,故 $k_1\boldsymbol{\beta}_1+k_2\boldsymbol{\beta}_2+\cdots+k_t\boldsymbol{\beta}_t$ 可以由 $\boldsymbol{\alpha}_1,\boldsymbol{\alpha}_2,\cdots,\boldsymbol{\alpha}_s$ 线性表示.不妨假设

$$k_1\boldsymbol{\beta}_1+k_2\boldsymbol{\beta}_2+\cdots+k_t\boldsymbol{\beta}_t=l_1\boldsymbol{\alpha}_1+l_2\boldsymbol{\alpha}_2+\cdots+l_s\boldsymbol{\alpha}_s,$$

即

$$k_1\boldsymbol{\beta}_1+k_2\boldsymbol{\beta}_2+\cdots+k_t\boldsymbol{\beta}_t-l_1\boldsymbol{\alpha}_1-l_2\boldsymbol{\alpha}_2-\cdots-l_s\boldsymbol{\alpha}_s=\mathbf{0}.$$

由于 $\boldsymbol{\alpha}_1,\boldsymbol{\alpha}_2,\cdots,\boldsymbol{\alpha}_s,\boldsymbol{\beta}_1,\boldsymbol{\beta}_2,\cdots,\boldsymbol{\beta}_t$ 线性无关,故

$$k_1=k_2=\cdots=k_t=l_1=l_2=\cdots=l_s=0,$$

从而 $\boldsymbol{A\beta}_1,\boldsymbol{A\beta}_2,\cdots,\boldsymbol{A\beta}_t$ 线性无关.

3. 由于 $\boldsymbol{\alpha}_1,\boldsymbol{\alpha}_2,\boldsymbol{\beta}_1,\boldsymbol{\beta}_2$ 是 4 个 3 维向量,必然线性相关,故存在不全为零的常数 k_1,k_2,l_1,l_2,使得

$$k_1\boldsymbol{\alpha}_1+k_2\boldsymbol{\alpha}_2-l_1\boldsymbol{\beta}_1-l_2\boldsymbol{\beta}_2=\boldsymbol{0},$$

即

$$k_1\boldsymbol{\alpha}_1+k_2\boldsymbol{\alpha}_2=l_1\boldsymbol{\beta}_1+l_2\boldsymbol{\beta}_2.$$

令 $\boldsymbol{\delta}=k_1\boldsymbol{\alpha}_1+k_2\boldsymbol{\alpha}_2=l_1\boldsymbol{\beta}_1+l_2\boldsymbol{\beta}_2$,则 $\boldsymbol{\delta}$ 可以由向量组 $\boldsymbol{\alpha}_1,\boldsymbol{\alpha}_2$ 线性表示,也可以由向量组 $\boldsymbol{\beta}_1,\boldsymbol{\beta}_2$ 线性表示.

若 $\boldsymbol{\delta}=\boldsymbol{0}$,则意味着

$$k_1\boldsymbol{\alpha}_1+k_2\boldsymbol{\alpha}_2=l_1\boldsymbol{\beta}_1+l_2\boldsymbol{\beta}_2=\boldsymbol{0}.$$

又由于"$\boldsymbol{\alpha}_1,\boldsymbol{\alpha}_2$"和"$\boldsymbol{\beta}_1,\boldsymbol{\beta}_2$"均线性无关,所以得到

$$k_1=k_2=0\quad 且\quad l_1=l_2=0,$$

这与 k_1,k_2,l_1,l_2 不全为零矛盾.

综上,存在非零向量 $\boldsymbol{\delta}$,它既可以由 $\boldsymbol{\alpha}_1,\boldsymbol{\alpha}_2$ 线性表示,也可以由 $\boldsymbol{\beta}_1,\boldsymbol{\beta}_2$ 线性表示.

4. (1) 用定义法.假设存在常数 $k_1,k_2,\cdots,k_n$,使得

$$k_1\boldsymbol{\xi}_1+k_2\boldsymbol{\xi}_2+\cdots+k_n\boldsymbol{\xi}_n=\boldsymbol{0}.$$

在上式两边左乘矩阵 $\boldsymbol{A}$,再结合题目中的条件,可得

$$k_1\boldsymbol{\xi}_2+k_2\boldsymbol{\xi}_3+\cdots+k_{n-1}\boldsymbol{\xi}_n=\boldsymbol{0}.$$

不难发现,每乘一次 $\boldsymbol{A}$,等式左边就少一项,故一直重复此操作,可得到 $k_1\boldsymbol{\xi}_n=\boldsymbol{0}$. 由于 $\boldsymbol{\xi}_n\neq\boldsymbol{0}$,故 $k_1=0$. 同理可得

$$k_2=\cdots=k_n=0.$$

故 $\boldsymbol{\xi}_1,\boldsymbol{\xi}_2,\cdots,\boldsymbol{\xi}_n$ 线性无关.

(2) 令 $\boldsymbol{P}=(\boldsymbol{\xi}_1,\boldsymbol{\xi}_2,\cdots,\boldsymbol{\xi}_n)$. 由于 $\boldsymbol{\xi}_1,\boldsymbol{\xi}_2,\cdots,\boldsymbol{\xi}_n$ 是线性无关的 n 个 n 维列向量,故 $\boldsymbol{P}$ 可逆.因

$$\begin{aligned}\boldsymbol{AP}&=(\boldsymbol{A\xi}_1,\boldsymbol{A\xi}_2,\cdots,\boldsymbol{A\xi}_{n-1},\boldsymbol{A\xi}_n)=(\boldsymbol{\xi}_2,\boldsymbol{\xi}_3,\cdots\boldsymbol{\xi}_n,\boldsymbol{0})\\&=(\boldsymbol{\xi}_1,\boldsymbol{\xi}_2,\cdots,\boldsymbol{\xi}_{n-1},\boldsymbol{\xi}_n)\begin{pmatrix}0&&&&\\1&0&&&\\&1&\ddots&&\\&&\ddots&0&\\&&&1&0\end{pmatrix}=\boldsymbol{PB},\end{aligned}$$

其中

$$\boldsymbol{B}=\begin{pmatrix}0 & & & & \\ 1 & 0 & & & \\ & 1 & \ddots & & \\ & & \ddots & 0 & \\ & & & 1 & 0\end{pmatrix},$$

故 $\boldsymbol{P}^{-1}\boldsymbol{AP}=\boldsymbol{B}$,从而 $\boldsymbol{A}$ 与 $\boldsymbol{B}$ 相似.所以,只需分析 $\boldsymbol{B}$ 是否可以相似对角化即可.

显然,$\boldsymbol{B}$ 的特征值全为零.若 $\boldsymbol{B}$ 可以相似对角化,则存在可逆矩阵 $\boldsymbol{Q}$,使得

$$\boldsymbol{Q}^{-1}\boldsymbol{BQ}=\boldsymbol{O},$$

反解得 $\boldsymbol{B}=\boldsymbol{O}$.这与 $\boldsymbol{B}\neq\boldsymbol{O}$ 矛盾,故 $\boldsymbol{B}$ 不能相似对角化.所以,$\boldsymbol{A}$ 也不能相似对角化.

第 5 讲

1. 显然,选项 C 正确.要选充分条件,即判断哪个选项能够推出"线性方程组 $\boldsymbol{ABx}=\boldsymbol{0}$ 和 $\boldsymbol{Bx}=\boldsymbol{0}$ 同解".

取 $\boldsymbol{ABx}=\boldsymbol{0}$ 的任意一个解 $\boldsymbol{\xi}$,则有 $\boldsymbol{AB\xi}=\boldsymbol{0}$.当 $\mathrm{r}(\boldsymbol{A})=s$ 时,$\boldsymbol{A}$ 为列满秩矩阵,故 $\boldsymbol{Ax}=\boldsymbol{0}$ 只有零解,从而由 $\boldsymbol{A}(\boldsymbol{B\xi})=\boldsymbol{0}$ 一定可推出 $\boldsymbol{B\xi}=\boldsymbol{0}$.这说明,$\boldsymbol{ABx}=\boldsymbol{0}$ 的任意一个解都是 $\boldsymbol{Bx}=\boldsymbol{0}$ 的解.又由于 $\boldsymbol{Bx}=\boldsymbol{0}$ 的解显然也都是 $\boldsymbol{ABx}=\boldsymbol{0}$ 的解,故当 $\mathrm{r}(\boldsymbol{A})=s$ 时,$\boldsymbol{Bx}=\boldsymbol{0}$ 和 $\boldsymbol{ABx}=\boldsymbol{0}$ 同解.

2. 将方程组(Ⅱ)的通解代入方程组(Ⅰ)中即可.

方程组(Ⅱ)的通解为

$$k_1\boldsymbol{\alpha}_1+k_2\boldsymbol{\alpha}_2=(2k_1-k_2,-k_1+2k_2,(a+2)k_1+4k_2,k_1+(a+8)k_2)^{\mathrm{T}},$$

其中 k_1,k_2 为任意常数.将其代入方程组(Ⅰ)中,得

$$\begin{cases}2(2k_1-k_2)+3(-k_1+2k_2)-[(a+2)k_1+4k_2]=0,\\ (2k_1-k_2)+2(-k_1+2k_2)+[(a+2)k_1+4k_2]-[k_1+(a+8)k_2]=0,\end{cases}$$

整理上两式,得到关于 k_1,k_2 的方程组

$$(\text{Ⅲ})\ \begin{cases}-(a+1)k_1=0,\\ (a+1)k_1-(a+1)k_2=0.\end{cases}$$

方程组(Ⅰ),(Ⅱ)有非零公共解,这说明以 k_1,k_2 为变量的方程组(Ⅲ)有非零解,故 $a=-1$.

注意到 $a=-1$ 时,方程组(Ⅲ)中的两个方程均退化为 $0=0$,故对于任意常数 k_1,k_2 均成立.这说明,此时方程组(Ⅰ),(Ⅱ)的所有公共解其实就是方程组(Ⅱ)本身的解,即

$$k_1\boldsymbol{\alpha}_1+k_2\boldsymbol{\alpha}_2.$$

3. 记

$$\boldsymbol{A}=\begin{pmatrix}1 & 2 & 1\\ 1 & 3 & 2\\ 2 & a & 1\end{pmatrix},\quad \boldsymbol{B}=\begin{pmatrix}b^2 & 1 & c\\ 1 & 2b & c+1\end{pmatrix},\quad \boldsymbol{x}=\begin{pmatrix}x_1\\ x_2\\ x_3\end{pmatrix},$$

则方程组(Ⅰ)和(Ⅱ)分别就是

$$\boldsymbol{Ax}=\mathbf{0} \quad 和 \quad \boldsymbol{Bx}=\mathbf{0},$$

它们同解等价于

$$\mathrm{r}(\boldsymbol{A})=\mathrm{r}(\boldsymbol{B})=\mathrm{r}\begin{pmatrix}\boldsymbol{A}\\ \boldsymbol{B}\end{pmatrix}.$$

由于 $\mathrm{r}(\boldsymbol{B})\leqslant 2$,故 $\mathrm{r}(\boldsymbol{A})\leqslant 2$,从而

$$|\boldsymbol{A}|=0\Longrightarrow\begin{vmatrix}1&2&1\\1&3&2\\2&a&1\end{vmatrix}=\begin{vmatrix}1&2&1\\0&1&1\\0&a-4&-1\end{vmatrix}=0.$$

显然,$a=3$.

将 $a=3$ 代回矩阵 $\boldsymbol{A}$ 中,有 $\mathrm{r}(\boldsymbol{A})=2$,故

$$\mathrm{r}(\boldsymbol{A})=\mathrm{r}(\boldsymbol{B})=\mathrm{r}\begin{pmatrix}\boldsymbol{A}\\ \boldsymbol{B}\end{pmatrix}=2.$$

又因

$$\begin{pmatrix}\boldsymbol{A}\\ \boldsymbol{B}\end{pmatrix}=\begin{pmatrix}1&2&1\\1&3&2\\2&3&1\\b^2&1&c\\1&2b&c+1\end{pmatrix}\longrightarrow\begin{pmatrix}1&2&1\\0&1&1\\0&-1&-1\\0&1-2b^2&c-b^2\\0&2b-2&c\end{pmatrix}\longrightarrow\begin{pmatrix}1&2&1\\0&1&1\\0&2b-2&c\\0&1-2b^2&c-b^2\\0&0&0\end{pmatrix}.$$

而 $\mathrm{r}\begin{pmatrix}\boldsymbol{A}\\ \boldsymbol{B}\end{pmatrix}=2$,故

$$\begin{cases}2b-2=c,\\1-2b^2=c-b^2,\end{cases}\quad 解得\quad\begin{cases}b=1,\\c=0\end{cases}或\begin{cases}b=-3,\\c=-8.\end{cases}$$

最后,需验证是否有 $\mathrm{r}(\boldsymbol{B})=2$.

当 $b=1,c=0$ 时,$\boldsymbol{B}=\begin{pmatrix}1&1&0\\1&2&1\end{pmatrix}$,满足 $\mathrm{r}(\boldsymbol{B})=2$;

当 $b=-3,c=-8$ 时,$\boldsymbol{B}=\begin{pmatrix}9&1&-8\\1&-6&-7\end{pmatrix}$,满足 $\mathrm{r}(\boldsymbol{B})=2$.

故 a,b,c 有两组值,分别为

$$a=3,b=1,c=0 \quad 和 \quad a=3,b=-3,c=-8.$$

4. 方程组(Ⅰ)与(Ⅱ)的矩阵形式分别为

$$\boldsymbol{Ax}=\boldsymbol{\alpha}_1 \quad 与 \quad \boldsymbol{Bx}=\boldsymbol{\alpha}_2,$$

其中

$$A=\begin{pmatrix}1&1&1\\3&5&1\end{pmatrix},\quad B=\begin{pmatrix}2&3&b\\2&4&b-1\end{pmatrix},\quad x=\begin{pmatrix}x_1\\x_2\\x_3\end{pmatrix},\quad \alpha_1=\begin{pmatrix}1\\a\end{pmatrix},\quad \alpha_2=\begin{pmatrix}4\\c\end{pmatrix},$$

显然，$r(A)=2$，故方程组（Ⅰ）与（Ⅱ）同解需要

$$r(A)=r(B)=r\begin{pmatrix}A\\B\end{pmatrix}=2.$$

由于

$$\begin{pmatrix}A\\B\end{pmatrix}=\begin{pmatrix}1&1&1\\3&5&1\\2&3&b\\2&4&b-1\end{pmatrix}\longrightarrow\begin{pmatrix}1&1&1\\0&2&-2\\0&1&b-2\\0&2&b-3\end{pmatrix},$$

要使 $r\begin{pmatrix}A\\B\end{pmatrix}=2$，只需 $b=1$ 即可. 而当 $b=1$ 时，B 的秩也为 2，故 $r(A)=r(B)=r\begin{pmatrix}A\\B\end{pmatrix}=2$ 成立.

将方程组（Ⅰ），（Ⅱ）联立，得到

$$\begin{cases}x_1+x_2+x_3=1,\\3x_1+5x_2+x_3=a,\\2x_1+3x_2+x_3=4,\\2x_1+4x_2=c.\end{cases}$$

该方程组的矩阵形式为 $Cx=\beta$，其中

$$C=\begin{pmatrix}A\\B\end{pmatrix},\quad \beta=\begin{pmatrix}\alpha_1\\\alpha_2\end{pmatrix}.$$

对上述联立方程组的增广矩阵 (C,β) 做初等行变换：

$$(C,\beta)=\begin{pmatrix}1&1&1&1\\3&5&1&a\\2&3&1&4\\2&4&0&c\end{pmatrix}\longrightarrow\begin{pmatrix}1&1&1&1\\0&2&-2&a-3\\0&1&-1&2\\0&2&-2&c-2\end{pmatrix}\longrightarrow\begin{pmatrix}1&1&1&1\\0&1&-1&2\\0&0&0&a-7\\0&0&0&c-6\end{pmatrix}$$

$$\longrightarrow\begin{pmatrix}1&0&2&-1\\0&1&-1&2\\0&0&0&a-7\\0&0&0&c-6\end{pmatrix}.$$

可见，当 $b=1,a=7,c=6$ 时，$r(\boldsymbol{C})=r(\boldsymbol{C},\boldsymbol{\beta})=2$，此时 $\boldsymbol{Cx}=\boldsymbol{\beta}$ 有解，即方程组（Ⅰ）与（Ⅱ）有公共解；并且易知 $\boldsymbol{Cx}=\boldsymbol{\beta}$ 的一个解为 $(-1,2,0)^{\mathrm{T}}$，$\boldsymbol{Cx}=\boldsymbol{0}$ 的一个基础解系为 $(-2,1,1)^{\mathrm{T}}$.

综上，当 $b=1,a=7,c=6$ 时，方程组（Ⅰ）与（Ⅱ）同解，且此时通解为

$$k(-2,1,1)^{\mathrm{T}}+(-1,2,0)^{\mathrm{T}},$$

其中 k 为任意常数.

5. 只要直接令两个通解相等，然后求出满足条件的 k_1,k_2,l_1,l_2 即可.

令 $\boldsymbol{\xi}=\boldsymbol{\eta}$，即

$$\begin{pmatrix}5\\-3\\0\\0\end{pmatrix}+k_1\begin{pmatrix}-6\\5\\1\\0\end{pmatrix}+k_2\begin{pmatrix}-5\\4\\0\\1\end{pmatrix}=\begin{pmatrix}-11\\3\\0\\0\end{pmatrix}+l_1\begin{pmatrix}8\\-1\\1\\0\end{pmatrix}+l_2\begin{pmatrix}10\\-2\\0\\1\end{pmatrix},$$

根据对应分量相等，得

$$\begin{cases}5-6k_1-5k_2=-11+8l_1+10l_2,\\-3+5k_1+4k_2=3-l_1-2l_2,\\k_1=l_1,\\k_2=l_2,\end{cases}$$

整理得

$$\begin{cases}6k_1+5k_2+8l_1+10l_2=16,\\5k_1+4k_2+\ l_1+\ 2l_2=6,\\k_1\qquad-\ l_1\qquad=0,\\\qquad k_2\qquad-\ l_2=0.\end{cases}$$

对此线性方程组的增广矩阵做初等行变换：

$$\begin{pmatrix}6&5&8&10&16\\5&4&1&2&6\\1&0&-1&0&0\\0&1&0&-1&0\end{pmatrix}\to\begin{pmatrix}1&0&-1&0&0\\0&1&0&-1&0\\6&5&8&10&16\\5&4&1&2&6\end{pmatrix}\to\begin{pmatrix}1&0&-1&0&0\\0&1&0&-1&0\\0&5&14&10&16\\0&4&6&2&6\end{pmatrix}$$

$$\to\begin{pmatrix}1&0&-1&0&0\\0&1&0&-1&0\\0&0&14&15&16\\0&0&6&6&6\end{pmatrix}\to\begin{pmatrix}1&0&-1&0&0\\0&1&0&-1&0\\0&0&1&1&1\\0&0&14&15&16\end{pmatrix}$$

$$\to\begin{pmatrix}1&0&-1&0&0\\0&1&0&-1&0\\0&0&1&1&1\\0&0&0&1&2\end{pmatrix}\to\begin{pmatrix}1&0&0&0&-1\\0&1&0&0&2\\0&0&1&0&-1\\0&0&0&1&2\end{pmatrix}.$$

由此可得$(k_1,k_2,l_1,l_2)=(-1,2,-1,2)$. 将此结果代回通解中,得两个方程组的公共解为$(1,0,-1,2)^{\mathrm{T}}$.

第 6 讲

1. 略.

2. (1) 要矩阵 $\boldsymbol{A}$ 与 $\boldsymbol{B}$ 等价,只需秩相等即可. 我们有

$$\boldsymbol{A}=(\boldsymbol{\alpha}_1,\boldsymbol{\alpha}_2,\boldsymbol{\alpha}_3)=\begin{pmatrix}1&1&-1\\2&3&0\\-1&-1&a-2\end{pmatrix}\longrightarrow\begin{pmatrix}1&1&-1\\0&1&2\\0&0&a-3\end{pmatrix},$$

$$\boldsymbol{B}=(\boldsymbol{\beta}_1,\boldsymbol{\beta}_2,\boldsymbol{\beta}_3)=\begin{pmatrix}-1&-2&1\\-2&-4&b\\3&5&-1\end{pmatrix}\longrightarrow\begin{pmatrix}1&2&-1\\0&1&-2\\0&0&b-2\end{pmatrix}.$$

若 $a=3$ 且 $b=2$,则 $\mathrm{r}(\boldsymbol{A})=\mathrm{r}(\boldsymbol{B})=2$,从而 $\boldsymbol{A}$ 与 $\boldsymbol{B}$ 等价;

若 $a\neq3$ 且 $b\neq2$,则 $\mathrm{r}(\boldsymbol{A})=\mathrm{r}(\boldsymbol{B})=3$,从而 $\boldsymbol{A}$ 与 $\boldsymbol{B}$ 等价;

若 $a=3$ 且 $b\neq2$,或 $a\neq3$ 且 $b=2$,则 $\mathrm{r}(\boldsymbol{A})\neq\mathrm{r}(\boldsymbol{B})$,从而 $\boldsymbol{A}$ 与 $\boldsymbol{B}$ 不等价.

(2) 要向量组(Ⅰ)与(Ⅱ)等价,只需 $\mathrm{r}(\boldsymbol{A})=\mathrm{r}(\boldsymbol{B})=\mathrm{r}(\boldsymbol{A},\boldsymbol{B})$即可. 我们有

$$(\boldsymbol{A},\boldsymbol{B})=\begin{pmatrix}1&1&-1&-1&-2&1\\2&3&0&-2&-4&b\\-1&-1&a-2&3&5&-1\end{pmatrix}\longrightarrow\begin{pmatrix}1&1&-1&-1&-2&1\\0&1&2&0&0&b-2\\0&0&a-3&2&3&0\end{pmatrix}.$$

若 $a=3$,则 $\mathrm{r}(\boldsymbol{A})=2$. 但 $\mathrm{r}(\boldsymbol{A},\boldsymbol{B})=3$,故向量组(Ⅰ)与(Ⅱ)不等价.

若 $a\neq3$ 且 $b=2$,则 $\mathrm{r}(\boldsymbol{A})=\mathrm{r}(\boldsymbol{A},\boldsymbol{B})=3$. 但 $\mathrm{r}(\boldsymbol{B})=2$,故向量组(Ⅰ)与(Ⅱ)不等价.

若 $a\neq3$ 且 $b\neq2$,则 $\mathrm{r}(\boldsymbol{A})=\mathrm{r}(\boldsymbol{B})=\mathrm{r}(\boldsymbol{A},\boldsymbol{B})=3$,从而向量组(Ⅰ)与(Ⅱ)等价.

第 7 讲

1. 由于 $\boldsymbol{A}$ 可逆,故其行列式不为零,即

$$|\boldsymbol{A}|=\begin{vmatrix}2&1&1\\1&2&1\\1&1&a\end{vmatrix}=3a-2\neq0.$$

由此得 $a\neq\dfrac{2}{3}$. 由于 $\boldsymbol{A}$ 可逆,故 $\boldsymbol{A}^*$ 也可逆.

当 $\boldsymbol{A}$ 有特征值 $k(k\neq0)$时,$\boldsymbol{A}^*$ 对应地有特征值$\dfrac{|\boldsymbol{A}|}{k}$. 现在 $\boldsymbol{A}^*$ 有特征值 λ,故 $\boldsymbol{A}$ 有特征值$\dfrac{3a-2}{\lambda}$. 又由于 $\boldsymbol{\alpha}=(1,b,1)^{\mathrm{T}}$ 是 $\boldsymbol{A}^*$ 的属于特征值 λ 的特征向量,故 $\boldsymbol{\alpha}$ 是 $\boldsymbol{A}$ 的属于特征值

$\dfrac{3a-2}{\lambda}$的特征向量.

由特征值与特征向量的定义可知

$$A\alpha=\frac{3a-2}{\lambda}\alpha,$$

即

$$\begin{pmatrix}2&1&1\\1&2&1\\1&1&a\end{pmatrix}\begin{pmatrix}1\\b\\1\end{pmatrix}=\frac{3a-2}{\lambda}\begin{pmatrix}1\\b\\1\end{pmatrix}.$$

再由矩阵乘法可知

$$\begin{cases}2+b+1=\dfrac{3a-2}{\lambda}, & ⑧\\ 2+2b=\dfrac{3a-2}{\lambda}b, & ⑨\\ 1+b+a=\dfrac{3a-2}{\lambda}. & ⑩\end{cases}$$

由⑧,⑨两式可得

$$b^2+b-2=0,\quad 故\quad b=-2(舍去)或 1.$$

将 $b=1$ 代入⑧式可知$\dfrac{3a-2}{\lambda}=4$,再将其代入⑩式得 $a=2,\lambda=1$.

2. (1) $A^2=(\alpha\beta^T)(\alpha\beta^T)=\alpha(\beta^T\alpha)\beta^T=0\cdot\alpha\beta^T=O$.

(2) 由于 $A^2=O$,故 A 的特征值λ 只能取 0,即

$$\lambda_1=\lambda_2=\cdots=\lambda_n=0.$$

由于 $A=\alpha\beta^T$,且 α,β 都是非零列向量,故 $r(A)=1$. 所以,A 的属于特征值 0 的线性无关特征向量个数为 $n-1$. 我们有

$$A=\alpha\beta^T=\begin{pmatrix}a_1\\a_2\\\vdots\\a_n\end{pmatrix}(b_1,b_2,\cdots,b_n)=\begin{pmatrix}a_1b_1&a_1b_2&\cdots&a_1b_n\\a_2b_1&a_2b_2&\cdots&a_2b_n\\\vdots&\vdots&&\vdots\\a_nb_1&a_nb_2&\cdots&a_nb_n\end{pmatrix}.$$

由于 $\alpha\neq 0$,为了方便后续计算,不妨假设 $a_1b_1\neq 0$. 因

$$A=\begin{pmatrix}a_1b_1&a_1b_2&\cdots&a_1b_n\\a_2b_1&a_2b_2&\cdots&a_2b_n\\\vdots&\vdots&&\vdots\\a_nb_1&a_nb_2&\cdots&a_nb_n\end{pmatrix}\to\begin{pmatrix}a_1b_1&a_1b_2&\cdots&a_1b_n\\0&0&\cdots&0\\\vdots&\vdots&&\vdots\\0&0&\cdots&0\end{pmatrix}\to\begin{pmatrix}b_1&b_2&\cdots&b_n\\0&0&\cdots&0\\\vdots&\vdots&&\vdots\\0&0&\cdots&0\end{pmatrix},$$

故 $Ax=0$ 的一个基础解系为

$$\boldsymbol{\xi}_1=(-b_2,b_1,0,0,\cdots,0)^{\mathrm{T}},$$
$$\boldsymbol{\xi}_2=(-b_3,0,b_1,0,\cdots,0)^{\mathrm{T}},$$
$$\cdots\cdots$$
$$\boldsymbol{\xi}_{n-1}=(-b_n,0,0,0,\cdots,b_1)^{\mathrm{T}},$$

它们恰好也是 $\boldsymbol{A}$ 的 $n-1$ 个线性无关特征向量. 所以,$\boldsymbol{A}$ 的全部特征向量为

$$k_1\boldsymbol{\xi}_1+k_2\boldsymbol{\xi}_2+\cdots+k_{n-1}\boldsymbol{\xi}_{n-1},$$

其中 $k_1,k_2,\cdots,k_{n-1}$ 为不全为零的任意常数.

3. 若 $\boldsymbol{A}$ 有特征值 $\lambda(\lambda\neq 0)$,对应的特征向量为 $\boldsymbol{\xi}$,则 $\boldsymbol{A}^*$ 有特征值 $\dfrac{|\boldsymbol{A}|}{\lambda}$,对应的特征向量仍然为 $\boldsymbol{\xi}$;并且,$\boldsymbol{P}^{-1}\boldsymbol{A}\boldsymbol{P}$ 有特征值 λ,对应的特征向量为 $\boldsymbol{P}^{-1}\boldsymbol{\xi}$. 总之,我们需先计算出 $\boldsymbol{A}$ 本身的特征值与特征向量. 因

$$|\boldsymbol{A}-\lambda\boldsymbol{E}|=\begin{vmatrix}3-\lambda & 2 & 2\\ 2 & 3-\lambda & 2\\ 2 & 2 & 3-\lambda\end{vmatrix}=(7-\lambda)\begin{vmatrix}1 & 2 & 2\\ 1 & 3-\lambda & 2\\ 1 & 2 & 3-\lambda\end{vmatrix}$$
$$=(7-\lambda)\begin{vmatrix}1 & 2 & 2\\ 0 & 1-\lambda & 0\\ 0 & 0 & 1-\lambda\end{vmatrix}=-(\lambda-1)^2(\lambda-7),$$

故 $\boldsymbol{A}$ 的特征值为

$$\lambda_1=\lambda_2=1,\quad \lambda_3=7.$$

对于 $\lambda_1=\lambda_2=1$,因

$$\boldsymbol{A}-\boldsymbol{E}=\begin{pmatrix}2 & 2 & 2\\ 2 & 2 & 2\\ 2 & 2 & 2\end{pmatrix}\longrightarrow\begin{pmatrix}1 & 1 & 1\\ 0 & 0 & 0\\ 0 & 0 & 0\end{pmatrix},$$

故可得 $\boldsymbol{A}$ 的属于特征值 $\lambda_1=\lambda_2=1$ 的两个线性无关特征向量

$$\boldsymbol{\xi}_1=(-1,1,0)^{\mathrm{T}},\quad \boldsymbol{\xi}_2=(-1,0,1)^{\mathrm{T}}.$$

对于 $\lambda_3=7$,因

$$\boldsymbol{A}-7\boldsymbol{E}=\begin{pmatrix}-4 & 2 & 2\\ 2 & -4 & 2\\ 2 & 2 & -4\end{pmatrix}\longrightarrow\begin{pmatrix}1 & 0 & -1\\ 0 & 1 & -1\\ 0 & 0 & 0\end{pmatrix},$$

故可得 $\boldsymbol{A}$ 的属于特征值 $\lambda_3=7$ 的一个特征向量

$$\boldsymbol{\xi}_3=(1,1,1)^{\mathrm{T}}.$$

经计算得 $|\boldsymbol{A}|=7$. 所以,$\boldsymbol{A}^*$ 有特征值

$$\lambda_1^*=\lambda_2^*=7,\quad \lambda_3^*=1,$$

且特征值$\lambda_1^*=\lambda_2^*=7$对应的两个线性无关特征向量为$\boldsymbol{\xi}_1,\boldsymbol{\xi}_2$,特征值$\lambda_3^*=1$对应的特征向量为$\boldsymbol{\xi}_3$.

由于$\boldsymbol{B}=\boldsymbol{P}^{-1}\boldsymbol{A}^*\boldsymbol{P}$,故$\boldsymbol{B}$的特征值与$\boldsymbol{A}^*$的特征值相同,为

$$\lambda_1^*=\lambda_2^*=7,\quad \lambda_3^*=1,$$

但特征值$\lambda_1^*=\lambda_2^*=7$对应的线性无关特征向量为$\boldsymbol{P}^{-1}\boldsymbol{\xi}_1,\boldsymbol{P}^{-1}\boldsymbol{\xi}_2$,特征值$\lambda_3^*=1$对应的特征向量为$\boldsymbol{P}^{-1}\boldsymbol{\xi}_3$.

进一步,$\boldsymbol{B}+2\boldsymbol{E}$的特征值为

$$\mu_1=\mu_2=9,\quad \mu_3=3,$$

且特征值$\mu_1=\mu_2=9$对应的两个线性无关特征向量为$\boldsymbol{P}^{-1}\boldsymbol{\xi}_1,\boldsymbol{P}^{-1}\boldsymbol{\xi}_2$,特征值$\mu_3=3$对应的特征向量为$\boldsymbol{P}^{-1}\boldsymbol{\xi}_3$.

将

$$\boldsymbol{P}=\begin{pmatrix}0&1&0\\1&0&1\\0&0&1\end{pmatrix}$$

及

$$\boldsymbol{\xi}_1=(-1,1,0)^{\mathrm{T}},\quad \boldsymbol{\xi}_2=(-1,0,1)^{\mathrm{T}},\quad \boldsymbol{\xi}_3=(1,1,1)^{\mathrm{T}}$$

代入计算,得

$$\boldsymbol{P}^{-1}\boldsymbol{\xi}_1=\begin{pmatrix}0&1&0\\1&0&1\\0&0&1\end{pmatrix}^{-1}\begin{pmatrix}-1\\1\\0\end{pmatrix}=\begin{pmatrix}1\\-1\\0\end{pmatrix},\quad \boldsymbol{P}^{-1}\boldsymbol{\xi}_2=\begin{pmatrix}0&1&0\\1&0&1\\0&0&1\end{pmatrix}^{-1}\begin{pmatrix}-1\\0\\1\end{pmatrix}=\begin{pmatrix}-1\\-1\\1\end{pmatrix},$$

$$\boldsymbol{P}^{-1}\boldsymbol{\xi}_3=\begin{pmatrix}0&1&0\\1&0&1\\0&0&1\end{pmatrix}^{-1}\begin{pmatrix}1\\1\\1\end{pmatrix}=\begin{pmatrix}0\\1\\1\end{pmatrix}.$$

所以,$\boldsymbol{B}+2\boldsymbol{E}$的全部特征向量为

$$k_1\boldsymbol{P}^{-1}\boldsymbol{\xi}_1+k_2\boldsymbol{P}^{-1}\boldsymbol{\xi}_2=k_1(1,-1,0)^{\mathrm{T}}+k_2(-1,-1,1)^{\mathrm{T}},\quad k_3\boldsymbol{P}^{-1}\boldsymbol{\xi}_3=k_3(0,1,1)^{\mathrm{T}},$$

其中k_1,k_2是不全为零的任意常数,k_3为任意非零常数.

4. 由于$\frac{1}{6}\boldsymbol{A}(\boldsymbol{A}+\boldsymbol{E})=\boldsymbol{E}$,故$\boldsymbol{A}$的任何特征值$\lambda$均满足

$$\frac{1}{6}\lambda(\lambda+1)=1,\quad 解得\quad \lambda=-3 或 2,$$

但无法确定λ的重数.

若$\boldsymbol{A}$的特征值为$-3,-3,-3$,则$\boldsymbol{A}+2\boldsymbol{E}$的特征值为$-1,-1,-1$,从而$|\boldsymbol{A}+2\boldsymbol{E}|=-1$;

若 $\boldsymbol{A}$ 的特征值为 $-3,-3,2$，则 $\boldsymbol{A}+2\boldsymbol{E}$ 的特征值为 $-1,-1,4$，从而 $|\boldsymbol{A}+2\boldsymbol{E}|=4$，排除选项 A；

若 $\boldsymbol{A}$ 的特征值为 $-3,2,2$，则 $\boldsymbol{A}+2\boldsymbol{E}$ 的特征值为 $-1,4,4$，从而 $|\boldsymbol{A}+2\boldsymbol{E}|=-16$，排除选项 C；

若 $\boldsymbol{A}$ 的特征值为 $2,2,2$，则 $\boldsymbol{A}+2\boldsymbol{E}$ 的特征值为 $4,4,4$，从而 $|\boldsymbol{A}+2\boldsymbol{E}|=64$，排除选项 D.

故选项 B 正确.

5. (1) 由于 $|\boldsymbol{A}|=-2$，经计算可得 $ab-6a-2=-2$，故

$$a(b-6)=0,\quad 解得\quad a=0\ 或\ b=6.$$

由于 $\boldsymbol{\alpha}$ 是 $\boldsymbol{A}^{-1}$ 的属于特征值 λ_1 的特征向量，故 $\boldsymbol{\alpha}$ 是 $\boldsymbol{A}$ 的属于特征值 $\dfrac{1}{\lambda_1}$ 的特征向量，即 $\boldsymbol{A\alpha}=\dfrac{1}{\lambda_1}\boldsymbol{\alpha}$，也即

$$\begin{pmatrix} 3 & 1 & 0 \\ -4 & -1 & a \\ b & 2 & -2 \end{pmatrix}\begin{pmatrix} 1 \\ c \\ -2 \end{pmatrix}=\frac{1}{\lambda_1}\begin{pmatrix} 1 \\ c \\ -2 \end{pmatrix}=\begin{pmatrix} \dfrac{1}{\lambda_1} \\ \dfrac{c}{\lambda_1} \\ -\dfrac{2}{\lambda_1} \end{pmatrix}.$$

由矩阵乘法可知

$$\begin{cases} 3+c=\dfrac{1}{\lambda_1}, & ⑪ \\ -4-c-2a=\dfrac{c}{\lambda_1}, & ⑫ \\ b+2c+4=-\dfrac{2}{\lambda_1}. & ⑬ \end{cases}$$

在⑪式两端乘以 c 并与⑫式联立，可得

$$3c+c^2=-4-c-2a,\quad 即\quad (c+2)^2+2a=0.$$

下面开始分类讨论：

若 $a=0$，则 $c=-2$. 代入⑪式得 $\lambda_1=1$，再代入⑬式得 $b=-2$.

若 $a\neq 0$，则 $b=6$. 故⑬式化为 $c+5=-\dfrac{1}{\lambda_1}$. 此式与⑪式联立，解得 $c=-4,\lambda_1=-1$. 再代入⑫式，得 $a=-2$.

(2) 由于 a,b,c,λ_1 有两组值，故应当分为两种情况.

若 $(a,b,c,\lambda_1)=(0,-2,-2,1)$，则

$$\boldsymbol{A}=\begin{pmatrix} 3 & 1 & 0 \\ -4 & -1 & 0 \\ -2 & 2 & -2 \end{pmatrix},\quad |\boldsymbol{A}-\lambda\boldsymbol{E}|=-(\lambda+2)(\lambda-1)^2.$$

故 $\boldsymbol{A}$ 的特征值为 $-2,1,1$.

对于特征值 -2,有

$$\boldsymbol{A}+2\boldsymbol{E}=\begin{pmatrix}5&1&0\\-4&1&0\\-2&2&0\end{pmatrix}\longrightarrow\begin{pmatrix}1&0&0\\0&1&0\\0&0&0\end{pmatrix},$$

故 $\mathrm{r}(\boldsymbol{A}+2\boldsymbol{E})=2$. 于是,$\boldsymbol{A}$ 的属于特征值 -2 的全部特征向量为 $k_1(0,0,1)^{\mathrm{T}}$,其中 k_1 为任意非零常数.

对于特征值 1,有

$$\boldsymbol{A}-\boldsymbol{E}=\begin{pmatrix}2&1&0\\-4&-2&0\\-2&2&-3\end{pmatrix}\longrightarrow\begin{pmatrix}2&1&0\\0&0&0\\0&3&-3\end{pmatrix}\longrightarrow\begin{pmatrix}2&1&0\\0&1&-1\\0&0&0\end{pmatrix}\longrightarrow\begin{pmatrix}2&0&1\\0&1&-1\\0&0&0\end{pmatrix},$$

于是 $\boldsymbol{A}$ 的属于特征值 1 的全部特征向量为 $k_2(-1,2,2)^{\mathrm{T}}$,其中 k_2 为任意非零常数.

若 $(a,b,c,\lambda_1)=(-2,6,-4,-1)$,则

$$\boldsymbol{A}=\begin{pmatrix}3&1&0\\-4&-1&-2\\6&2&-2\end{pmatrix},\quad |\boldsymbol{A}-\lambda\boldsymbol{E}|=-(\lambda+1)(\lambda^2-\lambda+2).$$

故 $\boldsymbol{A}$ 的实特征值为 -1.

这里 -1 就是(1)中的 $\dfrac{1}{\lambda_1}$. 因

$$\boldsymbol{A}+\boldsymbol{E}=\begin{pmatrix}4&1&0\\-4&0&-2\\6&2&-1\end{pmatrix}\longrightarrow\begin{pmatrix}4&1&0\\0&1&-2\\0&\frac{1}{2}&-1\end{pmatrix}\longrightarrow\begin{pmatrix}4&1&0\\0&1&-2\\0&0&0\end{pmatrix},$$

故 $\mathrm{r}(\boldsymbol{A}+\boldsymbol{E})=2$. 于是,$\boldsymbol{A}$ 的属于实特征值 -1 的全部特征向量为

$$k_3\boldsymbol{\alpha}=k_3(1,-4,-2)^{\mathrm{T}},$$

其中 k_3 为任意非零常数.

6. 由于 $(\boldsymbol{A}^*)^2-4\boldsymbol{E}$ 的特征值为 $0,5,32$,故 $(\boldsymbol{A}^*)^2$ 的特征值为 $4,9,36$,从而 $\boldsymbol{A}^*$ 的特征值可能为 $\pm2,\pm3,\pm6$. 但由于 $\boldsymbol{A}$ 的特征值均为正的,故 $\boldsymbol{A}^*$ 的特征值也均为正的,即为 $2,3,6$. 所以

$$|\boldsymbol{A}^*|=|\boldsymbol{A}|^{3-1}=36,\quad 从而\quad |\boldsymbol{A}|=6.$$

由于 $\lambda_3>\lambda_2>\lambda_1>0$,故由 $\boldsymbol{A}$ 和 $\boldsymbol{A}^*$ 的特征值对应关系可知

$$\lambda_1\lambda_2=2,\quad \lambda_1\lambda_3=3,\quad \lambda_2\lambda_3=6\quad 且\quad \lambda_1\lambda_2\lambda_3=6,$$

解得

$$\lambda_1=1,\quad \lambda_2=2,\quad \lambda_3=3.$$

故 $\boldsymbol{A}^{-1}$ 的特征值为 $1,\frac{1}{2},\frac{1}{3}$.

7. 假设

$$k_1\boldsymbol{\xi}_1+k_2\boldsymbol{\xi}_2+\cdots+k_m\boldsymbol{\xi}_m=\boldsymbol{0},$$

其中 $k_1,k_2,\cdots,k_m$ 为常数.上式两边左乘 $\boldsymbol{A}-\lambda\boldsymbol{E}$,得

$$(\boldsymbol{A}-\lambda\boldsymbol{E})(k_1\boldsymbol{\xi}_1+k_2\boldsymbol{\xi}_2+\cdots+k_m\boldsymbol{\xi}_m)=\boldsymbol{0}. \tag{14}$$

由于

$$\boldsymbol{A}\boldsymbol{\xi}_1=\lambda\boldsymbol{\xi}_1,\quad (\boldsymbol{A}-\lambda\boldsymbol{E})\boldsymbol{\xi}_{i+1}=\boldsymbol{\xi}_i\,(i=1,2,\cdots,m-1),$$

将它们代入⑭式并化简,得

$$k_2\boldsymbol{\xi}_1+\cdots+k_m\boldsymbol{\xi}_{m-1}=\boldsymbol{0}.$$

上式两边左乘 $\boldsymbol{A}-\lambda\boldsymbol{E}$,同理可得

$$k_3\boldsymbol{\xi}_1+\cdots+k_m\boldsymbol{\xi}_{m-2}=\boldsymbol{0}.$$

重复上述操作,直到出现 $k_m\boldsymbol{\xi}_1=\boldsymbol{0}$. 因 $\boldsymbol{\xi}_1\neq\boldsymbol{0}$,故 $k_m=0$. 同理可知

$$k_1=k_2=\cdots=k_{m-1}=0.$$

故 $\boldsymbol{\xi}_1,\boldsymbol{\xi}_2,\cdots,\boldsymbol{\xi}_m$ 线性无关.

第 8 讲

1. 因

$$|\boldsymbol{A}-\lambda\boldsymbol{E}|=\begin{vmatrix}-\lambda & 0 & 1\\ -2 & -1-\lambda & -2\\ 1 & 0 & -\lambda\end{vmatrix}=\begin{vmatrix}-1-\lambda & 0 & 1\\ 0 & -1-\lambda & -2\\ 0 & 0 & 1-\lambda\end{vmatrix}=-(\lambda-1)(\lambda+1)^2,$$

故 $\boldsymbol{A}$ 的特征值为 $1,-1,-1$;因

$$|\boldsymbol{B}-\lambda\boldsymbol{E}|=\begin{vmatrix}-\lambda & 0 & 1\\ 0 & -1-\lambda & 0\\ 1 & 0 & -\lambda\end{vmatrix}=-(\lambda+1)(\lambda^2-1)=-(\lambda-1)(\lambda+1)^2,$$

故 $\boldsymbol{B}$ 的特征值也为 $1,-1,-1$.

因

$$\boldsymbol{A}+\boldsymbol{E}=\begin{pmatrix}1 & 0 & 1\\ -2 & 0 & -2\\ 1 & 0 & 1\end{pmatrix}\longrightarrow\begin{pmatrix}1 & 0 & 1\\ 0 & 0 & 0\\ 0 & 0 & 0\end{pmatrix},$$

故 $\boldsymbol{A}$ 可以相似对角化,且相似于

$$\boldsymbol{\Lambda}=\begin{pmatrix}1 & & \\ & -1 & \\ & & -1\end{pmatrix};$$

因

$$\boldsymbol{B}+\boldsymbol{E}=\begin{pmatrix}1&0&1\\0&0&0\\1&0&1\end{pmatrix}\longrightarrow\begin{pmatrix}1&0&1\\0&0&0\\0&0&0\end{pmatrix},$$

故 $\boldsymbol{B}$ 也可以相似对角化,且也相似于

$$\boldsymbol{\Lambda}=\begin{pmatrix}1&&\\&-1&\\&&-1\end{pmatrix}.$$

根据相似的传递性可知,$\boldsymbol{A}$ 与 $\boldsymbol{B}$ 相似.

$\boldsymbol{C}$ 是下三角矩阵,特征值显然也为 $1,-1,-1$. 但

$$\boldsymbol{C}+\boldsymbol{E}=\begin{pmatrix}2&0&0\\0&0&0\\0&1&0\end{pmatrix},$$

显然 $\boldsymbol{C}$ 不可相似对角化,故 $\boldsymbol{A}$ 与 $\boldsymbol{C}$ 不相似.

2. 由题意可知

$$\boldsymbol{A}=\begin{pmatrix}1\times1&1\times2&1\times3&\cdots&1\times n\\2\times1&2\times2&2\times3&\cdots&2\times n\\3\times1&3\times2&3\times3&\cdots&3\times n\\\vdots&\vdots&\vdots&&\vdots\\n\times1&n\times2&n\times3&\cdots&n\times n\end{pmatrix}=\begin{pmatrix}1\\2\\3\\\vdots\\n\end{pmatrix}(1,2,3,\cdots,n)=\boldsymbol{\alpha}\boldsymbol{\alpha}^{\mathrm{T}},$$

其中

$$\boldsymbol{\alpha}=(1,2,3,\cdots,n)^{\mathrm{T}},$$

故 $\mathrm{r}(\boldsymbol{A})=1$.

显然,$\boldsymbol{A}$ 的特征值为

$$\lambda_1=\lambda_2=\cdots\lambda_{n-1}=0,\quad \lambda_n=\mathrm{tr}(\boldsymbol{A})=\sum_{k=1}^{n}k^2=\frac{n(n+1)(2n+1)}{6}.$$

由于 $\mathrm{tr}(\boldsymbol{A})\neq0$,故 $\boldsymbol{A}$ 一定可以相似对角化,且相似于

$$\boldsymbol{\Lambda}=\begin{pmatrix}0&&&\\&\ddots&&\\&&0&\\&&&\frac{n(n+1)(2n+1)}{6}\end{pmatrix}.$$

而

$$
\boldsymbol{A}-0\boldsymbol{E}=\boldsymbol{A}=\begin{pmatrix} 1\times1 & 1\times2 & 1\times3 & \cdots & 1\times n \\ 2\times1 & 2\times2 & 2\times3 & \cdots & 2\times n \\ 3\times1 & 3\times2 & 3\times3 & \cdots & 3\times n \\ \vdots & \vdots & \vdots & & \vdots \\ n\times1 & n\times2 & n\times3 & \cdots & n\times n \end{pmatrix} \rightarrow \begin{pmatrix} 1 & 2 & 3 & \cdots & n \\ & & & & \\ & & & & \\ & & & & \end{pmatrix},
$$

故可得到 $\boldsymbol{A}$ 的属于特征值 0 的 $n-1$ 个线性无关特征向量

$$
\begin{cases} \boldsymbol{\xi}_1=(-2,1,0,0,\cdots,0)^{\mathrm{T}}, \\ \boldsymbol{\xi}_2=(-3,0,1,0,\cdots,0)^{\mathrm{T}}, \\ \cdots\cdots \\ \boldsymbol{\xi}_{n-1}=(-n,0,0,0,\cdots,1)^{\mathrm{T}}. \end{cases}
$$

又由于 $\boldsymbol{A}=\boldsymbol{\alpha}\boldsymbol{\alpha}^{\mathrm{T}}$，故

$$
\boldsymbol{A}\boldsymbol{\alpha}=\boldsymbol{\alpha}\boldsymbol{\alpha}^{\mathrm{T}}\boldsymbol{\alpha}=\mathrm{tr}(\boldsymbol{A})\boldsymbol{\alpha},
$$

从而 $\boldsymbol{A}$ 的属于特征值 $\mathrm{tr}(\boldsymbol{A})$ 的一个特征向量为

$$
\boldsymbol{\xi}_n=\boldsymbol{\alpha}=(1,2,\cdots,n)^{\mathrm{T}}.
$$

令 $\boldsymbol{P}=(\boldsymbol{\xi}_1,\boldsymbol{\xi}_2,\cdots,\boldsymbol{\xi}_n)$，则 $\boldsymbol{P}^{-1}\boldsymbol{A}\boldsymbol{P}=\boldsymbol{\Lambda}$.

3. 由于 $\boldsymbol{A}$ 与 $\boldsymbol{\Lambda}$ 相似，而 $\boldsymbol{\Lambda}$ 恰好是对角矩阵，故 $\boldsymbol{A}$ 的特征值就是 $\boldsymbol{\Lambda}$ 的主对角线上元素 $2,2,b$. 由 $\begin{cases} |\boldsymbol{A}|=2\times2\times b, \\ \mathrm{tr}(\boldsymbol{A})=2+2+b \end{cases}$ 解得 $\begin{cases} a=5, \\ b=6. \end{cases}$

假设 $\boldsymbol{P}^{-1}\boldsymbol{A}\boldsymbol{P}=\boldsymbol{\Lambda}$，得 $\boldsymbol{A}=\boldsymbol{P}\boldsymbol{\Lambda}\boldsymbol{P}^{-1}$，故

$$
\boldsymbol{A}-4\boldsymbol{E}=\boldsymbol{P}\boldsymbol{\Lambda}\boldsymbol{P}^{-1}-4\boldsymbol{E}=\boldsymbol{P}\boldsymbol{\Lambda}\boldsymbol{P}^{-1}-4\boldsymbol{P}\boldsymbol{E}\boldsymbol{P}^{-1}=\boldsymbol{P}(\boldsymbol{\Lambda}-4\boldsymbol{E})\boldsymbol{P}^{-1},
$$

从而

$$
(\boldsymbol{A}-4\boldsymbol{E})^8=\boldsymbol{P}(\boldsymbol{\Lambda}-4\boldsymbol{E})^8\boldsymbol{P}^{-1}=\boldsymbol{P}\begin{pmatrix} -2 & & \\ & -2 & \\ & & 2 \end{pmatrix}^8\boldsymbol{P}^{-1}=2^8\boldsymbol{E}.
$$

4. 因

$$
|\boldsymbol{A}-\lambda\boldsymbol{E}|=\begin{vmatrix} -\lambda & 0 & 1 \\ 0 & -\lambda & 0 \\ 1 & 0 & -\lambda \end{vmatrix}=-\lambda(\lambda-1)(\lambda+1),
$$

故 $\boldsymbol{A}$ 的特征值为

$$
\lambda_1=0,\quad \lambda_2=1,\quad \lambda_3=-1.
$$

因

$$
|\boldsymbol{B}-\lambda\boldsymbol{E}|=\begin{vmatrix} 1-\lambda & 0 & 0 \\ 0 & 1-\lambda & 2 \\ 0 & -1 & -2-\lambda \end{vmatrix}=-\lambda(\lambda-1)(\lambda+1),
$$

故 $\boldsymbol{B}$ 的特征值也为

$$\lambda_1=0,\quad \lambda_2=1,\quad \lambda_3=-1.$$

显然,$\boldsymbol{A}$,$\boldsymbol{B}$ 都可以相似对角化,且均相似于

$$\boldsymbol{\Lambda}=\begin{pmatrix}0&&\\&1&\\&&-1\end{pmatrix}.$$

因

$$\boldsymbol{A}-0\boldsymbol{E}=\boldsymbol{A}=\begin{pmatrix}0&0&1\\0&0&0\\1&0&0\end{pmatrix}\longrightarrow\begin{pmatrix}1&0&0\\0&0&1\\0&0&0\end{pmatrix},$$

故 $\boldsymbol{A}$ 的属于特征值 0 的一个特征向量为 $\boldsymbol{\xi}_1=(0,1,0)^{\mathrm{T}}$;

因

$$\boldsymbol{A}-\boldsymbol{E}=\begin{pmatrix}-1&0&1\\0&-1&0\\1&0&-1\end{pmatrix}\longrightarrow\begin{pmatrix}1&0&-1\\0&1&0\\0&0&0\end{pmatrix},$$

故 $\boldsymbol{A}$ 的属于特征值 1 的一个特征向量为 $\boldsymbol{\xi}_2=(1,0,1)^{\mathrm{T}}$;

因

$$\boldsymbol{A}+\boldsymbol{E}=\begin{pmatrix}1&0&1\\0&1&0\\1&0&1\end{pmatrix}\longrightarrow\begin{pmatrix}1&0&1\\0&1&0\\0&0&0\end{pmatrix},$$

故 $\boldsymbol{A}$ 的属于特征值 -1 的一个特征向量为 $\boldsymbol{\xi}_3=(-1,0,1)^{\mathrm{T}}$.

所以,令 $\boldsymbol{P}_1=(\boldsymbol{\xi}_1,\boldsymbol{\xi}_2,\boldsymbol{\xi}_3)$,则 $\boldsymbol{P}_1^{-1}\boldsymbol{A}\boldsymbol{P}_1=\boldsymbol{\Lambda}$.

因

$$\boldsymbol{B}-0\boldsymbol{E}=\boldsymbol{B}=\begin{pmatrix}1&0&0\\0&1&2\\0&-1&-2\end{pmatrix}\longrightarrow\begin{pmatrix}1&0&0\\0&1&2\\0&0&0\end{pmatrix},$$

故 $\boldsymbol{B}$ 的属于特征值 0 的一个特征向量为 $\boldsymbol{\eta}_1=(0,-2,1)^{\mathrm{T}}$;

因

$$\boldsymbol{B}-\boldsymbol{E}=\begin{pmatrix}0&0&0\\0&0&2\\0&-1&-3\end{pmatrix}\longrightarrow\begin{pmatrix}0&1&0\\0&0&1\\0&0&0\end{pmatrix},$$

故 $\boldsymbol{B}$ 的属于特征值 1 的一个特征向量为 $\boldsymbol{\eta}_2=(1,0,0)^{\mathrm{T}}$；

因

$$\boldsymbol{B}+\boldsymbol{E}=\begin{pmatrix}2&0&0\\0&2&2\\0&-1&-1\end{pmatrix}\longrightarrow\begin{pmatrix}1&0&0\\0&1&1\\0&0&0\end{pmatrix},$$

故 $\boldsymbol{B}$ 的属于特征值-1 的一个特征向量为 $\boldsymbol{\eta}_3=(0,-1,1)^{\mathrm{T}}$.

所以，令 $\boldsymbol{P}_2=(\boldsymbol{\eta}_1,\boldsymbol{\eta}_2,\boldsymbol{\eta}_3)$，则 $\boldsymbol{P}_2^{-1}\boldsymbol{B}\boldsymbol{P}_2=\boldsymbol{\Lambda}$.

综上，$\boldsymbol{P}_1^{-1}\boldsymbol{A}\boldsymbol{P}_1=\boldsymbol{P}_2^{-1}\boldsymbol{B}\boldsymbol{P}_2$，变形得 $\boldsymbol{P}_2\boldsymbol{P}_1^{-1}\boldsymbol{A}\boldsymbol{P}_1\boldsymbol{P}_2^{-1}=\boldsymbol{B}$，故只需令 $\boldsymbol{P}=\boldsymbol{P}_1\boldsymbol{P}_2^{-1}$ 即可. 因

$$\begin{pmatrix}\boldsymbol{P}_2\\\boldsymbol{P}_1\end{pmatrix}=\begin{pmatrix}0&1&0\\-2&0&-1\\1&0&1\\0&1&-1\\1&0&0\\0&1&1\end{pmatrix}\longrightarrow\begin{pmatrix}1&0&0\\0&-2&-1\\0&1&1\\1&0&-1\\0&1&0\\1&0&1\end{pmatrix}\longrightarrow\begin{pmatrix}1&0&0\\0&1&-1\\0&0&1\\1&-1&-1\\0&-1&0\\1&1&1\end{pmatrix}\longrightarrow\begin{pmatrix}1&0&0\\0&1&0\\0&0&1\\1&-1&-2\\0&-1&-1\\1&1&2\end{pmatrix},$$

故

$$\boldsymbol{P}=\boldsymbol{P}_1\boldsymbol{P}_2^{-1}=\begin{pmatrix}1&-1&-2\\0&-1&-1\\1&1&2\end{pmatrix},$$

且有 $\boldsymbol{P}^{-1}\boldsymbol{A}\boldsymbol{P}=\boldsymbol{B}$.

5. 由 $(\boldsymbol{A}+\boldsymbol{E})\boldsymbol{C}=\boldsymbol{O}$ 可知 $\boldsymbol{A}\boldsymbol{C}=-\boldsymbol{C}$，故 $\boldsymbol{C}$ 的列向量都是 $\boldsymbol{A}$ 的属于-1 的特征向量.

对 $\boldsymbol{B}(\boldsymbol{A}^{\mathrm{T}}-2\boldsymbol{E})=\boldsymbol{O}$ 两端取转置，得

$$(\boldsymbol{A}-2\boldsymbol{E})\boldsymbol{B}^{\mathrm{T}}=\boldsymbol{O},\quad \text{即}\quad \boldsymbol{A}\boldsymbol{B}^{\mathrm{T}}=2\boldsymbol{B}^{\mathrm{T}},$$

故 $\boldsymbol{B}$ 的行向量都是 $\boldsymbol{A}$ 的属于 2 的特征向量.

由于 $\mathrm{r}(\boldsymbol{B})+\mathrm{r}(\boldsymbol{C})=n$，故 $\boldsymbol{B}$ 的线性无关行向量的个数与 $\boldsymbol{C}$ 的线性无关列向量的个数加起来等于 n. 这说明，$\boldsymbol{A}$ 只有特征值$-1,2$，且一共有 n 个线性无关的特征向量，故 $\boldsymbol{A}$ 一定可以相似对角化，即

$$\boldsymbol{A}\sim\begin{pmatrix}-1&&&&&\\&\ddots&&&&\\&&-1&&&\\&&&2&&\\&&&&\ddots&\\&&&&&2\end{pmatrix}.$$

不妨假设其中有 r 个-1，则有 $n-r$ 个 2，从而

$$|\boldsymbol{A}|=(-1)^r 2^{n-r}.$$

6. (1) 因 $\boldsymbol{A}_i^2=\boldsymbol{A}_i(i=1,2,3)$,故 $\boldsymbol{A}_i$ 的任何一个特征值 λ 都满足 $\lambda^2=\lambda$,故 λ 只能取 0 和 1. 但这还不是我们要证明的结论. 我们要证明的是每一个 $\boldsymbol{A}_i$"既有特征值 0,也有特征值 1",所以需要研究特征值的重数.

在本讲的例题 5 中已经证明了"满足 $\boldsymbol{A}^2=\boldsymbol{A}$ 的矩阵 $\boldsymbol{A}$ 一定可以相似对角化",此处不再花篇幅证明了.

假设 $\boldsymbol{A}_i(i=1,2,3)$的特征值均为 0,则 $\boldsymbol{A}_i\sim\boldsymbol{O}$,从而 $\boldsymbol{A}_i=\boldsymbol{O}$. 这与 $\boldsymbol{A}_i(i=1,2,3)$是非零矩阵矛盾;

假设 $\boldsymbol{A}_i(i=1,2,3)$的特征值均为 1,则 $\boldsymbol{A}_i\sim\boldsymbol{E}$,从而 $\boldsymbol{A}_i=\boldsymbol{E}$. 故由 $\boldsymbol{A}_i\boldsymbol{A}_j=\boldsymbol{O}(i\neq j;i,j=1,2,3)$可推出 $\boldsymbol{A}_j=\boldsymbol{O}(j=1,2,3)$,也矛盾.

综上,每一个 $\boldsymbol{A}_i$ 都既有特征值 0,也有特征值 1.

(2) 由于 $\boldsymbol{\alpha}$ 是 $\boldsymbol{A}_i$ 的属于特征值 1 的特征向量,故 $\boldsymbol{A}_i\boldsymbol{\alpha}=\boldsymbol{\alpha}$. 此式两端左乘矩阵 $\boldsymbol{A}_j$,得

$$\boldsymbol{A}_j\boldsymbol{A}_i\boldsymbol{\alpha}=\boldsymbol{A}_j\boldsymbol{\alpha}.$$

又由于 $\boldsymbol{A}_i\boldsymbol{A}_j=\boldsymbol{O}(i\neq j)$,所以从上式可以直接推出 $\boldsymbol{A}_j\boldsymbol{\alpha}=\boldsymbol{0}$. 这说明,$\boldsymbol{\alpha}$ 必定也是 $\boldsymbol{A}_j$ 的属于特征值 0 的特征向量.

注 "$\boldsymbol{A}_i\boldsymbol{A}_j=\boldsymbol{O}(i\neq j)$"的含义是"两个不同的 $\boldsymbol{A}_i$ 乘起来是零矩阵",所以"$\boldsymbol{A}_i\boldsymbol{A}_j=\boldsymbol{O}(i\neq j)$"和"$\boldsymbol{A}_j\boldsymbol{A}_i=\boldsymbol{O}(i\neq j)$"没有区别.

(3) 由题意知

$$\boldsymbol{A}_1\boldsymbol{\alpha}_1=\boldsymbol{\alpha}_1,\quad \boldsymbol{A}_2\boldsymbol{\alpha}_2=\boldsymbol{\alpha}_2,\quad \boldsymbol{A}_3\boldsymbol{\alpha}_3=\boldsymbol{\alpha}_3.$$

根据(2)可知

$$\begin{cases}\boldsymbol{A}_2\boldsymbol{\alpha}_1=\boldsymbol{0},\\ \boldsymbol{A}_3\boldsymbol{\alpha}_1=\boldsymbol{0},\end{cases}\quad \begin{cases}\boldsymbol{A}_1\boldsymbol{\alpha}_2=\boldsymbol{0},\\ \boldsymbol{A}_3\boldsymbol{\alpha}_2=\boldsymbol{0},\end{cases}\quad \begin{cases}\boldsymbol{A}_1\boldsymbol{\alpha}_3=\boldsymbol{0},\\ \boldsymbol{A}_2\boldsymbol{\alpha}_3=\boldsymbol{0}.\end{cases}$$

假设

$$k_1\boldsymbol{\alpha}_1+k_2\boldsymbol{\alpha}_2+k_3\boldsymbol{\alpha}_3=\boldsymbol{0},$$

其中 k_1,k_2,k_3 为常数. 上式两端左乘 $\boldsymbol{A}_1$,得 $k_1\boldsymbol{\alpha}_1=\boldsymbol{0}$. 由于 $\boldsymbol{\alpha}_1\neq\boldsymbol{0}$,故 $k_1=0$. 同理可得 $k_2=k_3=0$. 故 $\boldsymbol{\alpha}_1,\boldsymbol{\alpha}_2,\boldsymbol{\alpha}_3$ 必定线性无关.

第 9 讲

1. (1) 假设 $\boldsymbol{A}$ 的三个特征值为 $\lambda_1,\lambda_2,\lambda_3$,则由题意可知

$$\lambda_1+\lambda_2+\lambda_3=1,\quad \lambda_1\lambda_2\lambda_3=-12.$$

因$(\boldsymbol{A}^*-4\boldsymbol{E})\boldsymbol{x}=\boldsymbol{0}$ 的一个解为 $\boldsymbol{\alpha}_1=(1,0,-2)^{\mathrm{T}}$,故 $\boldsymbol{A}^*\boldsymbol{\alpha}_1=4\boldsymbol{\alpha}_1$,从而 $\boldsymbol{\alpha}_1$ 是 $\boldsymbol{A}^*$ 的属于特征值 4 的特征向量.

在 $\boldsymbol{A}^*\boldsymbol{\alpha}_1=4\boldsymbol{\alpha}_1$ 两边左乘 $\boldsymbol{A}$,注意到$|\boldsymbol{A}|=-12$,则有 $\boldsymbol{A}\boldsymbol{\alpha}_1=-3\boldsymbol{\alpha}_1$,从而 $\boldsymbol{\alpha}_1$ 是 $\boldsymbol{A}$ 的属于特征值-3 的特征向量.

不妨假设 $\lambda_1=-3$,则

$$\lambda_2+\lambda_3=4,\lambda_2\lambda_3=4,\quad 解得\quad \lambda_2=\lambda_3=2.$$

所以,$\boldsymbol{A}$ 的全部特征值为 $-3,2,2$,其中特征值 -3 对应于特征向量 $\boldsymbol{\alpha}_1=(1,0,-2)^{\mathrm{T}}$,从而 $\boldsymbol{A}-2\boldsymbol{E}$ 的全部特征值为 $-5,0,0$,其中特征值 -5 对应于特征向量 $\boldsymbol{\alpha}_1=(1,0,-2)^{\mathrm{T}}$.

由谱分解定理可知

$$\boldsymbol{A}-2\boldsymbol{E}=(-5)\cdot\frac{1}{\sqrt{5}}\begin{pmatrix}1\\0\\-2\end{pmatrix}\cdot\frac{1}{\sqrt{5}}(1,0,-2)=\begin{pmatrix}-1&0&2\\0&0&0\\2&0&-4\end{pmatrix},$$

故

$$\boldsymbol{A}=\begin{pmatrix}1&0&2\\0&2&0\\2&0&-2\end{pmatrix}.$$

(2) 由于 $\boldsymbol{A}$ 的特征值为 $-3,2,2$,故 $\boldsymbol{A}^*$ 的特征值为 $4,-6,-6$. 又由于

$$(\boldsymbol{A}^*+6\boldsymbol{E})\boldsymbol{x}=\boldsymbol{0}\Longleftrightarrow\boldsymbol{A}^*\boldsymbol{x}=-6\boldsymbol{x},$$

故$(\boldsymbol{A}^*+6\boldsymbol{E})\boldsymbol{x}=\boldsymbol{0}$ 的通解其实就是 $\boldsymbol{A}^*$ 的属于特征值 -6 的所有特征向量以及零向量. 由特征值与特征向量的对应关系可知,问题可转化为求 $\boldsymbol{A}$ 的属于特征值 2 的所有特征向量.

对于实对称矩阵,属于不同特征值的特征向量正交,所以可利用正交性求出特征向量. 假设 $\boldsymbol{A}$ 的属于特征值 2 的特征向量为 $\boldsymbol{\xi}=(x_1,x_2,x_3)^{\mathrm{T}}$,则它与 $\boldsymbol{\alpha}_1=(1,0,-2)^{\mathrm{T}}$ 正交,从而有 $x_1-2x_3=0$. 解此方程知,可取 $\boldsymbol{A}$ 的属于特征值 2 的两个线性无关特征向量为

$$\boldsymbol{\xi}_1=(0,1,0)^{\mathrm{T}},\quad \boldsymbol{\xi}_2=(2,0,1)^{\mathrm{T}},$$

则 $k_1\boldsymbol{\xi}_1+k_2\boldsymbol{\xi}_2$ 即为$(\boldsymbol{A}^*+6\boldsymbol{E})\boldsymbol{x}=\boldsymbol{0}$ 的通解,其中 k_1,k_2 为任意常数.

2. 本题的突破口是分析出 $\boldsymbol{\alpha}_1=(1,a,0)^{\mathrm{T}}$ 和 $\boldsymbol{\alpha}_2=(1,-1,a)^{\mathrm{T}}$ 到底是属于谁的特征向量.

(1) 假设 $\boldsymbol{\alpha}_1,\boldsymbol{\alpha}_2$ 都是属于特征值 0 的特征向量,则根据定义有

$$\boldsymbol{A}(\boldsymbol{\alpha}_1+\boldsymbol{\alpha}_2)=\boldsymbol{A}\boldsymbol{\alpha}_1+\boldsymbol{A}\boldsymbol{\alpha}_2=\boldsymbol{0},$$

矛盾;假设 $\boldsymbol{\alpha}_1,\boldsymbol{\alpha}_2$ 都是属于特征值 1 的特征向量,则根据定义有

$$\boldsymbol{A}(\boldsymbol{\alpha}_1+\boldsymbol{\alpha}_2)=\boldsymbol{A}\boldsymbol{\alpha}_1+\boldsymbol{A}\boldsymbol{\alpha}_2=\boldsymbol{\alpha}_1+\boldsymbol{\alpha}_2,$$

矛盾. 故 $\boldsymbol{\alpha}_1,\boldsymbol{\alpha}_2$ 是属于不同特征值的特征向量,从而它们一定正交,即有

$$1-a=0,\quad 解得\quad a=1.$$

当然,从 $\boldsymbol{A}(\boldsymbol{\alpha}_1+\boldsymbol{\alpha}_2)=\boldsymbol{\alpha}_2$ 还能分析出,$\boldsymbol{\alpha}_1$ 是 $\boldsymbol{A}$ 的属于特征值 0 的特征向量,$\boldsymbol{\alpha}_2$ 是 $\boldsymbol{A}$ 的属于特征值 1 的特征向量.

(2) 由于 $\boldsymbol{\alpha}_2$ 是 $\boldsymbol{A}$ 的属于特征值 1 的特征向量,故 $\boldsymbol{A}\boldsymbol{\alpha}_2=\boldsymbol{\alpha}_2$,即 $\boldsymbol{\alpha}_2$ 是 $\boldsymbol{A}\boldsymbol{x}=\boldsymbol{\alpha}_2$ 的一个特解.

要求 $\boldsymbol{A}\boldsymbol{x}=\boldsymbol{0}$ 的基础解系，这等价于要求 $\boldsymbol{A}$ 的属于特征值 0 的线性无关特征向量，故取 $\boldsymbol{\alpha}_1$ 即可. 所以，$\boldsymbol{A}\boldsymbol{x}=\boldsymbol{\alpha}_2$ 的通解为

$$k\boldsymbol{\alpha}_1+\boldsymbol{\alpha}_2=k(1,1,0)^{\mathrm{T}}+(1,-1,1)^{\mathrm{T}},$$

其中 k 为任意常数.

(3) 由于 $\boldsymbol{A}$ 的特征值为 0,1,1，且 $\boldsymbol{\alpha}_1=(1,1,0)^{\mathrm{T}}$ 是属于特征值 0 的特征向量. 故 $\boldsymbol{A}-\boldsymbol{E}$ 的特征值为 $-1,0,0$，且 -1 对应的特征向量为 $\boldsymbol{\alpha}_1$.

由谱分解定理得

$$\boldsymbol{A}-\boldsymbol{E}=(-1)\cdot\frac{1}{\sqrt{2}}\begin{pmatrix}1\\1\\0\end{pmatrix}\cdot\frac{1}{\sqrt{2}}(1,1,0)=-\frac{1}{2}\begin{pmatrix}1&1&0\\1&1&0\\0&0&0\end{pmatrix},$$

故

$$\boldsymbol{A}=\begin{pmatrix}\frac{1}{2}&-\frac{1}{2}&0\\-\frac{1}{2}&\frac{1}{2}&0\\0&0&1\end{pmatrix}.$$

3. (1) 要求 $\boldsymbol{A}\boldsymbol{x}=\boldsymbol{0}$ 的基础解系，就相当于要求 $\boldsymbol{A}$ 的属于特征值 0 的线性无关特征向量.

对于实对称矩阵而言，属于不同特征值的特征向量正交，故假设 $\boldsymbol{\xi}=(x_1,x_2,x_3)^{\mathrm{T}}$ 为属于特征值 0 的特征向量，则必有

$$-x_1+x_2+x_3=0.$$

解此方程知，可取 $\boldsymbol{A}$ 的属于特征值 0 的两个线性无特征向量为

$$\boldsymbol{\xi}_1=(1,1,0)^{\mathrm{T}},\quad \boldsymbol{\xi}_2=(1,0,1)^{\mathrm{T}}.$$

故 $\boldsymbol{A}\boldsymbol{x}=\boldsymbol{0}$ 的通解为

$$k_1\boldsymbol{\xi}_1+k_2\boldsymbol{\xi}_2=k_1(1,1,0)^{\mathrm{T}}+k_2(1,0,1)^{\mathrm{T}},$$

其中 k_1,k_2 为任意常数.

(2) 易得 $\boldsymbol{A}$ 的特征值为 2,0,0. 由谱分解定理可知

$$\boldsymbol{A}=2\cdot\frac{1}{\sqrt{3}}\begin{pmatrix}-1\\1\\1\end{pmatrix}\cdot\frac{1}{\sqrt{3}}(-1,1,1)=\frac{2}{3}\begin{pmatrix}1&-1&-1\\-1&1&1\\-1&1&1\end{pmatrix}.$$

4. $\boldsymbol{A}^*$ 的特征值为

$$\mu_1=1,\quad \mu_2=\mu_3=4,$$

故 $|\boldsymbol{A}^*|=16$. 而 $|\boldsymbol{A}^*|=|\boldsymbol{A}|^2$，故 $|\boldsymbol{A}|=4$（$\boldsymbol{A}$ 正定，舍去 $|\boldsymbol{A}|=-4$）.

由于“若 $\boldsymbol{A}$ 有特征值 $\lambda\neq0$，则 $\boldsymbol{A}^*$ 就有特征值 $\frac{|\boldsymbol{A}|}{\lambda}$”，故可以反推出 $\boldsymbol{A}$ 的特征值为

$$\lambda_1=4,\quad \lambda_2=\lambda_3=1.$$

由于 $\boldsymbol{\alpha}=(1,1,1)^{\mathrm{T}}$ 是 $\boldsymbol{A}^*$ 的属于特征值 1 的特征向量，故由特征值与特征向量的对应关系可知，$\boldsymbol{\alpha}=(1,1,1)^{\mathrm{T}}$ 也是 $\boldsymbol{A}$ 的属于特征值 4 的特征向量.

由正交性可求出 $\boldsymbol{A}$ 的属于特征值 1 的特征向量 $\boldsymbol{\xi}$. 具体地，设 $\boldsymbol{\xi}=(x_1,x_2,x_3)^{\mathrm{T}}$，则由 $(\boldsymbol{\alpha},\boldsymbol{\xi})=0$ 可知只需取 $\boldsymbol{\xi}_1=(1,-1,0)^{\mathrm{T}}$ 和 $\boldsymbol{\xi}_2=(1,0,-1)^{\mathrm{T}}$，则 $\boldsymbol{\xi}_1,\boldsymbol{\xi}_2$ 就是 $\boldsymbol{A}$ 的属于特征值 1 的两个线性无关特征向量.

总之，$\boldsymbol{A}$ 的全部特征值为 4，1，1，且 4 对应的所有特征向量为 $k\boldsymbol{\alpha}$（k 为任意非零常数），而 1 对应的所有特征向量为 $k_1\boldsymbol{\xi}_1+k_2\boldsymbol{\xi}_2$（$k_1,k_2$ 是不全为零的任意常数）.

因 $\boldsymbol{A}$ 的特征值为 4，1，1，且特征值 4 对应的特征向量为 $\boldsymbol{\alpha}=(1,1,1,1)^{\mathrm{T}}$，故 $\boldsymbol{A}-\boldsymbol{E}$ 的特征值为 3，0，0，且特征值 3 对应的特征向量为 $\boldsymbol{\alpha}=(1,1,1)^{\mathrm{T}}$. 所以，由谱分解定理可知

$$\boldsymbol{A}-\boldsymbol{E}=3\cdot\frac{1}{\sqrt{3}}\begin{pmatrix}1\\1\\1\end{pmatrix}\cdot\frac{1}{\sqrt{3}}(1,1,1)=\begin{pmatrix}1&1&1\\1&1&1\\1&1&1\end{pmatrix},$$

从而

$$\boldsymbol{A}=\begin{pmatrix}2&1&1\\1&2&1\\1&1&2\end{pmatrix}.$$

注 正定矩阵的前提是实对称，所以本题才能使用正交性，才能使用谱分解定理.

第 10 讲

1. 该二次型对应的矩阵为

$$\boldsymbol{A}=\begin{pmatrix}2&a&b\\a&5&-4\\b&-4&5\end{pmatrix}.$$

由题意可知，$\boldsymbol{A}$ 的特征值为

$$\lambda_1=\lambda_2=1,\quad \lambda_3=c\,(c\neq1).$$

由于 1 是二重特征值，且 $\boldsymbol{A}$ 可以相似对角化（因 $\boldsymbol{A}$ 是实对称矩阵），所以 $\mathrm{r}(\boldsymbol{A}-\boldsymbol{E})=1$. 于是，$\boldsymbol{A}-\boldsymbol{E}$ 的每一行成比例，而

$$\boldsymbol{A}-\boldsymbol{E}=\begin{pmatrix}1&a&b\\a&4&-4\\b&-4&4\end{pmatrix},$$

根据第 2,3 行成比例可知 $b=-a$，故

$$A-E=\begin{pmatrix}1&a&-a\\a&4&-4\\-a&-4&4\end{pmatrix}.$$

又根据第 1,2 行成比例可知 $\frac{1}{a}=\frac{a}{4}$，故 $a=2$（因 $a>0$，故排除 $a=-2$）. 所以 $b=-a=-2$.

将 $a=2,b=-2$ 代回矩阵 $\boldsymbol{A}$ 中，得

$$\boldsymbol{A}=\begin{pmatrix}2&2&-2\\2&5&-4\\-2&-4&5\end{pmatrix}.$$

由于 $\lambda_1+\lambda_2+\lambda_3=\mathrm{tr}(\boldsymbol{A})$，故 $\lambda_3=c=10$.

综上，$a=2,b=-2,c=10$.

对于 $\lambda_3=10$，有

$$\boldsymbol{A}-10\boldsymbol{E}=\begin{pmatrix}-8&2&-2\\2&-5&-4\\-2&-4&-5\end{pmatrix}\longrightarrow\begin{pmatrix}2&0&1\\0&1&1\\0&0&0\end{pmatrix},$$

故可取 $\boldsymbol{\xi}_3=(-1,-2,2)^{\mathrm{T}}$ 为 $\boldsymbol{A}$ 的属于特征值 $\lambda_3=10$ 的一个特征向量. 将 $\boldsymbol{\xi}_3$ 单位化，得

$$\boldsymbol{e}_3=\frac{\boldsymbol{\xi}_3}{\|\boldsymbol{\xi}_3\|}=\frac{1}{3}(-1,-2,2)^{\mathrm{T}}.$$

对于 $\lambda_1=\lambda_2=1$，有

$$\boldsymbol{A}-\boldsymbol{E}=\begin{pmatrix}1&2&-2\\2&4&-4\\-2&-4&4\end{pmatrix}\longrightarrow\begin{pmatrix}1&2&-2\\0&0&0\\0&0&0\end{pmatrix},$$

故可取 $\boldsymbol{\xi}_1=(2,0,1)^{\mathrm{T}}$ 为 $\boldsymbol{A}$ 的属于特征值 $\lambda_1=\lambda_2=1$ 的一个特征向量.

为了得一个与 $\boldsymbol{\xi}_1$ 线性无关的特征向量 $\boldsymbol{\xi}_2$，让 $\boldsymbol{\xi}_2$ 与 $\boldsymbol{\xi}_1,\boldsymbol{\xi}_3$ 均正交即可. 具体地，设 $\boldsymbol{\xi}_2=(a_1,a_2,a_3)^{\mathrm{T}}$，则由 $(\boldsymbol{\xi}_2,\boldsymbol{\xi}_1)=0$ 及 $(\boldsymbol{\xi}_2,\boldsymbol{\xi}_3)=0$ 得

$$\begin{cases}2a_1+a_3=0,\\-a_1-2a_2+2a_3=0.\end{cases}$$

由于此线性方程组的系数矩阵为

$$\begin{pmatrix}2&0&1\\-1&-2&2\end{pmatrix}\longrightarrow\begin{pmatrix}-1&-2&2\\2&0&1\end{pmatrix}\longrightarrow\begin{pmatrix}1&2&-2\\0&-4&5\end{pmatrix},$$

故可取 $\boldsymbol{\xi}_2=(-2,5,4)^{\mathrm{T}}$. 再令

$$\boldsymbol{e}_1=\frac{\boldsymbol{\xi}_1}{\|\boldsymbol{\xi}_1\|}=\frac{1}{\sqrt{5}}(2,0,1)^{\mathrm{T}},\quad \boldsymbol{e}_2=\frac{\boldsymbol{\xi}_2}{\|\boldsymbol{\xi}_2\|}=\frac{1}{3\sqrt{5}}(-2,5,4)^{\mathrm{T}}.$$

令 $\boldsymbol{Q}=(\boldsymbol{e}_1,\boldsymbol{e}_2,\boldsymbol{e}_3)$，则 $\boldsymbol{Q}$ 为正交矩阵，且

$$\boldsymbol{Q}^{\mathrm{T}}\boldsymbol{A}\boldsymbol{Q}=\begin{pmatrix}1&&\\&1&\\&&10\end{pmatrix}.$$

故在正交变换 $\boldsymbol{x}=\boldsymbol{Q}\boldsymbol{y}\,[\boldsymbol{y}=(y_1,y_2,y_3)^{\mathrm{T}}]$ 下，二次型 $f(x_1,x_2,x_3)$ 化为标准形 $y_1^2+y_2^2+10y_3^2$.

2. (1) 由于 $\boldsymbol{A}^2=2\boldsymbol{A}$，故 $\boldsymbol{A}$ 的特征值只能在 0,2 中取. 又由于 $f(x_1,x_2,x_3)$ 经过正交变换 $\boldsymbol{x}=\boldsymbol{Q}\boldsymbol{y}$ 化为标准形 $\lambda y_2^2+\lambda y_3^2(\lambda\neq 0)$，故 $\boldsymbol{A}$ 的特征值为 0,2,2，对应的特征向量分别为

$$\boldsymbol{\xi}_1=(1,0,b)^{\mathrm{T}},\quad \boldsymbol{\xi}_2=(0,c,0)^{\mathrm{T}},\quad \boldsymbol{\xi}_3=(a,0,1)^{\mathrm{T}}.$$

由于 $\boldsymbol{Q}=\frac{1}{\sqrt{2}}(\boldsymbol{\xi}_1,\boldsymbol{\xi}_2,\boldsymbol{\xi}_3)$ 是正交矩阵，而正交矩阵是由两两正交的单位向量构成的，再结合 $b,c>0$，得 $c=\sqrt{2}$，$b=1$. 再根据 $\boldsymbol{\xi}_1,\boldsymbol{\xi}_3$ 正交，得 $a+b=0$，故 $a=-1$.

(2) 由(1)可得，经过正交变换 $\boldsymbol{x}=\boldsymbol{Q}\boldsymbol{y}$ 得到的标准形为 $2y_2^2+2y_3^2$，其中

$$\boldsymbol{Q}=\frac{1}{\sqrt{2}}\begin{pmatrix}1&0&-1\\0&\sqrt{2}&0\\1&0&1\end{pmatrix}.$$

为了化为规范形，再令

$$\begin{cases}z_1=y_1,\\z_2=\sqrt{2}\,y_2,\\z_3=\sqrt{2}\,y_3,\end{cases}\quad 即\quad \begin{cases}y_1=z_1,\\y_2=\dfrac{1}{\sqrt{2}}z_2,\\y_3=\dfrac{1}{\sqrt{2}}z_3,\end{cases}$$

也即 $\boldsymbol{y}=\boldsymbol{M}\boldsymbol{z}$，其中

$$\boldsymbol{M}=\begin{pmatrix}1&&\\&\dfrac{1}{\sqrt{2}}&\\&&\dfrac{1}{\sqrt{2}}\end{pmatrix}.$$

这时，可将二次型 $f(x_1,x_2,x_3)$ 化为规范形：$f(x_1,x_2,x_3)=z_2^2+z_3^2$. 由 $\boldsymbol{x}=\boldsymbol{Q}\boldsymbol{y}$ 且 $\boldsymbol{y}=\boldsymbol{M}\boldsymbol{z}$ 可知 $\boldsymbol{x}=\boldsymbol{Q}\boldsymbol{M}\boldsymbol{z}$，故取 $\boldsymbol{P}=\boldsymbol{Q}\boldsymbol{M}$，则可逆线性变换 $\boldsymbol{x}=\boldsymbol{P}\boldsymbol{z}$ 将 $f(x_1,x_2,x_3)$ 化为规范形. 经计算可得

$$P=QM=\frac{1}{\sqrt{2}}\begin{pmatrix}1&0&-1\\0&\sqrt{2}&0\\1&0&1\end{pmatrix}\begin{pmatrix}1&&\\&\frac{1}{\sqrt{2}}&\\&&\frac{1}{\sqrt{2}}\end{pmatrix}=\frac{1}{\sqrt{2}}\begin{pmatrix}1&0&-\frac{1}{\sqrt{2}}\\0&1&0\\1&0&\frac{1}{\sqrt{2}}\end{pmatrix}.$$

3. (1) 假设 $\boldsymbol{\xi}_1,\boldsymbol{\xi}_2$ 是属于特征值 1 的两个线性无关特征向量. 因 $\boldsymbol{\xi}_3$ 属于特征值 -1,故 $\boldsymbol{\xi}_1,\boldsymbol{\xi}_2,\boldsymbol{\xi}_3$ 线性无关. 故 $\boldsymbol{\alpha}$ 一定可以由 $\boldsymbol{\xi}_1,\boldsymbol{\xi}_2,\boldsymbol{\xi}_3$ 线性表示,不妨假设

$$\boldsymbol{\alpha}=k_1\boldsymbol{\xi}_1+k_2\boldsymbol{\xi}_2+k_3\boldsymbol{\xi}_3,$$

其中 k_1,k_2,k_3 为常数. 在上式两边与 $\boldsymbol{\xi}_3$ 做内积,得

$$(\boldsymbol{\alpha},\boldsymbol{\xi}_3)=(k_1\boldsymbol{\xi}_1+k_2\boldsymbol{\xi}_2+k_3\boldsymbol{\xi}_3,\boldsymbol{\xi}_3).$$

因 $\boldsymbol{\alpha}$ 与 $\boldsymbol{\xi}_3$ 正交,且 $\boldsymbol{\xi}_1,\boldsymbol{\xi}_2$ 也与 $\boldsymbol{\xi}_3$ 正交,故上式可化简为

$$0=k_3\|\boldsymbol{\xi}_3\|^2.$$

由于 $\boldsymbol{\xi}_3\neq\mathbf{0}$,故 $k_3=0$,从而

$$\boldsymbol{\alpha}=k_1\boldsymbol{\xi}_1+k_2\boldsymbol{\xi}_2.$$

在上式两边左乘矩阵 $\boldsymbol{A}$,并注意到 $\boldsymbol{A}\boldsymbol{\xi}_1=\boldsymbol{\xi}_1,\boldsymbol{A}\boldsymbol{\xi}_2=\boldsymbol{\xi}_2$,得

$$\boldsymbol{A}\boldsymbol{\alpha}=\boldsymbol{A}(k_1\boldsymbol{\xi}_1+k_2\boldsymbol{\xi}_2)=k_1\boldsymbol{A}\boldsymbol{\xi}_1+k_2\boldsymbol{A}\boldsymbol{\xi}_2=k_1\boldsymbol{\xi}_1+k_2\boldsymbol{\xi}_2=\boldsymbol{\alpha},$$

故 $\boldsymbol{\alpha}$ 是对应于特征值 1 的特征向量.

(2) 由于 $\boldsymbol{A}$ 的特征值为 $1,1,-1$,且特征值 -1 对应于特征向量 $\boldsymbol{\xi}_3$,故 $\boldsymbol{A}-\boldsymbol{E}$ 的特征值为 $0,0,-2$,且特征值 -2 对应于特征向量 $\boldsymbol{\xi}_3$.

令

$$\boldsymbol{e}_3=\frac{\boldsymbol{\xi}_3}{\|\boldsymbol{\xi}_3\|}=\frac{1}{\sqrt{2}}(0,1,1)^{\mathrm{T}},$$

则由谱分解定理知

$$\boldsymbol{A}-\boldsymbol{E}=(-2)\boldsymbol{e}_3\boldsymbol{e}_3^{\mathrm{T}}=(-2)\cdot\frac{1}{\sqrt{2}}\begin{pmatrix}0\\1\\1\end{pmatrix}\cdot\frac{1}{\sqrt{2}}(0,1,1)=\begin{pmatrix}0&0&0\\0&-1&-1\\0&-1&-1\end{pmatrix}.$$

故

$$\boldsymbol{A}=\begin{pmatrix}1&0&0\\0&0&-1\\0&-1&0\end{pmatrix}.$$

于是,得到二次型的表达式 $f(\boldsymbol{x})=\boldsymbol{x}^{\mathrm{T}}\boldsymbol{A}\boldsymbol{x}=x_1^2-2x_2x_3$.

第 11 讲

1. $f(x_1,x_2,x_3)=x_1^2-3x_2^2-2x_1x_2+2x_1x_3-6x_2x_3$

$$=(x_1^2-2x_1x_2+2x_1x_3)-3x_2^2-6x_2x_3$$
$$=(x_1-x_2+x_3)^2-(2x_2+x_3)^2.$$

令

$$\begin{cases}y_1=x_1-x_2+x_3,\\ y_2=2x_2+x_3,\\ y_3=x_3,\end{cases}\quad 即\quad \begin{cases}x_1=y_1+\dfrac{1}{2}y_2-\dfrac{3}{2}y_3,\\ x_2=\dfrac{1}{2}y_2-\dfrac{1}{2}y_3,\\ x_3=y_3,\end{cases}$$

则该可逆线性变换可将二次型 $f(x_1,x_2,x_3)$ 化为标准形：

$$f(x_1,x_2,x_3)=y_1^2-y_2^2.$$

2. 该二次型无平方项，故先用平方差代换，构造出平方项. 令

$$\begin{cases}x_1=y_1+y_2,\\ x_2=y_1-y_2,\\ x_3=y_3,\end{cases}$$

则

$$f(x_1,x_2,x_3)=y_1^2-y_2^2+2y_1y_3+2y_2y_3+4y_1y_3-4y_2y_3$$
$$=(y_1+3y_3)^2-9y_3^2-2y_2y_3-y_2^2$$
$$=(y_1+3y_3)^2-(y_2+y_3)^2-8y_3^2.$$

再令

$$\begin{cases}z_1=y_1+3y_3,\\ z_2=y_2+y_3,\\ z_3=y_3,\end{cases}\quad 即\quad \begin{cases}y_1=z_1-3z_3,\\ y_2=z_2-z_3,\\ y_3=z_3,\end{cases}$$

则可得到二次型 $f(x_1,x_2,x_3)$ 的标准形：

$$f(x_1,x_2,x_3)=z_1^2-z_2^2-8z_3^2.$$

所做的可逆线性变换为

$$\begin{cases}x_1=y_1+y_2=z_1+z_2-4z_3,\\ x_2=y_1-y_2=z_1-z_2-2z_3,\\ x_3=y_3=z_3.\end{cases}$$

将标准形中的系数化为 1 或 −1 即可得到规范形. 令

$$\begin{cases}z_1=u_1,\\ z_2=u_2,\\ z_3=\dfrac{1}{\sqrt{8}}u_3=\dfrac{\sqrt{2}}{4}u_3,\end{cases}$$

反解得

$$\begin{cases} x_1=u_1+u_2-\sqrt{2}u_3, \\ x_2=u_1-u_2-\dfrac{\sqrt{2}}{2}u_3, \\ x_3=\dfrac{\sqrt{2}}{4}u_3, \end{cases}$$

此时,二次型 $f(x_1,x_2,x_3)$化为如下规范形:

$$f(x_1,x_2,x_3)=u_1^2-u_2^2-u_3^2.$$

第 12 讲

1. 本题主要考查正定二次型的定义.

对于选项 A,令 $f(x_1,x_2,x_3,x_4)=0$,得

$$\begin{cases} x_1-x_2=0, \\ x_2-x_3=0, \\ x_3-x_4=0, \\ x_4-x_1=0. \end{cases}$$

将该方程组的矩阵形式为 $\boldsymbol{Ax}=\mathbf{0}$,其中

$$\boldsymbol{A}=\begin{pmatrix} 1 & -1 & 0 & 0 \\ 0 & 1 & -1 & 0 \\ 0 & 0 & 1 & -1 \\ -1 & 0 & 0 & 1 \end{pmatrix}, \quad \boldsymbol{x}=\begin{pmatrix} x_1 \\ x_2 \\ x_3 \\ x_4 \end{pmatrix}.$$

由于

$$|\boldsymbol{A}|=\begin{vmatrix} 1 & -1 & 0 & 0 \\ 0 & 1 & -1 & 0 \\ 0 & 0 & 1 & -1 \\ -1 & 0 & 0 & 1 \end{vmatrix}=0,$$

故 $\boldsymbol{Ax}=\mathbf{0}$ 有非零解,故 $f(x_1,x_2,x_3,x_4)$不正定.

对于选项 B,令 $f(x_1,x_2,x_3,x_4)=0$,得

$$\begin{cases} x_1+x_2=0, \\ x_2+x_3=0, \\ x_3+x_4=0, \\ x_4+x_1=0. \end{cases}$$

将该方程组的矩阵形式为 $\boldsymbol{Bx}=\mathbf{0}$,其中

$$B=\begin{pmatrix}1&1&0&0\\0&1&1&0\\0&0&1&1\\1&0&0&1\end{pmatrix},\quad x=\begin{pmatrix}x_1\\x_2\\x_3\\x_4\end{pmatrix}.$$

由于

$$|B|=\begin{vmatrix}1&1&0&0\\0&1&1&0\\0&0&1&1\\1&0&0&1\end{vmatrix}=0,$$

故 $\boldsymbol{Bx}=\mathbf{0}$ 有非零解,故 $f(x_1,x_2,x_3,x_4)$不正定.

对于选项 C,令 $f(x_1,x_2,x_3,x_4)=0$,得

$$\begin{cases}x_1-x_2=0,\\x_2+x_3=0,\\x_3-x_4=0,\\x_4+x_1=0.\end{cases},$$

将该方程组的矩阵形式为 $\boldsymbol{Cx}=\mathbf{0}$,其中

$$C=\begin{pmatrix}1&-1&0&0\\0&1&1&0\\0&0&1&-1\\1&0&0&1\end{pmatrix},\quad x=\begin{pmatrix}x_1\\x_2\\x_3\\x_4\end{pmatrix}.$$

由于

$$|C|=\begin{vmatrix}1&-1&0&0\\0&1&1&0\\0&0&1&-1\\1&0&0&1\end{vmatrix}=0,$$

故 $\boldsymbol{Cx}=\mathbf{0}$ 有非零解,故 $f(x_1,x_2,x_3,x_4)$不正定.

对于选项 D,令 $f(x_1,x_2,x_3,x_4)=0$,得

$$\begin{cases}x_1-x_2=0,\\x_2+x_3=0,\\x_3+x_4=0,\\x_4+x_1=0.\end{cases}$$

将该方程组的矩阵形式为 $\boldsymbol{Dx}=\mathbf{0}$,其中

$$D=\begin{pmatrix}1&-1&0&0\\0&1&1&0\\0&0&1&1\\1&0&0&1\end{pmatrix},\quad x=\begin{pmatrix}x_1\\x_2\\x_3\\x_4\end{pmatrix}.$$

由于

$$|D|=\begin{vmatrix}1&-1&0&0\\0&1&1&0\\0&0&1&1\\1&0&0&1\end{vmatrix}=2,$$

故 $Dx=\mathbf{0}$ 仅有零解，故 $f(x_1,x_2,x_3,x_4)$ 正定.

综上，选项 D 正确.

2. (1) 用反证法. 假设 A 没有正特征值，故 $f(x)=x^{\mathrm{T}}Ax$ 可化为标准形 $a_1y_1^2+\cdots+a_ny_n^2$，其中 $a_i\leqslant 0(i=1,2,\cdots,n)$. 所以，$f(x)\leqslant 0$ 恒成立，不可能存在 n 维非零列向量 ξ_0，使得 $\xi_0^{\mathrm{T}}A\xi_0>0$，矛盾. 因此，$A$ 一定有正特征值.

(2)
$$\begin{aligned}f(x_1,x_2,x_3)&=x^{\mathrm{T}}Bx=x_1^2-2x_2^2+x_3^2+2x_1x_2-2x_2x_3+4x_1x_3\\&=[(x_1+x_2+2x_3)^2-x_2^2-4x_3^2-4x_2x_3]-2x_2^2+x_3^2-2x_2x_3\\&=(x_1+x_2+2x_3)^2-3x_2^2-3x_3^2-6x_2x_3\\&=(x_1+x_2+2x_3)^2-3(x_2+x_3)^2+0\cdot x_3^2.\end{aligned}$$

可见，只需取 $x_1=1,x_2=x_3=0$，则有 $f(1,0,0)=1>0$. 也就是说，取 $\xi=(1,0,0)^{\mathrm{T}}$，即可使得 $\xi^{\mathrm{T}}B\xi>0$.

注 注意到 x_1^2 的系数为正数，可直接令 $x_1=1,x_2=x_3=0$，得到 $f(1,0,0)=1>0$.

3. 由于 A,B 都是 n 阶正定矩阵，故

$$A^{\mathrm{T}}=A,\quad B^{\mathrm{T}}=B.$$

必要性 若 AB 正定，则 AB 为实对称矩阵，即 $(AB)^{\mathrm{T}}=AB$，而 $(AB)^{\mathrm{T}}=B^{\mathrm{T}}A^{\mathrm{T}}=BA$，故

$$AB=BA.$$

充分性 先验证对称性. 由于 $(AB)^{\mathrm{T}}=B^{\mathrm{T}}A^{\mathrm{T}}=BA$，又 $AB=BA$，故 $(AB)^{\mathrm{T}}=AB$，从而 AB 为实对称矩阵.

由于 A 正定，故存在可逆矩阵 P_1，使得 $A=P_1^{\mathrm{T}}P_1$；同理，存在可逆矩阵 P_2，使得 $B=P_2^{\mathrm{T}}P_2$. 故

$$AB=(P_1^{\mathrm{T}}P_1)(P_2^{\mathrm{T}}P_2)=P_2^{-1}(P_2P_1^{\mathrm{T}}P_1P_2^{\mathrm{T}})P_2.$$

若记 $Q=P_1P_2^{\mathrm{T}}$，则 AB 与 $Q^{\mathrm{T}}Q$ 相似. 由于 Q 可逆，故 $Q^{\mathrm{T}}Q$ 一定是正定矩阵，即其特征值全为正数. 所以，AB 的特征值也全为正数，从而 AB 也是正定矩阵.

4. (1) $P^{\mathrm{T}}DP=\begin{pmatrix}E_m&O\\-C^{\mathrm{T}}A^{-1}&E_n\end{pmatrix}\begin{pmatrix}A&C\\C^{\mathrm{T}}&B\end{pmatrix}\begin{pmatrix}E_m&-A^{-1}C\\O&E_n\end{pmatrix}$

$$=\begin{pmatrix}\boldsymbol{A} & \boldsymbol{C}\\ \boldsymbol{O} & \boldsymbol{B}-\boldsymbol{C}^{\mathrm{T}}\boldsymbol{A}^{-1}\boldsymbol{C}\end{pmatrix}\begin{pmatrix}\boldsymbol{E}_m & -\boldsymbol{A}^{-1}\boldsymbol{C}\\ \boldsymbol{O} & \boldsymbol{E}_n\end{pmatrix}=\begin{pmatrix}\boldsymbol{A} & \boldsymbol{O}\\ \boldsymbol{O} & \boldsymbol{B}-\boldsymbol{C}^{\mathrm{T}}\boldsymbol{A}^{-1}\boldsymbol{C}\end{pmatrix}.$$

(2) 首先检验对称性：

$$(\boldsymbol{B}-\boldsymbol{C}^{\mathrm{T}}\boldsymbol{A}^{-1}\boldsymbol{C})^{\mathrm{T}}=\boldsymbol{B}^{\mathrm{T}}-\boldsymbol{C}^{\mathrm{T}}(\boldsymbol{A}^{-1})^{\mathrm{T}}\boldsymbol{C}=\boldsymbol{B}-\boldsymbol{C}^{\mathrm{T}}(\boldsymbol{A}^{\mathrm{T}})^{-1}\boldsymbol{C}=\boldsymbol{B}-\boldsymbol{C}^{\mathrm{T}}\boldsymbol{A}^{-1}\boldsymbol{C},$$

即 $\boldsymbol{B}-\boldsymbol{C}^{\mathrm{T}}\boldsymbol{A}^{-1}\boldsymbol{C}$ 为实对称矩阵.

由于 $\boldsymbol{D}$ 为正定矩阵，且 $\boldsymbol{P}^{\mathrm{T}}\boldsymbol{D}\boldsymbol{P}$ 与 $\boldsymbol{D}$ 合同，故 $\boldsymbol{P}^{\mathrm{T}}\boldsymbol{D}\boldsymbol{P}$ 也是正定矩阵，从而 $\boldsymbol{P}^{\mathrm{T}}\boldsymbol{D}\boldsymbol{P}$ 的特征值全为正数. 而

$$|\boldsymbol{P}^{\mathrm{T}}\boldsymbol{D}\boldsymbol{P}-\lambda\boldsymbol{E}|=\begin{vmatrix}\boldsymbol{A}-\lambda\boldsymbol{E} & \boldsymbol{O}\\ \boldsymbol{O} & (\boldsymbol{B}-\boldsymbol{C}^{\mathrm{T}}\boldsymbol{A}^{-1}\boldsymbol{C})-\lambda\boldsymbol{E}\end{vmatrix}=|\boldsymbol{A}-\lambda\boldsymbol{E}|\,|(\boldsymbol{B}-\boldsymbol{C}^{\mathrm{T}}\boldsymbol{A}^{-1}\boldsymbol{C})-\lambda\boldsymbol{E}|,$$

这说明矩阵 $\boldsymbol{A}$ 和 $\boldsymbol{B}-\boldsymbol{C}^{\mathrm{T}}\boldsymbol{A}^{-1}\boldsymbol{C}$ 的特征值合起来就是 $\boldsymbol{P}^{\mathrm{T}}\boldsymbol{D}\boldsymbol{P}$ 的特征值，故 $\boldsymbol{B}-\boldsymbol{C}^{\mathrm{T}}\boldsymbol{A}^{-1}\boldsymbol{C}$ 的特征值也全都为正数. 所以，$\boldsymbol{B}-\boldsymbol{C}^{\mathrm{T}}\boldsymbol{A}^{-1}\boldsymbol{C}$ 为正定矩阵.

参考文献

[1] 卢刚,冯翠莲,孙惠玲.线性代数解题方法与技巧[M].北京:北京大学出版社,2006.

[2] 陈启浩.线性代数精题精讲精练[M].北京:机械工业出版社,2016.

[3] 同济大学数学系.工程数学 线性代数[M].6版.北京:高等教育出版社,2014.

[4] 徐诚浩.线性代数大题典[M].哈尔滨:哈尔滨工业大学出版社,2014.

[5] 丘维声.简明线性代数[M].北京:北京大学出版社,2002.

[6] 李永乐,王式安,刘喜波,等.数学历年真题全精解析:数学一[M].北京:中国农业出版社,2021.

[7] 李正元,尤承业,范培华.数学最后冲刺超越135分:数学一[M].北京:中国政法大学出版社,2022.

[8] 肖马成,周概容.线性代数、概率论与数理统计证明题500例解析[M].北京:高等教育出版社,2008.

[9] 杨超.考前必做100题[M].上海:复旦大学出版社,2019.